U0333954

# 图说
# 茶道

王玲 于雅婷 ◎ 主编

江苏凤凰科学技术出版社

图书在版编目（CIP）数据

图说茶道 / 王玲 , 于雅婷主编 . -- 南京 : 江苏凤
凰科学技术出版社 , 2020.1
ISBN 978-7-5713-0347-1

Ⅰ . ①图… Ⅱ . ①王… ②于… Ⅲ . ①茶道 - 中国
Ⅳ . ① TS971.21

中国版本图书馆 CIP 数据核字 (2019) 第 065095 号

**图说茶道**

| 主　　　编 | 王　玲　于雅婷 |
| 责 任 编 辑 | 祝　萍 |
| 责 任 监 制 | 方　晨 |
| 出 版 发 行 | 江苏凤凰科学技术出版社 |
| 出版社地址 | 南京市湖南路 1 号 A 楼，邮编：210009 |
| 出版社网址 | http://www.pspress.cn |
| 印　　　刷 | 天津旭丰源印刷有限公司 |
| 开　　　本 | 718mm × 1000mm　1/16 |
| 印　　　张 | 28 |
| 插　　　页 | 1 |
| 版　　　次 | 2020 年 1 月第 1 版 |
| 印　　　次 | 2020 年 1 月第 1 次印刷 |
| 标 准 书 号 | ISBN 978-7-5713-0347-1 |
| 定　　　价 | 58.00 元 |

图书如有印装质量问题，可随时向我社出版科调换。

# 神奇的中国茶

中国，是茶之古国，是茶及茶文化的发源地，是世界上最早种茶、制茶、饮茶的国家。在中国，不仅有着辽阔的茶产区，有着种类繁多的茶叶，更有着源远流长的饮茶历史和茶文化。随着中国文化在世界范围内的迅速传播，中国茶正以它无与伦比的魅力和特色赢得越来越多的倾慕者，将中国的特色推向世界，将世界的目光吸引到中国。

中国人对茶情有独钟，品茶、懂茶、爱茶之风在心手相传中延续了数千年。无数茶叶爱好者将自己对茶的了解、喜爱与痴迷汇成文字，留下了大量生动、翔实的茶学典籍，为后世的茶学考证、研究和茶业发展做出了卓越贡献。其中，唐朝陆羽所著的《茶经》就是关于茶的著作。《茶经》被认为是中国乃至世界最早、最完备的茶叶专著，有着"茶叶百科全书"的美誉。全书共7000多字，分上、中、下三卷，包括"一之源、二之具、三之造、四之器、五之煮、六之饮、七之事、八之出、九之就、十之图"共十大部分。书中详细评述了中国茶叶的历史、产地、功效、栽培、采制、烹煮、饮用、器具等方面的内容。

为了让更多的人认识、了解中国茶，也为了弘扬中国茶文化，我们精心策划了此书。本书对基础茶学、茶道、茶文化及茶艺知识进行了较为系统、深入的讲解，除了帮助人们学会如何选茶、论水、择器、泡茶和储茶之外，还能帮助人们了解茶的营养成分、健康功效、饮茶忌讳等小知识。本书也对市场上常见的众多茶叶单品按绿茶、红茶、黑茶、黄茶、白茶、乌龙茶、花茶、紧压茶进行分类，并逐一详细介绍了它们的性状、功效，以及挑选储藏、制作工序、茶疗养生、妙用保健、茶点茶膳、鉴茶、泡茶、品茶等方面的知识。本书还特别搜集了大量有助于强身祛疾、保养五脏、四季调养、美颜瘦身的保健茶饮，并辅以药茶的配方、功效、做法、用法、药材资料等内容，以便于读者随时查找，更有针对性地甄选适合自己的药茶。

全书共收入名茶单品92个，各类药茶饮200多个，并辅以海量高清实图，内容深入浅出，解读清晰、详尽、易懂，可作为家庭日常茶饮制作指南，也可为广大茶友和茶业从业人员提供业务指导或技术参考。

编写本书过程中，由于时间仓促，编者水平有限，疏漏之处实属难免，请广大读者海涵、斧正。

**概述**
此处将对本章节内容进行全方位的概述和解读。

**章节名称**
阅读的起点。你可以据此了解本章节所涉及的核心内容，如茶学知识、茶艺技巧、茶叶名称、药茶名称等。

**高清实图**
图文结合，利用高清实图让知识点的细节呈现得更清晰、更生动。

**小贴士**
详细介绍茶品的品鉴指数、口味、适宜人群、主要功效、性状特征等。

**挑选储藏**
介绍茶品购买时的挑选技巧，以及储藏时的注意事项，教你选优茶，储好茶。

**制茶工序**
完整、详尽地介绍茶品的制作工序以及技术特点、数据指标，让你全面了解该茶品的采制全过程。

双井绿茶

## 提神清心 清热解暑

双井绿茶产于江西修水县杭口乡双井村。双井茶已有千余年历史，宋时被列为贡品，历代文人多有赞颂，北宋文学家黄庭坚曾有"山谷家乡双井茶，一啜尤须三日夸"的诗句，并曾把该茶送给他的老师苏东坡。古代双井茶，属蒸青散茶类，如今双井茶属炒青茶。双井绿茶分为特级和一级两个品级。特级品由一芽一叶初展、芽叶长度为2.5厘米左右的鲜叶制成，一级品由一芽二叶初展的鲜叶制成。加工工艺分为鲜叶摊放、杀青、揉捻、初烘、整形提毫、复烘六道工序。

**性状**
叶底嫩绿匀净。

**汤色**
汤色清澈明亮

**品鉴指数** ★★★★
口味
鲜醇爽厚。
适宜人群
一般人群都可饮用，特殊禁忌者除外。
主要功效
消食，化痰，去腻，减肥，清心除烦。
形状特征
外形紧圆带曲，形似凤爪，银毫披露。

### 挑选储藏

优质双井绿茶的外形紧圆带曲，形似凤爪，色泽嫩绿，银毫披露。冲泡后，香气清高，隽永持久；滋味鲜醇爽厚。双井绿茶要避免强光照射，低温储藏，有条件者可密封包装存于-5℃的冰箱中。

### 制茶工序

采摘一芽一叶初展，芽叶为长度2.5厘米左右的鲜叶。经摊放、杀青、揉捻、初烘、整形提毫、复烘六道工序制作而成。摊放时薄摊2~5小时；铁锅杀青每锅投叶150~200克，锅温为120~150℃，炒至含水量58%~60%为杀青适度；稍经揉捻后，即用烘笼进行初烘，烘温约80℃，烘至三成干，转入锅中整形提毫，待茶叶白毫显露，再用烘笼在60~70℃下烘焙，烘至茶叶能手捻成末，茶香显露，此时含水量为5%~6%，趁热包封收藏。

○ 评茶论道
　　介绍茶的渊源，讲述与茶有关的文化，精彩生动，别有情趣。

○ 品饮赏鉴
　　分步介绍该茶品的冲泡过程，教你赏茶韵、品茶味。

茶之传说
　　相传江南有位嗜茶如命的老和尚，他和寺外食杂店的老板是谜友，俩人喜欢猜谜。一天老和尚突发茶瘾，谜兴大发，就让哑巴徒弟穿着木屐、戴着草帽去找店老板。店老板一看小和尚的装束，立刻明白了，拿给他一包茶叶。原来小和尚就是一道"茶"谜。头戴草帽，即为草字头，脚下穿"木"屐为"木"字底，中间加上小和尚即为"人"，合为"茶"字。

茶疗养生

## 莲子冰糖茶

【材料】莲子2克，双井绿茶3克，冰糖适量。
【做法】莲子温水泡2小时，加冰糖炖烂；双井绿茶以沸水冲泡取汁备用。炖好的莲子倒入茶汁拌匀即可。
【茶疗功效】止泻杀菌、养心安神，能调治受凉或饮食不当引起的腹泻。

妙用保健

　　**防辐射：** 双井绿茶含茶多酚等活性物质，有解毒和抗辐射作用，能有效阻止放射性物质侵入骨髓，被医学界誉为"辐射克星"。
　　**瘦身：** 双井绿茶含有咖啡因，可以经由许多作用活化蛋白质激酶及三酸甘油酯解脂酶，减少脂肪细胞堆积，达到减肥的目的。
　　**降压：** 双井绿茶含茶氨酸，可以通过调节脑中神经传达物质的浓度来起到降低血压的作用。

品饮赏鉴

① 茶具准备
　　茶壶，茶匙，茶杯。

② 投茶
　　用茶匙把3克双井绿茶投入茶壶中。

③ 冲泡
　　将优质矿泉水倒入壶中，水温保持在80～90℃。

④ 分茶
　　将茶汤倒入杯中，七分满为宜。

⑤ 赏茶
　　芽叶舒展，肥壮厚实，洁净完整。

⑥ 品茶
　　滋味鲜浓爽厚，茶香芬芳。

○ 茶疗养生
　　推荐适合日常养生的茶疗方，包括材料、做法、功效三部分，教你配制茶饮，对症喝茶，喝出健康。

○ 妙用保健
　　介绍该茶品的其他保健功效，让你的保健知识更全面。

茶点茶膳

## 法式茶烙饼

材料
　　面粉250克，鸡蛋2个，糖600克，黄油75克，牛奶250毫升，双井绿茶汁500毫升，朗姆酒1汤匙。
制作
① 把面粉倒入容器；放糖、鸡蛋，边搅边加水。
② 随着面团变稠逐渐加入牛奶；充分搅拌后加入黄油和双井绿茶汁，待面滑而不黏，再加入朗姆酒。
③ 取锅烙饼；饼烙好后，在饼背面滴一滴硬币大小的黄油，让它溶化吸收，配茶热食即可。
口味
　　酥香、甜美、可口，配以果酱、蜂蜜、糖等食用效果更佳。

○ 美食图片
　　清晰的茶点成品图，有助于你对照图烹制茶点。

○ 茶点茶膳
　　教你制作由茶叶和其他食材搭配一起做出的茶点，美味又健康。

# 中国十大名茶及茶叶种类

　　"茶之古国"——中国，是世界上茶和茶文化的发源地。辽阔的茶产区、丰富的茶品种以及深厚的历史底蕴，让这片充满着独特魅力与人文气息的土地诞生出无数令世界为之惊叹的名茶神话。

　　关于中国"十大名茶"，一直众说纷纭，其中1959年全国"十大名茶"的评选结果为多数人所认同，它们分别是西湖龙井、洞庭碧螺春、黄山毛峰、庐山云雾、六安瓜片、君山银针、信阳毛尖、武夷岩茶、安溪铁观音、祁门红茶。此外，在其他知名的评比中，云南普洱茶、歙县茉莉花茶、太平猴魁、峨眉竹叶青、蒙顶甘露、都匀毛尖、惠明茶、冻顶乌龙茶等也都曾饮誉大江南北，成为众多茶人津津乐道的品评对象。

# 十大名茶

## 西湖龙井

### 绿茶皇后

西湖龙井，是指产于中国杭州西湖龙井一带的一种炒青绿茶，以"色绿、香郁、味甘、形美"而闻名于世，是中国最著名的绿茶之一。历史上西湖龙井按产地不同分为狮、龙、云、虎、梅五个种类，其中以狮峰龙井为最佳，有"龙井之巅"的美誉。

**性状**
外形扁平光滑，苗锋尖削，芽长于叶，色泽嫩绿，体表无茸毛。

汤色嫩绿（黄）明亮，滋味清爽或浓醇

叶底芽叶匀整，嫩绿明亮

### 挑选储藏

保持干燥、密封，避免阳光直射，杜绝挤压，是储藏西湖龙井的最基本要求。

### 📖 评茶论道

根据茶叶采摘时节不同，西湖龙井又可分为明前茶和雨前茶。随着级别的下降，外形色泽嫩绿、青绿、墨绿依次不同，茶身由小到大，茶条由光滑至粗糙，香味由嫩爽转向浓粗，叶底由嫩芽转向对夹叶，色泽嫩黄、青绿、黄褐各异。

---

## 洞庭碧螺春

### 茶中仙子

洞庭碧螺春始于明代，产于江苏苏州太湖的洞庭山碧螺峰上，原名"吓煞人香"，俗称"佛动心"，后因康熙皇帝南巡时大加赞赏而御赐更名"碧螺春"。该茶"形美、色艳、香浓、味醇"，风格独具，驰名中外。

**性状**
条索纤细，卷曲成螺，满被茸毛，色泽碧绿。

汤色碧绿清澈，滋味香郁鲜爽，回味甘厚

叶底嫩绿柔匀

### 挑选储藏

保持干燥、密封，宜在10℃以下的环境冷藏。

### 📖 评茶论道

碧螺春茶通常从春分始采，至谷雨结束。清晨采摘一芽一叶的茶叶，中午筛拣，下午至晚上炒制。目前大多仍采用手工方法炒制，杀青、炒揉、搓团焙干，三个工序在同一锅内一气呵成。

# 黄山毛峰

## 茶中精品

黄山毛峰产于安徽黄山，以茶形"白毫披身，芽尖似峰"而得名，其特点为"香高、味醇、汤清、色润"，堪称我国众多毛峰之中的贵族。独特的品质、风味与悠久的历史底蕴，让黄山毛峰成为我国著名的外交礼品用茶。

**性状**
外形细嫩扁曲，多毫有锋，色泽油润光滑。

→ 叶底嫩黄肥壮，匀亮成朵

汤色清澈明亮，滋味鲜浓、醇厚，回味甘甜

## 挑选储藏

保持干燥，密封、避光、低温储藏。

## ☕ 评茶论道

黄山毛峰于清明至谷雨间采制，以一芽一叶初展为标准，以晴天采制的品质为佳。经采摘、摊放、挑拣、杀青、烘焙而成，条索细扁，形似"雀舌"，白毫显露，色似象牙，带有金黄色鱼叶，俗称"茶笋"或"金片"。

---

# 庐山云雾

## 茶中上品

庐山云雾，俗称"攒林茶"，古称"闻林茶"，始产于汉代，已有1000多年的栽种历史，被"茶圣"陆羽誉为"中华第一茶"。庐山云雾茶汤幽香如兰，饮后回甘香绵，素有"六绝"之名，在国内外茶品市场上倾慕者甚众。

**性状**
外形条索粗壮、饱满秀丽。茶芽隐露，青翠多毫。

→ 叶嫩匀整

汤色明亮、香高持久、醇厚味甘

## 挑选储藏

保持干燥，密封、避光、低温储藏。

## ☕ 评茶论道

庐山云雾的产地北临长江，南近鄱阳湖，气候温和，常年的云雾缭绕为茶树生长提供了良好的自然条件。通常在清明前后，以一芽一叶为采摘标准，经采摘、摊晾、杀青、抖散、揉捻等九道工序制成。

# 六安瓜片

## 云雾神茶

六安瓜片，又称片茶，因其产地古时隶属六安府而得名，其中产于金寨齐云山一带的茶叶，为瓜片中的极品，冲泡后雾气蒸腾，有"齐山云雾"的美称。古人还多用此茶做中药，常饮有清心目、消疲劳、通七窍的作用。

叶底嫩绿、明亮、柔匀

汤色清澈晶亮，滋味鲜醇，回味甘美

**性状**
外形平展，茶芽肥壮，叶缘微翘。色泽翠绿。

### 挑选储藏

保持干燥，密封、低温储藏。

### 🍵 评茶论道

六安瓜片的产地云雾缭绕，气候温和，由秦汉至明清时期，已有2000多年的贡茶历史。一般用80℃的水冲泡，待茶汤凉至适口时，品尝茶汤滋味。宜小口品啜，缓慢吞咽，可从茶汤中品出嫩茶香气，沁人心脾。

---

# 君山银针

## 黄茶之冠

君山银针，始于唐代，产于湖南洞庭湖中的君山，清朝时被列为"贡茶"，分为"尖茶""茸茶"两种。"尖茶"如茶剑，白毛茸然，纳为贡茶，素称"贡尖"。冲泡之时像根根银针悬空竖立，继而三起三落，簇立杯底，极具观赏性，乃黄茶之中的珍品。

汤色橙黄，滋味甘醇，香气高爽

叶底嫩黄匀亮

**性状**
茁壮坚实，白毫显露。茶芽内面呈金黄色，有"金镶玉"之说。

### 挑选储藏

保持干燥，密封、避光、低温储藏。

### 🍵 评茶论道

君山银针采摘的时间限于清明前后，采摘标准为春茶的首轮嫩芽，叶片的长短、宽窄、厚薄均是以毫米计算。1斤银针茶，约需25000个茶芽，经繁复的6道工序，共70多个小时方可制成。

# 信阳毛尖

## 绿茶之王

信阳毛尖，又称"豫毛峰"，因条索紧直锋尖，茸毛显露，故而得名。河南信阳早在唐代即是我国的八大产茶区之一，信阳毛尖采制极为考究，以其"细、圆、光、直、多白毫、香高、味浓、汤绿"的特色为历代文人名家所倾慕。

汤色嫩绿鲜亮，香气鲜嫩高爽

叶底嫩绿明亮、细嫩匀齐

### 性状

细秀匀直，显峰苗。色泽翠绿，白毫遍布。

## 挑选储藏

保持干燥，密封、低温储藏。

### 📋 评茶论道

信阳毛尖的采茶期分为谷雨前后、芒种前后和立秋前后三季。其中，谷雨前后采摘的少量茶叶被称为"跑山尖""雨前毛尖"，是毛尖珍品。特级品展开呈一芽一叶初展，汤色嫩绿、黄绿或明亮，味道清香扑鼻。

---

# 武夷岩茶

## 茶之状元

大红袍，出产于福建武夷山九龙窠的高岩峭壁上，是武夷岩茶中品质最优的一种乌龙茶。传说因高中状元的驸马回武夷山天心寺谢恩，将红袍披于岩壁上的茶树而得名。该茶"活、甘、清、香"，极具武夷岩茶"岩韵"的品质特征。

汤色橙黄明亮

香气馥郁持久，醇厚回甘

### 性状

外形条索紧结，色泽绿褐鲜润，叶片红绿相间或者镶有红边。

## 挑选储藏

保持干燥，密封、避光、低温冷藏，杜绝外力挤压。

### 📋 评茶论道

大红袍的产区九龙窠日照短，多反射光，昼夜温差大，岩顶终年有细泉浸润。现仅存大红袍母茶树6株，均为千年古茶树，其叶质较厚，芽头微微泛红。其制作工艺也被列入非物质文化遗产名录，堪称国宝级名茶。

# 安溪铁观音

## 七泡余香

铁观音，介于绿茶和红茶之间，属半发酵茶，色泽乌黑油润，砂绿明显，整体形状似"蜻蜓头、螺旋体、青蛙腿"，七泡而仍有余香，俗称有"音韵"。因叶似观音，沉重如铁，被乾隆赐名"铁观音"。

叶底肥厚柔润

汤色金黄似琥珀，有天然兰花香气或椰香，滋味醇厚甘鲜，回味甘久

**性状**
茶条卷曲，肥壮圆结，沉重匀整。

### 挑选储藏

保持干燥，密封、低温储藏。

### 🍵 评茶论道

铁观音分"红心铁观音"和"青心铁观音"两种。纯种铁观音树为灌木型，茶叶呈椭圆形，叶厚肉多，叶片平坦，产量不高。一年分四季采制，品质以秋茶为最好，春茶次之。秋茶香气特高，俗称秋香，但汤味较薄。

---

# 祁门红茶

## 群芳之最

祁门红茶，简称祁红，所采茶树为"祁门种"，以"香高、味醇、形美、色艳"四绝闻名于世，是世界三大高香名茶之一。清饮，可品其清香；调饮，亦香气不减，在国际上有"王子香""群芳最"的美名。

色泽乌润

汤色红艳明亮，滋味甘鲜醇厚，内质清芳，带有蜜糖果香或兰花香，香气持久，叶底鲜红明亮

**性状**
条索紧细匀整，锋苗秀丽。

### 挑选储藏

保持干燥，密封、低温储藏。

### 🍵 评茶论道

祁门红茶在春夏两季采摘，精拣鲜嫩茶芽的一芽二叶，经萎凋、揉捻、发酵、烘焙、精加工等工序制成。茶形条索紧秀，色泽乌润，俗称"宝光"，香气似花似果似蜜，俗称"祁门香"，是英国女王及其皇室青睐的茶品。

# 茶叶种类

## 绿茶

绿茶，又称不发酵茶，是历史上最早的茶类。古代人采集野生茶树芽叶晒干收藏，可以看作是绿茶加工的发始，距今至少有 3000 年。由于其干茶的色泽和冲泡后的茶汤、叶底均以绿色为主色调，因此被称为绿茶。

绿茶汤色清雅，滋味收敛性强

### 茶之识

绿茶在加工制作时利用高温湿热来破坏鲜叶中酶的活性，迅速阻止了茶叶中多酚类成分的氧化，从而有效保留了茶鲜叶中的天然物质，茶多酚、咖啡因保留了鲜叶的 85％以上，叶绿素保留了 50％左右。

### 品饮之道

#### ① 洗净茶具

将茶具洗净，茶具可以是瓷杯，也可以是透明玻璃杯，透明的杯子更便于欣赏绿茶的外形，辨别质量。

#### ② 赏茶

在品茶前，要先观察茶的色泽和形状，欣赏名茶的优美外形和工艺特色。

#### ③ 投茶

投茶有上投法、中投法和下投法 3 种，不同的茶选用不同的投法。如西湖龙井、碧螺春适合上投法。

#### ④ 泡茶

一般用 80~90℃的水冲泡茶。茶汤颜色逐渐变化，茶烟缓缓飘散，茶芽会在杯子中渐渐舒展、上下起伏，这被称为"茶舞"。

#### ⑤ 品茶

在品茶时，适合小口慢慢吞咽，让茶汤在口中和舌头充分接触，通过鼻舌并用，品出茶香。

### 茶之效

绿茶可抑菌消炎、降血脂、防辐射、抗癌。

### 茶之产

绿茶以适宜制茶的新梢芽叶为原料，经过杀青、揉捻、干燥等典型工艺制成。绿茶为我国生产最早、产量最大的茶类，产区分布于各产茶区，其中以浙江、安徽、江西产量最高、质量最优，是我国绿茶生产的主要基地。

**西湖龙井**

外形扁平光滑，苗锋尖削，色泽嫩绿

**碧螺春**

条索纤细，卷曲成螺，满披茸毛，色泽碧绿

**黄山毛峰**

外形细嫩扁曲，多毫有锋，色泽油润光滑

**庐山云雾**

外形饱满秀丽，茶芽隐露，色泽碧嫩光滑

**信阳毛尖**

外形细秀匀直，白毫遍布，色泽翠绿

**峨眉毛峰**

条索紧卷，银芽秀丽，白毫显露，嫩绿油润

**上饶白眉**

外形壮实，条索匀直，白毫显露，色泽绿润

**安吉白片**

外形扁平挺直，白毫显露，色泽翠绿

**太平猴魁**

叶芽挺直肥实，色泽苍绿，全身白毫

**六安瓜片**

外形平展，茶芽肥壮，叶缘微翘，色泽翠绿

**蒙顶茶**

外形紧卷多毫，嫩绿色润

**休宁松萝**

条索紧卷匀壮，色泽绿润

# 红茶

红茶的发源地在我国的福建省武夷山茶区，当地茶农称其为"正山小种"，属于全发酵茶类。自17世纪起，西方商人用茶船将红茶从我国运往世界各地。世界上红茶品种众多，但多数红茶品种都是由我国红茶发展而来的。

红茶的干茶与茶汤都以红色
为主色调，香甜味醇

## 茶之识

红茶在绿茶的基础上经过发酵制成，即以适宜的茶树新芽为原料，经过杀青、揉捻、发酵、干燥等工艺制成。制成的红茶比其鲜叶中的茶多酚减少90%以上，新生出茶黄素、茶红素以及香气物质等成分。

## 品饮之道

### ① 准备茶具

以选用白瓷杯最好，以便观察茶的颜色；将泡茶用的水壶、杯子等茶具用水清洗干净。

### ② 投茶

如用杯子，放入3克左右的红茶即可；如用茶壶，则参照茶和水1∶50的比例。

### ③ 冲泡

需用沸水，冲水约至八分满，冲泡3分钟左右即可。

### ④ 闻香观色

泡好后，先闻一下它的香气，然后观察茶汤的颜色。

### ⑤ 品茶

待茶汤冷热适口时，慢慢小口饮用，用心品味。红茶和绿茶一样，一般在冲泡2～3次后，就要废弃，重新投茶叶；如果是红碎茶，则只适合冲泡一次。

### ⑥ 调饮

在红茶汤中加入调料一同饮用，常见调料有糖、牛奶、柠檬片、蜂蜜等。调料的选择与量的把握可根据个人口味自行调配。

## 茶之效

红茶可清热解毒、养胃利尿、提神解疲、抗衰老。

## 茶之产

红茶是我国第二大出产茶类，出口量占我国茶叶总产量的50%左右。世界四大名红茶分别为色有"宝光"、香气浓郁的祁门红茶，麦香浓烈、清透鲜亮的阿萨姆红茶，汤色橙黄、气味芬芳的大吉岭红茶以及汤色橙红、滋味醇厚的锡兰高地红茶。

# 祁门功夫茶

条索紧细匀整，锋苗秀丽，色泽乌润

汤色红艳明亮，滋味甘鲜醇厚

功夫茶，起源于我国的宋代，所指茶品采制精良，是需花费一定的技术、时间和精力制成的高品质茶叶。品饮时通常讲究品鉴欣赏，可用瓷壶或紫砂壶冲泡，然后倒入白瓷杯中饮用，以便于利用白瓷质地，较好地衬托出其红艳的汤色。

# 小种红茶

条索肥实，色泽乌润

汤色红浓，滋味醇厚

# 滇红功夫茶

条索紧直肥壮，乌黑油润，金毫显露

汤色红浓透明，滋味浓厚鲜爽

# 闽红功夫茶

条索紧结，肥壮多毫，色泽乌润

汤色红浓，香高鲜甜

# 宜红功夫茶

条索紧结秀丽，色泽乌润，金毫显露

汤色红亮，滋味鲜爽醇甜

# 乌龙茶

乌龙茶，又名青茶，是中国茶类中具有鲜明特色的品种，由宋代贡茶龙凤饼演变而来，创制于清朝雍正年间，以其创始人苏龙（绰号乌龙）而得名。其色如琥珀，香气清雅，滋味甘鲜，淋漓尽致地展现出中国茶文化的韵味。

乌龙茶香气清雅、滋味醇厚甘鲜

## 🍵 茶之识

乌龙茶属于半发酵茶类，其发酵程度介于绿茶和红茶之间，结合了绿茶和红茶的制法，基本制茶工艺过程是晒青、晾青、摇青、杀青、揉捻、干燥，使其既具有绿茶的清香和花香，又具有红茶醇厚的滋味。

## 品饮之道

### ① 准备茶具

准备好茶壶、茶杯、茶船等泡茶工具，并清洗干净。以沸水冲刷壶盖，既可以提高茶壶的温度，又可以起到清洗茶壶的作用。

### ② 投茶

投茶量要按照茶与水1：30的比例，投入茶壶中。

### ③ 冲泡

将沸水冲入茶壶中，到壶满即可，用壶盖将泡沫刮去。冲水时要用高冲，可以使茶叶迅速流动，茶味出得快；将盖子盖上，用开水浇茶壶。

### ④ 斟茶

在泡过大约2分钟后，均匀地将茶低斟到各茶杯中。斟茶时注意要低斟，这样可以避免因茶香散发而影响味道。斟过之后，将壶中剩余的茶水，在各杯中点斟。

### ⑤ 品茶

小口慢饮，可以体会出其"香、清、甘、活"的特点。"一杯苦，二杯甜，三杯味无穷"，这是品饮乌龙茶时独有的味道。

## 🍵 茶之效

乌龙茶可去油消脂、健美减肥、防癌、抗衰老。

## 🍵 茶之产

乌龙茶的主要产地在福建的闽北、闽南地区以及广东、台湾。名品有铁观音、黄金桂、武夷大红袍、武夷肉桂、冻顶乌龙、闽北水仙、奇兰、本山、毛蟹、梅占、大叶乌龙、凤凰单枞、凤凰水仙、岭头单枞、台湾乌龙等。

# 大红袍

条索紧结，色泽绿褐鲜润

绿叶红镶边：人们将萎凋后的乌龙茶叶片之间碰撞、摩擦，损伤叶缘细胞，促进酶促氧化，再静置恢复，如此反复促使叶缘轻度氧化而泛起红色，以此促进茶香、滋味的呈现。

汤色橙黄明亮，香气馥郁

# 冻顶乌龙

半球状外形，色泽墨绿油润

汤色金黄，茶香清雅，口味甘洌

# 凤凰单枞

茶条肥大，色泽呈鳝鱼皮色，油润有光

汤色橙黄清澈，滋味醇爽回甘

盖碗，是一种配有盖子和底托的茶具，口开阔、杯略浅、底圆窄，利于冲水、察形观色和冲水时茶叶滚动而释放茶味；碗盖可保温聚香，更便于品饮时赶开茶汤表层的浮叶；底托则可避免手持时过于烫手，盖碗是品饮乌龙茶的良伴之一。

# 铁观音

茶条卷曲圆结，乌黑油润，砂绿明显

汤色金黄，滋味醇厚甘鲜

# 黄茶

黄茶是我国的特产茶类，属发酵茶类。历史上最早的黄茶出自茶芽本身是黄色的茶树。后来，人们在绿茶炒青的过程中发现，由于杀青、揉捻后干燥不足或不及时，叶色会出现变黄的现象，黄茶的制法也就由此而来。

"黄叶黄汤"是黄茶最显著的特点

## 茶之识

制作黄茶的杀青、揉捻、干燥等工序与绿茶制法相似，关键差别就在于闷黄的工序。将杀青和揉捻后的茶叶用纸包好，或堆积后以湿布盖之，促使茶坯在水热作用下进行非酶性的自动氧化，形成黄色。

## 品饮之道

### ① 准备茶具

用瓷杯和玻璃杯都可以，玻璃杯较好，可以欣赏茶叶冲泡时的形态变化。清洗干净后要将杯子中的水珠擦干，这样就可以避免茶叶因吸水而降低竖立率。

### ② 赏茶

观察茶叶的形状和色泽。

### ③ 投茶

将3克左右黄茶投入准备好的杯子中。

### ④ 泡茶

泡茶的开水要在70℃，在投好茶的杯子中先快后慢地注入开水，大约到1/2处，待茶叶完全浸透，再注入水至八分满即可。待茶叶迅速下沉时，加上盖子，约5分钟后，将盖子去掉。泡茶时，可观赏茶在水中的沉浮、姿态的不断变化、气泡的发生等。如茶叶在经过数次浮动后，最后个个竖立，称为"三起三落"，这是黄茶独有的特色。

### ⑤ 品茶

在品饮时，要慢慢啜饮，才能体味其茶香。

## 茶之效

黄茶可杀菌消炎、调节脾胃、防癌抗癌。

## 茶之产

按采摘芽叶范围与老嫩程度的差别，黄茶可分为黄芽茶、黄小茶和黄大茶三类。其具体采摘新梢芽叶时也都有着不同的要求：除黄大茶要求有一芽四、五叶新梢之外，其余的黄茶都有对芽叶要求"细嫩、新鲜、匀齐、纯净"的共同点。

# 花茶

花茶，又称熏花茶、香花茶、香片，是中国特有的香型茶。花茶始于南宋，已有千余年的历史，最早出现在福州。它既有茶叶的爽口浓醇之味，又兼具鲜花的芬芳馥郁之气，深得偏好重口味的北方人喜爱。

花茶"引花香，益茶味"，香气浓郁

## 🍵 茶之识

花茶窨制是利用茶叶擅于吸收异味的特点，将有香味的鲜花和新茶一起闷，待茶将香味吸收后再把干花筛除，花茶乃成。最常见的花茶是茉莉花茶，普通花茶都用绿茶作为茶坯，也有用红茶或乌龙茶制作的。

## 品饮之道

### ① 准备茶具

品饮花茶一般用带盖的瓷杯或盖碗。

### ② 赏茶

欣赏花茶的外形。花茶中有干花，外形值得一赏。

### ③ 投茶

将3克左右的花茶投入茶杯中。

### ④ 泡茶

外形漂亮、高档的花茶，用85℃左右的水冲泡，最好用透明的玻璃杯，以便于欣赏；中低档花茶，适宜用瓷杯，100℃的沸水。加上盖子，可以观察茶在水中的变幻、漂浮，茶叶会在水中慢慢展开，茶汤也会慢慢变色。

### ⑤ 品茶

在茶泡制3分钟后即可饮用。花茶将茶香与花香巧妙地结合在一起，无论在视觉还是嗅觉上都会给人以美的享受。在饮用前，先闻香，将盖子揭开，花茶的芳香立刻逸出，香气宜人，神清气爽。品饮时将茶汤在口中停留片刻，以充分品尝、感受其香味。

## 🍵 茶之效

花茶可平肝润肺、理气解郁、养颜排毒。

## 🍵 茶之产

明代顾元庆在《茶谱》一书中详细记载了窨制花茶的方法："诸花开时，摘其半含半放之香气全者，量茶叶多少，摘花为茶。花多则太香，而脱茶韵；花少则不香，而不尽美。"

# 白茶

白茶为中国主要茶类之一，因其成品茶多为芽头，满披白毫，如银似雪而得名。白茶早在唐朝就有记载，相传原产地为福建太姥山。白茶有较强的健康养生功效，为海外人士所赏识，是不可多得的茶中珍品。

白茶汤色黄绿清澈、滋味鲜爽微甜

## 茶之识

白茶属于轻微发酵茶，是我国茶类中的特殊珍品，其制法既不破坏酶的活性，又不促进氧化作用，因此具有外形芽毫完整、满身披毫、毫香清鲜、汤色黄绿清澈、滋味清淡回甘的特点。

### 品饮之道

#### ① 准备茶具

在选择茶具时，最好用直筒形的透明玻璃杯，利于清晰地看到杯中白茶的形状、色泽及冲泡时的姿态和变化等。

#### ② 赏茶

在冲泡之前，要先欣赏一下茶叶的形状和颜色。白茶的颜色为白色。赏茶时，白茶白毫银针外形宛如一根根银针，给人以美感。

#### ③ 投茶

白茶的投茶量大约2克即可。

#### ④ 泡茶

一般用70℃的开水，先在杯子中注入少量的水，大约淹没茶叶即可，待茶叶浸润大约10秒后，用高冲法注入开水。

#### ⑤ 品茶

待茶泡大约3分钟后即可饮用，因为白茶没有经过揉捻，所以茶汁很难浸出，滋味比较淡，茶汤也比较清，茶香没有其他茶叶那么浓烈，要慢慢、细细品味才能体会其中的茶香。

## 茶之效

白茶可解毒降压、防暑退热、抗氧化。

## 茶之产

白茶为福建的特产，主要产区在福鼎、政和、松溪、建阳等地。基本工艺是萎凋、烘焙（或阴干）、拣剔、复火等工序。白茶因茶树品种、鲜叶采摘的标准不同，可分为叶茶（如白牡丹、新白茶、贡眉、寿眉）和芽茶（如白毫银针）两类。

# 黑茶

黑茶，是我国的特有茶类。最早的黑茶产于四川，所用原料较为粗老。为方便运输而将绿毛茶蒸压成团块，长时间的堆积发酵使毛茶色泽由绿变黑，其叶片多呈暗褐色，故而得名。黑茶是少数民族在生活中常喝的饮品之一。

黑茶汤色明净如琥珀，滋味醇和

## 茶之识

黑茶属后发酵茶，初制基本工艺是杀青、揉捻、渥堆和干燥四道工序。加工初期以杀青或炒青钝化茶叶中酶的氧化作用，而后的渥堆发酵再促使微生物产生氧化酶，与茶多酚完成氧化反应，从而使黑茶具有浓重的色度与口味。

### 品饮之道

① 准备茶具

一般用厚壁的紫砂壶冲泡即可，准备透明的玻璃杯并冲洗干净，以便观赏汤色。

② 赏茶

查看茶的条索外形、色泽，细闻其茶香或发酵香。

③ 投茶

投茶量为所用茶壶的 2/5 左右即可。

④ 冲泡

泡茶用水以 100℃ 的沸水为宜，先以沸水浸润一遍，冲泡时应注意嫩茶以多透少闷为原则，粗茶则正相反。茶汤的浓淡与茶品、用茶量及浸泡时间成正比，通常浸泡时间为 2~3 分钟，其他可根据个人口味适当选择。

⑤ 品茶

将茶倒入玻璃杯中，以汤色红亮通透为佳，细闻其纯正、醇和之气，小啜一口浸润舌面，以舌边及舌根感受茶汤的醇和风味，最后再吞咽，感受其回甘与美妙。

## 茶之效

黑茶可消食减肥、解油去腻、调节肠胃。

## 茶之产

按照产区和工艺的不同，黑茶可分为湖南黑茶、湖北老青茶、四川边茶和滇桂黑茶，在我国云南、四川、广西等地广为流行。黑茶随着时间的推移而愈加醇和，其中茯砖在加工过程中所生成的菌体色如金花，能够赋予茶本身独特的香气与醇味，其神奇之处与收藏前景让人们竞相珍藏。

# 普洱茶

普洱茶，是采用绿茶或黑茶经蒸压而成的各种云南紧压茶的总称。由于云南常年适宜的气温及养分丰富的高地土壤，故使得普洱茶的营养价值颇高，被国内人士及海外侨胞、港澳同胞当作养生滋补的珍品。

普洱茶滋味醇厚回甘，具有独特的陈香味

## 茶之识

普洱茶选用优良的云南大叶种茶树的鲜叶制成，外形条索粗壮肥大，色泽乌润或褐红。产普洱茶的植株又名野茶树，在云南南部和海南均有分布，自古以来即在云南普洱一带集散，因而得名。

## 品饮之道

### ① 准备茶具

一般来说，泡普洱茶要用腹大的陶壶或紫砂壶，由于普洱茶浓度高，这样可以避免茶泡得过浓。

### ② 投茶

在冲泡时，茶叶的分量约占壶身的1/5。

### ③ 冲泡

普洱茶的茶味不易浸泡出来，所以必须用滚烫的开水冲泡。开水冲入后随即倒出来，湿润浸泡即可；第二泡时，冲入滚烫的开水，浸泡15秒即倒出茶汤来品尝。为综合普洱茶茶性，可将第二泡、第三泡的茶汤混着喝。冲泡四次以后，每增加一泡，浸泡时间增加15秒钟，以此类推。

### ④ 品饮

普洱茶是一种以味道带动香气的茶，香气藏在味道里，感觉较沉。由于普洱茶的浓度高，具有耐泡的特性，因而普洱茶一般都可以续冲10次以上。

## 茶之效

普洱茶可解油去腻、消脂减肥、降压防癌。

## 茶之产

普洱茶历史悠久，明清时期曾盛极一时，传统制作工艺分采茶、杀青、揉捻、干燥、筛选、制形等工序。按加工程序的不同，可分为直接再加工为成品的生普和经过人工速成发酵后再加工而成的熟普两类，其中熟普具有药理作用，因而有"品老茶、喝熟茶、存生茶"的说法。

# ❶ 茶学知识入门

# ❷ 中国名优绿茶

# ⑦ 茶疗祛疾，健康永驻

# ❽ 茶养五脏，益寿延年

# ⑨ 四季茶饮，滋补养生

# ⑩ 美颜瘦身，茶魅无限

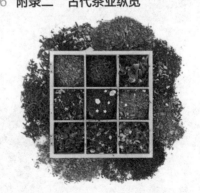

# 茶学知识入门

　　中国，是茶之古国，是茶树的原产地。几千年来，中国人种茶、制茶、品茶，茶已成为人们生活中的一项重要内容，抑或是一种热爱。本章将带你了解基础茶学知识，学会选茶、论水、择器、泡茶和储茶，领略茶艺演示步骤及初级技巧，以及知晓茶的营养成分、养生功效、饮茶忌讳等小知识。

# 茶树的原产地

中国是世界上最早种茶、制茶、饮茶的国家，茶树的栽培已经有几千年的历史。在云南的普洱有一棵"茶树王"，树干高13米，经考证已有1700年的历史。近年人们又发现两株树龄为2700年左右的野生"茶树王"，需要两人才能合抱。在当地森林中，直径在30厘米以上的野生茶树有很多。

茶树原产于中国，虽然人们在中国和印度都发现了高大的野生茶树，但我国已有文献记载"茶"的时间要比印度发现的最早的野生大茶树的时间早1000多年。无论是从茶树的历史，还是茶树的分布情况、地质变迁、气候变化等方面来看，都只能说明一个事实：中国是茶树的原产地，是茶树的故乡。

中国关于茶最早的记载是《神农本草经》："神农尝百草，日遇七十二毒，得荼而解之。"陆羽的《茶经》中也说道："茶之为饮，发乎神农氏。"由此可见，可能是神农氏发现了茶。

根据晋代常璩的《华阳国志·巴志》记载，商末时候，巴国已把茶作为贡品献给周武王了。在《华阳国志》一书中，介绍了巴蜀地区人工栽培的茶园。魏晋南北朝时期，茶产渐多，茶叶商品化。人们开始注重精工采制以提高质量，上等茶成为当时的贡品。魏晋时期，佛教的兴盛也为茶的传播起到推动作用。为了更好地坐禅，僧人常饮茶以提神。有些名茶就是佛教和道教圣地最初种植的，如四川蒙顶、庐山云雾、黄山毛峰、西湖龙井等。

茶叶生产在唐宋时期达到一个高峰，茶叶产地遍布长江、珠江流域和中原地区，各地的人们对茶季、采茶、蒸压、制造、品质鉴评等已有深入研究，品茶成为文人雅士的日常活动，宋代还曾风行"斗茶"。元明清时期是茶叶生产大发展的时期，人们制茶的技术更高明，元代还出现了机械制茶技术，被视为珍品的茗茶也出现了。明代是茶史上制茶发展最快、成就最大的朝代。朱元璋在茶业上立诏置贡奉龙团，对制茶技艺的发展起了一定的促进作用，也为现代制茶工艺的发展奠定了良好基础。今天泡茶而非煮茶的传统就是明代茶叶制作技术的成果。至清代，无论是茶叶种植面积还是制茶工业，规模都较前代扩大。

◀ 在冰川时期，我国西南滇、贵、川温湿的土壤与气候条件致使少量野生茶树在极端气候下存活下来，并至今保持着最原始的特征和特性。

树高叶茂

基部粗壮

### 茶马古道

茶马古道是我国西南地区的民间商贸要道。源于古代西南边疆和西北边疆的茶马互市，兴于唐宋，盛于明清。马匹、皮草、药材、茶叶、布匹、盐及生活日用品在这条贸易走廊间南来北往，并延续至今。

# 最早的茶学专著——《茶经》

《茶经》是唐代陆羽经过对中国各大茶区茶叶种植、采制、品质、烹煮、饮用及茶史、茶事、茶俗的多年研究，总结而成的一套关于茶的精深著作。全书共7000多字，分上、中、下三卷，包括"一之源、二之具、三之造、四之器、五之煮、六之饮、七之事、八之出、九之就、十之图"共十大部分。书中对中国茶叶的历史、产地、功效、栽培、采制、烹煮、饮用、器具等都做了详细叙述。在此之前，中国还没有这么完备的茶叶专著。因此，《茶经》是中国古代第一部，同时也是最完备的一部茶叶专著。

## 《茶经》十大部分

一之源，讲茶的起源、性状；二之具，讲采茶、制茶的工具；三之造，讲茶的品种及采制方法；四之器，讲煮茶、饮茶的器具；五之煮，讲煮茶方法及论水；六之饮，讲饮茶风俗及历史；七之事，讲茶事、产地、功效等；八之出，讲唐代重要茶区的分布及各地茶叶的优劣；九之就，讲根据实际情况采茶、制茶用具的灵活应用；十之图，讲教人用绢素写茶经。

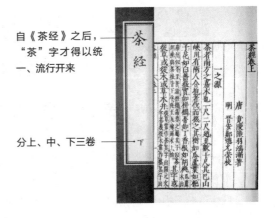

自《茶经》之后，"茶"字才得以统一、流行开来

分上、中、下三卷

◀ 生性淡泊的陆羽不求功名利禄，将毕生精力倾注于茶中。

根据陆羽所作的《陆文学自传》，陆羽生于唐代复州竟陵（今湖北天门市），因相貌丑陋而成为弃儿，后被当地龙盖寺和尚积公禅师收养。陆羽在龙盖寺学文识字、诵经煮茶，为其以后的成长打下了良好的基础。由于不愿削发为僧皈依佛门，陆羽12岁时逃出龙盖寺，开始漂泊不定的生涯。后来在竟陵司马崔国辅的支持下，年仅21岁的陆羽开始历时5年考察茶叶的游历。

经义阳、襄阳，往南漳，入巫山，一路风餐露宿，陆羽实地考察了茶叶产地32州。每到一处都与当地村叟讨论茶事，详细记录，之后隐居在苕溪，根据自己所获资料和多年论证所得从事对茶的研究。历时十几年，陆羽终于完成世界上第一部关于茶的研究著作《茶经》，此时他已经47岁。

陆羽的伟大之处就在于他悉心钻研儒家学说，又不拘泥于此，将艺术融于"茶"中，开中国茶文化之风气，也为中国茶业提供了完整的科学依据。陆羽逝世后，后人尊其为"茶神""茶圣"。

# 茶叶中的营养成分

茶叶一直以来被大家所推崇，有"健康的护卫者"之誉。茶叶中含有丰富的营养成分，能够提供人体所需要的多种营养。新鲜的茶叶中含有80%的水分及20%的干物质，所有的营养成分都集中于干物质中。这些营养成分包括蛋白质、氨基酸、维生素、矿物质、碳水化合物、生物碱、有机酸、脂类化合物、天然水色素、茶多酚等。

茶叶不仅为人体提供多种营养物质，而且还经常被运用于药理，对人体保健有很重要的作用，对心血管疾病和病毒菌方面的预防和治疗有着很明显的效果。

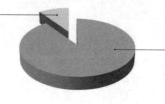

3.5%~7%为磷、钾、硫、镁、氟、钠、钙、铜等无机物

93%~96.5%为碳水化合物、蛋白质、脂类、氨基酸等有机物

## 碳水化合物

茶叶中的碳水化合物包括葡萄糖、果糖、蔗糖、麦芽糖、淀粉、纤维素、果胶等，其含量占干物质总量的20%以上，其中的单糖、双糖是组成茶叶滋味的物质之一。茶叶的老嫩主要取决于茶叶中的多糖类化合物，即纤维素、淀粉等，茶叶越嫩，多糖类化合物含量越高。茶叶中的果胶等物质是糖的代谢产物，含量占干物质总量的4%左右。

果胶是形成茶汤和外形光泽度的主要成分之一

碳水化合物是茶汤中甜味的主要呈味物质

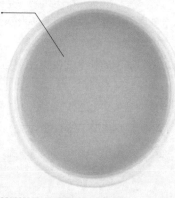

在茶汤中混入牛奶，不仅会降低茶的涩味，也能促进人体摄取更多的优质蛋白

## 蛋白质

茶叶中的蛋白质包括谷蛋白、球蛋白、精蛋白、白蛋白等。茶叶中的蛋白质大约占茶叶干量的20%，但在茶叶制作过程中蛋白质与茶多酚结合，加热后会凝固，剩下直接能溶解于水的不到2%。水溶性蛋白质也是形成茶汤滋味的成分之一。

# 脂肪

脂肪在茶叶中的比重大约占2%，茶叶中的脂肪包括磷脂、甘油酯、糖脂和硫酯等，其中磷脂是最主要的成分。绿茶中的脂肪含量为1.1%，乌龙茶中的脂肪含量为2.4%。茶叶中的类脂类物质，对形成茶叶的香气有着积极作用。另外，这些脂类还能促进脂溶性维生素的吸收，防止维生素缺乏症的产生。

开水泡茶后，浮在水面的泡沫及有形物质就是被热水溶解的脂肪

茶叶中的脂溶性维生素难溶于水

茶叶中的水溶性维生素则易于浸出

# 维生素

维生素的种类很多，按其溶解性主要分为两大类，即脂溶性维生素和水溶性维生素。维生素是茶叶中的重要营养成分，其种类有维生素A、维生素$B_1$、维生素$B_2$、维生素$B_3$、维生素$B_{11}$、烟酸、维生素$B_{12}$、维生素C、维生素D、维生素E、维生素K、维生素U、生物素、肌醇等。由于茶叶中维生素的含量丰富，茶水历来被人们认为是养生饮品。

# 矿物质及药用成分

茶叶中含有丰富的矿物质元素，种类繁多，其中含量较多的是钾，其次就是磷、钠、硫、钙、镁、锰，微量元素有铜、锌、钼、镍、硼、硒、氟等，这些元素大部分是人体所必需的。茶叶中还有很多药用成分，最重要的是咖啡因、茶多酚。

▶ 茶叶中的咖啡因有助于提神醒脑，茶多酚有防止血管硬化、降血脂、消炎抑菌、防辐射等功效，这也是城市白领偏爱茶饮的原因之一

# 茶叶的保健价值

茶叶中含有多种营养成分，能够帮助补充人体所需的多种营养。生物碱能够起到提神醒脑的作用；茶多酚可以抗癌，预防癌细胞扩散；氨基酸能够降低血氨；蛋氨酸能调整脂肪代谢；脂多糖能降低血糖。茶叶中富含维生素，能够提供人体所需要的各种维生素，B族维生素可以预防癞皮病，维持神经、心脏和消化系统的正常功能，参与脂肪代谢。维生素E能阻止人体中脂质的过氧化过程，具有抗衰老的功效，还可以促进肝脏合成凝血素。维生素C还可降低眼睛晶体浑浊度，对减少眼部疾病、护眼明目有积极的作用。茶叶中的矿物质更为丰富，氟能坚固牙齿，防止龋齿，并且对防止老年骨质疏松症有明显的效果。

## 生物碱

茶叶里所含的生物碱主要是由咖啡因、茶叶碱、可可碱、腺嘌呤等组成，其中咖啡因含量最多。咖啡因是一种兴奋剂，对中枢神经系统有刺激作用，能帮助人们振奋精神、消除疲劳、提高工作效率；而且能消解烟碱、吗啡等药物的麻醉与毒害；另外，还有利尿、消肿、解酒精毒害、强心解痉、平喘、扩张血管壁等功效。可可碱也是茶叶中一种重要的生物碱，具有利尿、兴奋心肌、舒张血管等功效。

▲ 茶叶碱在红茶和绿茶中较多，能放松支气管的平滑肌，降低血压，对呼吸系统疾病具有一定的保健作用

## 茶多酚

茶叶中的茶多酚是一种强效、低毒的抗菌物质，能够有效地防治耐抗生素的葡萄球菌感染，尤其对肠道致病菌具有抑制和杀伤作用。茶多酚和蛋白质结合起来可以消炎止泻。茶多酚中的儿茶素还能活血化淤，促进血液循环，有利于人体造血功能的恢复，能够明显地提高白细胞的数量，增强身体的抵抗力。

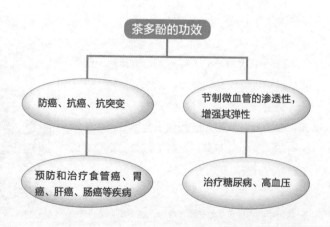

茶多酚的功效

- 防癌、抗癌、抗突变
- 节制微血管的渗透性，增强其弹性
- 预防和治疗食管癌、胃癌、肝癌、肠癌等疾病
- 治疗糖尿病、高血压

## 芳香类物质

茶叶中含有芳香类物质，可以使茶叶挥发出香气。在茶叶所含的化学成分中，芳香物质含量很少，但种类却很复杂。一般茶叶含有的香气成分化合物达五百余种。组成茶叶芳香物质的主要成分有醇、酚、醛、酮、酸、酯、内酯类、含氮化合物、含硫化合物、碳氢化合物、氧化物等十多类。其中，茶黄烷醇能够抗辐射；醛类包括甲醛、丁醛、戊醛、己醛等；酸类化合物有抑制和杀灭酶菌和细菌的作用，对于黏膜、皮肤及伤口有刺激作用，并有溶解角质的作用；茶叶中的叶酸有补血的作用，特别是经过发酵及类似过程的茶叶，对治疗贫血症有一定效果。

芳香类物质也能帮助溶解油脂，健美形体

▲ 茶叶中的芳香类物质所挥发出的香气，不仅能使人心旷神怡，还能让口腔感觉清新凉爽，达到解渴的目的

## 脂多糖类

茶叶的细胞壁中含有3%的脂多糖，含量很低。中国民间有采用粗老茶治疗糖尿病的传统，粗老茶中降血糖的有效成分是茶叶多糖。茶叶中多糖化合物的含量只占5%左右，粗老茶比细嫩茶含量高。茶多糖主要由葡萄糖、阿拉伯糖、核糖、半乳糖等组成。脂多糖有降低血糖的作用，对糖尿病有很好的预防和治疗作用。

▲ 茶叶中的脂多糖可帮助电脑操作者保护视力，吸附和捕捉电脑辐射

## 皂苷类物质

茶叶和茶籽中都含有皂苷化合物。茶皂素是一种天然非离子型表面活性剂。茶皂素具有良好的消炎、镇痛、抗渗透等药理作用，能提高人体的免疫功能，并且起到抗菌抗氧化、消炎、抗病毒、抗过敏的作用。

▲ 茶叶中的皂苷类物质能促进消化吸收，排毒止泻，辅助治疗肠胃疾病

# 饮茶"十忌"

## 1

忌空腹喝茶：茶叶大多属于寒性，空腹喝茶，会刺激脾胃，产生肠胃痉挛，而且茶叶中的咖啡因会刺激心脏，如果空腹喝茶，对心脏的刺激更大。

饭后适量饮茶，既可消脂去腻，又不刺激肠胃

**女性饮茶不宜时段**

行经期，饮茶不利于肠黏膜对铁的吸收

怀孕期，饮茶会加快心率，增加心肾负担

临产期，饮茶会引起孕妇心悸、体质下降

哺乳期，饮茶会抑制产妇乳腺分泌；失眠

更年期，过多饮茶会加重妇女头晕乏力、易怒、心动过速、月经功能紊乱等症状

## 2

忌喝过烫茶：太烫的茶水对人的喉咙、食管和胃刺激性较强，长期喝烫茶容易导致这些器官的组织增生，产生病变。泡茶用水的温度应以80℃左右为宜。

## 3

忌冲泡的次数过多：茶叶中可溶性物质将近40%，随着茶叶冲泡次数的增加，可浸出的营养物质会大幅度降低，少量有害物质也会在多次浸泡后浸出。

## 4

忌喝隔夜茶：隔夜茶因为时间过久，茶中的维生素C已丧失，茶多酚发生氧化减少，色泽泛黄；此外，茶汤暴露在空气中，易被微生物污染。

## 5

忌酒后喝茶：茶水会刺激胃酸分泌，使酒精更容易对胃黏膜造成伤害；茶碱的利尿作用会让尚未分解的乙醛过早进入肾脏，影响肾功能。

## 6

忌喝新炒的茶：新炒的茶多酚类、醇类、醛类含量较多，鞣酸、咖啡因的活性更强，常饮会出现四肢无力、失眠等"茶醉"现象，吃甜食可帮助缓解。

## 7

忌过量喝茶：过量喝茶时，茶叶中的咖啡因等物质会在体内堆积过多，损害神经系统，给心脏增加额外负担。成人每日茶叶用量在6～10克。

## 8

忌用茶水服药：茶中咖啡因的兴奋作用与镇静、安眠药物冲突；茶中的多酚类会降低酶的活性，降低酶制药剂的药效。服药后两小时内不宜饮茶。

## 9

忌睡前喝茶：睡前喝茶，特别是浓茶，易致使大脑处于亢奋状态而长时间难以入睡。睡前喝茶也容易造成夜尿频繁，不利于夜间休息。

## 10

忌喝劣质茶：劣质茶中含有大量的残留农药以及未经处理过的有害物质。如果喝劣质茶过多，茶叶中的有害物质就会在体内大量存积而影响整个身体的机能。

# 选购茶叶须知

茶叶是人们生活中的必需品，面对琳琅满目的茶品，如何选择上好的茶叶、如何鉴别茶叶的品质和时限就显得尤为重要。下面将介绍一些关于茶叶选购的常识与技巧。

干燥程度　以手轻握茶叶时微感刺手，轻捏易碎，则表示茶叶的干燥度良好。

叶片匀整　茶叶叶片形状、色泽整齐均匀的品质较好，断碎或杂质较多者的为次。

外观色泽　茶叶叶片油润鲜活、锋苗和白毫显露，如乌龙茶及部分绿茶以带有油光宝色或白毫者为佳，若色泽不一、晦暗无光，则茶叶的品质必然不佳。

冲泡　冲泡时较快舒展开的茶叶多为粗老之品，而叶片不舒展或多次冲泡仍较难舒展开的茶叶多为焙火失败或是较为陈旧的茶品。

香气　茶香纯正、馥郁，如绿茶的清香，乌龙茶的熟果香，红茶的焦糖香，花茶的熏花香等，勿选择带有油臭味、焦味、陈味、火味、闷味及其他异味的劣质茶叶。

汤色　汤色澄清鲜亮，带有油光，以无浑浊或沉淀物产生者为佳。通常绿茶呈蜜绿色，乌龙茶呈琥珀色，红茶呈鲜红色，包种茶呈蜜黄色。

滋味　上好的茶叶茶汤少苦涩、带有甘滑醇味，品尝时口腔中会充溢特有的香气或喉韵，而较差的茶叶品尝时苦涩味较重，或带有陈旧味、火味等。

叶底　叶底匀整、柔嫩，有弹性，绿茶叶底翠绿、明亮；乌龙茶叶底叶脉及叶边缘呈红色，其余部分呈绿色；红茶叶底红艳鲜亮；花茶叶底绿中稍带黄色，色泽均匀、明亮。

▲ 选购时须结合茶的特征、匀整度、紧实度等方面加以辨别

冲泡后能逐次舒展的茶叶，多由幼嫩鲜叶制成，且制造工艺较好，茶汤浓郁

# 慧眼识茶

## 春茶的识别

历代文献都有"以春茶为贵"的说法。由于春季温度适中，雨量充沛，加上茶树经头年秋冬季的休养，使得春茶色泽绿润，条索结实，身骨重实，冲泡后汤色清澈明亮，香气高长，叶质柔软，无杂质。

春茶芽叶硕壮饱满，叶底厚实，叶脉细密，叶片边缘锯齿不明显

## 夏茶的识别

夏季炎热，茶树新梢芽叶迅速生长，使得能溶解于水的浸出物含量相对减少，因此夏茶的茶汤滋味没有春茶鲜爽，香气也不如春茶浓烈，反而增加了带苦涩味的花青素、咖啡因、茶多酚的含量。从外观上看，夏茶叶肉薄，且多紫芽。

夏茶香气欠缺，叶脉尽显，叶底叶片边缘锯齿明显

## 秋茶的识别

秋天温度适中，且茶树经过春夏两季生长、采摘，新梢内物质相对减少。从外观上看，秋茶条索紧细、轻薄，多丝筋，身骨轻飘。所泡成的茶汤淡，味平和，微甜，叶底柔软，单片较多，叶张大小不一，茎嫩，含有少许黄色叶片。

秋茶色泽黄绿，叶底柔软，茎嫩，单片较多，叶张大小不一

## 花茶的识别

花茶的外形一般都是条索紧实，色泽明亮均匀，如果外形粗松不整，色泽暗淡，则为劣质茶。优质的花茶一般没有杂质，掂量时会有沉实的感觉，如果杂质很多，掂量时感觉很轻，则为劣质茶。

花茶一般香气浓郁持久，纯正而鲜爽，只有花香，没有其他异味

# 影响茶叶品质的因素

　　由于空气、光线、水分等的影响，茶叶很容易受潮，或吸收异味，或其中的叶绿素被破坏而茶叶颜色枯黄发暗，品质变坏，最终导致茶叶、茶汤颜色发暗，香气散失，严重影响了茶味，严重时甚至发霉不能饮用。因此，掌握一些妥善保藏茶叶的常识就显得很重要。

　　由于茶叶中的一些成分很不稳定，很容易引起茶变。因此，放置茶叶的容器就非常重要，一般以锡瓶、瓷坛、有色玻璃瓶为最佳；塑料袋、纸盒最次；同时注意保存茶叶的容器要干燥、洁净，远离樟脑、药品、化妆品、香烟、洗涤用品等有强烈气味、异味的物品；不同级别的茶叶也不能混在一起保存。

◀ 光线、温度、湿度、空气、微生物、异味都会对茶叶品质造成影响

## 如何区分新茶与陈茶

　　**看色泽**　由于茶叶在储藏的过程中，构成茶叶色泽的一些物质会在光、气、热的作用下，发生缓慢分解或氧化，失去原有的色泽。如新绿茶色泽青翠碧绿，汤色黄绿明亮；陈茶则因叶绿素分解、氧化，色泽变得枯灰无光，汤色黄褐不清。

　　**闻茶香**　构成茶香的醇类、酯类、醛类等物质会不断挥发和缓慢氧化，时间越久，茶香越淡，由新茶的清香馥郁变成陈茶的低闷浑浊。

　　**捏干湿**　取一两片茶叶用拇指和食指稍微用劲一捏，能捏成粉末的是足干的新茶。

　　**品茶味**　陈茶受光、气、热影响，含水量较高，容易变质，这在一定程度上影响茶水的色、香、味。而茶叶中的酚类化合物、氨基酸、维生素等构成茶叶的物质也会逐步分解挥发、缩合，使醇厚鲜爽的新茶变成淡而不爽的陈茶。

▲ 新采摘的绿茶色泽青翠碧绿

▲ 受潮后的茶叶捏压而不易碎

# 茶叶的储藏

茶叶之所以容易变质，是因为茶叶具有吸收异味的特性、吸湿性和超强的氧化性，茶叶的这些特性与茶叶本身的组织结构和成分是密切相关的。

**茶叶吸收异味的特性**　由于茶叶是疏松具有多毛细管的结构体，而且含有很多具有吸附异味的化学成分，所以即使把茶叶放在茶叶罐里，如果茶叶罐离一些含有香味的物品过近，茶叶也会吸收外界的气味。

**茶叶的吸湿性**　茶叶中含有很多亲水性的化学物质，如蛋白质和糖类，茶叶吸湿后会使茶叶内的化学物质发生氧化，使茶叶内的氨基酸、叶绿素等转化为其他物质。

**茶叶超强的氧化性**　茶叶时刻都在进行着自我氧化。除了湿度以外，温度也是茶叶变质的主要因素之一。这种氧化也被叫作陈化，它会使茶汤的颜色加深，并失去茶叶的鲜爽度。

▲ 茶叶在贮存时应避免放在潮湿、高温、不洁、暴晒的地方

影响茶叶储藏的因素：空气　光线　湿度　温度　异味　微生物

## 简易储藏操作流程

步骤1　准备一些洁净没有异味的白纸、牛皮纸，没有空隙的塑料袋。

步骤2　用白纸将茶叶包好，再包上一张牛皮纸，装入塑料食品袋中。

步骤3　用手轻轻挤压，将袋中的空气排出，用细绳子将袋口捆紧。

步骤4　将另一只塑料食品袋套在第一只袋外面，同样将空气挤出，用细绳把袋口扎紧。

步骤5　最后将茶包放入干燥无味、密闭性好的铁筒中即可。

▲ 即便在密封的茶叶罐中，茶叶也会进行缓慢的自行氧化

# 常见储藏方式

▲ 铁罐储藏：方便实用，大众化选择，但不宜长期储藏，须留意罐体的密闭性

▲ 陶罐储藏：罐底加置石灰袋除湿，以牛皮纸袋分装茶叶，罐口以棉花填实

▲ 玻璃瓶储藏：简单实用，可选择有色、清洁、干燥的玻璃瓶，以避免光线直射

▲ 木炭密封储藏：利用木炭的吸潮性来储藏茶叶，但是木炭要及时更换

▲ 低温储藏：将茶叶罐或者茶叶袋放在冰箱内冷藏，温度以5℃左右最适宜

▲ 热水瓶储藏：填装茶叶时须尽量装满以减少空气存留空间，适宜家用

## 储藏茶叶忌含水较多

茶叶在储藏时一定要注意保持干燥，避免受潮。含水量的增加，会使茶叶的色泽逐渐变黄，滋味和鲜爽度也大不如前。在储藏前，可抓一点茶叶用手指轻轻搓捻，易成粉末的茶叶干燥度高、适宜储藏，并尽量维持储藏环境的相对湿度较低。

◀ 茶叶在包装前必须把含水量控制在5%~6%

## 储藏茶叶忌接触异味

茶叶具有很强的异味吸附性，如若在储藏时接触到异味，不仅会影响茶叶的味道，也会加速茶叶变质。

▲ 保管茶叶时一定要确保盛装茶叶的容器卫生洁净无异味

## 储藏茶叶忌置于高温环境

茶叶中含有的化学物质会随着温度的升高而加快变化，所以高温环境不利于茶叶储藏。一般控制在5℃以下的低温环境可维持茶叶的香气持久。

## 储藏茶叶忌受阳光照射

阳光会使茶叶中的叶绿素氧化，叶片颜色由绿色转为棕黄色；被氧化的芳香物质也会褪去，而产生"日晒味"，所以应选择阴凉避光处储藏茶叶。

## 储藏茶叶忌长时间暴露

空气中的氧气会促进茶叶中的化学成分如脂类、茶多酚、维生素C等物质氧化，进而加速茶叶变质。故茶叶应避免暴露在空气中，储藏容器内的含氧量也应控制在最低。此外，空气中的水分也不利于茶叶保持干燥。

泡茶时取完茶叶后，要把茶叶继续密封保存

# 茶具入门：适用为上

茶具，即指人们泡饮茶叶时的专用器具。由于我国茶类繁多，各地风俗各异，饮茶所用的器具更是五花八门。随着饮茶之风的盛行和时代的更迭，这些集功能性、文化鉴赏性于一体的茶具分类越来越具体、细致，具体如下：

主茶具是泡茶、饮茶的主要用具，包括茶壶、茶盅、小茶杯、闻香杯、杯托、盖置、茶碗、盖碗、大茶杯、冲泡盅等。

辅助用具，即泡茶、饮茶时所需的其他器具，用以增加美感，便于操作，包括茶盘、茶巾、茶匙、茶荷、茶针、茶夹、茶箸、奉茶盘、茶食盘、计时器等。

备水器，包括净水器、贮水缸、煮水器、保温瓶、水注、水盂等。

备茶器，包括茶叶罐、贮茶瓶、茶瓮（箱）等。

盛运器，包括提柜、都篮、提袋、杯套。

泡茶席，包括茶车、茶桌、茶席、茶凳、坐垫。

茶室用品，包括屏风、茶挂、花器。

茶杯　盖碗　汤滤　公道杯　茶盘

茶夹　茶筒

## 茶道六君子

茶道六君子，即茶匙、茶针、茶漏、茶夹、茶则、茶筒，多为竹木材质，是人们泡饮茶叶时最为常用的茶道配件。茶则用于衡量茶叶用量，确保投茶量的准确，或观看干茶样和置茶分样。茶匙用于清理壶嘴淤塞，或将茶则中的茶叶扒入茶壶、茶盏。茶漏用于放置在小茶壶的壶口，茶叶从中漏进壶中，以免干茶叶撒到壶外。茶针用于疏通壶嘴，以免茶渣阻塞。

# 茶叶罐

　　茶叶罐是专门用来保存茶叶的器具，为密封起见，应用双层盖或防潮盖。锡罐是最好的储茶罐，但价格昂贵；陶瓷罐次之。不宜用塑料和玻璃罐储茶，因为塑料会产生异味，而玻璃透光，容易使茶叶氧化变色。

　　　　密封遮光、隔味隔潮

◀ 茶叶罐以纸罐外套密封袋最方便实惠

# 煮水器

　　煮水器由烧水壶和热源两部分组成，热源可用电炉、酒精炉、炭炉等。现代使用较多的是电水壶，它以不锈钢材料制成，人们也叫它"随手泡"，取其方便之意。

▲ 茶艺馆中也常备一种"茗炉"。炉身为陶器，可与陶水壶配套，中间置酒精灯，点燃后，可保持壶中的水温，便于茶艺表演

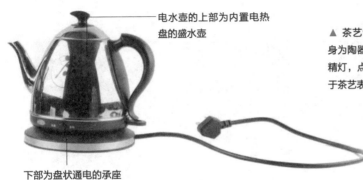

　　　　电水壶的上部为内置电热盘的盛水壶

下部为盘状通电的承座

# 茶针

　　用于清理疏通壶嘴，以免茶渣阻塞，造成出水不畅。

# 茶匙

　　可帮助将茶则中的茶叶扒入茶壶、茶盏，或自壶内掏出茶渣。

# 茶则

　　在茶艺表演中，茶则除了用来量取茶叶以外，另一种用途是用以观看干茶样和置茶分样。

## 品茗杯

俗称茶杯，是用于品尝茶汤的杯子。茶杯有大小之分，小杯用来品饮乌龙茶等浓度较高的茶，大杯可泛用于绿茶、花茶等。

## 公道杯

又称茶海，多用于冲泡乌龙茶时，可使冲泡出的茶汤滋味均匀，色泽一致，同时使茶汤中的茶渣、茶末得到较好的沉淀。

## 茶壶

用以泡茶的器具。泡茶时，将茶叶放入壶中，注入开水，将壶盖盖好即可。壶之大小视饮茶人数而定，泡工夫茶多用小壶。

## 汤滤

用于过滤茶汤用的器物，多由金属、陶瓷、竹木或葫芦瓢制成。使用时架设在公道杯或茶杯杯口；不用时则安置在滤网架上。

## 水盂

存放弃水的茶具，通常以竹制、木制、不锈钢制居多，共有两层，上层设有筛漏，可过滤、隔离废水中的茶渣。

## 盖置

用来放置茶壶盖的茶具，多设计成具有一定集水功能的器形，用于快速收集壶盖上的水滴，保持茶壶盖及茶桌的卫生、清洁。

## 茶巾

由棉麻等纤维制成，主要作为擦抹溅溢茶水的清洁用具，还可用于擦拭茶具上的水渍、茶渍，或托垫在壶底。

# 家庭泡茶器皿选配

在家中泡茶品饮，无论是独自一人，还是招待宾客，选器和程序上虽可不拘小节，但也绝不能过于简单、随意，也要花些心思、做好准备。

◀ 茶叶罐，保存茶叶的器具，须密封遮光、隔味隔潮

◀ 茶荷，用来从茶叶罐中取干茶的器皿，便于欣赏干茶的外形

茶杯，饮茶器皿，一般乌龙茶用小杯，绿茶用大杯

紫砂壶，泡茶器皿，壶的大小依据饮茶人数的多少而定

茶船，放置茶壶的器具。在茶壶中装茶、冲水后，放在茶船中，由茶壶上方淋开水温壶，茶船则可盛接壶中溢出的水

▶ 闻香杯，用于闻茶香的小杯

▶ 公道杯，一般将泡好的茶汤先倒入公道杯，再均分入各品茗杯，以使茶汤浓淡均匀

**实用推荐**

| 茶类 | 配具 |
| --- | --- |
| 绿茶 | 可选用透明的玻璃杯以便于观赏，也可用白瓷杯冲泡 |
| 乌龙茶 | 重在闻香啜味，宜选用紫砂茶具 |
| 红茶或工夫茶 | 可用瓷壶或紫砂壶，再倒入白瓷杯，以便于映衬汤色 |
| 花茶 | 为保香可选用有盖的茶杯、碗或壶 |

# 茶具进阶：材质的差异

历代茶人对茶器具提出的要求和规定，归纳起来主要有五点：一是具有保温性；二是有助于育茶发香；三是有助于使茶汤滋味醇厚；四是方便茶艺表演过程的操作和观赏；五是具有工艺特色，可供观赏把玩。

用于冲泡和品饮茶汤的茶具，从材质上主要分为玻璃茶具、瓷质茶具和紫砂茶具。玻璃茶具透光性好，有利于观赏杯中茶叶、茶汤的变化，但导热快，易烫手，易碎，无透气性；瓷质茶具的硬度、透光度低于玻璃但高于紫砂，瓷具质地细腻、光洁，能充分表达茶汤

之美，保温性高于玻璃材质；紫砂茶具的硬度、密度低于瓷器，不透光，但具有一定的透气性、吸水性、保温性，这对滋育茶汤大有益处，并能用来冲泡粗老的茶。

北方人喜欢的花茶，一般常用瓷壶冲泡，用瓷杯饮用；南方人喜欢炒青或烘青的绿茶，多用有盖瓷壶冲泡；乌龙茶宜用紫砂茶具冲泡；工夫红茶一般用瓷壶或紫砂壶冲泡。品饮西湖龙井、君山银针等茶中珍品，选用无色透明的玻璃杯最为理想。

## 紫砂茶具

紫砂茶具融诗词书画篆刻于一体，赋予茶具更多的韵味与艺术性，颇受许多茶友的青睐。

紫砂材质的透气性、吸水性、保温性令茶汤更加出色

茶具上精妙的诗词与绘画

## 瓷质茶具

瓷质茶具有着质地坚硬、不易涅染、便于清洁、经久耐用、成本低廉的优点。中国南北各瓷窑所产瓷器茶具包括青瓷茶具、白瓷具、黑瓷茶具和青花瓷茶具等。

青瓷茶具胎薄质坚，造型优美，釉层饱满，有玉质感。白瓷，以其色白如玉而得名。历史上白居易曾对四川大邑生产的白瓷茶碗赞誉不已。黑瓷茶盏古朴雅致，风格独特，瓷质厚重，保温良好，是宋朝斗茶行家的最爱。青花瓷茶具蓝白相映，色彩淡雅宜人，华而不艳，令人赏心悦目。

# 金银茶具

金银茶具大多以锤成型或浇铸焊接，再以刻饰或镂饰。金银延展性强，耐腐蚀，又有美丽色彩和光泽，故制作极为精致，价值高，多为帝王富贵之家使用，或作供奉之品。据考证，金银茶具出现在中唐前后，陕西扶风县法门寺塔基地宫出土的大量金银茶具可为佐证。

◀ 伎乐纹八棱金杯（唐）：杯体雕有胡人乐伎八人，形态各异，惟妙惟肖

◀ 罐形单环柄银杯（唐）：器形圆滑规整，光润如新

# 锡茶具

锡茶具是用锡制成的饮茶用具，采用高纯度的精锡为原料，经焙化、下料、车光、绘图、刻字雕花、打磨等多道工序制成。精锡刚中带柔，早在我国古代，人们就使用锡与其他金属炼成合金来制作器具。由于锡茶具密封性能好，所制茶具多为贮茶用的茶叶罐。

# 镶锡茶具

镶锡茶具是清代康熙年间由山东烟台民间艺匠创制，通常作为工艺茶具使用。其装饰图案多为松竹梅花、飞禽走兽，金属光泽的锡浮雕与深色的器坯对比强烈，富有民族工艺特色。壶的镶锡外表装饰考究，华丽富贵。

# 铜茶具

铜茶具是指用铜制成的饮茶用具。以白铜为上品，少锈味。器形以壶为主，少数民族使用较多。

# 景泰蓝茶具

景泰蓝茶具是铜胎掐丝珐琅茶具，以蓝色珐琅烧制而闻名，流行于明代景泰年间，制作精细，花纹繁缛，蓝光闪烁，具有浓厚的民族特色。

## 玉石茶具

玉石茶具是用玉石雕制的饮茶用具，玉石包括硬玉、软玉、蛇纹石、绿松石、孔雀石、玛瑙、水晶、琥珀、红绿宝石等，这些都可以做玉石茶具的原料。

中国玉器工艺历史悠久，玉石茶具最早出现于唐朝。明神宗御用玉茶具由玉碗、金碗盖和金托盘组成，玉碗底部有一圈玉，玉色青白，洁润透明，壁薄如纸，光素无纹，工艺精致。当代中国仍生产玉茶具，如河北产黄玉盖碗茶具通身透黄而光润，纹理清晰。

▲ 青玉灵芝耳寿字乳丁纹杯（明）：玉石茶具质地坚韧、光泽晶润、色彩绚丽、细密透明

## 石茶具

石茶具是用石头制成的茶具。石茶具的特点是石料丰富，富有天然纹理，色泽光润美丽，质地厚实沉重，保温性好，有较高的艺术价值。石茶具有大理石茶具、磐石茶具、木鱼石茶具等，产品多为盏、托、壶和杯，以小型茶具为主。

## 果壳茶具

果壳茶具是用果壳制成的茶具，其工艺以雕琢为主。主要原料是葫芦和椰子壳，大多加工成水瓢、贮茶盒等用具。《茶经》中曾有用葫芦制瓢的记载，而椰壳茶具多雕刻山水或字画，内衬为锡胆，能贮藏茶叶。

▶ 在中国，葫芦寓意吉祥美满、福禄绵长，深受人们的喜爱

## 塑料茶具

◀ 塑料茶壶材质紧密不透气，会影响茶质

塑料茶具是用塑料压制成的茶具，其主要成分是树脂等高分子化合物与配料。塑料茶具色彩鲜艳，形式多样，质地轻，耐腐、耐摔、耐磨，成本低廉，导热性较差，耐热性较差，容易变形。在现实生活中，塑料茶具的种类不多，多数为水壶或水杯，尤其以儿童用具居多。

# 玻璃茶具

玻璃茶具是指用玻璃制成的茶具，玻璃质地硬脆而透明。玻璃茶具的加工分为两种：价廉物美的普通浇铸玻璃茶具和价昂华丽的水晶玻璃茶具。

玻璃质地透明，光泽夺目，可塑性大，因此，用它制成的茶具，形态各异，用途广泛，加之价格低廉，购买方便，受到茶人好评。在众多的玻璃茶具中，以玻璃茶杯最为常见，也最宜泡绿茶，杯中茶汤的色泽，茶叶的姿色，以及茶叶在冲泡过程中的沉浮移动尽收眼底。但玻璃茶杯质脆，易破碎，比陶瓷烫手，美中不足。

▲ 玻璃茶具可以作为茶水的盛器或贮水器，由于其制品透明，是品饮绿茶时的最佳选择

◄ 由于搪瓷茶具导热快，容易烫手，因此真正讲究茶趣的人较少使用它泡茶

# 搪瓷茶具

搪瓷茶具是指涂有搪瓷的饮茶用具。这种器具制法由国外传来，人们利用石英、长石、硝石、碳酸钠等烧制成珐琅，然后将珐琅浆涂在铁皮制成的茶具坯上，烧制后即形成搪瓷茶具。

搪瓷茶具安全无毒，有着一定的坚硬、耐磨、耐高温、耐腐蚀的特征，表面光滑洁白，也便于清洗，是家庭日常生活中所常见的器具。搪瓷可烧制不同色彩，可拓字或图案，也能刻字。搪瓷茶具种类较少，大多数为杯、碟、盘、壶等。

# 不锈钢茶具

不锈钢茶具是指用不锈钢制成的饮茶用具。不锈钢茶具耐热、耐腐蚀、便于清洁，外表光洁明亮，造型规整，极富有现代元素，深受年轻人的喜爱。由于不锈钢茶具传热快、不透气，因此大多用作旅游用品，如带盖茶缸、行军壶以及双层保温杯等。讲究品茶质量的茶人，一般不使用不锈钢茶具。

◄ 不锈钢茶具在泡茶过程中优势不明显，加之不透光，因而某些时候可能还不如玻璃茶具

# 茶具精通：鉴赏与养护

选购紫砂壶时，应从色泽、外形、壶内、听音、密封、走水、挂珠七个方面入手。此外，也要注意壶的形制、质地、烧制火候及水色。喜欢喝绿茶的人可选择壶身较低的壶，喜欢喝乌龙茶、红茶、花茶、普洱茶的人可选择壶身较高的壶。

密封：壶盖与壶身嵌合严实，轻转壶盖时阻力小者为佳

走水：倾壶倒水，出水通畅、劲道，水柱无拧麻花状者为佳

挂珠：走水中突然将壶持平，壶嘴下沿不挂水珠者为佳

壶内：无明显损伤，无异味

外形：质地坚实，造型别致，无明显损伤，壶嘴、壶钮、壶把"三点成一线"

色泽：色泽华润，以绛紫色和墨绿色为上品

听音：用壶盖轻敲壶把2/3处，声音如金属般清脆悦耳者为佳

## 紫砂壶的养护

拥有一把上好的紫砂壶总能让旁人艳羡不已，而好壶也需要主人的用心呵护。简单地说，紫砂壶的养护有以下三种基本方法：

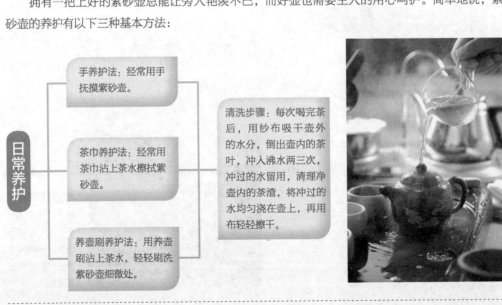

日常养护

手养护法：经常用手抚摸紫砂壶。

茶巾养护法：经常用茶巾沾上茶水擦拭紫砂壶。

养壶刷养护法：用养壶刷沾上茶水，轻轻刷洗紫砂壶细微处。

清洗步骤：每次喝完茶后，用纱布吸干壶外的水分，倒出壶内的茶叶，冲入沸水两三次，冲过的水留用，清理净壶内的茶渣，将冲过的水均匀浇在壶上，再用布轻轻擦干。

## 紫砂壶的鉴赏

　　紫砂壶具有良好的透气性能，泡茶不走味，贮茶不变色，盛暑不易馊，为宜兴特有产品。紫砂茶具是指用宜兴紫泥成形后放在1150℃高温下烧制而成的饮茶用具。紫泥色泽紫红，质地细腻，可塑性强，渗透性好。

　　宜兴紫砂茶具工艺技术是在东汉烧制陶器的"圈泥"法和制锡手工业的"镶身"法相结合的基础上发展而来的。紫砂茶具成为人们的日常用品和珍贵的收藏品，按其外形可分为筋纹、几何和自然三类。筋纹类是紫砂艺人在长期生产实践中创造出来的一种壶式；几何类是指整个造型中不同形体部位，要求每个过程都要做到有骨有肉，如传统的掇球壶、竹鼓壶、汉君壶、合盘壶、四方壶、提壁壶等属于此类；自然类则直接模拟自然界固有物或人造物作壶的造型。

俯倒弓起的青松枝

小松鼠

怒放的寒梅

扭曲的竹管上几叶翠竹

▶ 以装饰的手法将雕刻或透雕的典型的物体形象附贴在壶身上

## 紫砂壶的鉴定标准

　　当代壶艺泰斗顾景舟提出，鉴定紫砂器具优劣的标准可归纳为形、神、气、态四要素。"形"即形式的美，是指其外观、轮廓；"神"即神韵；"气"即气质，壶艺内涵的本质美；"态"即形态，作品的高、低、肥、瘦、刚、柔、方、圆的各种姿态。这四方面贯通一气的作品才是一件好作品。

　　具体来讲，评价一把紫砂壶须参考三个方面：一是完美的结构形象，即壶的嘴、扳、盖、钮、足，应与壶身整体比例协调；二是精湛的制作技艺，除了它的形制、质地的完整性外，还应该注意壶的烧制火候及水色；三是优良的实用功能，指容积和重量的比例是否恰当，挡壶扳、执握、壶的周围合缝、壶嘴出水流畅，同时也要考虑图案的脱俗、和谐与否。

▲ 从不同的角度详细观察壶身所反射出来的光暗面，以柔润细腻者为上品

## 紫砂提梁壶

紫砂提梁壶是一种古老而独特的款式。这种壶的把手不像通常那样安在壶身一侧，整个壶形气势高昂，古朴大气。提梁出现于早期紫砂壶上，是为了便于将壶悬于火上或置于炉上并利于提携之用。提梁的形式有方有圆，有拱形、海棠形等，此外还有多种形状，如松枝、梅枝、藤蔓等。多变的提梁造型为紫砂壶增添了许多意趣。

壶把自壶肩部分凌空而起，以三股结于壶体正上方

壶体浑圆

## 掇球壶

掇球壶出自晚清宜兴紫砂壶名匠程寿珍之手，这里的"掇"有选取、连缀之意，掇球就是运用若干个球体、半球体以一定的规律结合在一起，使其整体带有一定节奏感与艺术性。壶体近似圆球，盖钮为圆球，壶盖为半球状。三球重叠的整体造型丰润稳健，线条流畅、简洁、高雅，极富茶文化的神韵，让人心生喜爱。

## 僧帽壶

传说金沙寺中的老僧始创紫砂壶时，壶的造型仿的是自己的僧帽，壶口口沿上翘，前低后高，形似僧帽，被称为僧帽壶。明代供春也制作过僧帽壶。明末时大彬制作的僧帽壶，现藏于香港茶具文物馆。此壶高9.3厘米，阔9.4厘米；壶底四方形，束颈、鼓腹，鸭嘴形流，其线面明快，轮廓清晰，刚健挺拔，神韵清爽。

## 朱泥圆壶

朱泥圆壶由惠孟臣制作，他是明代万历至清代康熙年间的制壶高手，尤工小壶。此壶为赭红色，壶小如香橼，容水50毫升，器底刻有"孟臣"铭记。他的作品被称为孟臣壶，亦称"孟公壶""孟臣罐"，壶身较矮，肩宽、壁直、平盖、短直流，外形小巧可爱，主要用于冲泡乌龙茶，为工夫茶茶具之一。

## 三足圆壶

三足圆壶的壶身似球形，腹鼓似扁，外形规整圆滑，壶身无纹饰；三足略矮小，脚底稍稍上翘，精巧中悠然之态点缀其间；壶盖颈处为圆柱形，稍高出壶肩；壶把雕有兽首；壶嘴宛然而上，壶嘴尖略微扬起。此壶整体感古朴大方，给人一种浑然天成的和谐之美。

壶嘴略扬

兽首壶把

翘足

## 紫砂竹节壶

紫砂竹节壶中最有名的是明清时期宜兴窑产、陈曼生制作的，于1977年在上海金山王坫瞻山墓出土。此壶紫中透红，腹部阴刻"单吴生作羊豆用享"八字铭，下署楷书落款"曼生"二字。此壶造型庄重，纹饰清晰流畅，浮雕精细入微，给人以妙手天成之感，乃紫砂壶中珍品。

器身各处均仿竹而为之

## 石瓢壶

石瓢壶由当代壶艺泰斗顾景舟创作。此壶呈扁圆形，上窄下宽，线条流畅，造型朴拙。壶钮似一座缓坡的拱形桥，壶底有三只圆足，线条流畅，意境舒展。壶面画修篁数枝，款落"湖帆"。另一面是吴湖帆用行书写的壶铭："无客尽日静，有风终夜凉。药城兄属。"

直流设计

桥钮

## 八卦束竹壶

八卦束竹壶由64根细竹围成，每根粗细相同，工整而光洁。腰中另用一根圆竹紧紧束缚，微瘦一点。壶底四周由腹部伸出的8根竹子作为四足，上下一体，十分协调，还增强了壶身的稳定性。壶盖处运用伏羲八卦、太极图的设计，造型古典，深谙易学之道。

龙饰壶把

# 泡茶用水的讲究

"茶圣"陆羽在其所著的《茶经》中曾对茶水水源做出如下的评鉴结论，即"山水上、江水中、井水下，砾乳泉、石池、漫流者上"。他将众多烹茶用水的水源分为三等：泉水为上等，江水为中等，井水为下等；堪称"天下名泉"的共有七处，分别是济南的趵突泉、镇江的中冷泉、北京的玉泉、庐山的谷帘泉、峨眉山的玉液泉、安宁的碧玉泉、衡山的水帘洞泉。

尽管地域环境、个人喜恶的差别致使古人择水的标准说法不一，但对水品"清""轻""甘""冽""鲜""活"的要求却非常一致。

**甘甜洁净** 这是泡茶用水的第一要素，只有洁净的水才能泡出没有异味的茶，而甘甜的水质会让茶香更出色。

**鲜活清爽** 此类水能将茶叶的特色发挥出来，用死水泡茶，即使再好的茶叶也无从施展。

**贮存保鲜** 上佳的水品也需要细心地贮存、保鲜，以防止水质发生改变。

▲ 无论是从品茶角度，还是从健康角度，清澈、洁净的水质都是烹茶择水的基本标准

## 现代评水标准

现代科学越来越发达了，人们的生活层次也在不断提高，对水质的要求也提出了新的指标。现代科学对水质提出了以下四个标准：

**感官指标** 水的色度不能超过15度，而且不能有其他异色；浑浊度不能超过5度，水中不能有肉眼可见的杂物，不能有臭味异味。

**化学指标** 微量元素的要求为氧化钙不能超过250毫克/升，铁不能超过0.3毫克/升，锰不能超过0.1毫克/升，铜不能超过1.0毫克/升，锌不能超过1.0毫克/升，挥发酚类不能超过0.002毫克/升，阴离子合成洗涤剂不能超过0.3毫克/升。

**毒理学指标** 水中的氟化物不能超过1.0毫克/升，适宜浓度为0.5～1.0毫克/升，氰化物不能超过0.05毫克/升，砷不能超过0.04毫克/升，镉不能超过0.01毫克/升，铬不能超过0.5毫克/升，铅不能超过0.1毫克/升。

**细菌指标** 每1毫升水中的细菌含量不能超过100个，每1升水中的大肠菌群不能超过3个。

# 生活中的常见用水

◀ 纯净水，水质清澈纯净，没有任何有机污染物、无机盐、添加剂和杂质。纯净水的优点是安全，溶解度强，易被人体细胞吸收

◀ 矿泉水，就是指直接从地底深处自然涌出的或者人工开发的无污染的地下矿泉水。矿泉水含有一定量的矿物盐、微量元素

◀ 自来水，是指将天然水通过自来水处理净化、消毒后生产出符合国家饮用水标准的水。自来水饮用前一般都须煮沸

◀ 活性水，是指通过特定工艺使水中的气体减掉一半，使其具有超强的生物活性。它易于穿过细胞膜进入细胞，渗入量是普通水的好几倍

◀ 净化水，是利用净化器将自来水通过二次过滤后所取得的健康饮水。在净水过程中，要注意经常清洗净水器中的粗滤装置，常常更换活性炭

◀ 天然水，包括江河湖海等自然界地表水以及土壤、岩石层内的地下水等。取用前须密切留意水源、环境、气候等因素，以确保适宜饮用

# 家庭茶艺速成

如今随着生活的节奏越来越快，工作压力也越来越大。人们在工作之余，与家人、朋友一起品茗聊天，成为人们缓解压力、愉悦身心的一种好方法。

## 环境布置

家庭茶艺环境布置的大体要求是安静、清新、舒适、干净。人们可以利用家里现有的条件，营造出适合饮茶的环境，如书房、阳台、小墙角等都是可以利用的地方。

▲ 书房本身就具有安静、清新的特点，置身书海墨香中更能体悟饮茶的意境

▲ 在客厅的角落布置一些中式家具或小型摆设，小空间里也可以体味饮茶的意境

▲ 在花草掩映的庭院中，摆上茶几、椅子，亲近自然，饮茶的意境油然而生

## 基本技巧

泡茶是一门技术，需要用心学习才能掌握。一般来说泡茶有三个重要环节，就是茶的用量、泡茶的水温、冲泡的时间。把握好这三个环节，就能泡出好茶。

各类茶叶有不同的特点，有的重香，有的重味，有的重形，因此在泡茶时一定要根据茶的性质而有所侧重。茶艺的大致程序是净具、置茶、冲泡、敬茶、赏茶、续水，这些是茶艺必不可少的程序。在冲茶时，要将水壶上下提三次，可以使茶水的浓度均匀，俗称为"凤凰三点头"，而冲泡的水只需要七分满就可以了。

◀ 茶水剩余1/3时就要续水，不要等到全部饮完续水，否则茶汤会变得索然无味

# 泡茶实用技巧

## 水温控制

泡茶的水温，直接影响茶汤的品质。烧水时，以金属器具煮水为佳，须大火急沸，切忌小火慢煮，并时刻留意水的变化，具体以水中升起气泡的大小及水沸时的声音判断。

一般来说，水以刚刚煮沸起泡时为最佳，水温过低不利于茶中有效成分的浸出，茶味寡淡；若煮得过久，水中的二氧化碳就会挥发掉，这样的水会使冲泡出的茶汤鲜味尽失。此外，不同的茶叶也有着不同的水温标准，如绿茶以80～90℃的水冲泡最好；红茶和花茶适宜用刚刚煮沸的水冲泡。

▲ 水沸腾得不够，称为"水嫩"。
水沸腾得过久，称为"水老"

茶叶越多，所需浸泡的时间越短，反之就越长

头道茶的浸出物最多，也最能代表茶叶的质量

## 浸泡时间

茶叶的浸泡时间要根据不同的茶叶来制定，不同的茶叶浸泡时间不相同，同一种茶叶在不同的浸泡时间也会呈现出不同的味道。

茶叶的浸泡时间，一般在第一道时需要5分钟左右。如果浸泡的时间过短，溶水成分还没有完全释放，茶汤也就体现不出茶叶本身的香味。细嫩的茶叶较不耐泡，要适当缩短浸泡时间；耐泡的茶叶可适当延长浸泡时间。当水温高时，浸泡时间可适当缩短；水温低时，浸泡时间要适当延长。

## 冲泡次数

茶叶在第一次浸泡时，可溶性物质浸出能达到50%～55%；第二次浸出30%左右；第三次浸出10%左右；第四次几乎没有浸出。因此，一般情况下，泡茶冲三次即可废弃。茶叶的冲泡时间和次数，和茶叶的种类、水温、茶叶用量、饮茶习惯等也有关系。一般来讲，普通的红茶、绿茶，每杯放3克左右的茶，用沸水200毫升冲泡，需要4～5分钟即可饮用。当杯中剩余1/3茶汤时，可以续水，反复冲泡三次最佳。

# 茶艺基础

茶艺是饮茶活动中特有的文化现象，它包括茶叶品评技法和艺术操作手段的鉴赏及对品茗美好环境的领略等。茶艺演示注重环境与氛围的烘托，大致上有清、净、美三个方面的要求。清，即人、水、环境保持清爽。净，即人的衣着、周边环境、茶叶、茶具、水都要保持洁净，茶艺师要穿着得体，女性不要浓妆艳抹。美，即茶道之美，既要符合美学的要求，还要符合中国传统的审美情趣。

▲ 赏心悦目的环境布置、茶具、动作都是茶艺必不可少的

## 插花技巧

茶艺演示的环境中可适当安置插花装饰，花不求多，有一两枝点缀即可，这将更利于烘托出自然、典雅的氛围。插花务求简洁、淡雅、小巧、精致。花器的选择要与花相呼应，大小适中，竹、木、草编、藤编或陶艺材质较为适宜。

## 表演规则

茶艺表演和一般的品茶不同，这是一种艺术，因此位置、顺序、动作都不能混乱或者错误，这些都是根据科学、美学原理制定的，符合"和、敬、清、寂"的茶道精神，因此在表演时一定要严格遵守。

这些规则贯穿于择茶、备器、候汤、温杯、冲泡、奉茶、品饮的整套茶艺流程当中，如座次上要尽量安排长辈或尊贵客人坐在茶艺表演者的左手边，其他人按顺时针方向依次落座，如年龄、身份相差不大，则女士优先。分茶时，茶以八分满为宜，水温不宜过烫。放置茶壶时，壶嘴不能正对他人，这有闭门逐客之意。

▲ 奉茶动作要求双手配合茶盘同时端出，左手要平托盘底，右手扶稳茶盘边缘

# 龙井茶的茶艺

## ✚ 准备工作

　　首先准备好用具：龙井茶、透明玻璃杯、水壶、清水罐、水勺、赏泉杯、赏茶盘、茶匙等。

外形扁平光滑，苗锋尖削

## ◼ 茶艺步骤

### ① 初识仙姿

　　即观赏龙井干茶外形，了解龙井茶常识。

### ② 再赏甘霖

　　冲泡龙井茶需用杭州虎跑泉水。将硬币轻轻置于盛满虎跑泉水的赏泉杯中，硬币置于水上而不沉，水面高于杯口而不外溢，表明水分子密度高、表面张力大，碳酸钙含量低。如此再请来宾品赏这甘霖佳泉。

### ③ 静心备具

　　怀着一颗圣洁之心，将水注入将用的玻璃杯，一来清洁杯子，二来为杯子增温。然后倒去。

### ④ 悉心置茶

　　将龙井茶叶从茶仓中轻轻取出，每杯用茶2～3克。心态平静地将茶叶置入杯中，然后按照茶叶与水1:50的比例为干茶注水。

### ⑤ 温润茶芽

　　采用"回旋斟水法"向杯中注水少许，目的是浸润茶芽，使干茶吸水舒展，为将要进行的冲泡打好基础。

### ⑥ 凤凰三点头

　　温润的茶芽已经散发出一缕清香，这时高提水壶，让水直泻而下，接着利用手腕的力量，上下提拉注水，反复三次，让茶叶在水中翻动。三点头表示对茶和茶客的敬意。

### ⑦ 甘露敬宾

　　敬茶是中国传统礼俗，将自己精心泡制的香茶与朋友共赏，一起领略大自然赐予的精美。

### ⑧ 辨香识韵

　　闻其香，则香气清新醇厚；细品慢啜，体会齿颊留芳、甘泽润喉的感觉。

**虎跑泉**

　　虎跑泉，位于浙江省杭州市西南大慈山白鹤峰下慧禅寺，有"天下第三泉"的美誉，以甜美的虎跑泉水冲泡龙井茶，鲜爽清心，茶香宜人。

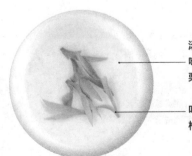

汤色嫩绿（黄）明亮，滋味清爽或浓醇，清香或嫩栗香

叶底嫩绿，芽叶形似旗枪，或形似雀舌

# 黄山毛峰的茶艺

茶芽肥壮匀齐，多毫

## ➕ 准备工作

在冲泡黄山毛峰之前，首先要准备好相关的茶具，有茶杯、茶匙、茶荷、茶船、茶托、茶壶、茶盘、茶巾等。

---

## ▣ 茶艺步骤

### ① 温杯烫盏

用热水温暖茶杯，既可以清洁茶杯，又使茶杯的温度得以提高。

### ② 鉴赏茶叶

欣赏毛峰干茶的外观：外形细扁微曲，状如雀舌，带有金黄色鱼叶。

### ③ 飞澈甘霖

用左手托住杯底，右手拿杯，从左到右由杯底至杯口逐渐回旋一周，然后将杯中的水倒出，此举为的是浸润茶杯，以更好地欣赏黄山毛峰的茶叶、茶汤。

### ④ 执权投茶

冲泡黄山毛峰采用中投法，用茶匙把茶荷中的茶拨入茶杯中，茶与水的比例约为1:50。

### ⑤ 峰降甘露

将热水倒入杯中约至茶杯的1/4，水温以85～90℃为宜。

### ⑥ 温润浸泡

轻轻摇动杯身，促使茶汤均匀，加速茶与水的充分融合。

### ⑦ 悬壶高冲

执壶高冲水，似高山涌泉，飞流直下。茶叶在杯中上下翻动，促使茶汤均匀，同时，也蕴含着鞠躬的礼仪。

### ⑧ 观茶品茶

欣赏黄山毛峰汤色的清澈明亮；品尝香气清鲜高长，滋味鲜浓、醇厚，回味甘甜。

### ⑨ 共品香茗

邀朋友共饮佳茗品味茶的韵味。

汤色清澈明亮，滋味鲜浓、醇厚，回味甘甜

叶底嫩黄肥壮，匀亮成朵

▲ 黄山毛峰有着"香高、味醇、汤清、色润"的四大特征

# 碧螺春的茶艺

## ➕ 准备工作

首先准备好品茶工具：香、香炉、玻璃杯、电随手泡、木茶盘、茶荷、茶道具、茶池、茶巾。

色泽碧绿，纤细卷曲

## 🖳 茶艺步骤

### ① 焚香通灵

在品茶之前，先点燃一支香，让心灵平静下来，准备细细品、悟碧螺春茶的自然清香，即所谓的"茶须静品，香能通灵"。

### ② 仙子沐浴

首先清洗杯子，以晶莹剔透的玻璃杯来泡茶，好比为冰清玉洁的仙子沐浴，以此表示对茶的崇敬之心。

### ③ 玉壶含烟

烫洗了茶杯之后，不用盖上壶盖，而是敞着壶，让壶中的开水（80℃左右）随着水汽的蒸发而自然降温。壶口蒸汽袅袅，正应了"玉壶含烟"。

### ④ 碧螺亮相

即请大家轮流鉴赏干茶。赏茶是了解碧螺春的第一绝——形美：条索纤细、卷曲成螺、满身披毫、银白隐翠，宛若秀外慧中的碧螺姑娘。

### ⑤ 雨涨秋池

向玻璃杯中注水，水只注到七分满，留下三分装情。此典出自唐代诗人李商隐的"巴山夜雨涨秋池"一句。

### ⑥ 飞雪沉江

用茶匙将茶荷里的碧螺春依次拨到已冲了水的玻璃杯中去。满身披毫、银白隐翠的碧螺春就如雪花飘落一般，纷纷扬扬至杯中，吸收水分后即下沉，瞬间如白云翻滚，雪花翻飞，这就是飞雪沉江。

### ⑦ 春染碧水

热水溶解了碧螺春茶中的营养物质，茶汤逐渐变绿，如春姑娘初降人间，整个大地充满了绿意。

### ⑧ 绿云飘香

即闻香。碧绿的茶芽，碧绿的茶水，在杯中如绿云翻滚，袅袅的蒸汽使得茶香四溢，清香袭人。

### ⑨ 初尝玉液

头一口如尝玄玉之膏、云华之液，感到色淡、香幽、汤味鲜雅，然后趁热细品。

### ⑩ 再啜琼浆

二啜感到茶汤更绿、茶香更浓、滋味更醇，并开始感觉到舌底的回甘，满口生津。

### ⑪ 三品醍醐

品第三口茶时，已不仅仅是品茶，而是品太湖春天的气息、洞庭山的生机、人生的真谛，正如醍醐灌顶。

汤色碧绿清澈，清香鲜爽，回味甘厚

叶底嫩绿、柔匀

# 都匀毛尖的茶艺

色泽绿中带黄，
白毫显露

## ➕ 准备工作

首先准备好玻璃茶杯，香，白瓷茶壶，香炉，茶盘，开水壶，锡茶叶罐，茶巾，茶道器。

## ⬛ 茶艺步骤

### ① 焚香升静气

点燃一支香，在袅袅的香气中感受平和、静谧的氛围。

### ② 冰心去凡尘

以开水清洗茶具，使茶杯一尘不染。

### ③ 玉壶养太和

将开水预先倒入瓷壶中养一会儿，使水温降至80℃左右。因都匀毛尖属于芽茶类，茶叶细嫩，太热的水会破坏茶芽中的维生素，导致茶汤失味。

### ④ 清宫迎佳人

用茶匙把茶叶投放到玻璃杯中。此典出自苏轼之诗"戏作小诗君勿笑，从来佳茗似佳人"一句。

### ⑤ 甘露润莲心

都匀毛尖外观如莲心，乾隆也曾把茶叶称为"润心莲"。此程序就是泡茶之前先向杯中注入少许热水，起到润茶的作用。

### ⑥ 凤凰三点头

冲茶时，水壶有节奏地三起三落，像是凤凰向客人点头致意。

### ⑦ 碧玉沉清江

冲入热水后，茶叶先是浮在水面上，而后慢慢沉入杯底。

### ⑧ 观音捧玉瓶

将泡好的茶敬奉给来宾。如同观音菩萨捧着一个白玉净瓶，净瓶中的甘露可消灾祛病，救苦救难。此程序表达了对茶人的美好祝福。

### ⑨ 春波展旗枪

这是毛尖茶艺的特色，即在热水的浸泡下，茶芽慢慢舒展开来。

### ⑩ 慧心悟茶香

品茶前，先闻一闻茶香，充分领略都匀毛尖的清幽淡雅，以及清醇悠远、难以言传的生命之香。

### ⑪ 淡中品韵味

都匀毛尖茶汤清纯甘鲜，淡而有味。用心去品，从淡淡的茶香中品味天地间至清、至醇、至真、至美的韵味。

◀ 叶底黄绿明亮，芽头肥壮。千姿百态的茶芽在杯底徐徐晃动、起舞

汤色绿中透黄，滋味鲜浓，有回甘

# 祁门红茶的茶艺

## ➕ 准备工作

准备好用具：瓷质茶壶、茶杯（以青花瓷、白瓷茶具为好）、茶荷、茶巾、茶匙、奉茶盘、热水壶及风炉。

条索紧细匀整，锋苗秀丽

## 🔲 茶艺步骤

① "宝光" 初现

欣赏祁门红茶的乌黑润泽，即观赏"宝光"。

② 清泉初沸

热水壶中的泉水经加热，微沸，壶中上浮的水泡仿佛"蟹眼"已生。

③ 温热壶盏

用初沸之水，注入瓷壶及杯中，为壶、杯升温。

④ "王子" 入宫

用茶匙将茶荷或赏茶盘中的红茶轻轻拨入壶中。因祁门工夫红茶也被誉为"王子茶"，因此得名。

⑤ 悬壶高冲

用初沸的水高冲，可以让茶叶在水的激荡下，充分浸润，以利于色、香、味的充分发挥。

⑥ 分杯敬客

用循环斟茶法，将壶中茶均匀分入每一杯中，使杯中之茶的色、味一致。

⑦ 喜闻幽香

祁门红茶是世界上公认的三大高香茶之一，其香浓郁高长，有"群芳最"之称。因此，泡好的祁门红茶，一定先闻它的浓香。

⑧ 观赏汤色

茶汤的明亮度和颜色，还表现了红茶的发酵程度和茶汤的鲜爽度。再观叶底，嫩软红亮。因此，观赏红茶汤，也是一种清雅的享受。

⑨ 品味鲜爽

祁门红茶以鲜爽、浓醇为主，滋味醇厚，回味绵长。茶人需缓啜品饮。

⑩ 再赏余韵

一泡之后，可再冲泡第二泡茶。

⑪ 三品得趣

红茶通常可冲泡三次，三次的口感各不相同，细饮慢品，徐徐体味茶之真味，方得茶之真趣。

叶底色泽乌润。

汤色红艳。

# 牛奶红茶的茶艺

条索肥实，色泽乌润

## 准备工作

先将泡茶用具备齐，并按照冲泡顺序依次放置好。茶具主要有白瓷壶、牛奶壶、茶杯、茶则、茶托、品茗杯等。

## 茶艺步骤

① 倾茶入则
将茶叶放入茶则中。

② 鉴赏佳茗
请来宾鉴赏茶叶外形，向客人介绍红茶的特点以及牛奶红茶的特点。

③ 清泉初沸
将泡茶的水烧开。

④ 白鹤沐浴
将烧开的水，淋浇壶身，用来提高壶温。

⑤ 高山流水
把壶里的水倒入品茗杯中，动作要缓慢，要保持住水流不要断。

⑥ 佳人入宫
用茶匙将茶叶投入茶壶中。

⑦ 悬壶高冲
用高冲法，将水注入茶壶中，直至壶满，这样可以使茶叶上下翻滚。

⑧ 推泡抽眉
用茶壶盖子将壶口的浮沫抹去，然后把壶盖盖好。

⑨ 重洗仙颜
再次用开水淋浇壶身，以免壶身温度过低。

⑩ 玉液移壶
把泡好的茶汤倒入茶盅中，将牛奶倒入搅拌均匀。

⑪ 若琛出浴
将品茗杯中的水倒入茶船。

⑫ 韩信点兵
将搅拌均匀的茶汤平均分到品茗杯中。

⑬ 敬奉香茗
用双手将茶托拿起，奉给客人，向客人颔首行礼。

⑭ 三龙护鼎
饮用时，用拇指和食指扶杯，中指托住杯底。

⑮ 鉴赏汤色
欣赏茶汤的颜色及光泽，汤汁浓稠，白中带点茶的浅红。

⑯ 喜闻幽香
将茶杯移到鼻端缓缓移动，闻香，奶香中带着茶香，融合得十分完美。

⑰ 细品佳茗
将杯中茶汤分三次入口，慢慢啜饮，细细品味。

⑱ 重赏余韵
饮完茶汤后，再次将空杯置鼻端闻余香，奶香悠悠，回味悠长。

汤色红浓，滋味醇厚，香气高长

◀ 红茶的特色在于容纳不同调料的同时，也能保持自身的香气与滋味，牛奶红茶则更添牛奶的香浓

# 柠檬红茶的茶艺

条索肥实，色泽乌润

## ➕ 准备工作

将泡茶用具准备好，主要有热水壶、白瓷壶、茶杯、茶则、茶托、品茗杯等，同时准备适量的红茶茶叶和新鲜柠檬片若干。

## ▢ 茶艺步骤

① **倾茶入则**
将茶叶放入茶则中。

② **鉴赏佳茗**
请来宾鉴赏茶叶外形，向客人介绍红茶的特点以及柠檬红茶的特点。

③ **清泉初沸**
将泡茶的用水烧开。

④ **白鹤沐浴**
将烧开的水淋浇壶身，用来提高壶温。

⑤ **高山流水**
把壶里的水倒入品茗杯中，动作要缓慢，要保持住水流不要断。

⑥ **佳人入宫**
用茶匙将茶叶投入茶壶中。

⑦ **悬壶高冲**
用高冲法，将水注入茶壶中，直至壶满，这样可以使茶叶上下翻滚。

⑧ **推泡抽眉**
用茶壶盖子将壶口的浮沫抹去，然后把壶盖盖好。

⑨ **重洗仙颜**
再次用开水淋浇壶身，以免壶身温度过低。

⑩ **玉液移壶**
在茶盅中放入柠檬片，把泡好的茶汤倒入茶盅中。

⑪ **韩信点兵**
将搅拌均匀的茶汤平均分到品茗杯中。

⑫ **敬奉香茗**
用双手将茶托拿起，奉给客人，向客人颔首行礼。

⑬ **三龙护鼎**
饮用时，用拇指和食指扶杯，中指托住杯底。

⑭ **鉴赏汤色**
欣赏茶汤的颜色及光泽，汤汁清爽，色泽亮丽。

⑮ **喜闻幽香**
将茶杯移到鼻端缓缓移动，茶香中带着柠檬的微酸，令人清新舒爽。

⑯ **细品佳茗**
将杯中茶汤分三次入口，慢慢啜饮，细细品味。

⑰ **重赏余韵**
饮完茶汤后，再次将空杯置鼻端闻余香。

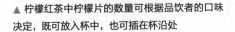

柠檬带有浓郁的芳香气

▲ 柠檬红茶中柠檬片的数量可根据品饮者的口味决定，既可放入杯中，也可插在杯沿处

叶底红匀

# 银针白毫的茶艺

## 准备工作

　　首先准备好器具：水晶玻璃杯，酒精炉，茶道具，青花茶荷，茶盘，香炉，香，茶巾。

芽头肥壮，遍披白毫

---

## 茶艺步骤

### ① 天香生虚空

　　一缕香烟，悠悠袅袅，把茶人的心带到虚无空灵、湛然冥真心的境界。

### ② 万有一何小

　　向品茶者介绍银针白毫的品质特征与人文传说，将少量茶叶置于赏茶盘中令其品鉴。一花一世界，一沙一乾坤，鉴茶不仅仅是欣赏茶叶的色、香、味、形，更注重探求茶中包含的大自然无限的信息。

### ③ 空山新雨后

　　杯如空山，水如新雨，意境深远。

### ④ 花落知多少

　　把茶荷中的茶叶拨入茶杯，茶叶如花飘然而下。

### ⑤ 泉声满空谷

　　先在杯中冲入少量开水，使茶叶浸润10秒钟，再以高冲法冲入开水，水温以70℃为宜。此诗句出自欧阳修，形容冲水时甘泉飞注、水声悦耳的景象。

### ⑥ 池塘生春草

　　形容冲泡白毫银针时从玻璃杯中看到的趣景：开始茶芽浮于水面，在热水的浸润下，茶芽逐渐舒展开来，吸收了水分后沉入杯底，此时茶芽条条挺立，在碧波中晃动如迎风漫舞，像是要冲出水面去迎接阳光。

### ⑦ 谁解助茶香

　　从古至今，万千茶人都爱闻茶香，又有几个人能说得清、解得透清郁、隽永、神秘的茶香？

### ⑧ 努力自研考

　　摒弃功利之心，以闲适无为的情怀，细细品味茶的清香、茶的意境，努力使自己步入醍醐沁心的境界，品出茶中的物外高意。

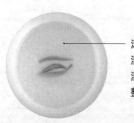

汤色杏黄，滋味清醇爽口，香气清芬。叶底匀整、细嫩

银针白毫冲泡后杯中恰似谢灵运诗中所言："池塘生春草"，使人观之尘俗尽去，生机无限

# 君山银针的茶艺

银毫显露，
包裹紧实

## ➕ 准备工作

首先准备好所需器具：直筒透明玻璃杯、玻璃片、茶托、茶叶盒、赏茶碟、水盂、开水壶、茶巾、茶匙组合。

## 🀄 茶艺步骤

### ① 银针出山

向客人展示君山银针茶的外形，茶芽整齐划一地放在展盘中，并向客人介绍君山银针的特点。

### ② 活煮山泉

泡茶用的水以山泉为最佳，适合用新煮沸的开水。如果水温过低则不利于茶芽在杯中的竖立。

### ③ 盥手净心

无论是茶艺师还是品茶人都要盥手净心，这个是和中国茶道中的清、静、和、真相对应的，目的是要品茶人心中无杂念，专心致志地品茶。

### ④ 温热杯身

用开水预热茶杯，这样可以避免泡茶的水温过快变凉，也能清洗茶杯。

### ⑤ 擦干水珠

将茶杯中的水珠擦干，这样可以避免茶芽吸水而降低竖立率。

### ⑥ 银针入杯

冲泡君山银针适合用透明玻璃杯，这样方便观察茶叶冲泡时在杯子中的姿态。每个杯子中大约投入干茶3克即可，这个量最适合观赏。

### ⑦ 悬壶高冲

用高冲法冲泡茶，要先快后慢，分两次冲泡。第一次冲泡至杯身2/3处停下来，观察杯中茶叶的变化，欣赏过"白鹤飞天"后，再冲开水至接近杯口。

### ⑧ 盖杯静卧

将玻璃片盖在茶杯上，可以让茶芽均匀吸水，下沉速度更快。茶针下沉过程会比较慢，这时要有耐心等待。

### ⑨ 雀嘴含珠

茶芽内部含有空气会在茶芽尖端产生气泡，使茶芽微微张开，很像雀鸟的喙，因此叫"雀嘴含珠"或"雀舌含珠"。

### ⑩ 刀枪林立

茶芽直立在杯中，有点类似于"刀枪林立"，此时轻轻摇动茶杯，茶芽会随着摆动，

有着"林海涛声"的意境。

### ⑪ 三起三落

当茶芽沉入杯底后，还会有少数上升，这被称为"三起三落"。

### ⑫ 白鹤飞天

冲泡大约5分钟后，除去杯盖，会看见一缕水蒸气从杯中缓缓升起。

### ⑬ 喜闻清香

轻轻闻香，茶香清雅，给人带来清爽的感觉。

### ⑭ 品饮奇茗

慢慢细品，茶汤滋味鲜爽，回味甘甜。

### ⑮ 尽杯谢茶

将杯子中的茶饮尽，主客道谢、告别。

# 铁观音的茶艺

## ➕ 准备工作

预先准备好所需器具，如赏茶碟、紫砂壶、开水壶、公道杯、品茗杯、闻香杯、茶巾、茶道组合等。

肥壮卷结、色泽砂绿

---

## 📖 茶艺步骤

**① 焚香静气**

焚点檀香，营造肃穆祥和的气氛。

**② 活煮甘泉**

泡茶以山水为上，用活火煮至初沸。

**③ 孔雀开屏**

向客人介绍冲泡的茶具。

**④ 叶嘉酬宾**

请茶客观赏茶叶，并向人们介绍铁观音的外形、色泽、香气特点。

**⑤ 孟臣淋霖**

用沸水冲淋紫砂壶，提高壶温。

**⑥ 高山流水**

即温杯洁具，把紫砂壶里的水倒入品茗杯中，动作舒缓起伏。

**⑦ 乌龙入宫**

把乌龙茶拨入紫砂壶内。

**⑧ 百丈飞瀑**

悬壶冲水使茶叶翻滚，达到温润和清洗茶叶的目的。

**⑨ 玉液移壶**

把紫砂壶中的初泡茶汤倒入公道杯中。

**⑩ 分盛甘露**

再把公道杯中的茶汤均匀分到闻香杯中。

**⑪ 凤凰三点头**

采用三起三落的手法向紫砂壶注水至满。

**⑫ 春风拂面**

用壶盖轻轻刮去壶口的泡沫。

**⑬ 重洗仙颜**

用开水浇淋壶体，洗净壶表，同时达到内外加温的目的。

**⑭ 内外养身**

将闻香杯中的茶汤浇淋在紫砂壶表，以保持壶表的温度。

**⑮ 游山玩水**

用紫砂壶在茶船边沿旋转一圈后，移至茶巾上吸干壶底水珠。

**⑯ 自有公道**

把泡好的茶倒入公道杯中。

**⑰ 关公巡城**

将公道杯中的茶汤快速巡回均匀分到闻香杯至七分满。

**⑱ 韩信点兵**

将最后的茶汤用点斟的手势均匀地分到闻香杯中。

**⑲ 若琛听泉**

把品茗杯中的水倒入茶船。

**⑳ 乾坤倒转**

将品茗杯倒扣到闻香杯上。

**㉑ 翻江倒海**

将品茗杯及闻香杯倒置，使闻香杯中的茶汤倒入品茗杯中，然后放在茶托上。

**㉒ 敬奉香茗**

双手拿起茶托，齐眉奉给茶客，向茶客行注目礼，然后重复若琛听泉至敬奉香茗程序。

**㉓ 空谷幽兰**

示意茶客用左手旋转拿出闻香杯热闻茶香，双手搓闻茶底香。

**㉔ 三龙护鼎**

示意茶客用拇指和食指扶杯，中指托杯底拿品茗杯。

**㉕ 鉴赏汤色**

观赏茶汤的颜色及光泽。

**㉖ 初品奇茗**

在观汤色、闻茶香后，开始品茶味。

**㉗ 领略茶韵**

冲泡三道茶汤后，让茶客细细体味铁观音的真韵。

# 潮汕工夫茶的茶艺

## ➕ 准备工作

预先准备好所需的器具，如紫砂壶、茶杯、水壶、电炉或酒精炉、赏茶盘、茶船、茶匙等，其中茶以铁观音、武夷岩茶为佳。

条索紧卷、肥大，油润有光

## 🔲 茶艺步骤

### ① 鉴赏香茗

从储茶罐中取出泡一壶茶的茶叶量，放置在赏茶盘中，让客人欣赏干茶叶，并且介绍茶叶的特点。

### ② 孟臣淋霖

用沸水淋浇壶身，称之为"温壶"，目的是为壶体加温。

### ③ 乌龙入宫

用茶匙将茶叶投入茶壶中，顺序应该是先细茶再粗茶，然后是茶梗。

### ④ 悬壶高冲

往茶壶中注水，直至满壶。

### ⑤ 春风拂面

用壶盖刮去壶口的泡沫，盖上壶盖，淋壶以冲去壶顶的泡沫，但不能淋到气孔，不然水会进入壶中。淋壶可以使壶内外都热，有利于茶香的发挥。

### ⑥ 熏洗仙颜

将壶中的水快速倒出，称为"洗茶"，目的是洗去茶叶表面的浮尘。

### ⑦ 若琛出浴

用第一泡茶水烫杯，称为"温杯"。

### ⑧ 玉液回壶

用高冲法再次将壶内注满沸水。

### ⑨ 游山玩水

手拿茶壶沿着茶船转一圈，将壶底的水滴滴干净，避免倒茶时将水滴在杯中，影响茶的清洁，这个称为"运壶"。

### ⑩ 关公巡城

向客人循环斟茶，茶壶像巡城的关羽，可以使杯中茶汤浓淡一致。

### ⑪ 韩信点兵

茶汤将尽时，将壶中所剩余的茶依次斟在每一杯中，点茶时要一点一滴平均分注，称为"韩信点兵"。

### ⑫ 敬奉香茗

先敬主宾，老幼排序。

### ⑬ 品香审韵

先闻香，后品茗。用拇指和食指扶住杯沿，用中指抵住杯底，称为"三龙护鼎"。重复第七步至第十二步动作，让茶客体味第二、第三泡茶的神韵。

汤色橙黄清澈，叶底肥厚柔软，滋味醇爽回甘

▶ 投茶量须因人、因茶、因壶而异，宜多不宜少，以便品出其香浓味正

# 台湾工夫茶的茶艺

卷曲紧结，色泽墨绿

## ✛ 准备工作

将所需要的茶具准备好，如茶荷、随手泡、紫砂壶、品茗杯、闻香杯、茶海、水盂、茶巾、茶具组合等，并按泡茶顺序摆放妥当。

## ▭ 茶艺步骤

**① 焚香静气**

品茶需要心平气和，先点燃一支香，"焚香除妄念"就是令人在袅袅的香气中感受祥和肃穆的气氛。

**② 活煮甘泉**

将泡茶用的水煮沸。

**③ 孔雀开屏**

向客人介绍茶具。

▼ 通过将茶汤倒入茶海中混合来完成茶汤色泽、口味浓淡的均匀

**④ 佳叶酬宾**

让客人鉴赏茶叶，了解茶叶的特点。

**⑤ 大彬沐淋**

将开水淋浇在茶壶上，目的是提高壶温。

**⑥ 乌龙入宫**

将茶叶投入茶壶中。

**⑦ 高山流水**

用高冲法，向壶中注水，注水时要三起三落。

**⑧ 乌龙入海**

将壶中的第一泡茶汤倒入茶海。

**⑨ 重新洗颜**

再次向茶壶中注水，直至壶满。

叶底柔韧

**⑩ 母子相抚**

将母壶中的茶水倒入子茶壶中。

**⑪ 再注甘露**

再次向茶壶中注水，并用开水淋浇壶身。

**⑫ 祥龙行雨**

将子壶中的茶汤倒入闻香杯中。

**⑬ 凤凰点头**

将茶海中的茶汤点斟到各品茗杯中。

**⑭ 奉杯敬茶**

将茶杯敬奉到客人面前。

**⑮ 品茗闻香**

品茗时要小口啜饮，品后要闻杯底的留香。

汤色黄绿明亮

# 普洱茶的茶艺

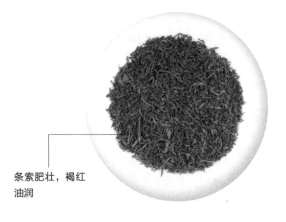

条索肥壮，褐红油润

## ✚ 准备工作

预先准备好所需的器具，并按照正确的顺序排放好，主要器具有盖碗、紫砂壶、公道壶、茶船、茶托、品茗杯、茶匙等。

## ▢ 茶艺步骤

### ① 孔雀开屏
介绍茶叶、茶具，让客人了解普洱茶的特点、功效及茶具用途。

### ② 温杯洁具
用沸水烫洗紫砂壶、盖碗、公道壶等茶具。

### ③ 高山流水
将公道壶中的水用一起一落的手法倒入品茗杯中。

### ④ 普洱入宫
用茶匙将普洱茶投入盖碗当中。

### ⑤ 游龙戏水
用定点大水流的手法，将水注入盖碗中。

### ⑥ 淋壶增温
把盖碗中初泡的茶水倒在公道壶上，目的是养壶。

### ⑦ 悬壶高冲
用高冲的手法，将沸水注入盖碗中泡茶，用盖子将浮沫轻轻刮去，再用沸水淋浇茶碗盖。

### ⑧ 玉液移壶
盖上茶碗盖，静放片刻，打开盖子将盖碗中的茶汤倒入公道壶中，使茶汤浓淡均匀一致。

### ⑨ 凤凰行礼
在将茶汤倒入公道壶时，要用三起三落的手法，以示对客人的尊敬。

### ⑩ 若琛听泉
将品茗杯中的水倒入茶船。

### ⑪ 普降甘露
把公道壶中匀好的茶汤依次倒入品茗杯中，大约七分满即可。

### ⑫ 品香审韵
将品茗杯放在茶托上，齐眉奉至客人面前，请客人品茗。

### ⑬ 自斟慢饮
可以让客人自己续水，亲身感受冲泡茶的趣味。

### ⑭ 敬奉茶点
根据客人的不同需要奉上茶品。

### ⑮ 尽杯谢茶
主人与来客起身共饮杯子中的茶，相互祝福、道别。

汤色红浓

叶底柔软、褐红

▶ 冲泡普洱茶要先注满水进行温润泡，以唤醒茶性，去除杂味，使茶叶充分舒展

# 花茶的茶艺

## ➕ 准备工作

准备好冲泡花茶的相关器具，如茶叶罐、赏茶碟、热水壶、茶盘、盖碗、水盂、香、茶巾、茶匙组合等。

条索紧细匀整，黑褐油润

## ▢ 茶艺步骤

### ① 焚香静气
品茶需要心平气和，先点燃一支香，让人在香气中沉静下来。

### ② 雅乐怡情
煎煮泡茶用水之余，用优美的音乐让客人远离世俗的纷扰。

### ③ 佳叶共赏
鉴赏茶叶的外形，向客人介绍茶叶的特点。

▼ 盖碗可以有效将花茶内蕴的香气收纳其中，但持有时需小心烫手

### ④ 烫具净心
泡茶前要烫茶碗，以便于茶汁的迅速浸出，倒水时要柔和。

### ⑤ 飞瀑跌宕
将汤杯的水倒出，形似瀑布飞流而下。

### ⑥ 群芳入宫
将茶叶轻轻投入杯中。

### ⑦ 温润心扉
先在杯子中注入大约1/4的水，使茶芽温润，这样可使水与茶充分交融，茶香也会更醇。

### ⑧ 旋香沁碧
盖上杯盖，轻轻旋转杯身，待茶叶渐渐舒展后，茶香也随之溢出。

### ⑨ 飞泉溅珠
用高冲法冲水，大约冲七分满就可以了。

汤色黄绿明亮

### ⑩ 敬奉香茶
将茶奉到客人面前，请客人品香茗，并带去给客人的祝福。

### ⑪ 星空推移
用右手拿起杯盖，轻轻拨动茶汤，这样能够使茶汤浓淡均匀。

### ⑫ 天穹凝露
利用杯盖闻香，从茶香中感受茶带给人的清爽。

### ⑬ 一啜鲜爽
品茗时，要小口啜饮，慢慢品味，方能体会其中的茶滋味。

### ⑭ 再冲芳华
当茶汤剩余1/3时，便可以准备进行第二次冲泡。

### ⑮ 敬献茶点
如果配有茶点，此时可以敬献，让客人品尝。

### ⑯ 再品甘醇
第二次品饮茶，品味新茶，回味旧茶。

# 中国名优绿茶

　　绿茶，是以茶树的新梢为原料，经杀青、揉捻、干燥等典型工艺制成的茶叶。因其干茶的色泽和冲泡后的茶汤、叶底均以绿色为主色调，故而得名。本章将介绍30种名优绿茶的详细内容，诸如性状、功效、挑选储藏、制作工序、鉴茶、泡茶、品茶等尽在其中，还提供了一些养生、保健、食疗方面的知识。

# 蒸青绿茶

## 减肥消炎 排毒防癌

　　我国古代最早出现的一种茶类，是利用蒸汽破坏鲜叶中酶的活性而获得的成品绿茶。随着制茶工艺的发展，现在采用选青、蒸青、粗揉、揉捻、中揉、精揉、干燥等传统与现代相结合的制作工艺，保留了茶叶中较多的叶绿素、蛋白质、氨基酸、芳香物质等，使蒸青绿茶有"三绿一爽"之美称，即色泽翠绿、汤色嫩绿、叶底青绿；茶汤滋味鲜爽甘醇，带有板栗香。恩施玉露、仙人掌茶、阳羡茶、水云玉露都是现存不多的蒸青绿茶品种。

**性状**
叶底青绿。

**汤色**
色泽浅绿。

**品鉴指数** ★ ★ ★ ★ ★

**口味**
鲜爽甘醇，带有板栗香。

**适宜人群**
一般人群都可饮用，特殊禁忌者除外。

**主要功效**
减肥，降血脂，防辐射，消炎。

**形状特征**
紧直挺秀，色泽深绿。

## 挑选储藏

　　优质蒸青绿茶外形均匀，纤细挺直如针，色泽翠绿。如条件允许，还可经过冲泡挑选，其汤色嫩绿，叶底青绿；茶汤滋味鲜爽甘醇。蒸青绿茶的储存条件为密封、低温、干燥，或存放于-5℃的冰箱中。

## 品种辨识

● **恩施玉露**
外形条索紧圆光滑，色泽苍翠绿润，汤色嫩绿明亮。

● **仙人掌茶**
又名"玉泉仙人掌"，外形扁平似掌，色泽翠绿，汤色绿亮。

● **阳羡茶**
条形紧直，色翠，汤色清澈，叶底匀整，滋味香醇，回味甘甜。

● **水云玉露**
外形均匀、秀美，纤细挺直如针，香气清悠，沁人心脾。

## 🍵 茶之传说

相传每到春茶竞相生发之际，仙人掌茶的创制人中孚禅师（俗姓李，是诗人李白的族侄）就在玉泉溪畔的乳窟洞边采摘茶树嫩叶，运用制茶技术制出扁形如掌、清香滑熟、饮之清芬、舌有余甘的名茶。公元760年，中孚禅师云游江南，在金陵（今南京市）恰遇李白，将此茶作为见面礼赠予李白。李白品茗后，大为赞赏，并根据茶叶性状将其命名为"仙人掌茶"。

## 💗 茶疗养生

# 蒸青山楂茶

【材料】蒸青绿茶3克，山楂叶10克。

【做法】将山楂叶烘干研成细末，装入棉织袋封口，后与绿茶一同冲泡。

【茶疗功效】可以清热解毒，祛脂降压。

## 🍵 妙用保健

**减肥：** 蒸青绿茶含有酚类衍生物，特别是茶多酚、茶素和维生素C的综合作用，可以促进脂肪氧化，帮助人体消化，从而达到减肥的目的。

**降血脂：** 蒸青绿茶中的儿茶素可以降低人体对胆固醇的吸收，具有很好的降血脂及抑制脂肪肝的功效。

**防辐射：** 蒸青绿茶中的脂多糖抗辐射效果好，对于经常受电脑辐射的人来说，经常饮用热茶能起到很好的防辐射作用。

品饮赏鉴

① 茶具准备

　　玻璃杯或瓷杯1只，茶匙1把等。

② 投茶

　　用中投法将2~3克蒸青绿茶投入准备好的玻璃杯中。

③ 冲泡

　　先向杯中注少量水，浸润茶芽，再用80~90℃的水冲泡。

④ 分茶

　　将泡好的茶汤倒入茶杯，七分满即可。

⑤ 赏茶

　　芽叶在茶水中几沉几浮，静下来时亭亭玉立，翠绿可人。

⑥ 品茶

　　一看茶之汤色和叶状，二闻茶香，三品至清、至醇之茶韵。

---

茶点茶膳

# 蒸青绿茶粥

材料

　　蒸青绿茶5克，粳米100克，调味品适量。

制作

① 将粳米用清水冲洗干净，备用。

② 将茶叶用沸水分3次冲泡，取其茶汁500毫升（茶汁不宜过浓）。

③ 将茶汁和粳米倒入锅中，用文火熬成粥，食用时可添加适量调味品，如糖、盐等。

口味

　　清淡香甜，易吸收。

# 炒青绿茶

## 减肥抗菌 降脂抗癌

炒青绿茶因干燥方式采用炒干而得名。由于在干燥过程中受到机械或手工操作的作用不同，成品茶形成长条形、圆珠形、扁平形、针形、螺形等不同的形状，按外形分为长炒青、圆炒青和扁炒青三类。长炒青形似眉毛，又称"眉茶"；圆炒青形如颗粒，又称"珠茶"；扁炒青又称"扁形茶"。炒青绿茶条索紧结光润，汤色、叶底碧绿，滋味浓厚而富有收敛性，耐冲泡。其主要品种有西湖龙井、碧螺春、老竹大方等。

**性状**
叶底黄亮。

**汤色**
色泽淡绿。

**品鉴指数** ★ ★ ★ ★ ★

**口味**
滋味浓厚，富有收敛性。

**适宜人群**
一般人群都可饮用，特殊禁忌者除外。

**主要功效**
抗癌防癌，美容瘦身，杀菌消炎。

**形状特征**
条索紧结，色泽绿润。

## 挑选储藏

优质炒青绿茶香气清新，味道甘滑醇香。将茶叶入罐放在冰箱的冷藏室中，温度调至5℃左右，可以使茶叶的新鲜度保持一年以上。

## 品种辨识

- **长炒青**
  条索紧结，形似眉毛，色泽绿润，滋味浓厚，汤色、叶底黄亮。

- **圆炒青**
  又称珠茶，成茶外形颗粒圆紧如珠，香高味浓，耐泡。

- **扁炒青**
  成茶外形扁平光滑，色绿，芽叶均匀成朵，香郁、味甘。

## 评茶论道

茶道讲色、香、味、器、礼，水则是色、香、味的体现者。自从茗饮进入人们的生活和文化领域后，人们对烹茶所用水质的高低、清浊、甘苦的认识和要求有了进一步的提高。古人一般要求水甘甜洁净、鲜活清爽，同时讲求适当的贮水方法。现代人冲泡绿茶一般从水的感官指标、化学指标、物理指标及细菌指标来判断水质。不管是古人还是今人的烹茶用水，都蕴涵着深厚的茶道修养。

## 茶疗养生

### 绿荷茶

【材料】绿茶粉2克，荷叶少许。

【做法】把绿茶粉、荷叶放入瓷碗中用沸水冲泡。

【茶疗功效】对口干舌燥、易长痤疮、面部皮肤松弛、肥胖症等都有一定的疗效。

## 妙用保健

**减肥：**炒青绿茶含有酚类衍生物等营养成分，特别是茶多酚、茶素和维生素C的综合作用，可以促进脂肪氧化，帮助人体消化，达到减肥的目的。

**抗菌：**炒青绿茶中的醇类、醛类、酯类、酚类等属于有机化合物，可抑制和杀灭人体的多种病菌。

**抗癌：**炒青绿茶中的茶多酚能够抑制和阻断人体内致癌物亚硝基化合物的形成。

① 茶具准备

　　玻璃杯或瓷杯1个，茶匙1把，茶巾1条等。

② 投茶

　　采用中投法将2～3克炒青绿茶投入杯中。

③ 冲泡

　　向玻璃杯中冲入优质纯净水，水温以80～90℃为宜。

④ 分茶

　　将泡好的茶汤分别倒入茶杯中，以七分满为宜。

⑤ 赏茶

　　茶汤颜色逐渐变化，茶烟飘散，茶芽在杯中缓缓起舞。

⑥ 品茶

　　待茶汤冷热适口时，可慢慢小口饮用，用心品茗方知炒青绿茶的香郁和甘美。

---

### 茶月饼

**材料**

　　面粉500克，糖浆200克，绿茶粉50克，色拉油150毫升，水果馅适量。

**制作**

① 将面粉、糖浆、绿茶粉拌成团。

② 分成剂子，擀成圆饼，将水果馅包进饼皮，将口捏紧。

③ 模子里面刷点色拉油，放进带馅面团，将四周压密实，厚度需与饼模一致，以免倒扣时月饼塌陷。

④ 倒扣出来，放进200℃的烤箱，烤10分钟即成。

**口味**

　　清新爽口，风味独特。

# 烘青绿茶

## 利尿降脂 抗衰益寿

烘青绿茶因干燥方式采用烘干而得名，依原料新鲜度和制作工艺的不同，可分为普通烘青与细嫩烘青两类。普通烘青绿茶直接饮用者不多，通常常用来作为熏制花茶的茶坯，成品为烘青花茶。细嫩烘青是指采摘细嫩芽叶精工制作而成的绿茶，经杀青、揉捻、干燥三道工序制作而成。烘青绿茶按外形可分为条形茶、尖形茶、片形茶、针形茶等；茶汤黄绿色或嫩绿色，滋味鲜爽、回甘，不耐泡；主要品种有黄山毛峰、太平猴魁、六安瓜片、敬亭绿雪等。

**性状**
叶底翠绿鲜嫩。

**汤色**
色泽翠绿。

**品鉴指数** ★★★★★

**口味**
滋味鲜爽，回甘。

**适宜人群**
一般人群都可饮用，特殊禁忌者除外。

**主要功效**
提神益思，清热静心，抗衰老。

**形状特征**
外形稍弯曲，锋苗显露。

## 挑选储藏

挑选烘青绿茶时要看茶叶中是否混有茶梗、茶末、茶籽，以及制作过程中是否混入竹屑、木片、石灰、泥沙等夹杂物，它们会影响烘青绿茶的纯度。先将茶叶放在双层竹盒或木盒中，再将其放于阴凉处，这样茶叶就不会潮湿且避免被阳光直射。

## 制茶工序

烘青绿茶的制作工序可分为杀青、揉捻、干燥三个过程。杀青是为了破坏鲜叶的组织，使鲜叶内含物迅速转化。揉捻可破坏叶片组织细胞，促使部分多酚类物质氧化，减少茶的苦涩味。干燥是烘青绿茶最重要的制作工序，分为毛火烘焙和足火烘焙两种，其中茶叶整形做形、固定茶叶品质、发展茶香都在这一工序中完成。

## 📋 评茶论道

俗语说："水为茶之母，壶是茶之父。"好的饮茶器具有助于提高茶叶的色、香、味，同时，一件高雅精美的茶具本身就具有欣赏价值，富含艺术性。在选择茶具时人们不仅要看它的使用性能，还要看茶具的艺术性，这已经成为选择标准。绿茶一般用玻璃或瓷质茶具冲泡，这样能发挥其通透、洁净的特性，令观赏者赏心悦目。

## ❤️ 茶疗养生

# 杏仁绿茶

【材料】绿茶3克，杏仁2克，蜂蜜适量。

【做法】将绿茶、杏仁用沸水冲泡，依个人口味加入蜂蜜即可饮用。

【茶疗功效】对止咳平喘、润燥解毒有一定的功效。

## 💡 妙用保健

**抗衰老：**烘青绿茶含有的茶多酚类物质，能清除氧自由基，具有很强的抗氧化性和生理活性，能有效地清除体内的活性酶，长期饮用可抗衰老。

**清热：**烘青绿茶中的多酚类、糖类、氨基酸、果胶等与口涎产生化学反应，能刺激唾液分泌，使口腔滋润，产生清凉感。

**利尿：**烘青绿茶中含有咖啡因，有刺激肾脏的作用。促使尿液迅速排出体外。

### ① 茶具准备

茶匙1把，透明度较好的玻璃杯1个。

### ② 投茶

从茶仓中取出2～3克烘青绿茶，将其置入玻璃杯中。

### ③ 冲泡

先向玻璃杯或瓷碗中注入少量矿泉水，浸润茶芽后，再高提水壶让水直泻而下。

### ④ 分茶

将泡好的烘青绿茶茶汤倒入茶杯，以七分满为宜。

### ⑤ 赏茶

碧绿的茶芽在杯中如绿云翻滚，袅袅蒸汽使得香气四溢，清香袭人。

### ⑥ 品茶

轻轻摇动杯身，使茶汤均匀。邀好友共品烘青绿茶的清爽甘泽。

---

**茶点茶膳**

# 绿茶红豆饼

**材料**

红豆沙50克，中筋面粉70克，绿茶粉2克，蛋黄2个，白芝麻适量，食用油少许。

**制作**

① 将中筋、绿茶粉和水倒入容器中，拌匀并揉成面团，静置5分钟，让面团松弛。

② 将面团擀成圆薄片状后，包入豆沙馅，收口再用手压成大片饼状，表面抹上蛋黄液，撒上白芝麻。

③ 把少许油放入平底锅中烧热，放入红豆饼以中火慢慢煎至熟透，取出切成适当大小的块状即可。

**口味**

香甜可口，有清香茶味。

# 晒青绿茶

## 杀菌消炎 护齿利尿

　　晒青绿茶是在制作过程中采用日光晒干作为干燥方式的绿茶。这种晒茶方式起源于3000年前，古人采集野生茶树芽叶进行晒干收藏。现代的晒青绿茶是通过将茶鲜叶锅炒杀青、揉捻后，利用日光晒干而成的。由于太阳晒的温度较低，时间较长，因此较多地保留了鲜茶叶的天然成分，且带有一股特有的日晒味道。晒青绿茶中以云南大叶种所制的滇青质量最好，其外形条索粗壮肥硕，色泽深绿油润，汤色黄绿，极具收敛性，耐冲泡。

**性状**
色泽淡绿。

**汤色**
色泽淡绿。

**品鉴指数** ★ ★ ★ ★

**口味**
入口甘甜，无浓烈感。

**适宜人群**
一般人群都可饮用，特殊禁忌者除外。

**主要功效**
杀灭病菌，抗辐射，护齿，利尿。

**形状特征**
条索粗壮，耐冲泡。

## 挑选储藏

　　挑选晒青绿茶要看其茶叶叶片的形状、色泽是否整齐、均匀，整齐均匀者为优质晒青绿茶；如有油臭味或焦味的为劣质产品。晒青绿茶储藏时要密封，保持干燥，杜绝挤压。

## 品种辨识

　　晒青绿茶中太阳照射的味道明显，干茶色泽为墨绿色，白毫较显，冲泡后汤色较手工制作更偏橙黄色，滋味略带点水味，苦味较重，香气表现略闷，较持久，叶底一般为暗绿色，部分叶底上会出现黄斑。烘青绿茶有青香味，干茶有明显的火烘味，香气较锐，冲泡后茶汤一般会呈黄绿色或嫩绿色、翠绿色，滋味鲜爽，回甘，但不耐泡，叶底香气一般不持久。

## 评茶论道

茶叶罐是用来储存茶叶的器具，自古以来，茶叶罐就是茶文化的一部分。从古代流传下来的茶叶罐不但材质多样、制作精美，而且具有很高的欣赏价值和收藏价值，这些茶叶罐体现出茶历史的演变和人们对茶认识的不断深入，它也是研究茶文化的主要依据。茶叶罐的材质有瓷质、铁质、陶质、木质等。为了更好地保护茶叶新鲜度，根据茶叶对温度和湿度的需求以及使用场合的不同，可以挑选不同材质的茶叶罐。

## 茶疗养生

# 杜仲绿茶

【材料】杜仲叶2克，晒青绿茶3克。

【做法】将杜仲叶和绿茶同置于茶杯内冲泡，5分钟后即可饮用。

【茶疗功效】杜仲性温，味甘、微辛；此茶能补益肝肾、降血压、强健筋骨。

## 妙用保健

**护齿：** 晒青绿茶含有氟，对牙齿有保健功效，长期饮用可护齿。

**消炎杀菌：** 晒青绿茶中的醛类、酯类、酚类等有机化合物，对人体的多种病菌都有抑制和杀灭的功效。

**利尿：** 晒青绿茶含有茶多酚，它能促进胃肠道蠕动，促进消化吸收，从而起到利尿的作用。

品饮赏鉴

① 茶具准备

玻璃杯或瓷杯1个，茶匙1把，茶巾1条等。

② 投茶

用茶匙将2~3克晒青绿茶投入杯中。

③ 冲泡

先用矿泉水浸润茶芽，待茶芽舒展后，再用80~90℃的水冲泡绿茶。

④ 分茶

将汤茶分倒在茶杯中，以七分满为宜。

⑤ 赏茶

茶泡好后，可闻香观色，看茶烟飘散，茶叶起舞。

⑥ 品茶

品茗时要小口慢慢细啜，方可体会其香、清、甘醇。

---

茶点茶膳

# 绿茶豆腐

材料

豆腐1块，红椒半个，晒青绿茶3克，酱油、糖各1匙，葱花、盐、香油各少许。

制作

① 用晒青绿茶泡出茶汁备用。

② 将香菇泡软，切丝；胡萝卜去皮，切成片。

③ 将豆腐切片，在平底锅中煎至两面金黄。

④ 将煎好的豆腐取出；锅中加油煎炒胡萝卜、香菇，淋入酱油，倒入豆腐，再放糖、盐、香油、茶汁炒入味。

口味

香软可口，伴有淡淡的茶香。

# 洞庭碧螺春

## 抗菌防癌 养颜降脂

洞庭碧螺春为中国十大名茶之一，产于江苏太湖洞庭山，由于茶树与果树间种，碧螺春茶叶具有特殊的花朵香味，当地人称此茶为"吓煞人香"。碧螺春茶从春分开始采摘至谷雨结束，采摘的茶叶为一芽一叶，一般是清晨采摘，中午前后拣剔质量不好的茶片，下午至晚上炒茶。碧螺春条索紧结，卷曲似螺，边缘上有一层均匀的细白茸毛。1954年，周总理曾携带两斤"东山西坞村碧螺春"赴日内瓦参加国际会议，碧螺春也因此扬名中外。

**性状**
叶底嫩绿柔匀。

**汤色**
碧绿清澈。

**品鉴指数** ★ ★ ★ ★ ★

**口味**
滋味香郁鲜爽，回味甘厚。

**适宜人群**
一般人群都可饮用，特殊禁忌者除外。

**主要功效**
清热降火，抗菌消炎，瘦身养颜。

**形状特征**
条索纤细，卷曲呈螺状，满披茸毛，色泽碧绿。

## 挑选储藏

没有加色素的碧螺春色泽比较柔和鲜艳，加色素的碧螺春看上去颜色发黑、发绿、发青或发暗。此外，优质的碧螺春应是满披白毫，有白色的小茸毛；被着色后的碧螺春，它的茸毛多是绿色的。碧螺春要保持干燥、密封，宜在10℃以下的环境中冷藏。

## 制茶工序

按国家标准，碧螺春茶被分为五级：特一级、特二级、一级、二级、三级。炒制锅温、投叶量、用力程度，随级别降低而增加。级别低的茶炒制时锅温高，投叶量多，做形时用力较重。目前仍大多采用手工方法炒制，共有杀青、炒揉、搓团焙干3道工序，其特点是手不离茶，茶不离锅，揉中带炒，炒中有揉，炒揉结合，连续操作，起锅即成。

## 🍵 茶之传说

很久以前，碧螺姑娘和阿祥在湖边干活，突然湖中出现一条恶龙，伤害百姓，还要碧螺姑娘做"太湖夫人"。阿祥与恶龙决战，杀了它，自己也受了重伤。一天，碧螺姑娘在阿祥与恶龙搏斗处，发现一棵茶树。第二年茶树长出嫩叶，碧螺姑娘采了一把给阿祥泡茶喝，阿祥喝完伤势竟好转，而碧螺姑娘却因劳累病倒后再也没起来。为了纪念碧螺姑娘，人们称这棵茶树为"碧螺春"。

## ❤ 茶疗养生

### 软骨素绿茶

【材料】碧螺春茶末适量，软骨素1克。

【做法】将茶末放入杯中，以沸水冲泡，然后将软骨素与茶水调和，可经常饮用。

【茶疗功效】有助于美艳肌肤，使皮肤富有弹性。

## 📖 妙用保健

**利尿：**碧螺春中的茶碱能刺激肾脏，饮用碧螺春后茶碱进入体内，会促使尿液迅速排出体外。

**清热：**碧螺春含有脂多糖的游离分子、氨基酸、维生素C和皂苷化合物，都有清热的功效。

**瘦身：**碧螺春含有大量的维生素以及纤维化合物，食物纤维不能被人体吸收，喝茶后，这些物质会停留在腹中，给人以饱足感，进食量减少，长期饮用可减肥。

### 品饮赏鉴

① 茶具准备

玻璃杯，随手泡，茶盘，茶荷，茶匙，其他茶道用具。

② 投茶

清洗玻璃杯，然后用茶匙将茶荷里的3克碧螺春茶依次拨到玻璃杯中。

③ 冲泡

向玻璃杯中注入80~90℃的水，水只注到七分满，充分浸泡茶芽。

④ 分茶

将茶汤分倒在茶杯中，以七分满为宜。

⑤ 赏茶

满身披毫、银白隐翠的碧螺春，吸收水分后即下沉，茶汤逐渐变绿。

⑥ 品茶

茶汤与茶叶交相辉映；品之香郁鲜爽，回味醇厚。

### 茶点茶膳

## 茶香水饺

材料

饺子皮60个，碧螺春茶5克，猪肉馅30克，白菜半棵，盐、油各适量。

制作

① 将白菜剁好，挤出水分备用。

② 将茶叶泡开后切碎，并留茶汁备用。

③ 将白菜、茶叶末放入猪肉馅中，加入适量盐和油拌匀。

④ 在调好的猪肉馅里加少许茶汁，再次搅拌均匀。

⑤ 将馅包进饺子皮里，入锅煮熟即成。

口味

清香宜人，风味别致。

# 西湖龙井

## 防癌减肥 利尿抗菌

　　西湖龙井是中国十大名茶之一，因产于杭州西湖龙井茶区而得名。西湖龙井外形扁平挺秀，色泽绿翠，内质清香味醇，素以"色绿、香郁、味甘、形美"著称并驰名中外。多种植在靠山近水地，每年春天采摘青叶，人们习惯把清明前三天采摘的茶称为"明前茶"。夏秋的龙井茶有暗绿和深绿两种，就汤色、清香及叶底而言，要比同级春茶差一些。西湖龙井在国际交往中曾发挥桥梁作用，在茶话会上是清廉的象征，现已成为礼尚往来的礼品茶。

**性状**
芽嫩如莲心，
光滑挺秀。

**汤色**
色泽杏绿，
清澈明亮。

**品鉴指数** ★ ★ ★ ★ ★

**口味**
清新醇厚，无浓烈感。

**适宜人群**
一般人群都可饮用，特殊禁忌者除外。

**主要功效**
抗菌，利尿，减肥，防癌。

**形状特征**
扁平挺直，大小、长短匀齐。

## 挑选储藏

　　优质龙井茶叶扁形，条索整齐，宽度一致，手感光滑；叶细嫩，一芽一叶或两叶，芽长于叶3厘米以下，芽叶均匀成朵，不带夹蒂、碎片；茶汤味道清香。假龙井茶则多有青草味，夹蒂较多，手感不光滑。龙井茶杜绝挤压，要保持低温、干燥、单独储藏。

## 品种辨识

● 狮峰
　　光、扁、平、直，无茸毛，叶苞不分叉，色泽绿润，被誉为"龙井之巅"。

● 云栖
　　挺秀、扁平光滑，色泽翠绿。

● 龙井
　　扁平光滑，苗锋尖削。色泽嫩绿中显黄。

● 梅家坞
　　芽叶柔嫩而细小。

● 虎跑
　　嫩匀成朵，芽形若枪。

## 🍵 茶之传说

相传乾隆皇帝微服私访至杭州，来到龙井村狮峰山下的胡公庙前。庙里的和尚拿出狮峰龙井请乾隆品饮，乾隆饮后感觉清香醇厚，遂亲自采摘茶叶。因匆忙回京，他只能把采摘的茶叶放入衣袋中。回京后发现茶芽已被夹扁，可香气犹存，深得太后赞赏，于是乾隆封该茶为"御茶"。每年当地的茶农都要炒茶进贡，供太后享用。

## ❤️ 茶疗养生

# 酸奶绿茶

【材料】酸奶250毫升，龙井茶粉50克。

【做法】将龙井茶粉放入瓷碗中，倒入酸牛奶，拌匀后即可饮用。

【茶疗功效】茶香浓郁，富有奶香味，口感绵软，具有去脂减肥、助消化的作用。

## 🍵 妙用保健

**利尿：**龙井茶含咖啡因和茶碱，这些物质有利尿作用。

**减肥：**龙井茶中的咖啡因、肌醇、叶酸、泛酸和芳香类物质等，能调节脂肪代谢，有减肥功效。

**抗菌：**龙井茶中的茶多酚和鞣酸作用于细菌，能凝固细菌的蛋白质，将细菌杀死。其治疗肠道疾病的效果较佳，如霍乱、伤寒、痢疾等。

**防癌：**龙井茶中的黄酮类物质有不同程度的抗癌作用，作用较强的有桑色素和儿茶素等。

### ① 茶具准备

玻璃杯或瓷杯1个，茶匙1把等。

### ② 投茶

取西湖龙井茶2～3克置入杯中，按照茶叶与水1∶50的比例为干茶注水。

### ③ 冲泡

用"回旋斟水法"注水少许浸润茶芽，茶叶舒展，散发清香时，用85～95℃的水冲泡。

### ④ 分茶

将泡好的茶汤倒入茶杯，七分满即可。

### ⑤ 赏茶

茶叶先一片一片地下沉，然后逐渐舒展上下沉浮，汤明色绿，分外养眼。

### ⑥ 品茶

香气沁人心脾，细品后更觉齿颊留香、甘泽润喉。

# 龙井黄花鱼

**材料**

黄花鱼1条，龙井茶6克，盐、黄酒、油各适量。

**制作**

① 将黄花鱼刮鳞去内脏，清洗干净备用。

② 以热水冲泡龙井茶，两三分钟后去渣，取茶汤，滤出茶叶备用。

③ 将黄花鱼片开，用盐、黄酒和茶汤浸泡约10分钟，以入味。

④ 将腌好的黄花鱼放入油锅中炸酥后捞出，装盘。

⑤ 将泡开的龙井茶叶放入油锅炸香，炸好后研成末撒在黄花鱼上。

**口味**

酥软，香嫩可口。

# 黄山毛峰

## 强心解痉 护齿利尿

黄山毛峰为中国历史名茶之一，产于安徽黄山。其色、香、味、形俱佳，品质风味独特。黄山毛峰特级茶，在清明至谷雨前采制，以一芽一叶初展为标准，当地称"麻雀嘴稍开"。鲜叶采回后即摊开，并进行拣剔，去除老、茎、杂。毛峰以晴天采制的品质为佳，并要当天杀青、烘焙，将鲜叶制成毛茶（现采现制），然后妥善保存。1955年，黄山毛峰被中国茶叶公司评为全国"十大名茶"；1986年，黄山毛峰被中国外交部定为"礼品茶"。品牌有谢裕大、德昌顺、老谢家、红石。

**性状**
叶底嫩黄肥壮，
匀亮成朵。

**汤色**
清澈明亮。

**品鉴指数** ★ ★ ★ ★ ★

**口味**
鲜浓醇厚，回味甘甜。

**适宜人群**
一般人群都可饮用，特殊禁忌者除外。

**主要功效**
护齿，强心解痉，利尿。

**形状特征**
外形细嫩扁曲，多毫有锋。

## 挑选储藏

特级黄山毛峰形似雀舌，白毫显露，色似象牙，鱼叶金黄。其中"鱼叶金黄"和"色似象牙"是特级黄山毛峰与其他毛峰不同的两大显著特征。储藏时要保持干燥、密封、避光、低温。

## 制茶工序

黄山毛峰的制作分采摘、杀青、揉捻、干燥烘焙四道工序。

采摘即清明、谷雨前后开采50%的茶芽，每隔2～3天巡回采摘一次，至立夏结束。杀青指在平锅上手工操作，要求每锅投叶量250～500克，温度保持在150～180℃，并使茶叶接触锅面时受热均匀。

烘焙分两个步骤：

一是毛火(子烘)，要求温度在90～95℃，烘焙时间在30～40分钟。

二是足火(老火)，要求温度在65～70℃，时间保持在15～20分钟。

## 🍵 茶之传说

相传明朝县官熊开元游黄山，迷了路。偶遇和尚，留他于寺中过夜。和尚为其冲茶时，杯中有白莲升起，满室清香。知县大为好奇，和尚介绍此茶为黄山毛峰。临别，和尚送一包黄山毛峰和一葫芦黄山泉水，并嘱咐用此水泡此茶，才能出现白莲奇景。后为好友演示，奇景再现。好友为邀功，演示给皇帝看，因没有黄山泉水，奇景未出现。皇上大怒，熊开元受牵连，遂再上黄山讨泉水。皇上见白莲奇景大悦，并加封熊开元，但熊开元决然辞官，出家黄山。

## ❤ 茶疗养生

# 梅子绿茶

【材料】黄山毛峰10克，青梅1颗，青梅汁1匙，冰糖1大匙。

【做法】将冰糖用开水煮化，再加绿茶浸泡5分钟；滤出茶汁，加入青梅及青梅汁拌匀。

【茶疗功效】消除疲劳，增强食欲，帮助消化，并有杀菌、抗菌的作用。

## 🍵 妙用保健

**护齿：** 黄山毛峰中含有氟，氟离子与牙齿的钙质发生化学反应，生成一种较难溶于酸的"氟磷灰石"，无形中给牙齿套上一层保护薄膜，提高了牙齿防酸抗龋的能力。

**强心解痉：** 黄山毛峰中的咖啡因具有强心、解痉、松弛平滑肌的功效，能解除支气管痉挛，是治疗心肌梗死的良好辅助饮品。

**利尿：** 黄山毛峰中的茶多酚可清洁人体器官，在促进肠道和胃蠕动的同时，也能达到利尿的目的。

**① 茶具准备**

透明玻璃杯1个，黄山毛峰3克，茶荷1个，茶匙1把，茶巾1条。

**② 投茶**

用茶匙把茶荷中的3克黄山毛峰拨入透明玻璃杯中，茶与水的比例约为1：50。

**③ 冲泡**

将热水倒至杯中约茶杯的3/4处，水温以85~90℃为宜。

**④ 分茶**

将泡好的茶水倒入茶杯，以七分满为宜。

**⑤ 赏茶**

茶汤清澈明亮；茶叶嫩绿带黄，肥壮成朵。

**⑥ 品茶**

清鲜高长，滋味香浓、醇厚，回味甘甜。

---

# 笋拌豆丝

材料

豆丝900克，竹笋300克，黄山毛峰粉2茶匙，橄榄油少许。

制作

① 清洗竹笋后，连外壳用冷水以大火煮开后，改用小火煮约50分钟至熟，去外皮切成丝状装盘，放凉后置冰箱内冷藏。

② 将豆丝和笋丝拌在一起，加入少许橄榄油和黄山毛峰粉2茶匙，搅拌即可食用。

口味

清新爽口，可去肥腻。

# 南京雨花茶

## 除烦解腻 提神益气

南京雨花茶因产于南京的雨花台一带而得名。因状如松针，与安化松针、恩施玉露一起，被称为"中国三针"。雨花茶的采摘期极短，通常为清明之前10天左右。采摘标准精细，要求嫩度均匀，长度一致，具体为：半开展的一芽一叶嫩叶，长2.5～3厘米。极品雨花茶全程为手工炒制，经过杀青(高温杀青，嫩叶老杀，老叶嫩杀)、揉捻、整形、干燥后，再涂乌桕油加以手炒，每锅只能炒250克茶。南京雨花茶畅销日本及东南亚一带，是人们赠送亲朋好友的珍贵礼品。

**性状**
叶底嫩匀明亮。

**汤色**
碧绿清澈。

**品鉴指数** ★★★★★

**口味**
滋味醇厚，回味甘甜。

**适宜人群**
一般人群都可饮用，特殊禁忌者除外。

**主要功效**
防辐射，通便，减肥。

**形状特征**
外形圆绿，形似松针。

## 挑选储藏

挑选雨花茶时，手轻握茶叶微感刺手，轻捏会碎，则表示茶叶的干燥程度良好；若含水量在5%以下，是质量上乘的雨花茶。反之，用重力捏茶叶仍不易碎，表明茶叶已受潮回软，茶叶品质受到影响。雨花茶要避免被强光照射，须低温储藏。

## 品种辨识

雨花茶分三个级别：特种雨花茶、一级雨花茶、二级雨花茶。其区别分别是：鲜叶中一芽一叶、一芽二叶的大小以及叶芽的长度会依次递减，在外形上一、二级雨花茶有扁条。其色泽、香味大体相同：绿润、匀整、洁净；香气清香，汤色嫩绿明亮，滋味鲜醇。

## 🍵 评茶论道

我国钱币上的茶文化有丝茶银行的代茶币。1925年"中国丝茶银行"发行了5元的代茶币，该茶币为红黄色，镂空花边，四个角都印有"伍"字。上面从右至左为"中国丝茶银行"几个字，中间印有采茶图。其他的代茶币有："协升昌"号茶庄票；福建福安茶庄票，于1928年发行；"怡和祥茶号"代用纸币，于安徽祁西高塘印制，1932年发行，面值为1元和5元。

## 💙 茶疗养生

# 薄荷茶

【材料】雨花茶5克，薄荷5克，冰片2克。

【做法】将此3味食材放入杯中，用开水冲泡3分钟即可饮用。

【茶疗功效】清热生津、消食下气，对腹中胀满有一定的疗效。

## 🍵 妙用保健

**防辐射：**雨花茶含有防辐射物质，边看电视边喝茶，能减少电视辐射的危害，并能保护视力。

**通便：**雨花茶中的茶多酚可促进胃肠蠕动、胃液分泌，茶叶经冲泡后，茶多酚被人体吸收，能达到通便的目的，使人体内的有害物质及时排出体外。

**减肥：**雨花茶中所含有的维生素$B_1$能促使脂肪充分燃烧，将其转化为人体所需的热能，长期饮用有减肥的功效。

### 品饮赏鉴

**① 茶具准备**

玻璃杯或瓷杯1个，茶匙1把等。

**② 投茶**

采用上投法，将2~3克南京雨花茶投入玻璃杯或瓷杯中。

**③ 冲泡**

先向杯中注少量水，浸润茶芽，待茶叶浸透后继续注水，水温要保持80~90℃。

**④ 分茶**

将泡好的茶水倒入茶杯，以七分满为宜。

**⑤ 赏茶**

茶芽直立，上下沉浮，色如翡翠，清香四溢。

**⑥ 品茶**

小口慢慢吞咽，让茶汤在口中和舌头充分接触，品味茶香。

---

### 茶点茶膳

# 雨花银耳羹

**材料**

雨花茶10克，银耳6克，木瓜100克，白糖50克，蜂蜜、淀粉各适量。

**制作**

① 将银耳用温水泡发约1小时，然后与木瓜一起放入500毫升水中煮至熟烂。

② 将雨花茶放入200毫升开水中泡开，取茶汁备用。

③ 将茶汁和白糖倒进煮银耳的锅中，加入少许淀粉煮沸即可，食用时可依个人口味加适量的蜂蜜。

**口味**

清甜适口，美容养颜。

# 阳羡雪芽

## 养颜降脂 抗菌提神

阳羡雪芽产于江苏宜兴南部的阳羡游览景区，由苏轼"雪芽我为求阳羡"的诗句而得名。阳羡茶区群山环抱，云雾缭绕，空气清新，土壤肥沃，为茶叶生长提供了天然的资源条件。阳羡雪芽采摘细嫩，制作精细，经过高温杀青、轻度揉捻、整形干燥、割末贮藏等四道工序加工制作而成。成品茶外形紧直匀细、翠绿显毫，内质香气清雅、滋味鲜醇，汤色清澈，叶底嫩匀完整，更以"汤清、芳香、味醇"的特点誉满全国。

**性状**
叶底幼嫩，
色绿黄亮。

**汤色**
清澈明亮，
香气清鲜。

**品鉴指数** ★ ★ ★ ★ ★

**口味**
浓厚清鲜，甘醇爽口。

**适宜人群**
一般人群都可饮用，特殊禁忌者除外。

**主要功效**
护齿固齿，清热解暑，养颜降脂。

**形状特征**
纤细挺秀，色绿润，银毫显露。

## 挑选储藏

和其他绿茶一样，好的阳羡雪芽条索紧细，圆直光滑，质重匀齐；茶叶洁净，无条梗，无茶类杂质；芽类和白毫多，色泽绿润，茶芽多为翠绿色，油润光亮，不带红梗、红叶。宜储藏于阴凉处，避光保存，有条件可放保鲜柜，在10℃以下的环境中保存，品饮效果更佳。

## 制茶工序

阳羡雪芽采摘细嫩芽叶，在谷雨前采制。其制作精细，经原料拣剔、薄摊萎凋、茗茶机高温杀青、轻度揉捻、整形干燥、割末贮藏等工序，后经手工低温整形、显毫干燥、摊晾回潮、提香成为成品。其外形纤细挺秀，色绿润，银毫显露；冲泡后，汤色清澈明亮，叶底匀整，滋味浓厚清鲜。

## 评茶论道

自古以来，文人雅士都喜欢饮茶，也出现了以茶事为主题的绘画。如唐朝时期阎立本的《萧翼赚兰亭图》，周昉的《调琴啜茗图》等。历代茶画内容大多描绘煮茶、奉茶、品茶、采茶、以茶会友、饮茶用具等。茶画多反映了当时的茶风茶俗，是茶文化的一部分，也是研究茶文化的珍贵资料，这些茶画汇成一部中国几千年茶文化历史图录，具有很高的欣赏价值。

## 茶疗养生

# 葡萄茶

【材料】葡萄100克，阳羡雪芽5克，白糖适量。

【做法】葡萄与白糖混合，加适量冷水；沸水泡茶。两者混合即可。

【茶疗功效】日常保健，有减肥、美容等功效。

## 妙用保健

**固齿：**阳羡雪芽含有矿物质元素氟，氟离子与牙齿的钙质结合，能形成一种较难溶于酸的"氟磷灰石"，使牙齿变得坚固。

**养颜：**阳羡雪芽含有维生素E，能对抗自由基的破坏，促进人体细胞的再生并保持其活力，长期饮用可使皮肤光滑细嫩。

**清热：**阳羡雪芽中含有芳香类物质，可以使茶叶挥发出香气。所以它不仅能使人心旷神怡，还能带走一部分热量，从内部控制体温，让人感觉清新凉爽。

① 茶具准备

玻璃杯或瓷杯1个，茶匙1把等。

② 投茶

用茶匙把2～3克阳羡雪芽放入玻璃杯中。

③ 冲泡

冲茶时，使水壶有节奏地三起三落，像凤凰向客人点头致意。

④ 分茶

把泡好的茶汤分别倒入茶杯，以七分满为宜。

⑤ 赏茶

在热水浸泡下，茶芽慢慢舒展，茶叶在杯中翻舞，茶香随之飘散。

⑥ 品茶

细啜慢咽，茶汤醇厚甘鲜，韵味无穷，身心惬意。

---

**茶点茶膳**

# 阳羡雪芽面条

材料

阳羡雪芽20克，面粉、配料各适量。

制作

① 将茶叶用洁净的纱布包好，1000毫升开水冷却到60℃左右时，将茶包放入浸泡10分钟。若茶叶较粗老，用水量可略多些。

② 用茶汁进行和面，再按制作面条的程序，擀片、切条，制出茶汁面条。

③ 面条入开水锅内煮熟，捞出，加入喜欢吃的配料即可。

口味

清新爽口，风味独特。

# 竹叶青茶

## 解渴消暑 解毒利尿

竹叶青茶产自山势雄伟、风景秀丽的四川峨眉山。海拔800～1200米的峨眉山山腰的万年寺、清音阁、白龙洞、黑水寺一带是盛产竹叶青茶的好地方。这里群山环抱，终年云雾缭绕，十分适宜茶树生长。竹叶青茶一般在清明前3～5天开始采摘，标准为一芽一叶或一芽二叶初展，鲜叶嫩匀，大小一致。适当摊放后，经高温杀青、三炒三晾，采用抖、撒、抓、压、带条等手法做形干燥，使茶叶具有扁直平滑、翠绿显毫、形似竹叶的特点；再进行烘焙，茶香四溢，成茶外形美观，内质十分优异。

**性状**
叶底嫩匀。

**汤色**
黄绿清亮。

**品鉴指数** ★ ★ ★ ★

**口味**
浓厚甘爽。

**适宜人群**
一般人群都可饮用，特殊禁忌者除外。

**主要功效**
生津止渴，清热解毒，化痰。

**形状特征**
翠绿显毫，形似竹叶。

## 挑选储藏

挑选竹叶青茶时最好到可以提供泡饮的店里，泡好的优质竹叶青茶汤黄绿清亮，叶底嫩绿如新，茶性清雅，口味甘爽。可将竹叶青茶装入无异味的食品包装袋中，然后放入冰箱，这种方法保存时间长、效果好，切记要密封食品袋口，以保证茶的质量。

## 制茶工序

竹叶青茶的制作工序为：将采摘好的一芽一叶初展或一芽一叶开展的嫩茶芽放在竹筛或纱筛里摊晾；杀青时锅温为100～120℃，每锅投芽叶约300克，杀匀杀透变熟约5分钟后，将锅温降至80℃左右理条，直到茶叶八成干，起锅摊晾；干燥时将茶芽重入锅内，每锅投叶300～500克，锅温80℃，用手按顺时针方向往复地做钩、压、磨、挡、吐，挥干整形直到每个茶芽呈扁平直滑、干燥香脆即成。

## 评茶论道

随着茶文化的不断传播，邮票也成为其载体。1997年，由年轻的设计师任宇设计的《茶》特种邮票正式上市发行，一共四枚：茶树、茶圣、茶器和茶会，全面展现了中国茶文化的丰富多彩。设计师以自己对于中国茶文化的深入理解，设计出了这套独具魅力的邮票组合，其底色稍暗，正寓意着古老的茶文化生生不息。由于当时发行数量有限，其成为了目前为数不多的专门宣传中国茶文化的邮票精品。

## 茶疗养生

# 罗汉茶

【材料】罗汉果20克，竹叶青茶2克。

【做法】将罗汉果加水煮5~10分钟，煮沸后加入竹叶青茶，1~2分钟后即可饮用。

【茶疗功效】清热、化痰、止咳，可缓解风热感冒引起的咳嗽。

## 妙用保健

**预防电脑综合征：** 竹叶青茶含有维生素A，对经常在电脑前办公的人来说，饮竹叶青茶可以振奋精神、保护视力。

**利尿通便：** 竹叶青茶中的茶多酚可促进胃肠蠕动、胃液分泌，茶多酚被人体吸收，能利尿通便，使人体内的有害物质及时地排出体外。

**清热：** 竹叶青茶含有维生素C和皂苷化合物等，具有清热的功能。长期饮用竹叶青茶不仅可以减轻体重，还能有利于人的血管舒张、血压降低。

### 品饮赏鉴

① **茶具准备**

玻璃杯或瓷杯1个，茶盘1个，茶匙1把等。

② **投茶**

用茶匙把茶盘中的2~3克竹叶青茶轻轻地拨入杯中。

③ **冲泡**

向杯中注入80~90℃的热水，让茶叶慢慢吸水浸润。

④ **分茶**

将杯中茶分别倒在小茶杯中，再续水。

⑤ **赏茶**

茶芽在杯中渐渐舒展开来，茶烟随之飘散，茶香四溢。

⑥ **品茶**

小口细啜，让茶汤在口中和舌头充分接触，唇齿留香。

## 茶点茶膳

# 茶味熏鸡

**材料**

童子鸡1只，小米锅巴100克，竹叶青茶15克，姜片、盐、葱、红糖、酱油、黄酒、香油、花椒各适量。

**制作**

① 将少许葱、花椒和盐研成细末，拌均匀；切几根葱段备用。

② 将童子鸡洗净；将葱末、花椒、盐均匀撒在鸡身上，腌制半小时。

③ 在鸡肚内放葱段、姜片，抹上酱油、黄酒，蒸至八成熟。

④ 将小米锅巴、竹叶青茶、红糖放入炒锅里，把鸡放在蒸格上熏熟即可。

**口味**

香酥可口，补精益气。

# 六安瓜片

## 瘦身降脂 抑菌抗老

六安瓜片为中国十大名茶之一，产于安徽六安、金寨、霍山三市县响洪甸水库周围地区，属片形烘青绿茶，又称"片茶"。六安瓜片是中国绿茶中唯一去梗、去芽的片茶。采摘一芽二三叶，及时掰片，老片、嫩叶分开炒制。制作工序有五道：生锅、熟锅、毛火、小火、老火。成茶呈瓜子形单片状，自然伸展，叶缘微翘，色泽宝绿；汤色清澈，滋味鲜醇回甘；叶底黄绿。其中金寨齐云山一带的茶叶为瓜片中的极品，冲泡后雾气蒸腾，有"齐山云雾"的美称。

**性状**
叶底嫩绿明亮。

**汤色**
杏黄明净，
清澈明亮。

**品鉴指数** ★ ★ ★ ★ ★

**口味**
滋味鲜醇，回味甘美，伴有熟栗清香。

**适宜人群**
一般人群都可饮用，特殊禁忌者除外。

**主要功效**
抗癌，抑菌，通便，抗衰老，降血脂。

**形状特征**
外形平展，茶芽肥壮，叶缘微翘。

## 挑选储藏

从外形上看，优质六安瓜片均不带芽和茎梗，叶呈绿色光润，微向上重叠，形似瓜子，水色碧绿。如味道较苦，则为伪劣产品。六安瓜片要密封储藏在冰箱（柜）冷藏室，温度保持在零度以下，并应避免与有刺激性气味的物体存放在一起。

## 制茶工序

六安瓜片的制作工序较为独特，须采用传统工艺制作，无法用机械加工，主要工具有生锅、熟锅、竹丝帚或芒花帚。具体工序为：采摘，标准为多采一芽二叶，可略带少许一芽三四叶；摘片，把采来的新鲜茶叶与茶梗分开，摘片时要将断梢上的第一叶到第三、四叶和茶芽用手一一摘下，随摘随炒；把叶片炒开，先"拉小火"，再"拉老火"，直到叶片白霜显露，色泽翠绿均匀，茶香充分散发时，才可以趁热将其装入容器中，并密封储存。

## 评茶论道

中国各地茶馆遍布，形成独具特色的茶馆文化。茶馆是一个多功能的社交场合，是反映社会生活的一面镜子。人们可以在茶馆里听书、看戏、交友、品茶、尝小吃、赏花赛鸟、谈天说地、打牌、下棋、读书看报等。旧时，人们还在茶馆调解社会纠纷、洽谈生意、了解行情、看货交易，把茶馆当作结交聚会的好去处。

## 茶疗养生

# 鲜果茶

【材料】柳橙、苹果各半个，金橘3个，冰糖20克，六安瓜片2克。

【做法】600毫升冷水煮开，放入六安瓜片、冰糖，煮至冰糖溶化；三种水果切成丁，放入壶内搅拌均匀。

【茶疗功效】增加血管韧性，保持细胞弹性，润喉清嗓，养颜美容。

## 妙用保健

**抗癌：** 六安瓜片茶含有茶多酚，能够抑制和阻断人体内致癌物亚硝基化合物的形成。

**抑菌：** 六安瓜片茶中的醇类、醛类、酯类、酚类等有机化合物，对人体的各种病菌都有抑制和杀灭的功效。

**通便：** 六安瓜片茶中的茶多酚可促进胃肠蠕动，茶叶经冲泡后，茶多酚被人体吸收，能达到通便的目的。

**品饮赏鉴**

① **茶具准备**

透明玻璃杯或瓷杯1个，茶匙1把。

② **投茶**

用茶匙把2～3克六安瓜片倒入杯中。

③ **冲泡**

采用下投法把80～90℃的纯净水注入玻璃杯中，2分钟后出完茶汤留根，续水。

④ **分茶**

将玻璃杯中茶水分倒入茶杯中，以七分满为宜。

⑤ **赏茶**

随着茶叶舒展开，汤茶变为浅绿，叶底嫩绿明亮。

⑥ **品茶**

小口慢品茶汤滋味，细细领略茶甘香润，会使您齿颊留香，身心舒畅。

---

**茶点茶膳**

# 酥香小饼

**材料**

小麦面粉100克，鸡蛋1个，葵花籽仁、奶粉、绿茶粉、奶油、酵母、黄油各适量。

**制作**

① 将面粉和奶油混合在一起，打入鸡蛋液备用。

② 加入葵花籽仁、奶粉、绿茶粉、酵母、黄油，搅拌均匀，加少许水，和成面团后备用。

③ 将面团做成方形坯子，放入烤箱烘烤20分钟，即可食用。

**口味**

酥软甘甜，有淡淡的茶香味。

# 太平猴魁

## 利尿减肥 抑菌抗癌

　　太平猴魁为中国十大名茶之一，有"猴魁两头尖，不散不翘不卷边"之称。猴魁茶包括猴魁、魁尖、尖茶三个品类，以猴魁为最好，叶色苍绿匀润，叶脉绿中隐红，俗称"红丝线"。品饮时可以体会出"头泡香高，二泡味浓，三泡四泡幽香犹存"的悠悠茶韵。太平猴魁在谷雨至立夏采摘，茶叶长出一芽三叶或四叶时开园，立夏前停采。采摘天气一般选择在晴天或阴天午前（雾退之前），午后拣尖。太平猴魁茶叶的制作由杀青、毛烘、足烘、复焙四道工序精制而成。

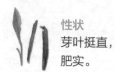

**性状**
芽叶挺直，
肥实。

**汤色**
清绿透明，
有兰香味。

**品鉴指数** ★ ★ ★ ★ ★

**口味**
滋味甘醇，爽口。
**适宜人群**
一般人群都可饮用，特殊禁忌者除外。
**主要功效**
提神，防辐射，降压，抗癌。
**形状特征**
两头尖而不翘，不弯曲、不松散。

## 挑选储藏

　　优质的太平猴魁茶香醇厚，没有异味，摸上去紧实圆润，有沉重感且干燥，茶叶叶片形状、色泽整齐均匀。一般应密封储藏，温度保持在10℃以下。

## 制茶工序

　　采摘时间较短，每年只有15～20天的时间。其制作工序分为杀青、毛烘、足烘、复焙四道。杀青时要求毫尖完整，梗叶相连，自然挺直，叶面舒展。毛烘共四步：一烘使叶子摊匀平伏；二烘使片平伏抱芽，外形挺直；三烘要做到边烘边捺；四烘当叶质不能再捺时可下烘摊晾。足烘主要是固定茶叶外形。经过5～6次翻烘，约九成干，下烘摊放。复焙又叫"打老火"，边烘边翻，切忌按压。待复焙茶冷却后，加盖焊封。

## 茶之传说

古时一位山民采茶时，忽然闻到一股沁人心脾的清香。环顾四周，什么也没有，再寻觅，发现在突兀峻岭的石缝间长着几株嫩绿的野茶，可无法摘到，但茶之嫩叶和清香始终萦绕其脑海，挥散不去。后来他训练了几只猴子，每到采茶季节，就让它们攀岩摘采。人们品尝该茶后啧啧称赞，并称其为"茶中之魁"。因该茶叶是猴子采来的，后人便取名"猴魁"。

## 茶疗养生

### 猴魁银耳茶

【材料】太平猴魁5克，银耳、冰糖各20克。
【做法】将茶叶泡后取汁，银耳洗净，加冰糖用砂锅煎服。
【茶疗功效】对阴虚、久咳、发热有一定的辅助疗效。

## 妙用保健

**防辐射：**太平猴魁的细胞壁中含有脂多糖，可以保护视力，吸附和捕捉电脑辐射。

**提神：**太平猴魁含有生物碱，能促使人体的中枢神经系统兴奋，增强大脑皮质的兴奋过程，让人精神振奋。

**抗癌：**太平猴魁含有维生素及皂素，能起到防癌抗癌的作用。

品饮赏鉴

① **茶具准备**

玻璃杯或瓷杯1个，茶匙1把，公道杯1个，紫砂壶1个。

② **投茶**

用茶匙将2~3克太平猴魁放入紫砂壶中。

③ **冲泡**

沿壶边冲水至七分满，盖上壶盖，浸泡2分钟左右。

④ **分茶**

用公道杯将泡好的茶汤倒入茶杯至七分满。

⑤ **赏茶**

打开紫砂壶盖，欣赏太平猴魁的茶汤和完整的叶面。

⑥ **品茶**

香气高爽，滋味甘醇，有独特的"猴韵"。

---

**茶点茶膳**

# 绿茶蛋糕

**材料**

面粉100克，含酵粉5克，砂糖30克，黄油45克，牛奶1大勺，太平猴魁粉10克，鸡蛋4个，奶油、香精各少许。

**制作**

① 将鸡蛋和砂糖混合并打出泡沫，将黄油用微波炉加热至融化。

② 将面粉、黄油、发酵粉、牛奶、奶油、香精和太平猴魁粉一起放进蛋液，用力搅拌均匀。

③ 在蛋糕容器上抹点食用油，把搅拌好的面糊倒入容器，表面抹平，后用保鲜膜盖住，放入微波炉加热。

④ 用竹签刺入蛋糕，如果竹签上不沾液体，即可出炉食用。

**口味**

口感松软，滋味鲜美、甜润。

# 休宁松萝

## 清热防暑 杀菌消炎

休宁松萝为历史名茶之一，创于明代，产自休宁县松萝山，属于炒青散茶。明代袁宏道曾有"徽有送松萝茶者，味在龙井之上，天池之下"的记述。松萝茶园多分布在松萝山600～700米，气候温和，雨量充沛，常年云雾弥漫，土壤肥沃，土层深厚。由于松萝山地域狭小，松萝茶的生长环境独特，产量受到了一定的限制，加之松萝茶有消积滞油腻、去火、下气、降痰的药用价值，造成产品供不应求。松萝茶以"色绿、香高、味浓"而著称。

**性状**
叶底绿嫩，芽叶匀齐成朵。

**汤色**
色泽绿明。

**品鉴指数** ★ ★ ★ ★

**口味**
滋味浓厚，有橄榄香味。

**适宜人群**
一般人群都可饮用，特殊禁忌者除外。

**主要功效**
预防脂肪肝，清热解毒，除口臭。

**形状特征**
条索紧卷匀壮。

## 挑选储藏

优质的休宁松萝闻起来香味浓郁，颜色鲜绿有光泽，白毫较少，感觉拿起来有分量且干燥。休宁松萝和其他绿茶一样要保持干燥，密封、避光、低温冷藏。

## 制茶工序

松萝茶采摘于谷雨前后，采摘标准为一芽一叶或一芽二叶初展。采回的鲜叶均匀摊放在竹匾或竹垫上，并将不符合标准的茶叶剔除。待青气散失，叶质变软，便可炒制，要求当天的鲜叶当天制作。

## 🍵 茶之传说

休宁松萝是我国著名的药用茶。《本经蓬源》记载："徽州松萝，专于化食"，可看出松萝茶可以消积滞油腻。另据有关资料介绍，徽州休宁一带曾经流行伤寒、痢疾，初染此病的患者，用沸水冲泡松萝茶频饮，三五日即可痊愈；病重者，用炒至焦黄色的糯米，加生姜片、食盐与松萝茶共煮后喝下，也有很好的疗效。休宁松萝较高的药用价值与其产量受限，使得休宁松萝弥足珍贵。

## ❤️ 茶疗养生

### 松萝桂圆茶

【材料】休宁松萝2克，桂圆肉20克。

【做法】将桂圆肉蒸10分钟左右，然后与休宁松萝茶置于大的茶杯里，加开水冲泡。

【茶疗功效】补气养血，滋养肝肾，用于缓解贫血症状。

## 🍵 妙用保健

**清热：**休宁松萝含有茶单宁、糖类、果胶和氨基酸等成分，这些物质可以加快排泄体内的大量余热，达到清热消暑的目的。

**预防脂肪肝：**休宁松萝中的儿茶素可以降低人体对胆固醇的吸收，具有很好的降血脂及抑制脂肪肝的功效。

**除口臭：**休宁松萝中含有叶绿素，其芳香成分能消除口臭。

**品饮赏鉴**

① 茶具准备

玻璃杯或瓷杯1个，茶匙1把等。

② 投茶

用茶匙把2~3克休宁松萝茶轻轻拨入茶壶内。

③ 冲泡

冲水时水壶有节奏地三起三落，让茶叶在杯中充分翻滚，使茶汤均匀。

④ 分茶

将泡好的松萝茶倒入茶杯，七分满即可。

⑤ 赏茶

松萝茶的"色重"特征会得到淋漓尽致的体现，叶底颜色绿嫩。

⑥ 品茶

松萝茶另外两个显著特征是"香重""味重"，茶香飘散，带有橄榄香，回味无穷。

---

**茶点茶膳**

### 奶香面包

材料

高粱粉250克，高筋面粉500克，鸡蛋1个，牛奶300毫升，奶粉、休宁松萝茶粉、酵母、黄油各适量。

制作

① 将除黄油以外的材料全部混合，将面团揉光滑后，再加入黄油继续揉到不粘手为止。

② 将面团分成每个50克的小面团，搓圆发酵30分钟左右。

③ 将发酵好的小面团放到烤箱中层，以170℃的温度烘烤20分钟左右即可。

口味

香软可口，茶香宜人。

# 信阳毛尖

## 清心明目 提神醒脑

信阳毛尖为河南著名特产，中国名茶之一，以"细、圆、光、直、多白毫、香高、味浓、汤色绿"的独特风格饮誉中外。其采茶期分为三季：谷雨前后采春茶，芒种前后采夏茶，立秋前后采秋茶。谷雨前后采摘的少量茶叶被称为"跑山尖""雨前毛尖"，是毛尖珍品。信阳毛尖炒制工艺独特，分生锅、熟锅、烘焙3道炒制工序，用双锅变温法进行。信阳毛尖还具有强身健体、促进脂类物质转化吸收的作用，被远销日本、美国、德国、马来西亚、新加坡等20多个国家。

**性状**
叶底嫩绿明亮，细嫩匀齐。

**汤色**
嫩绿鲜亮。

**品鉴指数** ★★★★★

**口味**
滋味甘醇，清香高爽。

**适宜人群**
一般人群都可饮用，特殊禁忌者除外。

**主要功效**
提神醒脑，促消化。

**形状特征**
细秀匀直，显锋苗，鲜绿有光泽。

## 挑选储藏

购买信阳毛尖时，一定要先将茶叶泡开，从茶叶的色香味和外形上作一个全面的判断。好的信阳毛尖从干茶外形上看大小一致，白茸满披，色泽翠绿，手感绒滑，过后有许多白茸粘在手上，刚炒制好的鲜茶香气清新。储藏时要密闭冷藏，置于干燥、无异味处，以冰箱冷藏为佳。

## 制茶工序

制作方法分手工和机械两种。前者包括筛分、摊放、生锅、热锅、初烘、摊晾、复烘、毛茶整理、再复烘等九道制茶工序；后者也有九道制茶工序，包括筛分、摊放、杀青、揉捻、解块、理条、初烘、摊晾、复烘。每年一度的"信阳毛尖手工炒茶大赛"，从"外形、汤色、香气、滋味、叶底"五方面评分，获得业界好评。

## 🍵 茶之传说

信阳官府、财主常欺压百姓，人们不仅吃不好、穿不暖，还得了瘟病。春姑看着乡亲因瘟病死去，万分焦急。她四处寻医问药，因劳累染上瘟疫晕倒在小溪边。醒来，神农氏送她一粒茶树种子，并告诉她："种子须在10天内种进泥土。"为赶时间，神农氏将春姑变成画眉鸟飞回家乡种下树籽。春姑为种茶树耗尽心力，在茶树旁化成一块鸟形石头。茶树长大后，一群画眉用尖嘴啄下一片片茶叶，放进患瘟疫病人的嘴里。病人痊愈，自此有了信阳茶。

## ❤ 茶疗养生

### 美肤绿茶

【材料】信阳毛尖末3克，软骨素1克。
【做法】用沸水冲泡信阳毛尖茶末，再将软骨素与茶水调和。
【茶疗功效】美艳肌肤，使皮肤富有弹性。

## ☕ 妙用保健

**降胆固醇：** 信阳毛尖茶叶中的儿茶素等物质，对人体总胆固醇、游离胆固醇总类脂和甘油三酸酯含量均有明显的降低作用。常饮茶的人的血液中胆固醇含量比不饮茶的要低1/3左右。

**消脂：** 信阳毛尖茶叶中的嘌呤碱、腺嘌呤等生物碱，与磷酸、戊糖等形成核苷酸，核苷酸对含氮化合物进行分解、转化，从而达到消脂作用。

### ① 茶具准备

150毫升左右的无色玻璃壶或洁白瓷壶1个，茶匙1把等。

### ② 投茶

先把杯子预热，用茶匙把3~5克信阳毛尖放入玻璃壶中。

### ③ 冲泡

用80~90℃的水冲泡，第一道水倒掉（除去茶土味和漂浮杂物）。

### ④ 分茶

将泡好的毛尖茶倒入茶杯，七分满为宜。

### ⑤ 赏茶

茶汤清澈明亮，茶芽挺立，茶汤和茶叶交相辉映。

### ⑥ 品茶

茶香清新高爽，茶味甘甜醇厚。

---

## 绿茶香蕉蛋糕

**材料**

面粉适量，鸡蛋2个，香蕉5个，白糖2杯，牛奶1杯，苏打粉、毛尖茶粉、食用油各少许。

**制作**

① 将苏打粉与面粉混合均匀。
② 将香蕉搅拌成泥，加入白糖和适量的毛尖茶粉。
③ 在碗中打散鸡蛋，加入牛奶、食用油和香蕉泥拌匀。
④ 将烤盘抹上一层油，调至220℃预热。
⑤ 将蛋糕糊倒入烤盘中，送入已预热好的烤箱。
⑥ 用牙签插入试一试，没有东西黏在上面即可取出食用。

**口味**

口感爽滑，茶香宜人。

# 华顶云雾

## 解乏醒脑 抗菌去脂

华顶云雾产自浙江天台山，以最高峰华顶所产的为最佳，向来有"雾浮华顶托彩霞，归云洞口茗奇佳"的赞誉，故又称"华顶茶"。山谷气候寒凉，浓雾笼罩，土层肥沃，富含有机质，适宜茶树生长。因此茶色泽绿润，且化学成分如蛋白质、氨基酸、维生素、多酚类等得以充分蕴蓄，含量比一般茶叶丰富。华顶茶色香味俱全，药用价值也高。冲泡后，香气浓郁持久，滋味浓厚鲜爽，汤色嫩绿明亮，叶底嫩匀绿明，清怡带甘甜，饮之口颊留香。经泡耐饮，冲泡三次犹有余香。

**性状**
叶底嫩匀绿明，茶芽匀齐成朵。

**汤色**
色泽嫩绿明亮。

**品鉴指数** ★ ★ ★ ★

**口味**
鲜醇甘甜。

**适宜人群**
一般人群都可饮用，特殊禁忌者除外。

**主要功效**
防龋齿，抗菌消炎，提神醒脑。

**形状特征**
细紧弯曲，芽毫壮实显露。

## 挑选储藏

优质华顶云雾颜色翠碧、鲜润。若茶叶色泽发暗、发褐，说明茶叶内质已被不同程度地氧化，往往是陈茶；如果茶叶片上有明显的焦点、泡点(为黑色或深酱色斑点)或叶边缘为焦边，这样的华顶云雾质量一般。储藏华顶云雾可用生石灰吸湿贮藏法，即选择密封容器（如瓦缸、瓷坛等），将生石灰块装在布袋里并置于容器内，将茶叶用牛皮纸包好放在布袋上，密封容器口并放置阴凉干燥处。

## 制茶工序

由于产地气温较低，茶芽萌发相对迟缓，采摘期在谷雨至立夏前后。采摘标准为一芽一叶或一芽二叶初展。它原属炒青绿茶，纯手工操作，后改为半炒半烘，以炒为主。鲜叶经摊放、高温杀青、扇热摊晾、轻加揉捻、初烘失水、入锅炒制、低温烘焙等工序制成。

## 📋 评茶论道

盖碗茶，是成都创制的一种茶饮，又称"盖碗"或"三炮台"。旧时，川人饮用盖碗茶很讲究。品茶时，用托盘托起茶碗，用盖子轻刮，吸吮而啜饮。若把茶盖置于桌面，则表示茶杯已空，茶博士即将水续满；若临时离开，只需将茶盖扣置于竹椅上，便不会有人侵占座位。茶博士斟茶也有技巧，水柱临空而降，泻入茶碗，翻腾有声，须臾间戛然而止，茶水恰与碗口平齐，无一滴溢出，可谓艺术享受。

## ❤ 茶疗养生

# 苹香茶

【材料】苹果1/2个，华顶云雾2克，果粒3克。

【做法】冲泡华顶云雾，苹果切片加入；再加入果粒，搅匀，滤出茶汁即可饮用。

【茶疗功效】经常饮用此茶，可改善贫血状况。

## 🍵 妙用保健

**护齿固齿：**华顶云雾含有矿物质元素氟，氟离子与牙齿的钙质结合，能形成一种较难溶于酸的"氟磷灰石"，使牙齿变得坚固。

**抗菌消炎：**华顶云雾含有醇类、醛类、酯类等有机化合物，对人体的各种病菌有抑制和杀灭的功效。

**提神醒脑：**华顶云雾含有生物碱，能促使人体的中枢神经系统兴奋，使大脑保持清醒。

### ① 茶具准备

玻璃杯或瓷杯1个，茶匙1把等。

### ② 投茶

用茶匙将2～3克华顶云雾茶拨入玻璃杯中。

### ③ 冲泡

先向杯中注少量的开水，待茶芽舒展，再以高冲法注水。

### ④ 分茶

将泡好的华顶云雾依次倒入茶杯中，慢慢品饮。

### ⑤ 赏茶

茶叶舒展，色泽翠绿有神，茶汤清澈、嫩绿。

### ⑥ 品茶

茶香四溢，滋味鲜爽甘醇，耐人回味。

---

**茶点茶膳**

# 绿茶冷面

**材料**

高筋面粉600克，华顶云雾茶25克，盐及其他调料各少许。

**制作**

① 用一杯开水将茶叶冲泡几分钟，取茶汤冷却备用。

② 在面粉里放少许盐，加茶汤揉匀后，醒面10分钟，再揉一次，直至面团光滑发亮。

③ 将面团擀成薄片，切成细面条。

④ 把面条煮熟后捞出放入凉开水中浸泡，待冷却后捞起，食用时依个人口味加入调料。

**口味**

清香可口，风味怡人。

# 西山茶

## 抗菌利尿 健身防癌

西山茶产于著名风景区广西桂平西山，由于其树种和优越的自然环境，茶的品质优良。西山茶地朝东，阳光充足；地势较高，经常云雾缭绕，阳光被雾水折射，形成散射光，使茶叶容易保持幼嫩；土质松软，富含天然磷，有泉水灌溉，茶叶生长繁茂，素有"山有好景，茶有佳味"之说。西山茶在立夏前和立秋后采摘。西山茶被分为特级、一级、二级，茶的等级不同，采摘的要求也不同，但均要保持芽叶完整、新鲜匀净，不夹鳞片、鱼叶，不宜捋采和抓采。

**性状**
色泽青黛。

**汤色**
碧绿清澈、明亮。

**品鉴指数** ★★★★

**口味**
滋味醇厚，有花果香。

**适宜人群**
一般人群都可饮用，特殊禁忌者除外。

**主要功效**
抗菌，提神消乏，抗癌，利尿，抗衰老。

**形状特征**
条索紧结匀称，锋苗显露。

## 挑选储藏

挑选西山茶时要看茶叶的外形，看外表是否让人感觉愉快、舒服，同时也可以检查一下断碎的茶叶是不是很多，是否有些发黄发黑的茶叶夹杂在中间，茶叶整体看起来是否有光泽。西山茶要低温干燥储藏，避免光照，杜绝挤压。

## 制茶工序

西山茶经摊晾、杀青、揉捻、初干、整形、足干、提香七道工序制成。摊晾时春季需要7~8小时，夏秋3~4小时。杀青温度为200~250℃，需4~5分钟。用揉捻机按"轻—重—轻"不同力度揉捻，约15分钟。初干时高温快烘，温度为110~120℃，烘至五六成干。整形时手工炒，每锅投叶0.6千克，锅温为50~60℃，翻炒至叶热软时，滚撩炒条5~10分钟。足干时需要低温慢烘，温度为70~100℃。提香温度由高到低，控制在50~70℃。

## 评茶论道

茶和戏剧有着很深的渊源，戏曲中有一种以茶命名的剧种——采茶戏。除了采茶戏外，在其他的剧种中也有茶文化的渗入。如南戏《寻亲记》第二十三出《茶坊》就是昆剧的传统剧目；郭沫若创作的话剧《孔雀胆》将武夷功夫茶搬上了舞台；老舍的话剧《茶馆》就是以茶馆为背景，反映出了一个家族、一个时代的兴衰。

## 茶疗养生

# 西山竹叶茶

【材料】西山茶3克，竹叶、灯心草、蝉衣各2克。

【做法】将西山茶、竹叶、灯心草、蝉衣放入锅中加水煎煮约15分钟，当茶饮用即可。

【茶疗功效】清心除烦，对烦躁不安等症有很好的预防和辅助治疗作用。

## 妙用保健

**抗菌：**西山茶中的茶多酚和鞣酸作用于细菌，能凝固细菌的蛋白质，将细菌杀死。可用于治疗肠道疾病，如霍乱、伤寒、痢疾、肠炎等。

**利尿：**西山茶中的咖啡因和茶碱具有利尿作用，可用于辅助治疗水肿、水滞瘤。

**减肥：**西山茶含有的茶多酚和维生素C能降低胆固醇和血脂，有减肥功效。

① **茶具准备**

透明玻璃杯或瓷杯1个，注水壶、茶匙各1把等。

② **投茶**

用茶匙将2～3克西山茶从茶仓中取出，将其置入玻璃杯中。

③ **冲泡**

先向杯中注少量水，浸润干茶，当茶芽舒展，再上下提拉注水。

④ **分茶**

将泡好的西山茶倒入茶杯，七分满即可。

⑤ **赏茶**

茶汤嫩绿明亮，茶叶舒展漂浮，茶香清爽淡雅。

⑥ **品茶**

茶香沁人心脾，茶汁鲜醇回甘，令人陶醉。

---

# 茶香牛肉

**材料**

牛肉1000克，西山茶20克，食用油、葱段、姜片各适量，料酒、酱油、白糖、红枣、桂皮、茴香各少许。

**制作**

① 将牛肉切成小块，冷水下锅，煮至将沸时，撇去浮沫，改用小火再煮30分钟，捞出洗净。

② 炒锅烧热，放油，下葱段、姜片和牛肉翻炒一下。

③ 加入西山茶和各种调味品，加清水，用大火烧沸后改用小火焖约1小时，待牛肉熟酥、茶香扑鼻时，再改用大火收汁即成。

**口味**

口感酥软，茶香浓郁。

# 顾渚紫笋

## 瘦身减脂　抗菌防癌

顾渚紫笋产于浙江湖州顾渚山一带，因其鲜茶芽叶微紫，嫩叶背卷似笋壳，故而得名。早在唐朝广德年间人们就以龙团茶进贡，它被称为贡茶中的"老前辈""茶中第一"；明洪武八年，顾渚紫笋不再作为贡品，被改制成条形散茶；清代初年，紫笋茶逐渐消亡；直到改革开放后，才得以重现往昔光彩。在每年清明节前至谷雨期间，人们采摘一芽一叶或一芽二叶初展，然后经过摊青、杀青、理条、摊晾、初烘、复烘等工序制成顾渚紫笋。

**性状**
叶底细嫩成朵。

**汤色**
清澈明亮，色泽翠绿带紫。

**品鉴指数** ★ ★ ★ ★ ★

**口味**
甘鲜清爽，隐有兰花香气。

**适宜人群**
一般人群都可饮用，特殊禁忌者除外。

**主要功效**
抗癌，防辐射，抑菌。

**形状特征**
挺直稍长，色泽翠绿，银毫明显。

## 挑选储藏

选购时要注意茶叶新鲜度，新鲜的顾渚紫笋茶或芽叶相抱，或芽挺叶稍展，形如兰花。冲泡后，茶汤清澈明亮，色泽翠绿带紫，味道甘鲜清爽，隐隐有兰花香气。此外，应特别注意制造日期和保存期限，原则上越新鲜越好。家庭贮藏紫笋茶，可采用生石灰吸湿贮藏。选择密封性能好的茶叶罐，将生石灰装进布袋里，将茶叶用牛皮纸包好一同放在容器内，置于阴凉干燥处即可。

## 制茶工序

每年清明至谷雨期间是紫笋茶的采摘期，其标准为一芽一叶或一芽二叶初展。新鲜紫笋茶或芽叶相抱，或芽挺叶稍展，形如兰花。然后经摊青、杀青、理条、摊晾、初烘、复烘等工序制成。顾渚紫笋的鲜叶非常幼嫩，炒制500克干茶，约需芽叶36000个。

## 评茶论道

顾渚山位于浙江长兴县西北45千米处的太湖西岸，是著名的茶山。顾渚山有处明月峡，悬崖峭壁，瀑布倾泻，此地茶叶品质最佳。当地的金沙泉是煮茶的上佳水品，古有"顾渚茶，金沙水"的说法。顾渚山南麓有处长兴贡茶院，是唐代制作顾渚笋茶的作坊，被称为"顾渚贡焙"。

## 茶疗养生

# 玉米须绿茶

【材料】玉米须100克，顾渚紫笋3克。

【做法】将玉米须用300毫升水煎汤，取汁，趁热时冲沏顾渚紫笋茶。

【茶疗功效】利胆、利尿，清热降糖，可用于辅助治疗糖尿病。

## 妙用保健

**抗癌：** 最新研究发现，绿茶含有一种高效的生物活性物质，该物质能大大降低前列腺癌的扩散速度，紫笋茶亦有此功能。

**防辐射：** 紫笋茶中含有防辐射物质，对人体的造血机能有较好的保护作用，可减少电脑辐射产生的危害。

**抑菌：** 紫笋茶叶有抗菌作用，如由细菌引起的急性腹泻，可通过喝紫笋茶减轻症状。

品饮赏鉴

① 茶具准备

透明玻璃杯1个，茶匙1把。

② 投茶

用茶匙把2～3克顾渚紫笋轻轻投入玻璃杯中。

③ 冲泡

注入80～90℃矿泉水，让舒展开来的茶芽在玻璃杯中浮动翻腾。

④ 分茶

将泡好的顾渚紫笋茶倒入茶杯，七分满即可。

⑤ 赏茶

茶叶慢慢舒展，茶汤嫩绿明亮。

⑥ 品茶

隐有兰花飘香，品之回味鲜爽甘醇。

## 茶点茶膳

# 剁椒鱼头

材料

鱼头1个，红辣椒各1个，洋葱、蒜、生姜、葱、鸡精、盐、酱油、顾渚紫笋茶末、辣椒酱各适量。

制作

① 将鱼头洗净，剖开，加少许盐腌渍入味；将洋葱、蒜、生姜切片。

② 炒锅置于大火上放油，再倒入洋葱、蒜、生姜、红辣椒等煸香。

③ 将葱、蒜、姜、鸡精、酱油、茶末、辣椒酱混合调匀，抹在鱼头上，上笼蒸10分钟；将红椒切小丁用油煸炒后撒在鱼头上即成。

口味

味美浓郁，辣咸适口。

# 金山翠芽

## 抑癌利尿　提神醒脑

　　金山翠芽是江苏省新创制的名茶，以大毫、福云6号等无性系茶树品种的芽叶为原料，借助现代制茶工艺研制而成。其采摘期为每年谷雨前后，采摘标准为芽苞或一芽一叶初展，芽叶长3厘米左右，制500克干茶约需36000个芽叶。要求芽叶嫩度一致、匀净、新鲜无损。采回的鲜叶，薄摊在竹匾内置于阴凉通风处，经过3小时左右摊放，方可炒制。炒制工艺有初炒、摊晾、复炒三道。金山翠芽扁平匀整，色翠显毫，滋味鲜醇，汤色嫩绿明亮，叶底肥壮、嫩绿。

**性状**
叶底肥匀嫩绿。

**汤色**
嫩绿明亮。

**品鉴指数** ★ ★ ★ ★

**口味**
鲜醇浓厚，苦涩显著。

**适宜人群**
一般人群都可饮用，特殊禁忌者除外。

**主要功效**
抗癌，提神醒脑，利尿。

**形状特征**
扁平挺削匀整，色翠显毫。

## 挑选储藏

　　挑选金山翠芽，一要看其包装标识，茶叶包装上必须有品名、执行标准、净重、生产日期、保质期、制造商、地址等；二要看金山翠芽茶外形，扁平挺削匀整，色翠显毫者佳，如遇有色泽过绿、茸毛过多、汤色浑浊、芽叶细小者，就为伪劣产品。金山翠芽要低温干燥储藏，避免强光照射。

## 制茶工序

　　金山翠芽的炒制工序分为初炒、摊晾、复炒三道。一般采用手工炒制，在锅内进行，手法多样，灵活运用，讲求一气呵成。初炒的目的是破坏酶的活性，蒸发水分，理条做形。将茶理直做扁后形状基本形成，约七成干时，起锅摊晾；摊晾后开始复炒，炒后继续理条做扁；随茶叶干度增加，锅温下降，轻巧地将茶叶在锅壁滚炒。当茶叶表面扁直平滑，含水量为6%左右时，起锅摊晾，分筛割末，包装贮藏。

## 评茶论道

品饮赏鉴

1607年，荷兰人从中国澳门贩茶转运欧洲，茶即在欧洲传播开来。初运欧洲的茶多为绿茶，后多为武夷茶、红茶。1662年，葡萄牙凯瑟琳公主嫁给英王查理二世，把饮茶风气带入英国宫廷。18世纪中叶，英国人早餐较丰盛，午餐较简单。晚餐最丰盛，在晚上8点左右。午餐与晚餐相隔较长，斐德福公爵夫人常在下午5点喝茶、吃糕点。贵妇纷纷仿效，下午茶成为时尚。

## ♥ 茶疗养生

# 双黄绿茶

【材料】绿茶、生地黄各15克，黄连、黄芩各3克，升麻18克。

【做法】5种材料加水煎汁即可。

【茶疗功效】对治疗偏头痛有一定的疗效。

## 妙用保健

**利尿：** 金山翠芽含有大量咖啡因，它具有很强的利尿作用，不仅可预防肾结石的形成，还可降低胆固醇。

**抑癌：** 金山翠芽含有茶多酚，能够抑制和阻断人体内致癌物亚硝基化合物的形成，有较好的防癌、抗癌功效。

**提神：** 金山翠芽含有茶碱和咖啡因，能兴奋大脑皮质，振奋精神，消除疲劳。

### ① 茶具准备

洗干净的透明玻璃杯1个，金山翠芽2～3克，茶匙1个。

### ② 投茶

投置金山翠芽较为特殊，将茶漏斗放在壶口处，然后用茶匙拨茶入壶。

### ③ 冲泡

将80～90℃的矿泉水注入壶中至泡沫溢出壶口。

### ④ 分茶

将茶汤倒入茶杯中，以七分满为宜。

### ⑤ 赏茶

茶叶在壶中上下翻腾，茶香四溢，茶汤嫩绿明亮。

### ⑥ 品茶

慢慢细酌，清香润口，脆嫩润喉，回味甘醇。

---

茶点茶膳

# 翠芽炸排骨

材料

金山翠芽5克，猪排500克，红辣椒10g，盐、酱油、料酒、味精、白糖等调味品各适量。

制作

① 将排骨剁成小块，放入各种调味品腌30分钟。

② 将金山翠芽泡开，捞出茶叶渣，控干水分；红辣椒切小段备用。

③ 锅加油，烧至五六成热时，放茶叶，炸至香酥时捞出研成末备用。

④ 油温至四成热时，放入腌好的猪排，炸至金黄色捞出；将油温升至六成热，入猪排复炸至熟，捞出沥油。

⑤ 锅留底油，待油温至三成热时，放入猪排、茶叶末，翻匀即可出锅，最后撒上红辣椒。

口味

骨肉酥软，香气浓醇。

# 安化松针

## 减肥降脂 抑菌护齿

安化松针产于湖南安化，外形挺直、细秀、翠绿，形似松树针叶，是我国特种绿茶中针形绿茶的代表。其产区在雪峰山脉北段，属亚热带季风气候区，温暖湿润，土质肥沃，雨量充沛，溪河遍布，非常适合茶树的生长。安化松针的采摘较为讲究，在清明前采摘一芽一叶初展的幼嫩芽叶，并且要保证没有虫伤叶、紫色叶、雨水叶、露水叶；此外为保证成品茶的整齐，不能有节间过长或特别粗壮的芽叶。该茶冲泡后香气浓厚，滋味甘醇；茶汤清澈碧绿，叶底匀嫩，耐泡。

**性状**
叶底翠绿匀整。

**汤色**
色泽碧绿，
清澈明亮。

**品鉴指数** ★★★★★

**口味**
滋味甜醇，香气浓厚。

**适宜人群**
一般人群都可饮用，特殊禁忌者除外。

**主要功效**
降血脂，护齿，防辐射，增强心血管保健作用。

**形状特征**
外形挺直、细秀，形似松树针叶。

## 挑选储藏

优质的安化松针外形挺直秀丽，状如松针；翠绿匀整，白毫显露。此外，挑选安化松针时要特别注意"尿素茶"。茶农喷尿素溶液的目的是催化茶叶生长，这样的茶叶质量不合格。安化松针要避免强光照射，低温储藏，有条件者可密封包装存于−5℃的冰箱中。

## 制茶工序

安化松针有八道制作工序：鲜叶摊放、杀青、揉捻、炒坯、摊晾、整形、干燥、筛拣。鲜叶摊放指将采摘的茶叶，置于阴凉、通风清洁处，使其水分轻度蒸发；手工或杀青机杀青要无红梗、红叶及焦尖、焦边叶；揉捻既要有茶汁溢出，初步成条，又要保护芽叶完整；炒干要求蒸发水分，浓缩茶汁；摊晾要求茶叶水分重新分布均匀；整形要求茶叶达到细长、紧直、圆润、色泽翠绿、显毫；干燥用微型烘干机烘干，茶叶用牛皮纸包好，存入生石灰缸内；筛拣使成品品质合格，达到包装出厂的要求。

## 评茶论道

1972年，长沙马王堆出土的西汉墓葬茶画《仕女敬茶图》，为我国古代饮茶文化的久远提供了依据。宣化辽墓茶画中对碾茶、煮浆、点茶工序和各种茶食用具都有详细刻画，对研究中华茶文化很有帮助。

## 茶疗养生

# 丹参绿茶

【材料】丹参、松针茶、何首乌、泽泻各2~3克。

【做法】丹参、松针茶、何首乌、泽泻放入锅里煎制，去渣后即可饮用。

【茶疗功效】常饮能有效地抑制腰部脂肪的堆积，保持腰部的曲线。

## 妙用保健

**降血脂：** 安化松针中的儿茶素具有氧化作用，长期饮用对降血脂、预防心血管疾病有很好的帮助。

**防辐射：** 安化松针含有脂多糖，上班一族长期饮用，有较好的防辐射功效。

**护齿：** 安化松针含有氟，如长期用这种茶漱口，不仅能去除口腔异味，还能防蛀固齿。

### 品饮赏鉴

① 茶具准备

透明玻璃杯或瓷杯1个，茶匙1把。

② 投茶

用茶匙把2~3克安化松针茶叶轻轻拨入准备好的玻璃杯中。

③ 冲泡

按照茶叶与水1：50的比例为干茶注水，待干茶吸水舒展时，再充分注水。

④ 分茶

将泡好的茶汤倒入茶杯，以七分满为宜。

⑤ 赏

汤色清澈碧绿，叶底匀嫩，茶香四溢。

⑥ 品茶

细品慢啜，体会齿颊留香，滋味甜醇。

---

### 茶点茶膳

# 茶叶馒头

材料

安化松针茶3克，面粉200克，发酵粉适量。

制作

① 将安化松针茶泡成浓茶，茶汁晾至35℃，发酵粉放入茶汁中化开。

② 用发酵水和面，至不黏手时将面团揉光；用湿布盖好醒面发酵，时间视室温而定，等面团里有均匀小孔时即可。

③ 将发好的面再揉匀，醒一会儿，使面团更光滑。

④ 将面团揉透揉匀后搓成长条，切成方块或揪成剂子揉成馒头状。

⑤ 锅中加水，将馒头置于笼屉上，中火蒸20分钟，取出即可。

口味

洁白松软，茶香浓郁。

# 桂林毛尖

## 延迟衰老　抗炎抗癌

桂林毛尖产于广西桂林尧山地带。茶区属丘陵山区，海拔3000米左右，园内溪流纵横，气候温和，年均温度18.8℃，年均降水量1873毫米，无霜期达309天，春茶期雨多雾浓，有利于茶树生长。毛尖鲜叶于三月开采，至清明前后结束。特级和一级茶要求一叶一芽新梢初展，芽叶要完整无病虫害，不同等级分开采摘，鲜叶不能损伤、堆沤、暴晒。经摊放、杀青、揉捻、干燥、复火提香等工序制作而成。复火提香是毛尖茶的独特工序，即在茶叶出厂前进行一次复烘，达到增进香气的目的。

**性状**
叶底嫩绿明亮。

**汤色**
碧绿清澈。

**品鉴指数** ★ ★ ★ ★

**口味**
醇和鲜爽。

**适宜人群**
一般人群都可饮用，特殊禁忌者除外。

**主要功效**
抗氧化，防治高血压，抗癌，防衰老。

**形状特征**
白毫显露，色泽翠绿。

## 挑选储藏

优质桂林毛尖茶叶色泽翠绿，条索紧细，白毫显露，香气清高；干茶含硒量较高，每克毛尖茶叶中约含0.146微克的硒。茶叶泡好之后汤色清绿，嫩香持久，滋味鲜灵回甘，叶底翠绿嫩匀。桂林毛尖要保持干燥、密封、低温冷藏，可以放在冰箱内冷藏。要避免阳光照射，杜绝外力挤压。

## 制茶工序

桂林毛尖经采摘、摊放、杀青、揉捻和干燥等工序制作而成。三月初至清明前后采摘，要求一叶一芽新梢初展，鲜叶不能损伤、堆沤、暴晒。摊放3~6小时，避免阳光直射。杀青锅温约260℃，投叶量0.5千克，至茶叶清香显露，叶片较干爽卷成条。揉捻经空揉、轻压、空揉、出茶。干燥分毛火和足火两次进行，毛火温度约120℃，约1分钟；足火温度约80℃，约10分钟，反复几次至成茶，含水量控制在6%以内。

## 🍵 评茶论道

相传很早以前石姬仙姑看不惯天上权贵的淫威，离开仙境来到人间，到了井冈山的一个小村。村里人都善良好客，拿出上等好茶来接待石姬。她深受感动，就长住了下来。石姬向村民学习种茶与制茶。经过几年努力，石姬种的茶树长势良好，制作出的茶叶品质上乘，品起来甘甜可口，销路不断扩大。村民的生活得到了很大的改善。为了纪念石姬的一片诚心，后人就把这个村叫作"石姬村"。

## 💗 茶疗养生

# 木瓜茶

【材料】木瓜干3克，桂林毛尖茶粉2克。

【做法】将木瓜干放在锅里，加水煎煮；然后用木瓜干水冲桂林毛尖茶粉，每日饭后饮用。

【茶疗功效】有助于健脾养胃、消食清热。

## 🍵 妙用保健

**去腻：**当饱食油腻食物后，常会胸怀烦闷，郁结不开，这时喝一杯浓浓的桂林毛尖，油腻感就会荡涤无余，胸腹豁然清新。

**消暑：**茶叶中的生物碱有调节人体体温的作用，在炎热的夏季，饮用桂林毛尖热茶，能够起到消暑的作用，这是因为茶叶内的咖啡因可以带走皮肤表面的热量。

**解烟毒：**桂林毛尖中的茶多酚、维生素C等物质可分解尼古丁等有毒物质，吸烟者多饮此茶，可起到解烟毒的功效。

### ① 茶具准备

透明玻璃杯或瓷杯1个，茶匙1把，茶巾1条等。

### ② 投茶

用茶匙将2~3克桂林毛尖轻轻置入玻璃杯中。

### ③ 冲泡

用矿泉水冲泡干茶，水温保持在80~90℃。

### ④ 分茶

将泡好的茶汤倒入茶杯，慢慢品尝。

### ⑤ 赏茶

茶叶舒展，叶底完整嫩绿，茶汤清澈明亮。

### ⑥ 品茶

慢酌细饮，清爽甘醇，茶香飘散。

---

# 绿茶苋肉汤

**材料**

肉片120克，苋菜150克，排骨1块，桂林毛尖茶粉、蒜末各5克，盐、香油、水淀粉、食用油各适量。

**制作**

① 在肉片中加入桂林毛尖茶粉、水淀粉和香油拌匀。

② 将苋菜去掉粗梗和皮，切成小段。

③ 用油将蒜末炒至爆香，加入水和排骨块煮开。

④ 放入苋菜煮至软后放入拌匀调料的肉片，在锅中搅散。肉熟后加盐调味即可起锅。

**口味**

气味香浓，美容降脂。

# 顶谷大方

## 提神醒脑 消脂减肥

顶谷大方又称"竹铺大方""竹叶大方"，产于歙县的竹铺、金川等地，尤以竹铺乡的老竹岭、大方山和金川乡的福泉山所产的品质最优。大方茶园，一般在海拔1千米以上，山势险峻，峰峦叠嶂，竹木遍植，云雾萦绕，雨量充沛；同时，土质优良，表层乌沙土，中层红黄壤土，呈酸性，非常适宜茶树的生长。顶谷大方在谷雨前采摘，采摘标准为一芽二叶初展；可采摘春、夏、秋三季，其中以春茶最好。顶谷大方对消脂减肥有特效，被誉为茶叶中的"减肥之王"。

**性状**
叶底嫩匀，芽叶肥壮。

**汤色**
清澈微黄。

**品鉴指数** ★★★★

**口味**
醇厚爽口，有板栗香。

**适宜人群**
一般人群都可饮用，特殊禁忌者除外。

**主要功效**
消脂减肥，解毒利尿，和胃，强心。

**形状特征**
外形扁平匀齐，挺秀光滑，翠绿微黄。

## 挑选储藏

挑选顶谷大方，首先看它的颜色，新鲜的顶谷大方色泽翠绿微黄，有光泽。其次要闻其味，有淡淡的板栗香。如条件允许还可以观察茶汤颜色和品尝味道，新鲜顶谷大方泡出来的茶汤色泽微黄，有清香，喝时滋味甘醇爽口。储藏顶谷大方应该注意防潮防高温，避免阳光直射。

## 制茶工序

顶谷大方的制作工序有采摘、杀青、揉捻、做坯、拷扁、辉锅六道。采摘对鲜叶的要求以一芽二三叶为主；杀青是将鲜叶倒入锅中，用双手迅速翻拌炒至叶子柔软，起锅；揉捻是用手揉，也可用小型机揉，形成匀直的条形；做坯是将茶叶炒至不黏手时，用烤拍手法做坯，当茶半干时，再用手拨捻茶坯，沿锅壁左右转拷搓炒，后起锅摊晾。辉锅方法与拷扁基本相同，但动作宜轻，以防断碎。最后装罐密封贮藏。

## 评茶论道

早在17世纪初期，荷兰商人就凭借航海的便利，远涉重洋从中国装运绿茶至爪哇，再辗转运至欧洲。最初，茶只是宫廷社交礼仪中的一种奢侈饮品。之后，喝茶之风逐渐流行于上流社会，人们以茶为尊贵和风雅。现在的荷兰人，赏茶之风犹在，经常以茶会友。上等家庭都有一间茶室，待客时会请客人挑选心爱的茶叶，通常一人一壶。饮茶时，客人为了表示对主人泡茶技艺的赞赏，会发出"啧啧"之声。

## 茶疗养生

# 决明子绿茶

【材料】顶谷大方3克，决明子10克，冰糖25克。
【做法】先将决明子炒至鼓起备用；沸水冲泡顶谷大方茶约300毫升，加入炒后的决明子和冰糖。分3次饭后服，每日1剂。
【茶疗功效】对于治疗夜盲症有较好的辅助疗效。

## 妙用保健

**提神**：茶中的咖啡因能促使人体中枢神经兴奋，增强大脑皮质的兴奋度，起到提神益思、清心的作用。

**抑制心血管疾病**：茶多酚对人体脂肪代谢有着重要作用。人体内的胆固醇、三酸甘油酯等含量高，血管内壁脂肪沉积，形成动脉粥样化斑块等心血管疾病，顶谷大方中的茶多酚可预防此类疾病发生。

**美容**：茶多酚是水溶性物质，用它洗脸能清除面部油腻，收敛毛孔，起到消毒、灭菌、抗皮肤老化、减少日光中的紫外线辐射对皮肤的损伤等功效。

**品饮赏鉴**

① 茶具准备

干净的透明玻璃杯或洁白的瓷杯1个，顶谷大方3克，茶匙1个。

② 投茶

用茶匙把茶叶轻轻拨入玻璃杯中。

③ 冲泡

先注入少量矿泉水浸润茶芽，待茶叶舒展，再注入80~90℃的开水。

④ 分茶

将茶汤倒入茶杯中，七分满为宜。

⑤ 赏茶

舒展开的茶叶匀嫩、肥壮，茶汤黄绿清亮。

⑥ 品茶

缕缕清香扑面而来，细啜后更觉甘泽润喉，齿颊留香。

**茶点茶膳**

# 茶味玉米饼

材料

玉米粉500克，麦芽糖150克，砂糖、顶谷大方茶粉、食用油各适量。

制作

① 将麦芽糖倒入水中混合，再倒入锅中烧开。

② 待糖水沸腾后，倒入玉米粉、顶谷大方茶粉、砂糖，搅拌均匀。

③ 将面团擀成一个个的厚片。

④ 锅中入油，将厚片面团炸至面饼呈金黄色即可食用。

口味

口感酥脆，香甜可口。

# 安吉白片

## 美白减脂 抗菌防癌

安吉白片又称"玉蕊茶"。茶园地处高山深谷，晨夕之际云雾弥漫，昼夜温差大，土层深厚肥沃，具有得天独厚的茶树生长环境。安吉白片的特异之处在于，春天时的幼嫩芽呈白色，以一芽二叶开展时为最白，成叶后夏秋的新梢则变成绿色。民间俗称"仙草茶"，当地山民视春茶为"圣灵"，常采来治病。20世纪80年代，白片茶在安吉被成功研制出来，先后获得首届中国农业博览会铜质奖和杭州国际茶文化优秀奖，远销国内外。

**性状**
叶底成朵肥壮，
芽叶朵朵可辨。

**汤色**
嫩绿明亮。

**品鉴指数** ★ ★ ★ ★

**口味**
鲜爽甘甜。

**适宜人群**
一般人群都可饮用，特殊禁忌者除外。

**主要功效**
防癌，抗菌止泻，减脂。

**形状特征**
条索挺直略扁平，色泽翠绿，白毫显露。

## 挑选储藏

看茶叶匀度，匀度越好，质量越好。将茶叶倒入茶盘，手向一定方向旋转，不同形状的茶叶分出，层次中段茶多、匀度好的为优质茶。其次看茶叶松紧，紧而重实的质量好，粗而松弛、细而碎的质量差。再看净度，有较多茶梗、叶柄等杂质的质量差。储藏须避强光，低温干燥保存，杜绝挤压。

## 制茶工序

四道工序：杀青、清风、压片、干燥。杀青采用抓、抖、抛三种手势，目的是破坏酶的活性，阻止内含物变化和失水。清风的目的是散热保色，清除碎片，保持芽叶完整。压片是定形的关键工序。将清风后的芽叶均匀、不重叠地撒摊在竹匾上，再铺上干净的塑料薄膜，用力揿压，使全部芽叶成片带扁状。干燥分初烘和复烘两个过程，完成后就可摊晾、散热，包装贮藏。

## 评茶论道

美国是世界上主要的茶叶进口国家之一，多数都从我国进口，其中以红茶、绿茶、乌龙茶、花茶居多。近些年，绿茶所占的比重呈现逐年上升趋势。随着人们保健意识的逐步增强，茶类饮品逐渐取代了咖啡、可乐等饮品。在美国家庭中，冰茶占据着无可取代的位置。冰茶一年四季皆可饮用，炎炎夏日更是人们消暑解渴、恢复体力的最佳选择，其中柠檬冰茶最为常见。

## 茶疗养生

# 瓜蒌甘草茶

【材料】瓜蒌5克，安吉白片茶2克，甘草3克。

【做法】将三种原料放在锅里加水煮沸，即可取汁饮用。

【茶疗功效】预防和辅助治疗肺癌。

## 妙用保健

**防癌：**安吉白片对某些癌症有抑制作用，多喝此茶对预防癌症的发生有积极作用。

**减脂：**安吉白片含有茶碱及咖啡因，可经由许多作用活化蛋白质激酶及三酸甘油酯解脂酶减少脂肪细胞堆积，达到减肥的目的。

**抗菌：**研究显示，安吉白片中的儿茶素对引起人体致病的部分细菌有抑制效果，同时又不致伤害肠内有益菌的繁衍。

① **茶具准备**

茶壶1把，茶杯1个，茶匙1把。

② **投茶**

用茶匙把2～3克安吉白片茶倒入茶壶中。

③ **冲泡**

先注入少量矿泉水充分浸润干茶，然后再让热水直泻而下。

④ **分茶**

泡好的茶分倒入茶杯中，七分满为宜。

⑤ **赏茶**

汤色清澈明亮，叶底成朵肥壮。

⑥ **品茶**

高香持久，滋味清爽甘醇，使人身心舒畅。

---

# 香脆饼干

**材料**

糯米粉50克，面粉100克，泡打粉20克，安吉白片茶粉、杏仁、可可粉、鸡蛋、黄油、白糖各适量。

**制作**

① 将糯米粉、面粉和泡打粉加适量的水，搅拌均匀成糊状。

② 将黄油放入容器中，加入适量白糖、鸡蛋、杏仁、可可粉、安吉白片茶粉。

③ 将两者混匀，放入饼干模具里，烘烤15～20分钟即可食用。

**口味**

口感酥脆，香甜可口。

# 双井绿茶

## 提神清心 清热解暑

双井绿茶产于江西修水县杭口乡双井村。双井茶已有千余年历史，宋时被列为贡品，历代文人多有赞颂，北宋文学家黄庭坚曾有"山谷家乡双井茶，一啜尤须三日夸"的诗句，并把该茶送给他的老师苏东坡。古代双井茶，属蒸青散茶类，如今双井茶属炒青茶。双井绿茶分为特级和一级两个品级。特级品由一芽一叶初展、芽叶长度为2.5厘米左右的鲜叶制成，一级品由一芽二叶初展的鲜叶制成。加工工艺分为鲜叶摊放、杀青、揉捻、初烘、整形提毫、复烘六道工序。

**性状**
叶底嫩绿匀净。

**汤色**
汤色清澈明亮。

**品鉴指数** ★★★★

**口味**
鲜醇爽厚。

**适宜人群**
一般人群都可饮用，特殊禁忌者除外。

**主要功效**
消食，化痰，去腻，减肥，清心除烦。

**形状特征**
外形紧圆带曲，形似凤爪，银毫披露。

## 挑选储藏

优质双井绿茶的外形紧圆带曲，形似凤爪，色泽嫩绿，银毫披露。冲泡后，香气清高，隽永持久；滋味鲜醇爽厚。双井绿茶要避免强光照射，低温储藏，有条件者可密封包装存于-5℃的冰箱中。

## 制茶工序

采摘一芽一叶初展，芽叶为长度2.5厘米左右的鲜叶。经摊放、杀青、揉捻、初烘、整形提毫、复烘六道工序制作而成。摊放时薄摊2~5小时；铁锅杀青每锅投叶150~200克，锅温为120~150℃，炒至含水量58%~60%为杀青适度；稍经揉捻后，即用烘笼进行初烘，烘温约80℃，烘至三成干，转入锅中整形提毫，待茶叶白毫显露，再用烘笼在60~70℃下烘焙，烘至茶叶能手捻成末，茶香显露，此时含水量为5%~6%，趁热包封收藏。

## 🍵 茶之传说

相传江南有位嗜茶如命的老和尚，他和寺外食杂店的老板是谜友，俩人喜欢猜谜。一天老和尚突发茶瘾，谜兴大发，就让哑巴徒弟穿着木屐、戴着草帽去找店老板。店老板一看小和尚的装束，立刻明白了，拿给他一包茶叶。原来小和尚就是一道"茶"谜。头戴草帽，即为草字头，脚下穿"木"屐为"木"字底，中间加上小和尚即为"人"，合为"茶"字。

## ❤ 茶疗养生

# 莲子冰糖茶

【材料】莲子2克，双井绿茶3克，冰糖适量。

【做法】莲子温水泡2小时，加冰糖炖烂；双井绿茶以沸水冲泡取汁备用；炖好的莲子倒入茶汁拌匀即可。

【茶疗功效】止泻杀菌、养心安神，能调治受凉或饮食不当引起的腹泻。

## 🍵 妙用保健

**防辐射：** 双井绿茶含茶多酚等活性物质，有解毒和抗辐射作用，能有效阻止放射性物质侵入骨髓，被医学界誉为"辐射克星"。

**瘦身：** 双井绿茶含有咖啡因，可以经由许多作用活化蛋白质激酶及三酸甘油酯解脂酶，减少脂肪细胞堆积，达到减肥的目的。

**降压：** 双井绿茶含茶氨酸，可以通过调节脑中神经传达物质的浓度来起到降低血压的作用。

① 茶具准备

茶壶，茶匙，茶杯。

② 投茶

用茶匙把3克双井绿茶投入茶壶中。

③ 冲泡

将优质矿泉水倒入壶中，水温保持在80~90℃。

④ 分茶

将茶汤倒入杯中，七分满为宜。

⑤ 赏茶

芽叶舒展，肥壮厚实，洁净完整。

⑥ 品茶

滋味鲜浓爽厚，茶香芬芳。

---

茶点茶膳

# 法式茶烙饼

材料

面粉250克，鸡蛋2个，糖600克，黄油75克，牛奶250毫升，双井绿茶汁500毫升，朗姆酒1汤匙。

制作

① 把面粉倒入容器；放糖、鸡蛋，边搅边加水。

② 随着面团变稠逐渐加入牛奶；充分搅拌后加入黄油和双井绿茶汁，待面滑而不黏，再加入朗姆酒。

③ 取锅烙饼；饼烙好后，在饼背面滴一滴硬币大小的黄油，让它融化吸收，配茶热食即可。

口味

酥香、甜美、可口，配以果酱、蜂蜜、糖等食用效果更佳。

# 普陀佛茶

## 清心明目 去腻消食

普陀佛茶产于浙江普陀山，又称"普陀山云雾茶"。它始于佛教兴盛的唐代，与佛教有着深远的历史渊源，为传播中华茶文化与佛教文化发挥着不可替代的作用。普陀山地处舟山群岛，属温带海洋性气候，冬暖夏凉，四季湿润，土地肥沃，林木茂盛，日出之前云雾缭绕，露珠沾润，为茶树的生长提供了十分优越的自然环境。其采摘期为每年清明以后3~5天开始，采摘要求非常严格，鲜叶为一芽一叶或一芽二叶初展，并且要匀、整、净、嫩。

**性状**
芽叶成朵。

**汤色**
色泽黄绿明亮。

**品鉴指数** ★ ★ ★ ★

**口味**
滋味隽永，爽口宜人。

**适宜人群**
一般人群都可饮用，特殊禁忌者除外。

**主要功效**
助消化，降血压，抗癌。

**形状特征**
外形紧细，卷曲呈螺状。

## 挑选储藏

挑选普陀佛茶要特别注意其色泽，好的普陀佛茶外形紧细，卷曲呈螺状，色泽绿润显毫，整齐均匀；如果茶梗、茶末和杂质含量比例较高，茶叶多为次级品。其储藏方法和一般绿茶相似，要低温、干燥储存，避免强光照射。

## 制茶工序

普陀佛茶制作工序共五道：杀青、揉捻、起毛、搓团、干燥。炒制时以单手拢住茶芽，沿锅壁向一个方向摩擦、旋转，揉中带炒，炒中带揉，炒制技术要求很高。炒制时还要注意茶锅的洁净，每炒一次茶，须洗刷一次茶锅。此外，该茶从栽种到采制都较为注重洁净，茶树从不施肥，仅耕除杂草，以草当肥。

## 评茶论道

在中国文学史上，有些流传于民间的茶歌是根据文人的作品配曲而成的。据皮日休的《茶中杂咏序》记载："昔晋杜育有荈赋，季疵有茶歌。"最早是陆羽的茶歌，但已失传。如今能找到的唐代皎然的《茶歌》、卢仝的《走笔谢孟谏议寄新茶》等几首。另据王观国的《学林》等著作可知，至少在宋代，卢仝的《走笔谢孟谏议寄新茶》就被配以章曲、器乐而歌唱了。另外，有的茶歌从民谣演化而来，如明清杭州富阳一带流传的《贡茶鲥鱼歌》，主要表现富阳百姓为采种贡茶而受到的磨难。

## 茶疗养生

# 蜂蜜茶

【材料】普陀佛茶3克，蜂蜜适量。

【做法】在普陀佛茶中加入少许蜂蜜，用沸水冲泡，每日在饭后饮用即可。

【茶疗功效】缓解肠胃的干涩，滋润肠胃，促进排便。

## 妙用保健

**抗癌：** 普陀佛茶中的抗氧化组合提取物有抑制黄曲霉素、苯并芘等致癌物质突变的作用，还有抑制肿瘤转移的功效。

**助消化：** 普陀佛茶中的黄烷醇可使人体消化道松弛，净化消化道器官中的微生物及其他有害物质。同时还对胃、肾、肝脏有特殊的净化功能。

**降血压：** 茶中的γ-氨基丁酸能松弛血管壁。大多数情况下，人体血压波动受血管紧张素的控制，一旦抑制住血管紧张素的活力，就能降压。

品饮赏鉴

① 茶具准备

洗干净的透明玻璃杯1个，茶匙等。

② 投茶

用茶匙把3~4克普陀佛茶轻轻投入玻璃杯中。

③ 冲泡

用85℃左右的开水冲泡普陀佛茶茶叶。

④ 分茶

将茶汤倒入茶杯中，七分满为宜。

⑤ 赏茶

茶汤嫩绿明亮，芽叶成朵。

⑥ 品茶

茶香清淡高雅，滋味鲜美、浓郁。

## 茶点茶膳

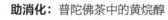

# 鸡茶盖饭

材料

鸡脯肉8片，鸡蛋1个，面粉10克，黄酒20毫升，食用油250毫升，粳米饭、精盐、香葱、白芝麻、普陀佛茶细末各适量。

制作

① 先将鸡脯肉纵切成块；撒上精盐和黄酒，放置4~5分钟；将鸡蛋打入碗中，加冷水150毫升，调入面粉，迅速用力搅匀成蛋糊；将香葱切末，备用。

② 锅中放食用油，烧热后将鸡肉块蘸上蛋糊放入油锅炸熟，放在粳米饭上，再撒上普陀佛茶细末、香葱、白芝麻即成。

口味

香浓味美，营养丰富。

# 雁荡毛峰

## 抗菌防癌 抗衰美白

　　雁荡毛峰是产于浙江乐清境内雁荡山的一种烘青绿茶。茶树终年处于云雾荫蔽下，生长于深厚肥沃的土壤之中，故又称"雁荡云雾"。由于地处高山，气温低，茶芽萌发迟缓，采茶季节推迟。采摘的鲜叶经杀青、轻揉、初烘、复烘四道工序制作而成雁荡毛峰。雁荡山产茶历史悠久，相传在晋代由高僧诺讵那传来；北宋时期，沈括考察雁荡山后，雁茗之名被传播开来；明代，雁茗被列为贡品。新中国成立后，经过新茶园的大力发展，雁荡毛峰的品质得以不断提高，并获得"浙江省名茶"的称号。

**性状**
叶底嫩匀成朵。

**汤色**
浅绿明净，
香气高雅。

**品鉴指数** ★ ★ ★ ★

**口味**
滋味甘醇。
**适宜人群**
一般人群都可饮用，特殊禁忌者除外。
**主要功效**
防辐射，抗衰老，抗菌。
**形状特征**
秀长紧结，色泽翠绿，芽毫隐藏。

## 挑选储藏

　　优质雁荡毛峰外形紧结、重实、完整、匀净，色泽光润翠绿，茶香清雅。雁荡毛峰避光干燥储藏即可，其贮藏时间较长，有"三年不败黄金芽"之美誉。

## 制茶工序

　　雁荡毛峰具体的制作工序为采摘、杀青、揉捻、烘坯、理条提毫、烘焙。采摘一芽一叶或一芽二叶初展的鲜叶，要细嫩匀净；杀青用平锅，以叶色转暗、叶质柔软、青草气散发完、清香显露为宜；揉捻时双手推揉，用力均匀，轻重结合；理条时手心向下，四指伸直并拢，拇指与四指同时弯曲，将茶叶分量抓在手中，同时抖动手腕和手指让茶叶在手掌中转动，并逐渐从手中出去；烘焙时将摊晾叶均匀地撒在烘笼上。去除茶梗等杂质后，冷却装箱贮存。

## 评茶论道

茶与书法的联系更多体现在本质的相似性，即以不同的形式，表现出共同的审美理想、审美趣味和艺术特性。宋代文学家、书法家苏东坡曾以精妙的语言概括茶与书法的关系："上茶妙墨俱香，是其德也；皆坚，是其操也。譬如贤人君子黔皙美恶之不同，其德操一也。"唐代是书法艺术的繁盛期，书法中有很多与茶相关的记载，其中比较有代表性的是唐代著名狂草书法家怀素和尚的《苦笋贴》："苦笋及茗异常佳，乃可径来，怀素上。"现藏于上海博物馆。

## 茶疗养生

# 核桃生姜茶

【材料】雁荡毛峰15克，核桃仁、葱白、生姜各25克。

【做法】上述材料捣烂用砂锅煎服，服后盖上棉被休息直至发汗。

【茶疗功效】对治疗风寒感冒引起的发热、头痛有一定的辅助功效。

## 妙用保健

**抗菌：** 雁荡毛峰中的儿茶素对部分细菌有抑制作用，对有益菌的繁衍不会造成伤害，有一定的整肠功效。

**防衰老：** 雁荡毛峰所含的抗氧化剂能抵抗衰老。在人体新陈代谢的过程中会产生大量的自由基，易使人衰老，雁荡毛峰所含的儿茶素能显著提高超氧化物歧化酶的活性，清除自由基。

**抗辐射：** 雁荡毛峰含有茶多酚，茶多酚中的儿茶素能够减轻电脑屏幕对人体的辐射。

**品饮赏鉴**

① 茶具准备

透明玻璃杯或瓷杯1个，茶匙1把。

② 投茶

用茶匙从储茶罐中取出2～3克雁荡毛峰，将其送入透明玻璃杯或瓷杯中。

③ 冲泡

在透明玻璃杯或瓷杯中注入优质矿泉水，温度保持在80～90℃。

④ 分茶

茶汤分倒入茶杯中，七分满为宜。

⑤ 赏茶

茶叶浮在汤面上不易下沉，汤色浅绿明亮。

⑥ 品茶

茶香浓郁扑鼻；小口细啜，满口溢香。

## 茶点茶膳

# 绿茶沙拉笋

材料

竹笋900克，雁荡毛峰茶粉2茶匙，沙拉酱1包，花生粉适量。

制作

① 竹笋洗净连外壳用冷水以大火煮开后，改用小火煮约50分钟，去外皮，切成丝状装盘。

② 将雁荡毛峰茶粉和沙拉酱、花生粉拌匀，置入挤花袋中。

③ 用挤花袋将酱料挤在笋上拌匀。

口味

口感清淡，有去除肥腻的功效。

# 庐山云雾

## 延缓衰老 防癌瘦身

　　该茶产于江西庐山，古称"闻林茶"，明代起称"庐山云雾"。庐山北临长江，南邻鄱阳湖，气候温和，每年近200天云雾缭绕，为茶树生长提供了良好的自然条件。庐山云雾在清明前后采摘，随着海拔的增高，采摘时间相应延迟，采摘标准为一芽一叶。采回鲜叶后，薄摊于阴凉通风处，保持鲜叶纯净，经过九道工序制作而成。庐山云雾冲泡后幽香如兰，饮后回甘香绵，其色如沱茶，却比沱茶清淡，经久耐泡，为绿茶之精品。

**性状**
叶底成朵，芽肥匀整。

**汤色**
清澈明亮。

**品鉴指数** ★ ★ ★ ★

**口味**
滋味鲜醇。
**适宜人群**
一般人群都可饮用，特殊禁忌者除外。
**主要功效**
抗衰老、降脂、杀菌解毒。
**形状特征**
条索秀丽，嫩绿多毫。

## 挑选储藏

　　优质庐山云雾芽壮叶肥，白毫显露，色泽翠绿，幽香如兰；如果条件允许，可以通过冲泡辨别，汤色清澈明亮、鲜爽甘醇、耐冲泡、饮后回味香绵者为佳。储藏在冰箱（柜）冷藏室内，温度保持在0℃以下，避免与有刺激性气味或易挥发的物品存放在一起。

## 制茶工序

　　庐山云雾的加工制作十分精细，采用纯手工制作。初制分杀青、抖散、揉捻、复炒、理条、搓条、拣剔、提毫、烘干等工序，精制分去杂、分级、匀堆装箱等工序。每道工序都有严格要求，如杀青要保持叶色翠绿；揉捻要用手工轻揉，防止细嫩断碎；搓条也用手工；翻炒动作要轻。这样才能保证云雾茶的品质优佳。

阿根廷人传统的喝茶方式很特别，茶壶里插有一根吸管，家人或朋友们围坐一圈，轮流传着吸茶，边吸边聊。茶水快喝光时，再续上热水，一直到大家尽兴而散。阿根廷人非常重视茶壶，平民百姓通常使用竹筒或葫芦制成茶壶。高档的茶壶则像是艺术品，有金属模压的，有硬木雕琢的，有葫芦镶边的，也有皮革包裹的。壶的表层还刻有人物、山水、花鸟等图案，并镶嵌着各种各样的宝石。吸嘴有镀银的，也有其他艺术性装饰的。

## 茶疗养生

# 芝麻核桃茶

【材料】黑芝麻500克，核桃仁200克，白糖10克，庐山云雾茶适量。

【做法】把黑芝麻、核桃仁拍碎，加入10克白糖，用茶冲服后即可饮用。

【茶疗功效】常饮此茶可保持头发光滑、滋润，有乌发之效。

## 妙用保健

**防龋齿：**庐山云雾茶中的儿茶素可以抑制生龋菌的作用，减少牙菌斑及牙周炎的发生。

**明目：**庐山云雾茶所含的维生素C等成分，可降低眼睛晶体混浊度，长期饮用，可减少眼睛疾病发生几率，起到护眼明目的作用。

**提神醒脑：**能促进人体中枢神经兴奋，增强大脑皮质的兴奋过程，起到提神益思、清心的效果。

① 茶具准备

茶匙1把，透明玻璃杯或瓷杯1个。

② 投茶

用茶匙将2~3克庐山云雾茶叶置入玻璃杯或瓷杯中。

③ 冲泡

向杯中注入热水约至茶杯的3/4处，水温以95℃为宜。

④ 分茶

将泡好的庐山云雾依次倒入茶杯，七分满即可。

⑤ 赏茶

冲泡后碧绿的芽茶在杯中上下沉浮，芽尖向上直立于杯底，淡雅的清香让人顿觉心旷神怡。

⑥ 品茶

品茗时，要小口慢慢吞咽，鼻舌并用，方能品出茶之至醇至香。

# 五香茶花生

材料

庐山云雾15克，花生仁500克，盐5克，五香粉、鸡精、红椒块、葱段、姜块、大料各适量。

制作

① 将花生仁洗净后，捞出备用。

② 在锅中加水，放入洗好的花生仁和其他材料。

③ 用大火煮至滚沸后，转用小火焖熟至酥烂即成。

口味

滋味醇厚，带有茶香。

# 涌溪火青

## 强心解痉 抑菌解毒

　　涌溪火青产于安徽泾县涌溪山一带，属珠茶，有"绿色珍珠"之美誉。茶园土壤为乌沙土，土层深厚，有机质和氮磷钾的含量丰富，水质、气候得天独厚，为涌溪火青的优异品质提供了很好的物质基础。其中以涌溪盘坑的云雾爪和石井坑的鹰窝岩地所产的茶叶品质为最佳，是涌溪火青之极品，另名为"龙爪云雾茶"和"鹰窝岩茶"。涌溪火青的采摘期一般自清明到谷雨，采摘八分至一寸长的一芽二叶，芽叶均匀，肥壮而挺直，芽尖和叶尖拢齐且有锋尖。

**性状**
叶底嫩匀成朵。

**汤色**
色泽黄绿，
清澈明亮。

**品鉴指数** ★★★★

**口味**
滋味醇厚，爽口甘甜。

**适宜人群**
一般人群都可饮用，特殊禁忌者除外。

**主要功效**
抑菌，强心解痉，抑制动脉硬化。

**形状特征**
外形腰圆，色泽墨绿，白毫隐伏。

## 挑选储藏

　　优质涌溪火青外形细圆紧结，颗粒重实，宛如珍珠；特别强调的是，涌溪火青的珠形越细，质量越佳。储存涌溪火青时，可将其放进干燥无味密闭的热水瓶中，在瓶口放1小袋干燥剂，然后把瓶口塞盖紧即可。

## 制茶工序

　　涌溪火青的制造工序分杀青、揉捻、炒头坯、复揉、炒二坯、掰老锅、分筛，全程需20~22小时。杀青要求茶叶不能有泡点和焦边；揉捻要求茶叶初步成条，并能挤出部分茶汁；炒头坯要快速抖炒，散失水分，炒到茶不黏手即可；炒二坯要求茶叶弯卷，形成虾形，即可出锅；掰老锅最关键的工序要求"低温长焓"，颗粒成形，表面光滑，色泽绿润，即可出锅；分筛即用手筛"撩头挫脚"后，即为正品火青。

## 评茶论道

千百年来，数千首题材广泛和体裁多样的茶诗、茶词、茶联成了中国文学宝库中的一枝奇葩。随着茶业的发展和人们饮茶风俗的渐盛，唐代涌现了很多以茶为题的诗，如著名诗人皮日休与陆龟蒙写的《茶中杂咏》唱和诗各十首，内容包括《茶坞》《茶人》《茶笋》《茶籯》《茶舍》《茶灶》《茶焙》《茶鼎》《茶瓯》和《煮茶》。宋代饮茶之风更盛，茶诗有苏轼的《次韵曹辅壑源试焙新茶》等。

## 茶疗养生

# 莲子茶

【材料】莲子2克，涌溪火青茶汁500毫升，红糖适量。

【做法】把莲子放入锅内煮烂，加入涌溪火青茶汁，加入红糖搅拌均匀，即可饮用。

【茶疗功效】有补脾止泻、益肾固精、养心安神的功效。

## 妙用保健

**强心解痉：**涌溪火青中的咖啡因具有强心、解痉、松弛平滑肌的功效，能解除支气管痉挛，促进血液循环，对治疗支气管哮喘、止咳化痰、心肌梗死等有良好的辅助疗效。

**杀菌：**涌溪火青中的茶多酚和鞣酸作用于细菌，能凝固细菌的蛋白质，将细菌杀死。

**预防动脉硬化：**涌溪火青中的茶多酚和维生素C都有活血化淤、预防动脉硬化的作用。

① **茶具准备**

清洗干净的玻璃杯或瓷杯1个，茶匙。

② **投茶**

用茶匙取2克涌溪火青，将其置入玻璃杯或瓷杯中。

③ **冲泡**

杯中注入热水，约至茶杯容量的3/4，水温一般保持在75～85℃。

④ **分茶**

茶汤分倒入茶杯中，七分满为宜。

⑤ **赏茶**

芽叶形似兰花舒展，汤色杏黄明亮。

⑥ **品茶**

茶香清雅，味如甘霖，留在唇齿间。

---

## 茶点茶膳

# 涌溪火青鲜贝

**材料**

涌溪火青茶叶5克，鲜贝50克，鸡蛋清2个，鸡汤200毫升、盐、葱花、鸡精、水淀粉、玉米粉各适量。

**制作**

① 用开水冲泡茶叶；在鲜贝中加入鸡蛋清、玉米粉、鸡精腌渍。

② 倒掉头泡茶汁，取第二泡茶汁备用。

③ 锅中放水烧开，将鲜贝下锅，用筷子滑散，捞出。

④ 锅中放鸡汤、鲜贝、盐、鸡精，煮入味后用适量水淀粉勾芡，装盘；将茶汁下锅烧开，浇入盘中，最后撒上葱花即可。

**口味**

爽口不腻，醇香味浓。

# 舒城兰花

## 美容养颜 利尿解乏

舒城兰花产于安徽舒城、通城、庐江、岳西一带，以舒城的产量最多，质量最好。舒城兰花茶创制于明末清初。兰花茶名有两种说法：一是芽叶相连于枝上，形似一枚兰花；二是采摘时正值山中兰花盛开，茶叶吸附兰花香，故而得名。1980年，舒城县在小兰花的传统工艺基础上，开发了白霜雾毫、皖西早花，1987年双双被评为安徽名茶，形成舒城小兰花系列。手工制作兰花茶分杀青、烘焙两道工序，机械制作兰花茶经杀青、揉捻、烘焙三道工序。

**性状**
叶底嫩绿成朵。

**汤色**
绿亮明净。

**品鉴指数** ★★★★

**口味**
浓醇回甘。

**适宜人群**
一般人群都可饮用，有特殊禁忌者除外。

**主要功效**
利尿，美容，抗衰老。

**形状特征**
芽叶相连形似兰草，匀润显毫。

## 挑选储藏

优质舒城兰花外形均匀，茶叶"光、扁、平、直"。扁针状条索，白毫显露，嫩度好，光泽明亮。其储存方法和一般绿茶的储存方式相同，即要低温干燥储藏，避免强光照射，杜绝挤压，有条件者也可以将舒城兰花放入冰箱存储，效果更佳。

## 制茶工序

舒城兰花的手工制作工序共两道，分别为杀青、烘焙（初烘和足烘）。杀青要用三口锅：一锅炒瘪、二锅炒熟、三锅炒细成条。若分两口锅，则要求第一锅炒制时间延长，以保证进度一致，作业协调。杀青适度后，出锅上烘。初烘要求边烘边翻，轻翻勤翻，防止断芽碎枝。当烘至七成干时，摊晾拣剔后，进行足烘，足干后即包装贮藏。

## 🍵 茶之传说

相传恶霸李占山想强占侍女兰花，她为此逃到蝙蝠洞。洞旁有棵茶树，兰花摘下鲜叶，炒干去卖。一人买去泡茶，茶香飘扬，引来很多茶客。消息传开，人们说卖茶姑娘是蝙蝠仙姑显灵。李占山派家丁打探，在洞旁看到了兰花，遂将她推下悬崖，强占茶树，把茶叶献给县官。县官又将其献给皇上。皇上品后，大悦，并加封县官和李占山。第二年茶树死了，李占山因无茶献上，被砍了头。兰花坠崖的地方，又长出一棵茶树，老百姓将其取名为"兰花茶"。

## ❤ 茶疗养生

### 银花橄榄茶

【材料】金银花2克，舒城兰花茶3克，橄榄1个。

【做法】取金银花和舒城兰花茶，再将橄榄切开，一同放入杯中，冲入开水，加盖闷5分钟后饮用。

【茶疗功效】适用于慢性咽炎、咽部有异物者。

## 🍵 妙用保健

**利尿：**舒城兰花茶叶中的咖啡因可刺激肾脏，促使尿液被迅速排出体外，从而提高了肾脏的滤出率，缩短有害物质在肾脏中的滞留时间。

**抗衰老：**舒城兰花茶中的单宁可控制人体产生的过氧化脂质，防止人体器官老化。

**美容养颜：**舒城兰花中的茶多酚具有很强的水溶性，用它洗脸能清除面部油腻，收敛毛孔，还具有消毒、灭菌、抗皮肤老化、减少日光中的紫外线辐射等功效。

**① 茶具准备**

茶匙1把，透明玻璃杯或瓷杯1个，茶巾1条等。

**② 投茶**

用茶匙将2～3克色泽翠绿的舒城兰花置于杯中，并注入少量矿泉水浸润茶叶。

**③ 冲泡**

将75～85℃的热水冲入杯中，茶叶徐徐下沉。

**④ 分茶**

将茶汤分倒入茶杯中，七分满为宜。

**⑤ 赏茶**

茶汤鲜绿明净，叶底黄绿成朵。芽叶直立杯中，如兰花静放，兰花清香悠悠飘散，有"热气上冒一支香"的赞誉。

**⑥ 品茶**

舒城兰花需静品、慢品、细品。一品开汤味，淡雅；二品茶汤味，鲜醇。

---

## 豆沙包

材料

面粉600克，豆沙500克，食用碱、舒城兰花茶粉、酵母、葱花、黑芝麻各适量。

制作

① 将面粉放入盆内，加适量水、舒城兰花茶粉及酵母发酵后，加入食用碱，揉匀揉透备用。

② 将面切段，擀成面皮，包入豆沙，捏成圆形。

③ 将包子生坯摆入屉中，用大火沸水蒸熟后，撒上葱花和黑芝麻即可食用。

口味

甜软可口，伴有茶香。

# 敬亭绿雪

## 防癌养颜 利尿提神

敬亭绿雪为历史名茶，大约创制于明代，产于安徽宣州敬亭山。《宣城县志》上记载有："明、清之间，每年进贡300斤。"明代王樨登有诗句："灵源洞口采旗枪，五马来乘谷雨尝。从此端明茶谱上，又添新品绿雪香。"清康熙年间的宣城诗人施润章有诗赞之："馥馥如花乳，湛湛如云液……枝枝经手摘，贵真不贵多。"大约在清末，敬亭绿雪的制法失传。1972年，敬亭山茶场恢复生产，1976年郭沫若题名"敬亭绿雪"，1978年研制成功。之后该茶多次获得名茶称号，与黄山毛峰、六安瓜片被合称为"安徽三大名茶"。

**性状**
叶底细嫩，芽叶相合

**汤色**
汤清色碧，白毫翻滚

**品鉴指数** ★ ★ ★ ★

**口味**
回味爽口，香郁甘甜。

**适宜人群**
一般人群都可饮用，特殊禁忌者除外。

**主要功效**
提神益思，美容养颜，防癌利尿。

**形状特征**
形如雀舌，挺直饱润。

## 挑选储藏

优质敬亭绿雪芽叶肥壮，油润鲜活。干茶带有板栗香、兰花香或金银花香。如色泽有深有浅、黯淡无光，说明茶叶质量不佳。敬亭绿雪可低温干燥存放，有条件者也可将其放于冰箱中存储，杜绝挤压。

## 制茶工序

敬亭绿雪于清明之际采摘，标准为一芽一叶初展，长度3厘米，芽尖和叶尖平齐，形似雀舌，大小匀齐。经过杀青、做形、干燥工序制成。杀青即通过高温破坏茶鲜叶的组织，使鲜叶内含物迅速转化；做形指运用推、压、扭、摩擦等手法，使敬亭绿雪形成条状。做形过程依然是在破坏叶片组织细胞，促使部分多酚类物质氧化，减少茶的苦涩味，增加浓醇味。干燥要求固定敬亭绿雪的品质，增其茶香。

## 🍵 茶之传说

相传古代有一位叫绿雪的姑娘，她美丽善良，心灵手巧。绿雪姑娘以制茶谋生，她炒制的茶叶形如雀舌，挺直饱满；冲泡后，汤清色碧，白毫翻滚，茶香更是持久留香，茶客们为此纷至沓来。后来，城里权势者抢夺茶园并要霸占绿雪姑娘。她坚贞不屈，在和强权势力做斗争无果的情况下，最后跳下万丈悬崖。当地百姓为了纪念她，把敬亭山茶改为"敬亭绿雪"。

## ❤ 茶疗养生

# 银花甘草茶

【材料】金银花5克，敬亭绿雪3克，甘草2克。

【做法】金银花和甘草入锅煎煮10分钟，加敬亭绿雪再次煮沸，稍晾半分钟即可温饮。

【茶疗功效】具有杀菌、抑菌、防癌、预防动脉硬化的作用。

## 🍵 妙用保健

**提神益思：** 敬亭绿雪中的咖啡因能兴奋中枢神经系统，使人保持清醒的头脑，解除疲劳，还能加快血液循环，促进新陈代谢。

**利尿：** 敬亭绿雪中的咖啡因可刺激肾脏，促使尿液迅速排出体外，从而提高了肾脏的滤出率，缩短有害物质在肾脏中的滞留时间。

**美容养颜：** 敬亭绿雪中的茶多酚具有很强的水溶性，用它洗脸能清除面部油腻，收敛毛孔，还具有消毒、灭菌、抗皮肤老化、减少日光中的紫外线辐射对皮肤的损伤等功效。

① **茶具准备**

透明玻璃杯或瓷杯1个，茶匙1把等。

② **投茶**

用茶匙将2~3克敬亭绿雪置于杯中，并注入少量水浸润干茶。

③ **冲泡**

向杯中注入80~90℃的热水，让舒展开来的碧绿茶芽在杯中上下翻腾。

④ **分茶**

将茶汤分倒入茶杯中，以七分满为宜。

⑤ **赏茶**

叶底鲜嫩，茶汤清碧，白毫翻滚。

⑥ **品茶**

香气浓郁，茶味甘醇，唇齿留香。

## 茶点茶膳

# 敬亭绿雪肉串

**材料**

里脊肉500克，敬亭绿雪茶末3克，酱油、糖、水淀粉各适量。

**制作**

① 将酱油、糖、水淀粉、敬亭绿雪茶末混合搅拌均匀。

② 将搅拌好的材料放入里脊肉片腌渍入味。

③ 用签子将肉片串成一串，烤成金黄色即可。

**口味**

茶香浓郁，肉嫩味鲜。

# 九华毛峰

## 美容护肤 利尿解乏

　　九华毛峰又称"闵园茶""黄石溪茶"，产于安徽九华山，现统称为"九华佛茶"。九华毛峰被当作"佛茶"，深受青睐。史载，九华毛峰初时为僧人所栽，专供寺僧享用，后用于招待贵宾香客。其主产区位于下闵园、黄石溪、庙前等地。由于高山气候的缘故，昼夜温差大，而方圆百里人烟稀少，茶园无病虫害，是天然有机生态茶园。成茶分为上、中、下三级。冲泡时，汤色碧绿明亮，叶底黄绿多芽，冲泡五六次，香味犹在。

**性状**
叶底黄绿，柔软成朵。

**汤色**
碧绿明净，香气高长。

**品鉴指数** ★ ★ ★ ★

**口味**
滋味浓厚，回味甘甜。

**适宜人群**
一般人群都可饮用，特殊禁忌者除外。

**主要功效**
利尿，缓解压力，美容护肤。

**形状特征**
外形匀整紧细、扁直，呈佛手状。

## 挑选储藏

　　九华毛峰有三个等级，购买时须仔细辨认：一级最好，一芽一二叶占80%以上，且无对夹叶；二级次之，一芽一二叶占60%～80%，允许有少量的对夹叶；三级最次，一芽一二叶占40%～60%，并有少量初展的一芽三叶。九华毛峰须低温干燥储藏，避免强光照射，杜绝挤压。

## 制茶工序

　　九华毛峰一般在四月中下旬进行采摘，只对一芽二叶初展的鲜叶进行采摘，要求无表面水，无鱼叶、茶果等杂质。采摘后的鲜叶，按叶片老嫩程度和采摘顺序摊放待制，经过杀青、做形、烘焙三道工序。其独特之处是做形，利用理条机分两次理条，其间摊晾加压，手工压扁，理条机理直，形成九华毛峰的独特外形。

## 评茶论道

茶，自古以来就被视为圣洁高雅之物，也拥有多种美誉。唐代宦官刘贞亮就把前人颂茶的内容概括为饮茶"十德"：一、以茶散郁气；二、以茶驱睡气；三、以茶养生气；四、以茶驱病气；五、以茶树礼仁；六、以茶表敬意；七、以茶尝滋味；八、以茶养身体；九、以茶可行道；十、以茶可雅志。

## 茶疗养生

# 橄竹乌梅茶

【材料】咸橄榄1个，竹叶2克，乌梅1个，九华毛峰3克。

【做法】将咸橄榄、竹叶、乌梅和九华毛峰茶都捣碎成末，用沸水冲泡即可代茶饮用。

【茶疗功效】可以清热解毒、化痰、利咽、润喉。

## 妙用保健

**美容护肤：**九华毛峰所含的茶多酚能收敛毛孔，具有消毒、灭菌、抗皮肤老化的功能，用它洗脸能清除面部的油腻，同时也能减少日光中的紫外线辐射对皮肤的损伤。

**缓解压力：**九华毛峰中含强效抗氧化剂以及维生素C，可以清除体内的自由基，还能分泌出对抗紧张压力的激素，放松心情。

**利尿：**九华毛峰中的咖啡因可刺激肾脏，促使尿液被迅速排出体外，提高肾脏的滤出率，减少有害物质在肾脏中的滞留时间。

① **茶具准备**

茶匙，透明玻璃杯或瓷杯1个，用清水冲洗干净。

② **投茶**

用茶匙轻轻将2~3克九华毛峰从茶仓中取出，置入杯中。

③ **冲泡**

将热水倒入杯中约至茶杯的3/4处，水温保持在85~90℃。

④ **分茶**

茶汤分倒入茶杯中，七分满为宜。

⑤ **赏茶**

茶芽碧绿与茶水融合，茶汤碧绿明净。

⑥ **品茶**

细品慢啜，滋味清爽甘甜，茶香四溢。

---

## 茶点茶膳

# 豇豆豆沙饼

**材料**

豇豆100克，面粉100克，红豆50克，鸡蛋2个，白糖、九华毛峰茶粉、水、食用油各适量。

**制作**

① 将豇豆清洗干净，切成小丁；将红豆煮熟。

② 将豇豆用搅拌机绞碎，同时加少许水，倒出后备用。

③ 将鸡蛋打发，加适量面粉，搅拌均匀，调成蛋糊，加入打好的豇豆泥后放入煮熟的红豆、九华毛峰茶粉和少许白糖搅拌均匀。

④ 平底锅中放少许油，油热后将面糊倒入少许，摊成圆饼状，两面煎熟即可。

**口味**

香酥可口，茶香宜人。

# 石亭绿茶

## 滋味醇爽 香气浓郁

石亭绿茶产于福建南安丰州的九日山和莲花峰一带，又名"石亭茶"。茶区地处闽南沿海，受沿海季风的影响，气候温和，阴晴相间，光照适当，土质肥沃疏松，为茶树生长提供了良好的自然条件。石亭绿茶生产特点为采制早，登市早，有高山和平地两种。高山石亭绿茶外形条索厚重，色绿有光泽；汤色绿亮，叶底明亮，叶质柔软，滋味浓厚。平地石亭绿茶外形条索细瘦、露筋、轻薄，色黄绿；汤色清淡，叶质较硬，叶脉显露，滋味醇和。

**性状**
叶底嫩绿，香气似兰花。

**汤色**
色泽碧绿。

**品鉴指数** ★ ★ ★ ★

**口味**
滋味浓厚，回味甘甜。

**适宜人群**
一般人群都可饮用，特殊禁忌者除外。

**主要功效**
杀菌消炎，除臭消暑，抗癌瘦身。

**形状特征**
外形紧结，银灰带绿。

## 挑选储藏

优质石亭绿茶外形紧结重实，色泽银灰带绿。冲泡后汤色清澈碧绿，叶底明翠嫩绿，滋味醇香，有兰花香。储藏要求低温干燥，避免强光照射，不要和有刺激性气味或者挥发性强的物质存放在一起。

## 制茶工序

石亭绿茶每年清明前开园采摘，谷雨前新茶登市，有"不老亭首春名茶"之说。其鲜叶采摘标准介于乌龙茶和绿茶之间，即当嫩梢长到即将形成驻芽前，芽头初展呈"鸡舌"状时，采下一芽二叶，要求嫩度匀整一致。采摘完成后，其制作工艺要经轻萎凋、杀青、初揉、复炒、复揉、辉炒、足干七道工序，才能制成成品茶叶。

## 评茶论道

茶和饮食是息息相关的，茶是人们日常生活中不可缺少的饮品，而"民以食为天"，饮食更是人们生存下去的条件。现在的茶馆不仅包括茶饮，还为顾客提供各种精美的菜食、茶食等，让顾客在品茶的同时，还能品尝到美食，将茶文化和饮食文化很融洽地结合在了一起。茶馆的餐饮功能不仅丰富了其原有内涵，也是新经营模式的一种探索。

## 茶疗养生

# 果汁蜂蜜绿茶

【材料】石亭绿茶2克，葡萄10颗，菠萝2片，蜂蜜1小匙。

【做法】石亭绿茶开水浸泡7~8分钟，菠萝、葡萄榨汁，榨好的汁和蜂蜜倒入茶水中搅匀即成。

【茶疗功效】促进肌肤新陈代谢，分解黑色素，让肌肤更加光滑、白皙。

## 妙用保健

**消暑：**石亭绿茶中含有茶叶碱，可调节人体体温，在炎炎夏日饮用，可以起到消暑的作用。

**除臭：**石亭绿茶含有黄酮醇，饭后用茶水漱口可清洁口腔内的残留物质，可消除口臭。

**抗癌：**茶多酚能够抑制和阻断人体内的致癌物亚硝基化合物的形成，长期饮用有防癌功效。

### ① 茶具准备

茶匙1把，透明玻璃杯或瓷杯1个。

### ② 投茶

用茶匙将3克左右的石亭绿茶顺着杯沿一边缓缓滑入玻璃杯中。

### ③ 冲泡

向玻璃杯中注矿泉水至七分满，水温要保持在80~90℃，让茶叶在杯中舞动。

### ④ 分茶

将泡好的石亭绿茶依次倒入茶杯，稍凉即可品饮。

### ⑤ 赏茶

嫩绿茶芽在碧绿的茶水中如绿云翻滚，袅袅蒸汽飘散开来，清香袭人。

### ⑥ 品茶

分三次入口，慢慢细啜。饮完茶汤后，可将空杯置鼻端闻之，香气依存。

# 绿茶酸奶

**材料**

牛奶1袋，石亭绿茶粉3克，酸奶少许。

**制作**

① 将牛奶倒入杯中，用微波炉加热，以手摸杯壁不烫手为准。

② 在温牛奶中加入酸奶，用勺子搅拌均匀。

③ 电饭煲加水烧开后，将水倒出断电；奶杯放入电饭煲，盖好锅盖，利用锅中余热进行发酵。

④ 10小时后，低糖酸奶就做好了。

⑤ 在自制酸奶中加入石亭绿茶粉搅拌均匀，即可饮用。

**口味**

口感细腻，营养开胃。

# 遵义毛峰

## 瘦身减脂 抗菌防癌

　　遵义毛峰产于贵州遵义湄潭境内。湄潭山清水秀，群山环抱，湄江穿城而过，素有"小江南"之称。茶园依山傍水，山坡上种植着桂花、香蕉梨、柚子、紫薇等芳香植物，香气缭绕，加之湄江蒸腾的氤氲水汽，为茶叶品质的形成提供了优越的天然条件。遵义毛峰不仅品质优秀，还有特殊的象征意义：满披白毫，银光闪闪，象征遵义会议精神永放光芒；香高持久，象征红军烈士革命情操世代流芳。

**性状**
翠绿油润。

**汤色**
色泽浅绿明净。

**品鉴指数** ★ ★ ★ ★

**口味**
清醇爽口。

**适宜人群**
一般人群都可饮用，特殊禁忌者除外。

**主要功效**
抗菌，降血脂，瘦身减脂。

**形状特征**
条索紧细圆直，色泽翠润显白毫。

## 挑选储藏

　　优质遵义毛峰外形紧细圆直，色泽翠润有白毫；冲泡后汤色浅绿明净，味道香醇爽口。遵义毛峰储藏时要保持干燥，不要和烟、酒等刺激性较强的物质存放在一起。此外，要避免强光照射。

## 制茶工序

　　遵义毛峰采于清明前后，采摘一芽一叶初展或全展的鲜叶，经杀青、揉捻、干燥制作而成。杀青锅温先高后低，当锅温为120～140℃时，投入250～350克摊放叶，待芽叶杀透杀匀时起锅。揉捻要趁热，揉至茶叶基本成条，稍有黏手感即可。干燥是毛峰茶成形的关键工序，包括揉紧、搓圆、理直三个过程，从而蒸发水分、造型、提毫。锅温的控制、手势的灵活变换是确保成形提毫的重要技术方法。

## 🍵 评茶论道

北宋杭州南屏山麓净慈寺的谦师精于茶事，尤其钟爱品评茶叶，人称"点茶三昧手"。苏东坡有诗《送南屏谦师》就是为他而作："道人晓出南屏山，来试点茶三昧手。"关于"茶三昧"，说法略有不同。陆树声曾在《茶寮记》中说："僧所烹点，绝味清，乳面不鹜，是具人清净味中三昧者，要之，此一味非眠云跛石人未易领略。"

## ❤ 茶疗养生

# 仙鹤草茶

【材料】仙鹤草60克，荠菜50克，遵义毛峰6克。

【做法】将仙鹤草、荠菜、遵义毛峰同煎后饮用，每日1剂，随时饮用。

【茶疗功效】适用于女性崩漏及月经过多。

## 🍵 妙用保健

**减肥：**遵义毛峰中的茶碱和咖啡因，可以很好地活化蛋白质激酶及三酸甘油酯解脂酶，从而减少脂肪细胞堆积，达到减肥的效果。

**防龋齿：**遵义毛峰中的儿茶素可以抑制龋齿，减少牙菌斑及牙周炎的发生。

**降血脂：**遵义毛峰中的黄酮醇类，可以防止血液凝块及血小板成团等，常饮该茶能降低血糖、血脂，增强机体免疫力。

---

### ① 茶具准备

茶匙1把，透明玻璃杯或瓷杯1个。

### ② 投茶

用茶匙将3克左右的遵义毛峰轻轻置入玻璃杯中。

### ③ 冲泡

先快后慢地注入70℃的水，约至1/2处，待茶叶完全浸透，再注入八分满的水。

### ④ 分茶

将泡好的遵义毛峰茶汤分倒在茶杯中，七分满即可。

### ⑤ 赏茶

茶芽舒展，叶底翠绿油润；茶汤浅绿明净，赏心悦目。

### ⑥ 品茶

待茶汤冷热适中时，可小口慢慢品茗，滋味鲜美，回味绵长。

---

# 茶汁面包

**材料**

面粉700克，酵母25克，白糖60克，盐20克，奶油60克，发酵粉1克，脱脂乳40毫升，遵义毛峰10克。

**制作**

① 先将茶叶高温干燥10分钟左右，再以茶叶与水1：10的比例加入开水浸泡，并反复搅拌，制成浓茶汁备用。

② 将面粉、酵母加水500毫升置入搅拌器内混搅，静置后再加白糖、盐、奶油、发酵粉、脱脂乳、茶汁、水，充分搅拌。

③ 将面粉团分割、做成圆圈状后，在38℃下发制40分钟，放入烤箱，170℃烘烤约20分钟即可。

**口味**

芳香可口，风味独特。

# 紫阳毛尖

## 延缓衰老 降糖降脂

紫阳毛尖也称"紫阳毛峰"，产于陕西汉江上游、大巴山北麓的紫阳县，有"紫阳茶富硒抗癌，色香味俱佳，系茶中珍品"的赞誉。茶区层峦叠嶂，云雾缭绕，冬暖夏凉；土壤多为黄沙土和薄层黄沙土，呈酸性和微酸性，矿物质丰富，有机质含量高，土质疏松，通透性良好，适宜茶树生长。近年发现紫阳毛尖富含人体必需的微量元素——硒，具有较高的保健和药用价值，为中外茶叶界人士所喜爱。

**性状**
叶底肥嫩完整。

**汤色**
嫩绿清亮。

**品鉴指数** ★ ★ ★ ★

**口味**
鲜醇回甘。

**适宜人群**
一般人群都可饮用，特殊禁忌者除外。

**主要功效**
降血脂，降血压，杀菌，提神益思。

**形状特征**
条索圆紧，肥壮匀整，色泽翠绿，白毫显露。

## 挑选储藏

优质紫阳毛尖条索圆紧，肥壮匀整，色泽翠绿显毫；如条件允许可以冲泡观看，以汤色嫩绿清亮、叶底肥嫩完整、滋味鲜醇回甘者为佳。紫阳毛尖储藏时要干燥、避光，远离刺激性气味。

## 制茶工序

紫阳毛尖的鲜叶自清明前采摘紫阳种和紫阳大叶泡的一芽一二叶，经杀青、初揉、炒坯、复揉、初烘、理条、复烘、提毫、足干、焙香十道工序制作而成。成茶外形条索圆紧、肥壮、匀整，色泽翠绿，白毫显露，内质香气嫩香持久，汤色嫩绿、清亮，滋味鲜爽回甘，叶底肥嫩完整，嫩绿明亮。

## 🍵 评茶论道

　　清饮即饮用单纯的茶汤，这是古时流传下来的一种饮茶方式。古代人饮茶时，最初会加入许多作料加以煮煎，如糖、柠檬、薄荷、黑芝麻、葱、姜等。到了后来，才发展出用沸水冲泡茶叶，然后加以清饮品味的方式，为历代清闲的上层士族所推崇。而在许多少数民族地区，仍保留着煮茶而食的习惯。清饮有喝茶和品茶之分。喝茶无情趣，品茶有意境。凡品茶者，细啜缓咽，更注重精神享受。

## ❤ 茶疗养生

# 鲜李茶

【材料】新鲜李子50克，紫阳毛尖3克，蜂蜜适量。
【做法】李子洗净，去核取肉，切成小块，与茶叶放入保温杯，倒入沸水加盖闷泡2分钟，待温热时加蜂蜜。
【茶疗功效】清热祛湿，柔肝化结；适用于辅助治疗肝硬化、肝腹水等症。

## 🍵 妙用保健

　　**延缓衰老：**紫阳毛尖含有人体必需的微量元素——硒，人体适时补充硒能起到延缓衰老的功效。

　　**抗菌：**紫阳毛尖中的儿茶素对人体内的一些病菌具有很强的抑制作用，但不会妨碍肠内有益菌的繁衍。

　　**提神：**紫阳毛尖中的咖啡因是一种含量较高的生物碱，用于药中具有提神醒脑的作用。

① **茶具准备**

　　茶匙1把，冲洗干净的透明玻璃杯或瓷杯1个等。

② **投茶**

　　在投茶前先用热水温一下玻璃杯，然后用茶匙将3克左右的紫阳毛尖置入透明玻璃杯中。

③ **冲泡**

　　先向杯中注入70℃的水，约至杯身1/2处，待茶叶完全浸透，再慢慢注至八分满。

④ **分茶**

　　将紫阳毛尖茶汤倒入茶杯，以七分满为宜。

⑤ **赏茶**

　　茶叶舒展开，叶底肥嫩完整；茶汤嫩绿明亮，交相辉映。

⑥ **品茶**

　　茶汤冷热适中时可细啜慢品，滋味鲜爽，回味甘甜。

---

**茶点茶膳**

# 双菇鸡汤

**材料**

　　白菜500克，鲜香菇、蘑菇各50克，紫阳毛尖茶末1茶匙，鸡汤200毫升，盐1/2茶匙，白胡椒粉、食用油各适量。

**制作**

① 将白菜洗净放入锅中，加水用大火烧开，捞出，沥干水；将鲜香菇、蘑菇洗净，切片。

② 锅中放油烧至六成热，加鲜香菇、蘑菇炒3分钟，盛出。

③ 在原锅放入鸡汤、盐、茶末、白胡椒粉，边煮边搅，直到汤变稠；把白菜放入，煮约2分钟，舀出装入碗中；再将炒好的双菇倒在里面即成。

**口味**

　　色泽光亮，醇厚可口。

# 开化龙顶

## 抗菌利尿　减肥防癌

　　开化龙顶产于浙江开化大龙山一带，是浙江新开发的优质茶品之一，也称"龙顶茶"。龙顶茶区地势高峻，山峰叠嶂，溪水环绕，气候温和，有"兰花遍地开，云雾常年润"之美称，自然环境十分优越。开化龙顶属于高山云雾茶，其外形紧直挺秀，白毫显露，芽叶成朵，有"干茶色绿、汤水清绿、叶底鲜绿"的三绿特征。在清明至谷雨前采摘，选用长叶形、发芽早、色深绿、多茸毛、叶质柔厚的鲜叶，以一芽一叶或一芽二叶初展为标准，精挑细拣，按芽叶的长短、老嫩分别摊放，均衡失水程度，以便炒制。

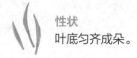

**性状**
叶底匀齐成朵。

**汤色**
色泽杏绿明亮。

**品鉴指数** ★ ★ ★ ★

**口味**
甘爽鲜醇，有兰花香、板栗香或炒米香。

**适宜人群**
一般人群都可饮用，特殊禁忌者除外。

**主要功效**
抗菌，利尿，减肥，防癌。

**形状特征**
条索紧结挺直，白毫披露，银绿隐翠。

## 挑选储藏

　　优质开化龙顶外形紧直挺秀，银绿披毫；香气馥郁持久，有兰花香、板栗香。冲泡后滋味鲜醇爽口，回味甘甜；汤色杏绿清澈、明亮；叶底肥嫩、匀齐成朵。储藏时一定要远离污染源，不和刺激性物质存放在一起，此外，还要密封、低温、干燥。

## 制茶工序

　　采摘开化龙顶的鲜叶，经杀青、揉捻、整形提毫、炒干等工序制作而成。杀青用滚筒杀青机，火候均匀，根据滚筒内的温度调整放入茶叶的数量，用电扇简单筛选和降低出桶茶叶温度。揉捻要趁热，揉至茶叶基本成条，稍有黏手感即可。整形提毫要求小火，去除茶叶表面的茸毛，至适当的干度即可出炉。炒干时采用前面制作产生的白碳，这样既节约成本，又没有异味。

## 🍵 茶之传说

相传龙顶潭是一个干潭，一位高僧云游到此，见其周围古木参天，浓荫蔽日，遂在潭边筑屋居住，每日清理此潭。一天，他挖到一块青石，松动后，石缝溢出清水，并隐有隆隆水响。忽然，大石碎裂，石下喷出巨大的水柱，很快溢满了深潭。高僧在潭边辟园种茶，因土质松软肥沃，花草树木遍地，云雾缭绕，茶树终年被香气、雾气缭绕，后成就极品佳茗。

## ❤ 茶疗养生

# 姜蜜茶

【材料】开化龙顶5克，生姜6克，蜂蜜适量。

【做法】将开化龙顶、生姜煎汁，加蜂蜜调匀饮用。

【茶疗功效】有助于润肺、止咳、消炎。

## 🍵 妙用保健

**排毒：**开化龙顶成分可有效抑制游离基活动，具有改善人体排毒和防御的功效。

**降血脂：**开化龙顶中的黄酮醇类可以防止血液凝块及血小板成团、预防心血管疾病等。

**防口臭：**开化龙顶中的儿茶素阻止食物渣屑繁殖细菌，从而有效防止口腔异味。

**品饮赏鉴**

① **茶具准备**

茶匙1把，透明玻璃杯1个等。

② **投茶**

用茶匙将3克左右的开化龙顶置入透明玻璃杯中。

③ **冲泡**

为浸润茶芽，先向杯中注纯净水，到玻璃杯身的一半，10秒钟后再慢慢注至八分满。

④ **分茶**

将泡好的开化龙顶倒入杯中，七分满即可。

⑤ **赏茶**

茶芽逐渐舒展开来，绿叶衬嫩芽，宛如蓓蕾初绽，绚丽秀美。

⑥ **品茶**

待茶汤冷热适中，可小口细啜慢咽，味道甜醇，回味绵长。

---

**茶点茶膳**

# 鸡丝莼菜羹

**材料**

鸡胸肉500克，干香菇、笋丝各250克，莼菜100克，开化龙顶茶末50克，盐、酱油、香菜、醋、水淀粉各适量。

**制作**

① 将鸡胸肉烫熟后用手撕成丝备用；将干香菇泡水后切成丝备用。

② 取一汤锅，在锅中加入莼菜、香菇丝、笋丝，以大火煮开后加入鸡丝、开化龙顶茶末、盐、酱油。

③ 加入水淀粉勾芡后加入醋，装碗放香菜即可。

**口味**

肉嫩、味鲜，莼菜爽滑。

# 茶叶质量评鉴

茶叶的质量，需要从色、香、味、形四个方面来评价：

**色** 不同的茶有不同的色泽，看茶时要了解茶的色泽特点，这样在选择时才有判断根据。若色泽深浅不一、黯淡无光，则说明原料老嫩夹杂，品质不高。绿茶中的炒青应该呈黄绿色，烘青呈深绿色，蒸青呈翠绿色。如果绿茶色泽灰暗，肯定不是佳品。乌龙茶的色泽为青褐，有光泽。红茶色泽则是乌黑油亮。

**香** 茶叶都有自身的香气，一般都是清新自然的味道，如果有异味、霉味、陈味等都不是好茶。例如：红茶清香，带点甜香或花香；乌龙茶具有熟桃香；花茶则香气浓郁。

**味** 茶叶本身的味道由多种成分构成，有苦、涩、甜、酸、鲜等。这些味道按着一定比例融合，就形成茶叶独有的滋味，不同的茶自然滋味也不相同。例如：绿茶初尝有苦涩味，但后味浓郁；红茶味道浓烈、鲜爽；苦丁茶饮时很苦，饮后有甜味。

**形** 茶叶的外形很关键，直接关系到茶叶采摘时的新鲜度、制茶时的工艺好坏等。例如：珠茶，颗粒圆紧、均匀则为上品；毛峰茶，芽毫多则为上品；好的龙井茶则是外形扁平、光滑、挺直，形状像碗钉。

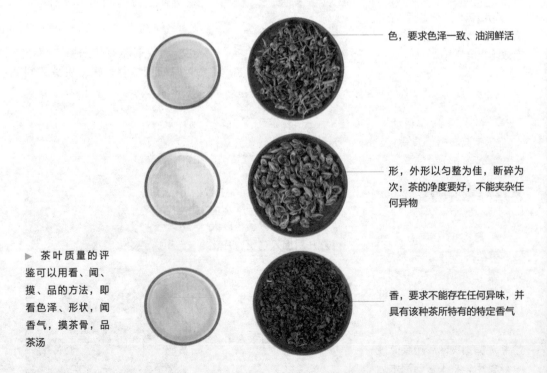

色，要求色泽一致、油润鲜活

形，外形以匀整为佳，断碎为次；茶的净度要好，不能夹杂任何异物

香，要求不能存在任何异味，并具有该种茶所特有的特定香气

▶ 茶叶质量的评鉴可以用看、闻、摸、品的方法，即看色泽、形状，闻香气，摸茶骨，品茶汤

# 中国名优红茶、黑茶

　　红茶是在绿茶的基础上经过发酵而成的，因其干茶的色泽和冲泡的茶汤以红色为主调，故而得名。黑茶属后发酵茶，基本工艺是杀青、揉捻、堆渥和干燥四道工序。本章介绍8种红茶、6种黑茶在性状、功效、冲泡、品鉴等方面的知识。

# 祁门红茶

## 利尿养胃 抗菌解毒

祁门红茶产于安徽祁门、东至、贵池、石台、黟县以及江西浮梁一带，简称"祁红"。茶园多分布于海拔100～350米的山坡与丘陵地带，高山密林成为茶园的天然屏障。这里气候温和，年均气温15.6℃，空气相对湿度为80.7%，年降水量1600毫米以上，土壤主要由风化岩石的黄土或红土构成，含有较丰富的氧化铝与铁质，极其适于茶叶生长。当地茶树品种高产质优，生叶柔嫩，富含水溶性物质，以八月茶鲜味最佳。茶区中的"浮梁工夫红茶"是祁红中的良品，以"香高、味醇、形美、色艳"闻名于世。

**性状**
叶底鲜红明亮，有蜜糖果香。

**汤色**
红艳明亮。

**品鉴指数** ★★★★

**口味**
甘鲜醇厚。

**适宜人群**
一般人群都可饮用，特殊禁忌者除外。

**主要功效**
利尿，解毒，抗菌。

**形状特征**
条索紧细匀整，锋苗秀丽。

## 挑选储藏

优质祁红茶的茶芽含量高，条形细紧（小叶种）或肥壮紧实（大叶种），色泽乌黑有油光，茶条上金色毫毛较多。如条件允许可观其汤色，祁红汤色红艳，碗壁与茶汤接触处有一圈金黄色的光圈，俗称"金圈"。祁红可选择以铁罐储藏，储存前，检查罐身与罐盖是否密闭，不能漏气；将干燥的祁红装罐，然后密封放于阴凉处。

## 制茶工序

祁红的采摘期为每年的4～9月份。采摘完的祁红按照茶级别及芽叶的标准和组成比例的不同，经过萎凋、揉捻、发酵、烘干和精制等工序制作。精制时，要将原来长短、粗细、直弯不一的毛茶，加以筛分、整形、拼级，使之外形匀齐美观。富有经验的师傅会根据茶的外形、香气、口感、汤色、叶底这五个方面进行评审，以最终确定各种毛茶的拼配比例。

在饮茶方面，加拿大人喜爱英式热饮高档红茶。这类红茶利用调制鸡尾酒用的摇酒器，将传统红茶、绿茶或乌龙茶，拌上各式果汁、香料后，经摇拌调制而成。在温哥华，泡沫红茶不但受华裔学生的喜爱，也被当地人喜欢，他们甚至比华人还更爱喝。加拿大人有较强的保健观念，近年来选择有机茶的人越来越多。红茶受到欢迎，绿茶也逐渐被关注。

## 茶疗养生

# 素馨茶

【材料】祁门红茶2~3克，素馨花适量。

【做法】将素馨花与祁门红茶放入茶壶中，加入热开水冲泡，约2分钟后泡开即可饮用。

【茶疗功效】对降脂减肥有一定的功效。

## 妙用保健

**利尿：**祁门红茶含有咖啡因，对肾脏有刺激作用，从而促使尿液排出。

**解毒：**祁门红茶中的茶多酚能吸附重金属和生物碱，并沉淀分解。目前，一些饮用水和食品受到环境污染，常喝祁红茶有一定的解毒功效。

**养胃：**祁门红茶是经发酵烘制而成的，其所含的茶多酚在氧化酶的作用下发生酶促氧化反应，含量减少，对胃部的刺激性也随之减小了。

**品饮赏鉴**

① **茶具准备**

茶壶1把，茶杯、茶荷各1个，茶巾1条，茶匙1把等。

② **投茶**

用茶匙将茶荷中3克左右的红茶拨入壶中，美称"王子入宫"，祁红也被誉为"王子茶"。

③ **冲泡**

初沸水（100℃左右）高冲，以充分浸润茶芽，从而利于色、香、味的充分发挥。

④ **分茶**

将泡好的祁门红茶倒入茶杯，七分满即可。

⑤ **赏茶**

先闻其香浓郁高长，力压群芳；红艳的茶汤，嫩软红亮的叶底，芬芳绚丽。

⑥ **品茶**

祁门红茶以鲜爽、浓醇为主，滋味醇厚，回味绵长。品茶时缓啜品饮，徐徐体味茶之真味，方得茶之真趣。

**茶点茶膳**

# 祁红牛肉

**材料**

牛肉1000克，祁门红茶10克，红枣20克，葱花、姜、花椒、八角、枸杞子、盐、糖、食用油各适量。

**制作**

① 将红茶泡入开水中2分钟，除去茶渣，沥出茶汁备用。

② 将牛肉用开水洗净，切小块，放入锅内加红茶汁以小火炖熟，捞出。

③ 锅内倒油，油烧至八成热时，放入葱花、姜、花椒、八角炒香，倒入煮熟的牛肉，加盐、糖、红枣、枸杞子炖20分钟即可。

**口味**

浓郁鲜香的味道。

# 正山小种

## 消炎杀菌 消暑利尿

正山小种在欧洲最早被称"武夷"，即现在武夷地名的谐音，是中国茶的象征。后因贸易繁荣，当地人为区别其他假冒的小种红茶，故取名"正山小种"。其制作工序分为传统制法和非传统制法。以传统揉捻机自然产生的红碎茶滋味浓，但产量较低。非传统制法的红碎茶彻底改变了传统的揉切方法。其萎凋叶通过两个不锈钢滚轴间隙的不到1秒钟的时间就达到破坏细胞的目的，同时使叶子全部轧碎呈颗粒状；青叶经萎凋、揉捻、发酵完成后，再用带有松柴余烟的炭火烘干。

**性状**
叶底欠匀净，
香气高长。

**汤色**
红艳明亮。

**品鉴指数** ★ ★ ★ ★

**口味**
滋味醇厚，带有桂圆味。

**适宜人群**
一般人群都可饮用，特殊禁忌者除外。

**主要功效**
预防心肌梗死，抗菌，抗衰老。

**形状特征**
条索肥壮，紧结圆直。

## 挑选储藏

优质正山小种最独特的是其特殊的桂圆汤味，香气高长，挑选时要认准这一点。正山小种红茶储藏简易，只要常温密封保存即可。因其是全发酵茶，一般存放1~2年后滋味会变得更醇厚甘甜。

## 分类辨识

**叶茶**
条索紧结匀齐，色泽乌润，内质香气芬芳。

**片茶**
木耳形的屑片或皱折角片，色泽乌褐，内质香气尚醇。

**碎茶**
颗粒重实匀齐，色泽乌润或泛棕，内质香气馥郁，汤色红艳。

**末茶**
沙粒状末，色泽乌黑或灰褐，内质汤色深暗，香低味粗涩。

## 评茶论道

佛教自汉朝传入我国，从此便与茶结下了不解之缘。茶与佛教修身养性的要求极为契合，僧人饮茶可助其静心除杂，当然会倍加喜爱茶。唐宋时期，佛教盛行，寺必有茶。很多寺院中还专门设有"茶堂"，用来品茶、专心论佛。中晚唐时百丈怀海和尚创立《百丈清规》，从此寺院的茶礼趋于规范。自古名寺出名茶，我国的不少名山寺庙都种有茶树，出产名茶。在茶的种植、饮茶习俗的推广、茶宴形式、茶文化对外传播方面，都有巨大的贡献。

## 茶疗养生

# 玫瑰乌梅茶

【材料】正山小种2~3克，玫瑰花5朵，乌梅3个。

【做法】乌梅入锅煮至水沸腾，把乌梅汁冲入泡正山小种的杯中，撒上玫瑰花浸泡后即可饮用。

【茶疗功效】有助于减除腹部脂肪。

## 妙用保健

**抗衰老**：红茶有较强的抗衰老功效，其效果大于蒜头、西蓝花和胡萝卜等。

**抗菌**：用红茶漱口可防滤过性病毒引起的感冒，并可预防蛀牙与食物中毒，降低血糖值与血压。

**预防心肌梗死**：饮用红茶1小时后，测得经心脏的血管血流速度改善，证实红茶有较强的预防心肌梗死的功效。

① **茶具准备**

茶壶1把，茶杯、茶荷各1个，茶巾1条，茶匙1把等。

② **投茶**

用茶匙将3克左右的正山小种置入茶壶中。

③ **冲泡**

用100℃左右的沸水冲泡干茶，冲水约至八分满，时间保持在3分钟左右。

④ **分茶**

将泡好的正山小种倒入杯中，七分满即可。

⑤ **赏茶**

缕缕清香沁人心脾，嫩软红亮的叶底更令人赏心悦目。

⑥ **品茶**

待茶汤冷热适口时，慢慢小口饮用，用心品茗，回味绵长。

---

## 茶点茶膳

# 红茶鹌鹑蛋

**材料**

鹌鹑蛋20个，正山小种2克，猪油30克，盐、酱油、姜片各适量，桂皮、大茴香、小茴香各少许。

**制作**

① 将鹌鹑蛋洗净后放清水中，开火，水煮沸后再煮3分钟，然后捞出浸泡在冷水中至凉。

② 将蛋壳轻轻捏出裂痕后再放入锅中，加入正山小种、猪油、酱油、盐、姜片、桂皮、大茴香、小茴香，加水以淹过蛋为准。

③ 用大火煮沸，再改用小火至香味四溢时即成。

**口味**

香气飘逸，味道浓郁。

# 滇红

## 提神开胃 利尿杀菌

滇红产于云南南部与西南部的临沧、保山、西双版纳等地，是云南红茶的统称，有滇红工夫茶和滇红碎茶两种。其产地群峰起伏，平均海拔1000米以上；属亚热带气候，年均气温18～22℃，昼夜温差悬殊；年降水量1200～1700毫米；森林茂密，腐殖层深厚，土壤肥沃，茶树高大，芽壮叶肥，生有茂密白毫，即使长至5～6片叶，仍质软而嫩。该茶叶中的多酚类化合物、生物碱等含量居中国茶叶之首。以中、小叶种红碎茶拼配形成的成品茶有叶茶、碎茶、片茶、末茶等4类11个花色。

**性状**
叶底红润匀亮，
显金毫。

**汤色**
色泽红艳，
香气甜醇。

**品鉴指数** ★★★★★

**口味**
鲜爽浓厚。

**适宜人群**
一般人群都可饮用，特殊禁忌者除外。

**主要功效**
清热，杀菌，利尿。

**形状特征**
条索紧直肥壮，锋苗秀丽，金毫多而显露。

## 挑选储藏

优质滇红茶汤色红艳带金黄圈，如汤色太红，说明其发酵过度，是劣质滇红。此外还要求其味道要纯正香甜，汤色清澈，叶底嫩软红亮。可用干燥无异味密闭的陶瓷坛来储藏滇红，用牛皮纸把茶叶包好，分置于坛的四周，中间嵌放石灰袋1个，将茶叶包放在上面，装满坛后，用棉花包盖紧。石灰隔1～2个月更换一次，这是利用生石灰的吸湿性能的保存方法，使茶叶不受潮，效果较好。

## 制茶工序

滇红采用优良的云南大叶种茶树鲜叶，先经萎凋、揉捻或揉切、发酵、干燥等工序而制成成品茶；再加工制成滇红工夫茶，滋味醇和；又经揉切制成滇红碎茶，滋味富有刺激性。上述各道工序，长期以来，均为手工操作。该茶被外销至俄罗斯、波兰等国家，还被销往西欧、北美等30多个国家及地区。

## 评茶论道

法国人饮红茶时，习惯采用冲泡或烹煮的方法，类似于英国人饮红茶的习俗。通常取一小撮红茶或一小包袋泡红茶放入杯内，冲上沸水，再配以糖或牛奶。有的也在茶中拌以新鲜鸡蛋，再加糖冲饮，还曾流行瓶装茶水加柠檬汁或橘子汁。也可以在茶水中掺入杜松子酒或威士忌酒，制成清凉的鸡尾酒。在香榭丽舍大街边，细细品味加香红茶已成为当地一种时尚。

## 茶疗养生

# 怡情西瓜茶

【材料】滇红2～3克，西瓜适量。

【做法】将滇红置入玻璃杯中，用热水冲泡，西瓜切丁后放入杯中，即可饮用。

【茶疗功效】有助于清热利湿、消脂。

## 妙用保健

**利尿：**滇红含有咖啡因，对肾脏有刺激作用，从而促进尿液排出。

**杀菌：**经实验发现滇红所含的儿茶素，能与单细胞的细菌结合，凝固沉淀蛋白质，以此抑制和消灭病原菌。

**清热：**滇红中的多酚类、糖类、氨基酸、果胶等与口涎产生化学反应，且刺激唾液分泌，使口腔觉得滋润，产生清凉感。

**品饮赏鉴**

① **茶具准备**

瓷杯、赏茶盘各1个，茶匙1把，热水壶1把等。

② **投茶**

用茶匙将3克左右的滇红置入瓷杯中。

③ **冲泡**

将100℃左右的沸水注入瓷杯中，让茶叶在瓷杯中上下翻腾。

④ **分茶**

将泡好的滇红茶倒入杯中，七分满为宜。

⑤ **赏茶**

茶芽徐徐伸展，叶底变得嫩软红亮起来，桂圆香味醉人心扉。

⑥ **品茶**

伴着醉人的香气，小口慢慢吞咽品茗，滋味鲜爽甘甜，回味绵长。

---

**茶点茶膳**

# 金银花粥

**材料**

滇红6克，玫瑰花4克，金银花10克，甘草6克，粳米100克，白糖、葱花、玉米粒适量。

**制作**

① 先将滇红、玫瑰花、金银花、甘草加适量水煎汁去渣，备用。

② 再加入洗净的粳米，煮成稀粥，然后调入白糖、撒上葱花即可。

**口味**

清淡香甜，清热解毒，行气止痛。

❸ 中国名优红茶、黑茶　157

# 九曲红梅

## 利尿消炎 杀菌提神

九曲红梅产于杭州西湖区双浦镇的湖埠、上堡、大岭、张余、冯家、社井、仁桥、上阳、下阳一带，简称"九曲红"。其生长环境为沙质土壤，土地肥沃，四周山峦环抱，林木葱郁，遮蔽风雪，掩映秋阳；地临钱塘江畔，江水蒸腾，山上朝夕云雾缭绕，极宜茶树生长，故所产茶叶品质优异。九曲红梅的品质以大坞山所产的居上；上堡、大岭、冯家、张余一带所产的被称为"湖埠货"，品质居中；社井、上阳、下阳、仁桥一带的被称为"三桥货"，品质居下。

**性状**
叶底红艳成朵。

**汤色**
红艳明亮。

**品鉴指数** ★ ★ ★ ★

**口味**
味道浓郁，香气芬馥。

**适宜人群**
一般人群都可饮用，特殊禁忌者除外。

**主要功效**
提神，消暑，解毒。

**形状特征**
条索细若发丝，弯曲细紧如银钩。

## 挑选储藏

优质九曲红梅的外形条索紧细、匀齐，金毫多，色泽乌润。如果九曲红梅条索粗松、匀齐度差、色泽枯暗则为劣质产品，不宜购买。九曲红梅要低温干燥储藏，避免强光照射。

## 制茶工序

九曲红梅的制作工序共四道，分别是萎凋、揉捻、发酵、干燥。萎凋是让鲜叶在一定条件下，均匀地散失适量的水分，减小细胞胀力，使叶质变软，为揉捻创造条件。揉捻主要指使萎凋叶操卷成条，充分破坏叶细胞组织，让茶汁溢出。发酵主要指在正常的萎凋、揉捻的基础上，形成红茶色香味，增强酶的活化程度，促进多酚类化合物的氧化缩合，形成红茶特有的色泽和滋味。干燥有两种方法，即毛火和足火。毛火要求抑制酶的活性，散失叶内水分；而足火要求掌握低温慢烤，蒸发水分，发散香气。

## 🍵 茶之传说

相传灵山大坞盆地，有一对年近六十喜得贵子的老夫妻，他们给儿子起名"阿龙"。一天阿龙见两只溪虾争抢一颗小珠子，觉得好奇，就把珠子捞起含在嘴里，不小心把珠子吞滑到了肚子里。阿龙到家后，顿觉浑身痛痒难忍，吵着要洗澡，一进浴盆便变成一条乌龙飞出窗外，跃进溪里，向远处游去。老两口哭叫着拼命追赶。乌龙留恋双亲，连游九程九回头，于是有了一条九曲十八弯的溪道，一直通往钱塘江。"九曲乌龙"的传说因此被传开。

## ❤ 茶疗养生

# 菠萝柠檬茶

【材料】九曲红梅3克，柠檬1片，菠萝汁20毫升，白糖50克，冰块适量。

【做法】用沸水冲泡九曲红梅，加入白糖，待茶水凉后倒入菠萝汁、柠檬片，加冰即可饮用。

【茶疗功效】对提神、解除疲劳有一定的功效。

## 🍵 妙用保健

**提神：**红茶中的咖啡因可刺激大脑皮质来兴奋神经中枢，有助于提神、集中注意力，让思维更加敏锐。

**消暑：**红茶中的多酚类、糖类、氨基酸、果胶等与口涎产生化学反应，刺激唾液分泌，滋润口腔，产生清凉感，起到消暑止渴的作用。

**解毒：**红茶中的茶多酚能吸附重金属和生物碱，并沉淀分解，进一步起到解毒的作用。

① 茶具准备

瓷杯1个，赏茶盘1个，茶匙、热水壶各1把等。

② 投茶

用茶匙将2~3克九曲红梅置入瓷杯中。

③ 冲泡

向瓷杯中注入100℃的沸水，充分浸润茶叶。

④ 分茶

将泡好的九曲红梅倒入杯中，七分满即可。

⑤ 赏茶

茶芽徐徐舒展，香气袭人，稍等会儿再看叶底嫩软红亮，一片芬芳。

⑥ 品茶

品茶时小口慢慢吞咽，鼻舌并用，品出茶香。

---

### 茶点茶膳

# 九曲红梅开口笑

**材料**

面粉200克，发酵粉、九曲红梅茶粉各1小匙，鸡蛋2个，牛奶、糖各1大匙，食用油适量。

**制作**

① 将糖加水用小火煮溶化，面粉和发酵粉拌匀。

② 将糖水、鸡蛋液、食用油和牛奶倒入已混合的面粉及发酵粉中，再加茶粉拌匀并揉成小圆球。

③ 锅中倒入食用油，加热，倒入小圆球，以小火炸至圆球稍稍裂开后，再改以大火炸酥即可。

**口味**

酥软香甜，营养丰富。

# 川红

## 养胃抗癌 提神杀菌

川红为工夫红茶的一种，较为有名的品种有"林湖""宫殿""节日之夜""早白尖"等。其生长环境为长江流域以南的边缘地带，包括宜宾、内江、涪陵四地区及重庆、自贡两市所属部分地区。这里的茶树发芽早，比川西茶区早39~40天，采摘期长40~60天，全年采摘期长达210天以上。秋茶产量占全年的26%~30%。宜宾地区所产川红出口早，每年4月即可进入国际市场，以早、新取胜。其珍品"早白尖"以早、嫩、快、好的突出特点及优良的品质，在国内外茶界享有盛誉。

**性状**
叶底厚软红匀。

**汤色**
色泽浓亮。

**品鉴指数** ★ ★ ★ ★

口味
醇厚鲜爽。

适宜人群
一般人群都可饮用，特殊禁忌者除外。

主要功效
舒张血管，抗癌，强壮骨骼。

形状特征
条索肥壮圆紧，显金毫，色泽乌黑油润。

## 挑选储藏

优质川红香气清鲜带橘糖香，条索肥壮圆紧，显金毫，色泽乌黑油润。如条件允许，还可通过冲泡来观察其汤色，浓亮红匀的为上等川红。其储存方法要求密封、低温、干燥，杜绝挤压。

## 制茶工序

川红精选本土优秀茶树品种种植，以提采法甄选早春幼嫩饱满的芽叶。其采摘标准对芽叶的嫩度要求较高，基本上是以一芽二三叶为主的鲜叶制成。生产川红工夫茶的厂家较多，采制情况和条件也有一定的区别，比较常用的制作工序有萎凋、揉捻、发酵、干燥和精制等。成品茶外形条索肥壮圆紧、显金毫，色泽乌黑油润，汤色浓亮，叶底厚软红匀。

## 评茶论道

在我国茶史上，有很多专门研究茶叶的人员，也有许多爱茶人士，他们留下的书籍和文献记录了大量关于茶史、茶事、茶人、茶叶生产技术、茶具等方面的内容，这些书籍和文献被后人称为茶典。我国著名的茶典有：《茶经》《十六汤品》《茶录》《大观茶论》《茶具图赞》《茶谱》《茶解》等。这些茶典为后人提供了有关茶种植、生产的科学技术依据，对现今茶业的发展起到了重要的作用。

## 茶疗养生

# 冬虫夏草茶

【材料】冬虫夏草5克，蜂蜜2~3克，川红适量。

【做法】将冬虫夏草放入锅中，煎煮半小时左右，再将川红放入锅中，约煮5分钟后，加入蜂蜜调匀即可。

【茶疗功效】对改善体虚症状、强健身体有一定功效。

## 妙用保健

**舒张血管：**心脏病患者每天喝4杯红茶，血管舒张度可以从6%增加到10%；常人在受刺激后，舒张度会增加13%。

**强壮骨骼：**川红中的多酚类有抑制破坏骨细胞物质的活力，经常饮用红茶的人骨骼强壮。

**抗癌：**红茶的茶多酚同样有抗癌作用，川红的抗癌作用主要发生在细胞增殖分化早期，即DNA合成前期。

品饮赏鉴

① 茶具准备

瓷杯、赏茶盘各1个，茶匙、热水壶各1把等。

② 投茶

用茶匙将2~3克川红从茶仓中取出置入瓷杯中。

③ 冲泡

用沸水冲泡干茶，温度保持在100℃左右为宜。

④ 分茶

将泡好的川红倒入茶杯饮用，以七分满为宜。

⑤ 赏茶

在沸水的冲泡下，茶芽舒展开来，瓷杯内一片红亮，暗香浮动。

⑥ 品茶

待茶汤冷热适中时，小口慢慢品茗，回味绵长。

茶点茶膳

# 川红烧麦

材料

猪肉250克，香菇100克，青椒2个，川红茶末3克，糯米、面粉、酱油、盐、食用油、鸡精各适量。

制作

① 将猪肉切成末，香菇、青椒剁碎。

② 将糯米浸泡若干个小时后上笼蒸熟，把面粉和团。

③ 锅中放油；放肉末炒至变色，加香菇和青椒一起翻炒；加盐、茶末、酱油、鸡精和水烧沸；将蒸好的糯米倒进去翻炒，汤汁略干即可出锅。

④ 把面团分剂，擀成圆片包馅入锅蒸10分钟即可。

口味

喷香可口。

# 宁红

## 清暑利湿 止泻解毒

宁红产于江西修水，产地位于幕阜、九宫两大山脉间，山多田少，树木苍青，雨量充沛，土质富含腐殖质；春夏之际，浓雾达80～100天。茶芽肥硕，叶肉厚软。采摘生长旺盛、持嫩性强、芽头硕壮的蕻子茶，多为一芽一叶至一芽二叶的鲜叶，芽叶大小、长短要求一致。道光年间，宁红茶声名显著，之后，畅销欧美，成为中国名茶。清末战乱，宁红茶受到严重摧残，濒临绝境。新中国成立后，获得很好的恢复和发展，改原来的"热发酵"为"湿发酵"，品质大大提高，深受海内外饮茶者的喜爱。

**性状**
叶底厚软，红嫩多芽。

**汤色**
色泽浓亮红艳。

**品鉴指数** ★ ★ ★ ★

**口味**
醇厚甜和。
**适宜人群**
一般人群都可饮用，特殊禁忌者除外。
**主要功效**
防心梗，解毒，止泻。
**形状特征**
茶芽肥硕，叶肉厚软。

## 挑选储藏

优质宁红的茶芽含量较高，条形细紧或肥壮紧实，色泽乌黑有油光，茶条上金色毫毛较多，香气持久。若条形松而轻、色泽乌稍枯、缺少光泽、无金毫、香气带粗气则为劣质宁红。宁红储藏要求低温、干燥、密封，条件允许也可放于冰箱中存储。

## 制茶工序

宁红工夫茶每年于谷雨前进行采摘，采摘后的芽叶须经萎凋、揉捻、发酵、干燥后初制成红毛茶，然后再经筛分、抖切、风选、拣剔、复火、匀堆等工序精制而成。宁红成品茶分为特级、1~7级，共8个等级。其中特级宁红要求紧细多毫、锋苗毕露，色泽乌黑油润，汤色红艳，叶底柔嫩多芽，滋味鲜醇，香气浓郁。宁红工夫茶除了散条形茶以外，还有一种龙须茶。该茶色、香、味、形俱佳，有"杯底菊花掌上枪"之称。

## 评茶论道

日本茶道非常讲究，场所要幽雅，茶叶要精细，茶具要干净；茶师动作要规范，既有节奏感，又准确到位。接待宾客时，宾客入座后，茶师按规定动作点炭火、煮开水、冲茶或抹茶，然后依次献给宾客。宾客要双手接茶，先致谢，然后三转茶碗，轻品、慢饮、奉还。饮茶完毕，宾客要对茶具进行鉴赏和赞美。最后，宾客向主人跪拜告别，主人热情相送。

## 茶疗养生

# 宁红果汁茶

【材料】菠萝1/4个，柠檬汁、百香果粒各1匙，糖20克，宁红3克。

【做法】将以上原料放锅中用小火加热，煮沸后倒入茶杯即可饮用。

【茶疗功效】能补气强身，有助于增强人体抗病能力。

## 妙用保健

**防心梗：** 饮用红茶1小时后，测得经心脏的血管血流速度有所改善，说明红茶有较强的防心梗的效用。

**解毒：** 宁红中所含茶多酚可以与被污染的食物中的一些重金属如铅、锌、锑、汞等发生化学反应，产生沉淀，通过尿液排出体外，这样就减少了毒素在人体内的存留。

**止泻：** 宁红茶叶含有脂肪酸和芳香酸等有机酸，具有杀菌的作用，而且茶内的鞣质类成分也具有抗病菌的作用，这样就能达到止泻的目的。

**品饮赏鉴**

① 茶具准备

　　瓷杯1个，茶盘、热水壶各1个，茶匙1把。

② 投茶

　　用茶匙将3克左右的宁红茶从茶仓中取出，轻轻置入瓷杯中。

③ 冲泡

　　向瓷杯中注入100℃的沸水，充分浸泡干茶。

④ 分茶

　　将泡好的宁红茶倒入杯中，七分满即可。

⑤ 赏茶

　　舒展开来的茶芽亭亭玉立在水色亮红的瓷杯中，香气飘散，芬芳无限。

⑥ 品茶

　　茶汤冷热适中时，开始细啜慢饮，滋味醇厚甜和，回味绵长。

**茶点茶膳**

# 宁红虾球

材料

　　虾仁750克，淀粉20克，鸡蛋3个，宁红茶末3克，香菜、葱各15克，猪油50克，味精、盐各适量。

制作

① 将鸡蛋磕入碗中，加淀粉、宁红茶末、盐、味精和虾仁，搅匀；葱切段。

② 炒锅置大火上，加猪油，烧至七成热，一边用筷子在油锅内顺时针划动，一边将虾仁糊逐个倒入油锅。

③ 炸至蛋丝酥脆时，迅速用漏勺捞起，沥去油。

④ 用筷子拨松装盘，围上香菜、葱段，即可食用。

口味

　　酥脆可口，营养丰富。

# 红碎茶

## 抗菌消肿 利尿防寒

红碎茶也称"分级红茶""红细茶"，属于小颗粒型红茶。我国红茶的碎片茶由来已久，即在工夫红茶加工的过程中，由于筛切工序自然产生的芽尖、片末茶，经筛分整理为芽茶、碎茶，副茶有花香、茶末及茶梗等。红碎茶是国际茶叶市场的大宗产品，目前占世界茶叶总出口量的80%左右。近30年来，我国红碎茶生产遍及全国各主要茶区，各种制法的红碎茶均有生产。其制法主要有传统制法、转子制法、C.T.C制法、L.T.P制法等。红碎毛茶经精制加工后又被分为叶茶、碎茶、片茶、末茶四类。

**性状**
叶底红嫩多芽。

**汤色**
红艳明亮。

**品鉴指数** ★ ★ ★ ★

**口味**
浓烈鲜爽。

**适宜人群**
一般人群都可饮用，特殊禁忌者除外。

**主要功效**
抗菌，利尿，防中风。

**形状特征**
颗粒紧实呈短条状，色泽乌黑油润。

## 挑选储藏

优质红碎茶色泽乌润细致均匀，香气纯香不含异味，手感紧实圆润；冲泡后色泽鲜红明亮。可将红碎茶放在冰箱的冷藏室中，温度调为5℃左右最适宜。在这个温度下，茶叶可以保持很好的新鲜度，一般都可以保存一年以上。

## 制茶工序

传统的红碎茶在采摘的鲜叶经萎凋后，茶坯采用平揉、平切，后经发酵、干燥制成。该类产品外形美观，但内质香味刺激性较小，因成本较高，目前我国仅少量地区生产。后来卧式揉捻机开始出现，部分茶厂（场）将其联装成自动流水线。将萎叶放入卧式揉捻机打条，再经转子机切碎，避免平面揉捻机不利联装的缺点。现在全国大部分的国营茶场、茶厂都按此法生产红碎茶。

## 评茶论道

清代画家蒲作英的《茶熟菊开图》为后人展现了清新娴雅的品茗环境。画的正中央是一柄大的东坡提梁壶，壶后有一块太湖石，该石大孔小穴、窝洞相套、上下贯穿、四面玲珑，看上去颇为别致。在太湖石后面有两朵正在盛开的菊花。在画的上方一角有一题款，内容为："茶已熟，菊正开，赏秋人，来不来。"图文相配，相得益彰，意境悠远。

## 茶疗养生

# 菠萝红茶

【材料】红碎茶2~3克，菠萝100克，菠萝汁3大匙，柠檬汁1小匙，蜂蜜1大匙。

【做法】将菠萝加水煮10分钟，再加其他材料，然后滤汁倒入茶器即可。

【茶疗功效】有助于生津利尿、消暑解渴。

## 妙用保健

**防中风：**红碎茶中的类黄酮化合物，其作用和抗氧化剂相类似，能防治中风和心脏病。

**利尿：**红碎茶中的咖啡因有刺激肾脏的功效。喝茶后，咖啡因进入体内，会刺激肾脏，促使尿液排出体外。

**抗菌：**红碎茶中的醇类、醛类、酯类、酚类等有机化合物都溶于水中，喝茶后就能将这些物质吸收入体内，从而达到杀菌消炎的功效。

品饮赏鉴

① 茶具准备

赏茶盘、热水壶各1个，茶匙1把，瓷杯1个。

② 投茶

用茶匙将3克左右的红碎茶从茶仓中取出，轻置入瓷杯中。

③ 冲泡

向瓷杯中注入100℃的沸水，充分浸泡干茶，摇动瓷杯使茶叶受热均匀。

④ 分茶

将泡好的红碎茶倒入茶杯中，以七分满为宜。

⑤ 赏茶

茶芽缓缓舒展，瓷杯中水色转为亮红，香气飘散，沁人心脾。

⑥ 品茶

待茶汤冷热适中时，小口慢慢吞咽茶汤，齿颊留香，回味无穷。

---

茶点茶膳

# 深井烧鹅

材料

鹅1只，红碎茶粉2克，盐、五香粉、柱侯酱、白糖、沙姜粉、生抽、米醋、麦芽糖各适量。

制作

① 将鹅内脏由尾部取出，勿弄破外皮，取出肺及气喉管洗净，在颈背开小孔吹气。

② 将盐、五香粉、柱侯酱、白糖、沙姜粉、生抽拌匀，填进鹅肚中。

③ 将米醋、麦芽糖、红碎茶粉用热水搅匀，淋在鹅身上。

④ 用小火将鹅身焙至干爽，再以大火烧25~30分钟，至皮脆即可。

口味

色泽金红，味美可口。

# 宜红

## 消炎抗菌 利尿暖胃

　　宜红的全称为"宜昌工夫红茶"，是我国主要工夫红茶品种之一。宜红问世于19世纪中叶，当时汉口被列为通商口岸，英国商人大量收购红茶，宜昌成为红茶的转运站，宜红因此得名。虽然此茶产于武陵山系和大巴山系境内，但因古时均在宜昌地区进行集散和加工，所以被称为"宜红"。茶区多分布在海拔300～1000米的低山和半高山区，温度适宜，降水丰富，土壤松软，非常适宜茶树的生长。宜红于清明至谷雨前开园采摘，以一芽一叶及一芽二叶的鲜叶为主，现采现制，以保持鲜叶的有效成分。

**性状**
叶底红亮柔软。

**汤色**
红艳透亮，稍冷有"冷后浑"的现象。

**品鉴指数** ★ ★ ★ ★

**口味**
鲜爽醇甜。

**适宜人群**
一般人群都可饮用，特殊禁忌者除外。

**主要功效**
消炎，利尿，暖胃。

**形状特征**
叶条紧结秀丽，色泽乌润，金毫显露。

## 挑选储藏

　　优质宜红叶条紧结，色泽乌润，金毫显露；冲泡后汤色红艳透亮，滋味鲜爽回甘。宜红需要密封、低温（0～5℃）干燥储藏，避免强光照射，杜绝将其和有异味的物质存放在一起。通常可保存两年时间，新开封的茶以三个月内饮用完毕为佳。

## 制茶工序

　　宜红的加工分为初制和精制两大过程。初制包括萎凋、揉捻、发酵、烘干等工序，使芽叶由绿色变成紫铜红色，香气透发；精制工序复杂，以传统分法，可分为本身路、长身路、圆身路、轻身路共四路进行。本身路是将毛茶经干燥、毛筛、抖筛、平筛、风选、拣剔后，再干燥，提高茶叶干度，保持其品质，最终制成成品茶。

## 评茶论道

按照云南西双版纳的布朗族风俗，举行婚礼的当天，不管家庭穷富，女方父母在给女儿的嫁妆中送茶树是必不可少的。苍山脚下的白族人，从订婚到结婚的这段时间，他们必须以茶代礼，且在婚礼这天，新郎、新娘还要给前来闹洞房的人敬上三道茶，象征"一苦二甜三回味"。三道茶献罢，人们方可闹房。少了这一程序，便有不欢迎客人的意思。

## 茶疗养生

# 佛手柑茶

【材料】佛手柑15克，宜红、白糖各适量。

【做法】将佛手柑、宜红、白糖以沸水冲泡即可饮用。

【茶疗功效】有助于健脾养胃、理气止痛。

## 妙用保健

**抗菌：**宜红中的黄酮类化合物具有杀灭食物毒菌、抗流感病毒的作用。

**防癌抗癌：**宜红中的茶黄素是一种有效的自由基清除剂和抗氧化剂，具有抗癌、抗突变的作用，对改善和治疗心脑血管疾病等症有很好的疗效。

**消炎止痛：**感冒时喉咙疼痛，可以用红茶漱口以杀灭咽喉细菌，减轻病痛。

**品饮赏鉴**

① 茶具准备

宜红2～3克，青花茶荷1个，水晶玻璃杯1个，茶匙1把，茶巾1条等。

② 投茶

用茶匙将茶荷中的茶叶轻轻拨入水晶玻璃杯中。

③ 冲泡

先向水晶玻璃杯中冲入少量开水浸润茶芽，10秒钟后以高冲法冲入70℃的开水。

④ 分茶

将泡好的宜红茶倒入茶杯中饮用，以七分满为宜。

⑤ 赏茶

吸收了水分后茶芽逐渐沉入杯底，条条挺立，轻盈灵动，观之尘俗尽去，生机无限。

⑥ 品茶

以闲适无为的情怀细啜慢品，方能品出茶中的物外高意。

**茶点茶膳**

# 黄金糊塌子

**材料**

西葫芦500～600克，面粉200克，鸡蛋3个，宜红末5克，葱、香菜各少许，香油、盐、味精、五香粉、食用油各适量。

**制作**

① 将西葫芦洗净切细丝；将葱、香菜洗净切碎备用。

② 将鸡蛋打泡后倒入盆内，放入面粉、香油、味精、盐、宜红末、五香粉，加水搅拌成糊状，再加入西葫芦丝、葱碎和香菜碎搅匀。

③ 把不粘锅烧热，撒少许食用油，将搅拌的糊状食材盛一勺倒入锅内，用铲子摊平，底面焦黄时，用铲子翻过来，两面焦黄即可出锅食用。

**口味**

味道鲜美，风味独特，老幼皆宜。

# 普洱散茶

## 护齿养胃 抗老美容

普洱散茶是产于云南普洱、西双版纳、昆明和宜良地区的一种条形黑茶，又称"云南普洱茶"。普洱散茶是普洱茶在制作过程中未经过紧压成形，茶叶状为散条形，分为用整张茶叶制成的索条粗壮肥大的叶片茶和用芽尖部分制成的细小条状的芽尖茶。此茶又可被分为高、中、低三个档次，级别高的芽多，级别低的叶多梗多。此外，其他的茶贵在新，而普洱茶贵在"陈"，往往会随着时间的推移而逐渐升值，因此普洱茶被称为"可入口的古董"。

**性状**
叶底褐红均匀。

**汤色**
色泽红浓明亮。

**品鉴指数** ★ ★ ★ ★

**口味**
醇厚回甘。

**适宜人群**
一般人群都可饮用，特殊禁忌者除外。

**主要功效**
护齿，抗老，美容。

**形状特征**
状为散条，条索粗壮肥大。

## 挑选储藏

有些商人为掩盖普洱茶的气味，会加入菊花等。选购普洱茶时若看到普洱茶中掺有菊花，或闻起来有花香，说明茶叶品质不纯正。普洱茶要放于空气流通处，恒温储藏，此外，还要注意周围环境不要有异味，否则茶叶会变味。

## 制茶工序

普洱茶有生茶和熟茶两种。生茶是以在符合普洱茶产地环境的条件下生长的云南大叶种茶树鲜叶为原料，经萎凋、杀青、揉捻、晒干、蒸压、干燥成形制成的散茶及紧压茶。熟茶是在以符合普洱茶产地环境的条件下生长的云南大叶种晒青茶为原料，采用渥堆工艺，经后发酵加工形成的散茶和紧压茶。

据《三国志·吴志·韦曜传》记载，吴国第四代皇帝孙皓（242~283），嗜酒好饮。每次设宴，客人都不得不陪他喝酒，"虽不尽入口，皆浇灌取尽"。朝臣韦曜博学多闻，深得孙皓器重，但酒量小。所以孙皓常常为韦曜破例，一发现韦曜无法拒绝客人的敬酒，就"密赐茶，以代酒"，这是我国历史记载中发现最早"以茶代酒"的案例。

## 茶疗养生

# 普洱蜜茶

【材料】普洱茶3克，蜂蜜适量。

【做法】将普洱茶放入杯中，注入沸水，根据个人口味加入蜂蜜。

【茶疗功效】长期饮用有助于养颜、降脂。

## 妙用保健

**护齿：**普洱茶含有许多生理活性成分，具有杀菌消毒的作用，可去除口腔异味，保护牙齿。

**抗衰老：**茶叶中的儿茶素类化合物具有抗衰老的作用。云南大叶种茶所含的儿茶素含量高于其他茶树品种，抗衰老作用优于其他茶类。

**美容：**普洱茶被海外人士誉为"美容茶"，能调节新陈代谢，促进血液循环，调节人体的自然平衡和体内机能，有美容的效果。

① **茶具准备**

紫砂壶1把，茶杯1个，茶匙1把，茶巾1条等。

② **投茶**

用茶匙将5克左右的普洱茶置入紫砂壶，茶叶约占壶身的1/5。

③ **冲泡**

第一泡湿润茶芽后倒出；第二泡浸泡15秒即可倒出品尝；第二、三泡的茶汤可混着喝；第四次后，每增加一泡浸泡时间增加15秒，以此类推。

④ **分茶**

把公道杯中匀好的茶汤依次倒入品茗杯，七分满即可。

⑤ **赏茶**

随着沸水的冲泡，汤色开始变得红浓明亮起来，叶底褐红均匀。

⑥ **品茶**

普洱茶是一种以味道带动香气的茶，香气藏在味道里，感觉较沉。

# 普洱煨牛腩

材料

牛腩300克，普洱茶2克，白萝卜半根，牛肉汁3碗，橘皮、洋葱、淀粉、米酒、糖、食用油各适量。

制作

① 将洋葱切块；将白萝卜去皮，切成块状；普洱茶泡水，滤出茶汤备用。

② 将牛腩以开水汆烫洗净，加入茶汤、洋葱块及调味料，使茶汤淹过材料即可；煮1小时，取出切成块状。

③ 锅中加色拉油略热，放牛肉汁、牛腩，加适量糖、茶汤，以中火煮熟。

④ 白萝卜块加牛肉汁煮入味，放入煮好的牛腩撒上枸杞、橘皮即可。

口味

汤汁丰富，味道鲜香。

# 湖南黑茶

## 抗菌降压 解毒降脂

　　湖南黑茶是产于湖南省的各种黑茶的统称。湖南黑茶兴起于16世纪末期。古代最盛时期的黑毛茶产量，是光绪年间的年产14～15万担。现在黑茶产量已超过50万担，比1950年增加了4倍以上。其成品茶有"三尖""四砖""花卷"三个系列，湖南省白沙溪茶厂的生产历史最为悠久，品种也最为齐全。湖南黑茶经杀青、初揉、渥堆、复揉、干燥等工序制作而成。随着人们生活水平的提高和对茶叶保健功能的逐步认识，黑茶逐渐成为人们首选的健康饮品。

**性状**
叶底黄褐。

**汤色**
色泽橙黄。

**品鉴指数** ★★★★

**口味**
滋味香醇，带松烟香。

**适宜人群**
一般人群都可饮用，特殊禁忌者除外。

**主要功效**
抗菌，降压，解毒。

**形状特征**
条索紧卷、圆直，色泽黑润。

## 挑选储藏

　　优质湖南黑茶有发酵香，老茶有陈香，紧压砖面完整，有清晰的条纹，侧面无裂缝，无木质化白梗。湖南黑茶要通风、避光存放。此外，因其茶叶具有极强的吸异性，故不能与有异味的物质混放在一起。

## 分类

**黑砖**
　　香气纯正，滋味浓厚带涩，汤色红黄稍暗。

**花砖**
　　香气纯正，滋味浓厚微涩，汤色红黄，叶底老嫩匀称。

**茯砖**
　　香气纯正，滋味醇厚，汤色红黄明亮，叶底黑褐尚匀。

**湘尖**
　　色泽乌润，内质香气清香，滋味浓厚，汤色橙黄，叶底黄褐。

## 🍵 茶之传说

　　三国时，军师诸葛亮带着士兵来到西双版纳，很多士兵因为水土不服导致眼睛失明。诸葛亮知道后，就将自己的手杖插在山上，结果那根手杖立刻就长出枝叶，变成了茶树。诸葛亮用茶树上的茶叶泡成茶汤让士兵喝，士兵很快就恢复了视力。此后，这里的人们便学会了制茶。现在，当地还有一种叫"孔明树"的茶树，孔明也被当地人称为"茶祖"。

## ❤ 茶疗养生

# 太子参薄荷茶

【材料】太子参15克，薄荷9克，小苏打5克，湖南黑茶、红糖各适量。

【做法】将前3种材料焙干，研为粉末，用蒸锅蒸熟备用；取适量粉末加黑茶和红糖以沸水冲泡即可。

【茶疗功效】有助于清热解毒、排除尼古丁等有害物质。

## 🍵 妙用保健

　　**抗菌**：黑茶汤色的主要成分是茶黄素和茶红素，对毒芽杆菌、肠类杆菌、金黄色葡萄球菌、荚膜杆菌、蜡样芽孢杆菌有较强的抑制作用。

　　**降压**：湖南黑茶中特有的氨基酸能起到抑制血压升高的作用，而生物碱和类黄酮物质能使血管舒张而使血压下降。

　　**解毒**：黑茶中的茶多酚对重金属毒物有较强的吸附作用，多饮黑茶可缓解重金属的毒害作用。

---

### 品饮赏鉴

**① 茶具准备**

　　紫砂壶、茶刀各1把，公道杯1个，茶杯1个，茶匙1把，茶巾1条等。

**② 投茶**

　　将5克左右的湖南黑茶置入紫砂壶中。

**③ 冲泡**

　　将沸水（温度保持在100℃）注入紫砂壶中，加盖浸泡1~2分钟。

**④ 分茶**

　　把公道杯中匀好的茶汤依次倒入品茗杯，七分满即可。

**⑤ 赏茶**

　　茶芽慢慢舒展，松烟香随之飘散，汤色橙黄明亮，滋味醇厚。

**⑥ 品茶**

　　待茶汤冷热适中时，小口啜饮，滋味醇厚，回味绵长。

---

### 茶点茶膳

# 孔府茶烧肉

**材料**

　　湖南黑茶6克，带皮骨的猪肋肉350克，葱丝15克，姜末10克，盐2.5克，料酒20毫升，花椒油、花生油少许。

**制作**

① 将带皮骨的猪肋肉剁成核桃大小的块，洗净并控水；将茶叶放入茶杯内，冲入开水泡闷好，备用。

② 在炒勺内放入花生油烧热，再投葱丝、姜末煸出味；然后放入猪肋肉块、盐、料酒翻炒至半熟，加入茶汁水改用小火烧熟；最后放入茶叶略拌炒一下，随即淋以花椒油即成。

**口味**

　　香高味鲜，茶香宜人。

# 六堡茶

## 消暑降压 减脂抗老

六堡茶原指产于广西苍梧县六堡乡的黑茶，后发展到广西20多个县。其制茶史可追溯到1500多年前，清嘉庆年间它就已被列为全国名茶。茶树多被种植在山腰或峡谷，距村庄远达3～10千米。林区溪流纵横，山清水秀，日照短，终年云雾缭绕，为茶树生长提供了优越的自然条件。采摘一芽二三叶，经摊青、低温杀青、揉捻、渥堆、干燥制作而成。人们为了便于存放六堡茶，通常将其压制加工成圆柱状、块状、砖状、散状等；分为特级、一至六级，主销我国两广、港澳地区，外销东南亚。

**性状**
叶底红褐色。

**汤色**
橙黄明亮。

**品鉴指数** ★★★★

**口味**
浓醇甘和，有槟榔香气。

**适宜人群**
一般人群都可饮用，特殊禁忌者除外。

**主要功效**
降血压，助消化，抗衰老。

**形状特征**
条索紧结，色泽黑褐，有光泽。

## 挑选储藏

优质六堡茶有不同程度的苦涩，但在口里会很快转化为甘甜生津，会让人有"峰回路转"的愉悦。六堡茶储藏时要剥开其外包装棉纸、宣纸或牛皮纸，然后存入瓷瓮或陶瓷内，瓮不必密盖，可略微透气。此外，要远离厨房及有怪味处。

## 制茶工序

六堡茶的制作工序分为筛选、拼配、渥堆、汽蒸、压制成形、陈化六道工序。筛选要求将毛茶筛分、风选、拣梗。拼配要求按品质和等级进行分级拼配。渥堆要求根据茶叶等级和气候条件，进行渥堆发酵，适时翻堆散热，叶色变褐发出醇香。汽蒸要求渥堆适度，茶叶经蒸汽蒸软，形成散茶。压制成形即趁热将散茶压成篓、砖、饼、沱等形状。陈化要求清洁、阴凉、干爽。

## 评茶论道

中国茶德，由原浙江农业大学茶学系教授庄晚芳先生所提倡。其含义是：廉俭育德，美真康乐，和诚处世，敬爱为人。

清茶一杯，推行清廉，勤俭育德，以茶敬客，以茶代酒，大力弘扬国饮。

清茶一杯，茗品为主，共品美味，共尝清香，共叙友情，康乐长寿。

清茶一杯，德重茶礼，和诚相处，以茶联谊，美化人际关系。

清茶一杯，敬人爱民，助人为乐，器净水甘，妥用茶艺，茶人修养之道。

## 茶疗养生

# 六堡橘茶

【材料】六堡茶2克，干橘皮2克。

【做法】将六堡茶茶叶与干橘皮以沸水冲泡，温饮即可。

【茶疗功效】对清热消炎、化痰止咳有一定的功效。

## 妙用保健

**抗衰老：**六堡茶中含有较多复杂类黄酮，其可清除自由基，具有抗氧化、延缓细胞衰老的作用。

**助消化：**六堡茶中的咖啡因具有刺激作用，能提高胃液的分泌量，增进食欲，帮助消化。

**降血压：**六堡茶中的咖啡因和儿茶素能软化血管，通过让血管舒张使血压下降。

## 品饮赏鉴

① **茶具准备**

厚壁紫砂壶、特质茶刀各1把等。

② **投茶**

用特质茶刀取8克左右的六堡茶，将其置入紫砂壶中。

③ **冲泡**

向紫砂壶中注入150～200毫升沸水，加盖闷5秒钟。

④ **分茶**

将泡好的六堡茶依次倒入茶杯，七分满即可。

⑤ **赏茶**

舒展开来的茶叶浸泡在橙黄明亮的汤色中，陈香阵阵袭来。

⑥ **品茶**

分汤洗盏，第一泡不饮。从第二泡开始品茗，滋味醇和爽口；可反复冲泡饮用，至茶味淡极为止。

## 茶点茶膳

# 茶熏鸡腿

**材料**

新鲜鸡腿6个，茶叶10克，盐、大米、糖、葱、姜、干柠檬片、老抽、五香粉各适量。

**制作**

① 将鸡腿洗净，晾干水，加入盐和干柠檬片搅拌，帮助入味。

② 锅里加开水，将火调到最小，再取净锅放入葱、姜。

③ 在锅里加老抽；把鸡腿放进水中浸泡，慢慢浸熟。

④ 把米炒香，然后在锅里铺上锡纸；把炒好的米、茶叶，适量糖及五香粉放在锡纸上。

⑤ 再放上架子把鸡腿放在架子上，盖上盖，用大火熏制5分钟即可食用。

**口味**

熏香浓郁，味道鲜美。

# 湖北黑茶

## 杀菌消炎 抗老抑癌

　　湖北黑茶是湖北各种黑茶的总称。据唐朝杨烨所著的《膳夫经手录》记载，唐朝时，安华所产渠江薄片，已远销湖北江陵、襄阳一带。五代毛文锡的《茶谱》记有："渠江薄片，一斤八十枚。"又说："谭邵之间有渠江，中有茶而多毒蛇猛兽……其色如铁，而芳香异常。"这证明在唐代湖北安化已生产"渠江薄片"，在当地有些名气，而这种茶色泽为黑褐色，即典型的上等黑茶色泽，说明当时就有黑茶生产。

**性状**
叶底黄褐带暗。

**汤色**
色泽黄红稍褐。

**品鉴指数** ★ ★ ★ ★

口味
味道较浓醇。

适宜人群
一般人群都可饮用，特殊禁忌者除外。

主要功效
防龋齿，抗癌，杀菌。

形状特征
色泽黑润，有清香气。

## 挑选储藏

　　优质湖北黑茶黑润有光泽，有明显的松烟香。劣质湖北黑茶从切面看其中心部位发乌，无光泽，晦暗。存储湖北黑茶时要保持干燥，避免强光照射，严禁与有强烈异味，如油漆类、酒类等含化学挥发气味类的物质存放于一室。

## 制茶工序

　　湖北黑茶采用较粗老的原料，经过杀青、揉捻、渥堆、干燥4道工序加工而成。渥堆是决定其品质的关键工序，渥堆时间的长短、程度的轻重，会使成品茶的品质风格有明显差别。湖北黑茶是在杀青后经二揉二炒后进行渥堆，渥堆时将复揉叶堆成小堆，堆紧压实，使其在高温条件下发生生化变化。当堆温达到60℃左右时，进行翻堆，里外翻拌均匀，再继续渥堆。当茶堆出现水珠、青草气消失、叶色呈绿或紫铜色、且均匀一致时，即为适度。

## 评茶论道

古代朝鲜的茶礼源于中国，但融合了禅宗、儒家、道教文化和本地传统礼仪。1000多年前的新罗时期，朝廷的宗庙祭礼和佛教仪式中就运用了茶礼。高丽时期，朝廷举办的茶礼有九种之多。在每月初一、十五等节日和祖先诞辰时，会在白天举行简单祭礼，有昼茶小盘果、夜茶小盘果等摆茶活动。茶礼的整个过程，从环境、茶室陈设、书画、茶具造型与排列，到投茶、注茶、茶点、吃茶等均有严格的规范与程序。

## 茶疗养生

### 荞麦茶

【材料】荞麦面100克，湖北黑茶5克，蜂蜜50克。

【做法】先将湖北黑茶捣成细末，然后将茶叶末与荞麦面、蜂蜜搅拌，冲入沸水即可饮用。

【茶疗功效】对降低血脂、润肠通便有一定的疗效。

## 妙用保健

**防龋齿：**湖北黑茶中的矿物元素氟对龋齿及老年骨质疏松有一定疗效。

**抑癌：**湖北黑茶中的矿物元素硒能刺激免疫蛋白及抗体的产生，增强人体对疾病的抵抗力，对抑制癌细胞的发生与发展有疗效。

**杀菌：**湖北黑茶中的茶黄素是自由基清除剂和抗氧化剂，可抑菌抗病毒。

① **茶具准备**

茶刀1把，紫砂壶、茶匙各1把等。

② **投茶**

用茶刀取湖北黑茶4～5克，用茶匙将其放入紫砂壶中。

③ **冲泡**

向紫砂壶中注入150～200毫升的100℃沸水，加盖充分浸泡干茶。

④ **分茶**

将泡好的湖北黑茶依次倒入茶杯，七分满即可。

⑤ **赏茶**

浸泡的干茶茶叶舒展开来，茶汤红黄亮似琥珀，清香阵阵，芬芳一片。

⑥ **品茶**

分三次品饮：先细啜一口，品茶的纯正；后品茶的浓淡、醇和度；再体会茶之韵味。

---

**茶点茶膳**

## 小葱爆猪肝

材料

猪肝350克，湖北黑茶粉末3克，辣椒1个，花生油50毫升，料酒、味精、水淀粉、葱、盐、姜、胡椒粉、香油、花生油各适量。

制作

① 猪肝切片，放入碗内，加料酒、盐、味精、淀粉拌匀。

② 葱切段，姜切丝，辣椒切片，备用。

③ 锅加热，放50毫升花生油烧至三四成热后，倒入猪肝，滑熟取出。

④ 锅内放姜、葱、茶末、辣椒煸香；放猪肝，加料酒、盐、味精和少许水，烧开，用水淀粉勾芡，撒上胡椒粉、淋香油出锅。

口味

鲜嫩爽口，香味诱人。

# 老青茶

## 排毒通便 减肥降压

老青茶产于湖北咸宁地区的蒲圻（现赤壁市）、咸宁、通山、崇阳、通城等县，别称"青砖茶"。据《湖北通志》记载："同治十年，重订崇、嘉、蒲、宁、城、山六县各局卡抽派茶厘章程中，列有黑茶及老茶二项。"这里的"老茶"即老青茶。其质量高低取决于鲜叶的质量和制茶技术。青砖茶的压制分洒面、二面和里茶三个部分。其中，一级茶(洒面)条索较紧，稍带白梗，色泽乌绿；二级茶(二面)叶子成条，红梗为主，叶色乌绿微黄；三级茶(里茶)叶面卷皱，红梗，叶色乌绿带花，茶梗以当年新梢为度。

**性状**
叶底暗黑显粗老。

**汤色**
红黄尚明。

**品鉴指数** ★ ★ ★ ★

**口味**
滋味尚浓无青气。

**适宜人群**
一般人群都可饮用，特殊禁忌者除外。

**主要功效**
抗血栓，通便，减肥。

**形状特征**
色泽红褐，香气纯正。

## 挑选储藏

优质的老青茶干茶为红褐色；冲泡后汤色红黄明亮，叶底暗黑粗老，滋味浓厚无青气。老青茶要储藏于阴凉处，避免强光照射，切记不要和有异味及易挥发性的物质混放在一起。

## 制茶工序

老青茶的质量高低取决于鲜叶的质量和制茶的技术。老青茶鲜叶采摘后先加工成毛茶。面茶分杀青、初揉、初晒、复炒、复揉、渥堆、晒干等七道工序。里茶分杀青、揉捻、渥堆、晒干等四道工序，制成毛茶。毛茶再经筛分、压制、干燥、包装后，制成青砖成品茶。

## 评茶论道

茶艺表演欣赏是指在一个特定的环境中，配有音乐、插花等，茶艺师穿着表演所需服饰，演示各种茶叶冲泡技艺的过程。这样的表演将茶的冲泡科学地、生活化地、艺术地展示在人们面前。20世纪70年代提出"茶艺"这个概念后，茶艺表演才随之兴起，并在各个地域特色的茶艺馆和大大小小的茶区被传播开来。这些地方也为茶艺表演提供了平台，让人们得以认识并热爱茶艺表演。

## 茶疗养生

# 万年青根茶

【材料】老青茶6克左右，万年青根30克。

【做法】将万年青根泡入沸水中，然后加入老青茶，待茶水凉热适中时，即可饮用。

【茶疗功效】强心利尿，可用于心性水肿症。

## 妙用保健

**抗血栓：**老青茶中的茶多糖能明显抑制血小板的黏附作用，并降低血液黏度，提高纤维蛋白溶解的活力，可以起到抗血凝、抗血栓的作用。

**通便：**老青茶中的茶多酚具有促进胃肠蠕动、促进胃液分泌、增加食欲的功效；茶叶经冲泡后，茶多酚被人体吸收，能达到通便的目的。

**品饮赏鉴**

① **茶具准备**

　　紫砂壶、茶匙各1把，茶杯1个。

② **投茶**

　　用茶匙取4~5克老青茶拨入紫砂壶中。

③ **冲泡**

　　向紫砂壶中注入沸水，加盖充分浸泡老青干茶。

④ **分茶**

　　将泡好的老青茶分别倒入茶杯，以七分满为宜。

⑤ **赏茶**

　　茶汤红亮似琥珀，宛如陈年红葡萄酒。

⑥ **品茶**

　　分三次品饮：先细啜品茶的纯正；后大口品茶的浓淡、醇和度；再体会茶之韵味。

**茶点茶膳**

# 酱香大肠

**材料**

　　猪大肠500克，酱料包1个，八角2粒，老汤1500毫升，茴香、葱、姜、酱油、盐、红糖、味精、老青茶茶末各适量。

**制作**

① 猪大肠冲洗干净，放入开水中稍烫一下，捞出备用。

② 在烧热的锅里放入红糖，加少许水，用小火慢慢熬煮至暗红色，再加入500毫升水煮沸，待凉制成糖色。

③ 坐锅点火，将酱料包放入老汤中烧开；加入糖色、酱油、盐、味精、茶末，调成酱汤备用。

④ 将猪大肠放入酱汤中，再加入八角、茴香、葱、姜，以小火酱约50分钟；关火闷20分钟；捞出后装盘即可。

**口味**

　　口感滑软，香气悠长。

❸ 中国名优红茶、黑茶　　177

# 四川边茶

## 抗癌减肥 利尿解毒

四川边茶是产于四川的黑茶的统称。其生长环境在海拔580～1800米的丘陵和山区，土壤为黄壤、红紫土及山地棕壤，呈酸性或微酸性，自然生态循环形成的有机质和矿物质丰富。四川边茶分为"西路边茶"和"南路边茶"两类。西路边茶是压制茯砖和方包茶的原料。南路边茶是压制砖茶和金尖茶的原料。南路边茶原料粗老，并包含一部分茶梗，经熬耐泡，是专销藏族地区的一种紧压茶。西路边茶原料比南路边茶更为粗老，以采割1～2年的生枝条为原料，是一种最粗老的茶叶。

**性状**
叶底棕褐粗老。

**汤色**
色泽暗红明亮。

**品鉴指数** ★★★★

**口味**
滋味平和。

**适宜人群**
一般人群都可饮用，特殊禁忌者除外。

**主要功效**
抗癌，减肥，利尿解毒。

**形状特征**
叶张卷折成条，色泽棕褐。

## 挑选储藏

优质四川边茶色泽黑而有光泽，香气纯正，陈茶有特殊的花香或"熟绿豆香"。如果有馊酸气、霉味或其他异味，滋味苦涩，汤色发黑或浑浊，则为劣质茶。存储要避免强光照射，切忌使用塑料袋密封，可用牛皮纸等通透性较好的材料，不要和有异味的物质混放在一起。

## 制茶工序

四川边茶的产区大都实行粗细兼采制度，一般在春茶采摘一次细茶之后，再采割边茶。采摘后的茶叶经杀青、晒干即可。南路边茶制作工序较烦琐。其做砖茶的传统做法，最多的要经过一炒、三蒸、三踩、四堆、四晒、二拣、一筛共十八道工序，最少的也要经十四道工序。西路边茶的毛茶色泽枯黄，用于茯砖的原料茶含梗量约20%，而用于方包茶的原料茶含梗量约60%。

## 评茶论道

"道"是中国哲学的最高范畴，一般指宇宙法则、终极真理、事物运动的总体规律、万物的本质或本源等。茶道是指以茶艺为载体，以修行得道为宗旨的饮茶艺术，包含茶礼、礼法、环境、修行等要素。据考证，茶道始于唐代。《封氏闻见记》中提到："又因鸿渐之论，广润色之，于是茶道大行。"唐代刘贞亮在《饮茶十德》中也提出："以茶可行道，以茶可雅志。"

## 茶疗养生

### 黑芝麻茶

【材料】黑芝麻6克，四川边茶3克。

【做法】将黑芝麻炒至黄色，与四川边茶一起用沸水冲泡即可饮用。

【茶疗功效】有助于滋肝补肾、养血润肺。

## 妙用保健

**利尿解毒**：四川边茶中咖啡因的利尿功能是通过肾促进尿液中水的滤出率来实现的。此外，咖啡因有助于醒酒、解除酒毒。

**抗癌**：四川边茶汤色的主要成分是茶黄素和茶红素，其中茶黄素是一种有效的自由基清除剂和抗氧化剂，具有抗癌、抗突变的功效。

**减肥**：四川边茶中的黄烷醇类、叶酸和芳香类物质等多种化合物，能增强胃液的分泌，调节脂肪代谢，促使脂肪氧化，除去人体内的多余脂肪。

① 茶具准备

紫砂壶、特质茶刀各1把，公道杯1个等。

② 投茶

用特质茶刀取5克左右的四川边茶，将其置入紫砂壶中。

③ 冲泡

向紫砂壶中注入150～200毫升沸水，加盖5秒钟。

④ 分茶

把公道杯中匀好的茶汤依次倒入杯中，七分满即可。

⑤ 赏茶

茶叶舒展，茶汤逐渐变得暗红，宛如陈年红酒，陈香阵阵袭来。

⑥ 品茶

分汤洗盏，一泡不饮；从二泡起品饮，滋味平和甘甜；可反复冲饮，至茶味淡极。

---

**茶点茶膳**

## 五香猪蹄

**材料**

猪蹄2只，料酒、盐、姜片、四川边茶、桂皮、八角、五香粉、老抽、冰糖、食用油各适量。

**制作**

① 将猪蹄从中间劈开，沸水烫后刮去浮皮，清洗干净，用料酒、老抽腌渍半小时。

② 油烧热，略爆姜片；将猪蹄放入，煎炸至皮呈金黄色；加水、桂皮、八角、五香粉、老抽、冰糖和四川边茶；以大火煮沸，撇去浮沫，改用小火焖煮约2小时即可食用。

**口味**

香甜软烂，味道鲜美。

# 水是茶的灵魂

　　若想泡出一杯好茶，水的选择与烹煮不可忽视，是能否将茶叶自身特征完美呈现的关键。从众多古代茶典对泡茶用水的详细记录中，就可以看出爱茶人对水的重视。

　　茶汤的好坏和泡茶的水质有着直接关系，好的水，可以使茶汤色、香、味俱全；水质不好，不仅体现不出茶叶的自身香味，还能使茶汤走味。通常来说，待冲泡的茶叶越嫩，所需用的水温相对就越低。若相同容积的水按重量排序，重量越轻越好；按颜色排序，越清澈越好；按寒度排序，越寒冽越好。中性的水最适宜泡茶，而水质过硬或过软都会导致茶汤变味、变色，故不适宜用来泡茶。选择家庭茶艺用水的基本原则是：水要清洁甘甜，要活而鲜。

◀ 泡茶的用水与水温决定着茶汤中浸出物的多少，进而影响茶汤的颜色、香气和味道

## 软水与硬水的区分

　　水的酸碱度和水的硬度关系密切，当pH大于5时，茶汤的颜色会加深，当pH达到7时，茶叶中的茶黄素会因被氧化而损失。水的硬度会影响茶叶有效成分的溶解度，用硬水泡茶，茶味淡，而且还会使茶的颜色变黑；而软水的溶解度高，泡出的茶味更浓。

　　尽量选择天然水源，其中泉水、溪水、井水是最佳选择。在选择泉水时，要注意泉水的水源和流经途径，这些都会影响水的硬度、含盐量等。

▲ 饮用水的pH应当为6.5~8.5，硬度不能高于25度。

◀ 软水中离子（特别是钙镁离子）浓度低，其水体表面的张力更大

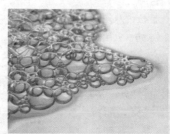

◀ 当水体硬度较高时，肥皂不易起沫，去污能力降低

# 中国名优黄茶、白茶

　　在炒青绿茶的过程中，由于杀青、揉捻后干燥不足或不及时，叶色会发生变黄的现象，黄茶的制法也就由此而来。白茶属于轻微发酵茶，因其成品茶多为芽头，满披白毫，如银似雪而得名。本章将为你揭开4种黄茶、4种白茶的神秘面纱，让你一睹其芳容。

# 君山银针

## 防癌杀菌 健胃消炎

君山银针产于湖南岳阳洞庭湖中的君山，是黄茶中的精品，中国十大名茶之一。因形细如针，生长在君山上，故名"君山银针"。君山又名洞庭山，是洞庭湖中的一个岛屿。岛上土壤肥沃，多为沙质土壤，年平均温度16～17℃，年降雨量为1340毫米左右，相对湿度较大，气候非常湿润。春夏季湖水蒸发，云雾弥漫，岛上树木丛生，自然环境适宜茶树生长，山地遍布茶园。君山茶历史悠久，在唐代已久负盛名，相传文成公主出嫁时就选带了君山银针入西藏。

**性状**
芽头茁壮，
叶底明亮

**汤色**
色泽橙黄

**品鉴指数** ★★★★

**口味**
滋味甘醇。

**适宜人群**
一般人群都可饮用，特殊禁忌者除外。

**主要功效**
防癌，杀菌，消炎。

**形状特征**
大小长短均匀，形如银针，内呈金黄色。

## 挑选储藏

优质君山茶以壮实挺直亮黄者为上品。茶芽头肥壮，紧实挺直，芽身金黄，满披银毫；汤色橙黄明净，香气清纯，叶底嫩黄匀亮。储存君山银针时可将石膏烧热捣碎，铺于箱底，垫上两层牛皮纸，将茶叶用牛皮纸分装成小包，放在垫于箱底的牛皮纸上面，封好箱盖。切记要适时更换石膏，以保证其品质。

## 制茶工序

君山银针的制作工序为杀青、摊晾、初烘、初包、复烘、焙干。杀青要芽蒂萎软、清气消失，发出茶香；摊晾时散发热气，清除细末杂片；初烘温度在50～60℃，时间20～30分钟，烘至五成干；初包促成君山银针特有的色、香、味，用牛皮纸包好，置于箱内40～48小时；复烘是蒸发水分，固定已形成的有效物质；焙干温度为50～55℃，烘量每次约500克，焙至足干为止。

## 🍵 茶之传说

相传唐明宗李嗣源第一次上朝时，侍臣为他沏茶，见一团白雾由杯中腾空而起，慢慢变成一只白鹤。白鹤向明宗点了三下头，便飞向蓝天。再往杯里看，杯中茶叶都整齐地竖立着，就像破土的春笋。后又慢慢下沉，像雪花坠落。明宗惊奇地问侍臣原因。侍臣说"这是君山的白鹤泉（柳毅井）水泡黄翎毛（银针茶）的缘故"。明宗听了惊喜万分，遂把君山银针定为贡茶。

## 💜 茶疗养生

### 丹参黄精茶

【材料】君山银针5克，丹参10克，黄精10克。

【做法】将3种材料共研粗末，用沸水冲泡，加盖闷10分钟即可饮用。

【茶疗功效】活血补血，对贫血及白细胞减少有一定的辅助治疗功效。

## 🍵 妙用保健

**防癌：**黄茶富含茶多酚、氨基酸、可溶糖、维生素等营养物质，对防治食道癌有一定功效。

**杀菌：**君山茶中的醇类、醛类、酯类、酚类等为有机化合物，对人体的多种病菌有抑制和杀灭功效，且其杀菌的作用机理也各不相同。

**消炎：**君山银针茶叶中还有少量的皂苷化合物，具有消炎的功效。

### ① 茶具准备

透明玻璃杯1个，茶匙1把，茶巾1条等。

### ② 投茶

用茶匙将3克君山银针置入开水预热过的透明玻璃茶杯。

### ③ 冲泡

以高冲法先快后慢两次冲泡。第一次至杯身2/3处，观察杯中茶叶变化；再至接近杯口处。

### ④ 分茶

约冲泡10分钟，将泡好的茶依次分给客人。

### ⑤ 赏茶

茶叶在杯中根根竖立，继而上下游动，然后徐徐下沉，簇立杯底，如雨后春笋。

### ⑥ 品茶

茶香清雅，给人带来清爽的感觉；慢慢细品，茶汤滋味鲜爽，回味甘甜。

---

### 老婆饼

**材料**

面粉250克，熟面500克，果脯、花生、黑芝麻各100克，枸杞子80克，肥肉粒40克，君山银针茶末、香精、猪油、鸡蛋液、白糖各适量。

**制作**

① 把熟面、白糖、肥肉粒、花生、黑芝麻、君山银针茶末、枸杞子、果脯、猪油、香精一起拌成馅。

② 用猪油把面粉擦成干油酥；猪油加少许水，将剩余的面粉揉成油面团。

③ 把干油酥包入油面团，擀成薄片；卷起，揪成面剂包入馅，收严按扁，擀成圆饼，刷上鸡蛋液。

④ 将饼坯摆入烤盘，入炉用慢火烤至金黄并鼓起即成。

**口味**

色泽金黄，酥松香甜。

# 霍山黄芽

## 护齿减肥 消热解暑

它产于安徽霍山一带。这里山高云雾大，雨水充沛，空气相对湿度大，昼夜温差大，土壤疏松，土质肥沃，林茶并茂，生态条件良好，极适宜茶树生长。霍山自古多产黄茶，在唐时为饼茶；明清之时，均被列为贡品；近代，由于战乱影响，霍山黄芽一度失传，直至1971年人们才重新开始研制和生产霍山黄芽。霍山黄芽一般在谷雨前后二三日采摘，标准为一芽一叶至一芽二叶初展鲜叶。经杀青等工序制作而成。霍山黄芽的知名品牌有德昌顺和徽六。

**性状**
芽叶细嫩多毫。

**汤色**
黄绿清澈明亮。

**品鉴指数** ★ ★ ★ ★

**口味**
滋味鲜醇，浓厚回甘。

**适宜人群**
一般人群都可饮用，特殊禁忌者除外。

**主要功效**
护齿，清热防暑，防口臭。

**形状特征**
外形条直微展，匀齐成朵，形似雀舌。

## 挑选储藏

优质霍山黄芽色泽自然，外形似雀舌，芽叶嫩细多毫，叶色嫩黄，汤色黄绿清明，香气鲜爽，醇厚回甜，叶底黄亮，嫩匀厚实。霍山黄芽要密封、干燥储存于阴凉处，杜绝挤压，避免和有异味的物质存放在一起。

## 制茶工序

杀青分生锅和熟锅。生锅快炒透炒，熟锅与生锅配合，杀青适度，起锅摊晾。初烘火温100℃左右，勤翻匀摊，至五六成干；继续烘焙约七成干，摊放1~2天，使其回潮变黄，剔除杂质。复烘火温约90℃，烘至八九成干。再回潮1~2天，待其进一步变黄。足烘温度100~120℃，翻烘要勤、轻、匀，趁热装筒封盖。

## 📋 评茶论道

唐代时赵州观音寺有位高僧叫从谂禅师，人称"赵州古佛"。他爱饮茶，还积极倡导饮茶之风，每次说话喜欢说一句："吃茶去。"据《广群芳谱·茶谱》引《指月录》中记载："有僧至赵州，从谂禅师问：'新近曾到此间吗？'曰：'曾到。'师曰：'吃茶去。'又问僧，僧曰：'不曾到。'师曰：'吃茶去。'后院主问曰：'为什么曾到也云吃茶去，不曾到也云吃茶去？'师召院主，主应诺，师曰：'吃茶去。'"从此，"吃茶去"成为禅语。

## ❤ 茶疗养生

# 桂圆红枣茶

【材料】白兰地9毫升，红枣4颗，桂圆100克，霍山黄芽2克。

【做法】先泡霍山黄芽；煮红枣和桂圆，加入白兰地；倒入泡好的茶中。

【茶疗功效】有助于补气健脾、提精神。

## 🍵 妙用保健

**护齿：**霍山黄芽茶叶的含氟量为每千克75～100毫克。常饮霍山黄芽茶能摄取足够的氟，对护牙固齿有较好的效果。

**清热防暑：**霍山黄芽中的多酚类化合物、游离糖、氨基酸、维生素C和皂苷化合物可与口腔中的唾液反应，使口腔得以湿润，产生清凉感觉，有清热解暑的功效。

**去口臭：**霍山黄芽中含有芳香物质，可刺激胃液分泌，有助于肠胃吸收，而且能消除胃中积垢，减轻口干、口臭等症状。

### ① 茶具准备

透明玻璃杯或瓷杯1个，茶匙1把等。

### ② 投茶

用茶匙将3克左右的霍山黄芽轻轻置入透明玻璃杯中。

### ③ 冲泡

先快后慢地注入70℃的水，约至1/2处即可，待茶叶完全浸透，再注水至八分满。

### ④ 分茶

将泡好的霍山黄芽茶分倒入茶杯，以七分满为宜。

### ⑤ 赏茶

茶芽尖端开始产生气泡，随之微微张开，很像雀鸟的喙，形似"雀嘴含珠"。

### ⑥ 品茶

细啜慢品，茶汤滋味鲜爽，回味甘甜。

---

# 青椒炒猪肝

**材料**

猪肝200克，青椒、红椒各1个，霍山黄芽茶末、糖、盐、油、生抽、料酒、花椒水、味精、食用油各适量。

**制作**

① 将猪肝切薄片，用花椒水煮2分钟，捞起沥干。

② 青椒洗净去籽，切成大块；将红椒洗净后切斜片。

③ 炒锅入油，将青椒、红椒、猪肝放入锅炒3分钟左右。

④ 加入盐、糖、霍山黄芽茶末、料酒、味精、生抽拌匀即可装盘食用。

**口味**

香辣可口，味道鲜美。

# 蒙顶黄芽

## 清热止泻 消炎利尿

蒙顶黄芽产于四川蒙山山区。蒙顶茶树栽培始于西汉，自唐开始，直到明、清，千年之间此茶一直为贡品，为我国历史上最有名的贡茶之一。20世纪50年代，蒙顶茶以黄芽为主；近来多产甘露，但黄芽仍有生产，为黄茶中的珍品。其生长地终年烟雨蒙蒙，云雾茫茫，土壤肥沃，为茶树提供了良好的生长环境。采摘于春分时节，待茶树上有部分茶芽萌发时，即可开园采摘。标准为圆肥单芽和一芽一叶初展的芽头。

**性状**
叶嫩芽壮，芽条匀整。

**汤色**
色泽黄中透碧。

**品鉴指数** ★ ★ ★ ★ ★

**口味**
甜香鲜嫩，甘醇鲜爽。

**适宜人群**
一般人群都可饮用，特殊禁忌者除外。

**主要功效**
利尿，清热，消炎。

**形状特征**
外形扁直，色泽嫩黄，芽毫显露。

## 挑选储藏

优质蒙顶黄芽的芽条匀整，色泽嫩黄，冲泡后汤色黄亮透碧，甜香浓郁，茶汤入口滋味鲜醇回甘。蒙顶黄芽储藏时必须远离刺激性气味，避免强光照射，同时要密封干燥。

## 制茶工序

蒙顶黄芽制作分杀青、初包、复炒、复包、三炒、堆积摊放、四炒、烘焙八道工序。杀青时叶色转暗，茶香显露，芽叶含水率减少到55%～60%就可出锅。初包叶温在55℃左右，放置60～80分钟后翻拌，叶色呈微黄绿时复炒。复炒要求理直、压扁芽叶。三炒至茶条基本定型，含水率为30%～35%时可把三炒叶撒在细篾簸箕上摊放，盖上草纸保温，24～36小时后即可四炒。四炒整理外形，散发水分和闷气，增进香味。烘焙要慢烘细焙促进色、香、味的形成。

## 评茶论道

葡萄牙神父克鲁士到中国传教。他回国后，将中国的茶叶以及饮茶知识传入欧洲："凡上等人家，习以献茶敬客。此物味略苦，呈红色，可以煎成液汁，作为一种药草用于治病。"葡萄牙另一位神父谈到中国饮茶习俗时说："主客见面，互通寒暄，即敬献一种沸水冲泡之草汁，名之为茶，颇为名贵，必须喝二三口。"

## 茶疗养生

# 薄荷珠兰茶

【材料】蒙顶黄芽茶叶6克，珠兰3克，薄荷3克。

【做法】将蒙顶茶叶、珠兰、薄荷以沸水冲泡饮用即可。

【茶疗功效】对治疗暑湿、头胀烦闷有一定的功效。

## 妙用保健

**利尿：**蒙顶黄芽中的可可碱是一种重要的生物碱，具有利尿、兴奋心肌、舒张血管等功效。

**清热：**蒙顶黄芽中的芳香类物质所挥发出的香气，不仅能使人心旷神怡，还能带走一部分热量，控制体温，有清热的功效。

**消炎：**蒙顶黄芽茶叶和茶水中都含有皂苷化合物。茶皂素是一种天然非离子型表面活性剂，有良好的消炎、镇痛、抗渗透的作用。

## 品饮赏鉴

**① 茶具准备**

蒙顶黄芽2～3克，茶匙1把，透明玻璃杯或瓷杯1个等。

**② 投茶**

用茶匙将蒙顶黄芽轻置于玻璃杯中。

**③ 冲泡**

向杯中注入70℃的水，约至1/2处即可，待茶叶完全浸透，再注水至八分满。

**④ 分茶**

将泡好的蒙顶黄芽倒入杯中至七分满。

**⑤ 赏茶**

茶叶慢慢沉入杯底，叶芽匀整，汤色黄中透绿。

**⑥ 品茶**

小口慢慢品茗，方知茶之韵味，渐入茶之境界。

---

## 茶点茶膳

# 茶香焗土鸡

**材料**

童子鸡1只，淮山20克，白卤水、蒙顶黄芽茶叶、鸡汤、葱、香菇、料酒、食盐、味精各适量。

**制作**

① 将鸡的大腿骨剔去，将鸡放入白卤水中浸泡4小时；用清水冲洗干净并沥干水，再用泡软的蒙顶黄芽茶叶擦鸡身数次；将葱、香菇等混合料塞入鸡肚内待用。

② 将鸡爪洗净放入砂锅内做垫底物，然后放入待用的整鸡、淮山，加入鸡汤至九成满后，投入适量食盐、料酒、味精，盖上砂锅盖密封后，放入160℃左右的烤箱中焗3小时左右，即成。

**口味**

口味醇厚，味感鲜香，茶香扑鼻。

# 霍山黄大茶

## 抗老消暑 提神清心

霍山黄大茶是黄茶的一种，产于安徽霍山、金寨、大安、岳西等地，亦被称为"皖西黄大茶"。黄大茶的采摘标准是一芽四五叶，叶大梗长，黄色黄汤，因而得名。它经过五道工序制作而成。制成的毛茶如果大小、粗细、老嫩不匀，可适当拣剔和筛分，但加工时，力求原身长条和芽叶的完整。近年来，为迎合外销市场需要，该地区生产更多的茶叶是红茶、绿茶，黄茶的产量日渐减少，但仍保留一定数量的黄大茶的生产，以满足内销市场。

**性状**
叶底绿黄。

**汤色**
色泽黄亮。

**品鉴指数** ★★★★

**口味**
滋味浓厚，高爽焦香。

**适宜人群**
一般人群都可饮用，特殊禁忌者除外。

**主要功效**
抗辐射，提神清心，消暑。

**形状特征**
叶片成条，梗部弯曲带钩，色泽金黄油润。

## 挑选储藏

挑选霍山黄大茶时可观其外形，以梗壮叶肥、叶片成条、梗部似鱼钩、色泽金黄油润、香气为高爽焦香者为珍品。储藏时须密封、低温、干燥，杜绝挤压，忌和有刺激性气味的物质存放在一起。

## 制茶工序

霍山黄大茶经萎凋、杀青、揉捻、闷黄、干燥五道工序制作而成。萎凋要求鲜叶均匀摊放在萎凋竹帘上，厚度15~20厘米，嫩叶薄摊，老叶适当厚摊。杀青要求有黏性，手捏能成团，嫩茎折而不断，略有熟香时可起锅。揉捻一般用中、小型揉捻机，条索紧实，保持锋苗，显毫。闷黄时叶温在25℃以下，闷堆时间4~5小时。干燥分毛火和足火。毛火温度在110~120℃，时间12~15分钟，烘至七八成干，摊晾1小时左右。足火温度90℃左右，烘到足干，即下烘稍摊晾，及时装袋。

## 评茶论道

《调琴啜茗图》是唐代著名画家周昉的作品。画中描绘了唐代仕女弹琴饮茶的生活情景。三位贵妇端坐在院中品茗、弹琴、听乐；两位侍女端茶倒水。表现出她们慵懒寂寞的姿态和闲适的生活场景。图中桂花树和梧桐树的情况表示秋天已近，情景相互映照。此图可表明我国茶及茶文化的源远流长。

## ❤ 茶疗养生

# 生姜茶

【材料】生姜1块，霍山黄大茶2~3克。

【做法】先冲泡霍山黄大茶；姜洗干净，在冷开水中浸泡30分钟，取出切片，压榨取汁，滴3滴于泡好的茶中。

【茶疗功效】对解毒散寒、止呕防癌有一定的功效。

## 妙用保健

**抗辐射：** 霍山黄大茶的细胞壁中含有3%的脂多糖，可减轻电脑辐射对人体的伤害，对常坐在电脑前工作的人具有一定的保健功效。

**消暑：** 霍山黄大茶所含的咖啡因可以带走皮肤表面的热量，在炎热的夏季饮用，能够起到消暑的作用。

**提神清心：** 霍山黄大茶中的儿茶素类及氧化缩和物可使咖啡因的兴奋作用减缓并且持续增长，开长途车或者需要长时间持续工作的人可以饮用，可保持头脑清醒。

品饮赏鉴

① **茶具准备**

茶匙1个，透明玻璃杯或瓷杯1个。

② **投茶**

在投茶前先用热水温一下玻璃杯，然后用茶匙将3克左右的霍山黄大茶置入透明玻璃杯中。

③ **冲泡**

向杯中注入70℃的水，约至1/2处即可，待茶叶完全浸透，再注入八分满的水。

④ **分茶**

将泡好的霍山黄大茶倒入茶杯中，七分满即可。

⑤ **赏茶**

浸泡开来的茶芽在橙黄明亮的茶汤中舞蹈着，缕缕茶香沁人心脾。

⑥ **品茶**

待茶汤冷热适中时可细啜慢品，体会齿颊留香、甘泽润喉的感觉。

---

茶点茶膳

# 黄焖鸡块

**材料**

鸡肉500克，冬菇5个，霍山黄大茶茶末3克，料酒、盐、葱、酱油、味精、姜、白糖、水淀粉、鸡汤、温猪油各适量。

**制作**

① 将温猪油倒入锅里煎半分钟，把切好的鸡肉倒入锅里，加冬菇及调料（葱、姜、茶末、料酒、酱油、盐、白糖、味精、鸡汤）。

② 用小火焖10分钟，随即用水淀粉勾芡即可。

**口味**

酥软鲜嫩，回味绵长。

# 白毫银针

## 明目降压 美容抗老

白毫银针产于福建福鼎、政和两市，简称"银针"，又叫"白毫"，素有茶中"美女""茶王"之美称，是白茶中的极品。由于鲜叶原料全部是茶芽，制成成品茶后，形状似针，白毫密被，色白如银，因此被命名为"白毫银针"。清嘉庆初年，福鼎以菜茶的壮芽为原料，创制白毫银针。后来改用大白茶壮芽为原料，不再采用茶芽细小的菜茶。政和县1889年开始产制银针。福鼎所产的名叫"北路银针"，政和所产的又叫"南路银针"。

**性状**
芽头肥壮。

**汤色**
色泽浅杏黄。

**品鉴指数** ★★★★★

**口味**
清醇爽口，香气清芬。

**适宜人群**
一般人群都可饮用，特殊禁忌者除外。

**主要功效**
清目，抗衰老，降压。

**形状特征**
挺直如针，色白似银。

## 挑选储藏

优质白毫银针外形芽壮肥硕显毫，色泽银灰，熠熠有光。如条件允许，可看其叶底是否仍保持弹性，边缘是否整齐，破碎是否较少，是否匀净。如不符合以上条件，则为劣质白毫银针。白毫银针的含水量较高，储藏前先用生石灰吸湿，然后将茶叶放在封闭干燥的容器里，置于阴凉干燥处。

## 制茶工序

白毫银针的制作工序较为特殊，不炒不揉，只有萎凋和烘焙两道工序。具体制法是：将采回的茶芽薄薄地摊在有孔的竹筛上，放在微弱光线下萎凋、摊晾至七八成干，再移到烈日下晒至足干。在萎凋、晾干过程中，要根据茶芽的失水程度进行调节，才能制出优质白毫银针。

## 🍵 茶之传说

很久以前，福建政和一带久旱不雨，引起瘟疫，病死很多人。当地人听说洞宫山上一口老井旁长着几株仙草，草汁能治百病。于是年轻人都上山寻找这种仙草，但都有去无回。志刚、志诚和志玉兄妹为了避免悲剧，决定轮流去找仙草。志刚爬到半山腰时忽听一声大吼："你敢往上闯！"他大惊，一回头，立刻变成了乱石岗上一块新石头。志诚的命运和大哥相同，也变成了一块巨石。志玉来到乱石岗，奇怪声四起，她就用糍粑塞住耳朵，坚决不回头，终于爬上山顶，找到老井，采下仙草芽叶，下山回家。志玉将种子种满家乡的山坡，救了当地的百姓。这仙草就是白毫银针。

## ♡ 茶疗养生

# 桃茎白茶

【材料】桃茎白皮30克，白毫银针适量。
【做法】将桃茎白皮和白毫银针用水煎汤即可。
【茶疗功效】有排毒消肿的作用。

## 🍲 妙用保健

**清目：**白毫银针含有丰富的维生素A原，被人体吸收后，能迅速转化为维生素A，可预防夜盲症与眼干燥症。

**抗衰老：**白毫银针的自由基含量最低，多喝白茶或使用白茶的提取物，可以延缓衰老，美容美颜。

**降压：**由白毫银针加工形成的α-氨基丁酸具有降血压的作用。

### ① 茶具准备

玻璃杯4只，酒精炉、茶道具各1套，茶荷、茶盘各1个，茶巾1条等。

### ② 投茶

把茶荷中的3克白毫银针茶叶拨入茶壶，茶叶如花飘然而下。

### ③ 冲泡

先在茶壶中冲少量开水，使茶叶浸润10秒；以高冲法冲入开水，水温以70℃为宜。

### ④ 分茶

将泡好的茶汤倒入玻璃杯中，七分满为宜。

### ⑤ 赏茶

5分钟后茶芽部分沉落杯底，部分悬浮；茶芽条条挺立，上下交错，犹如石钟乳。

### ⑥ 品茶

汤色杏黄，滋味醇厚回甘，茶香清芬。

---

# 一口酥

**材料**

鸡蛋5个，黄油1000克，猪油1000克，白糖1000克，白毫银针茶末20克，低筋面粉1500克。

**制作**

① 将黄油、猪油混合快速搅拌2分钟，打软。

② 加入白糖、白毫银针茶末打匀；一边搅拌一边逐个加入鸡蛋，打匀。

③ 倒进低筋面粉拌匀，分成大小合适的面团，逐个装入塔壳内，再放进烤盘。

④ 烤箱调至200℃预热10分钟，烤15分钟即成。

**口味**

味道鲜美，酥软可口。

# 白牡丹茶

## 退热去暑 防龋固齿

　　白牡丹茶产于福建福鼎一带。茶身披白毫，芽叶成朵，冲泡后绿叶托着银芽，宛如朵朵白牡丹，故得美名。鲜叶主要采自政和大白茶和福鼎大白茶，有时用少量水仙茶拼合。制成的毛茶，分别为政和大白、福鼎大白和水仙白。采摘的鲜叶须白毫尽显，芽叶肥嫩，标准是春茶第一轮嫩梢的一芽二叶，芽与二叶的长度基本相等，且均满披白毫。春秋之际的茶芽瘦，不予采制。它主要内销中国的港澳地区以及外销东南亚地区，有退热、祛暑之功效，为夏日佳饮。

**性状**
芽叶连枝，叶底浅灰，叶脉微红。

**汤色**
杏黄明亮。

**品鉴指数** ★★★★

**口味**
清醇微甜。

**适宜人群**
一般人群都可饮用，特殊禁忌者除外。

**主要功效**
防龋固齿，抗辐射，提神清心。

**形状特征**
毫心肥壮，叶张肥嫩，夹以银白毫心。

## 挑选储藏

　　优质白牡丹茶毫心肥壮，叶张肥嫩，呈波纹隆起，叶缘向叶背卷曲，芽叶连枝，叶面色泽呈深灰绿，叶背遍布白茸毛。此外，还可闻一下冷茶或用过的品茗杯的气味，如有类似氨气之类的气味，说明化肥施用较多，对人体健康会产生不利影响。白牡丹茶要密封、低温（0～5℃）、干燥储藏，避免强光照射，杜绝和有异味的物质存放在一起。

## 制茶工序

　　白牡丹茶的制作工序关键在于萎凋。要根据气候灵活掌握，在室内自然萎凋或复式萎凋，气候主要以春秋晴天或夏季不闷热的晴朗天气为宜。此外，还要拣除梗、片、蜡叶、红张、暗张进行烘焙，要求以火香衬托茶香，保持香毫显现，汤味鲜爽。待水分含量为4%～5%时，就可以趁热装箱了。

## 茶之传说

传说西汉清官太守毛义，因看不惯其他官员搜刮民财，贪污受贿，便辞官回家，带着母亲隐居山林。母子俩来到莲花池畔，看见18棵白牡丹，周围环境安静优美，便定居下来。老母因旅途劳累，病倒了。毛义心急如焚，四处寻药。一天晚上，他梦到仙翁告诉他，母亲的病要煮新茶喝，才能治愈。醒后他在莲花池边发现那18棵白牡丹竟是18棵茶树，遂采制让母亲喝，母亲的病果然被治好了。此后福建一带人称其为"白牡丹茶"。

## 茶疗养生

### 艾叶茶

【材料】白牡丹茶25克，艾叶25克，老姜5克，盐少许。

【做法】老姜切片，加入艾叶及白牡丹茶叶共煎，5分钟后加盐少许。

【茶疗功效】消炎杀菌，可用于神经性皮炎。

## 妙用保健

**抗辐射：**白牡丹茶的细胞壁中脂多糖的含量达3%，长期饮用可吸附和捕捉电脑辐射，对经常使用电脑的人有一定的保健功效。

**防龋固齿：**白牡丹茶含氟，氟离子与牙齿的钙质结合，形成氟磷灰石，可使牙齿变坚固，有效提高牙齿的抗龋能力。

**提神清心：**白牡丹茶中所含的儿茶素类及氧化缩和物可使咖啡因的兴奋作用减缓并且持续增长，可对长时间持续工作的人起到提神醒脑的作用。

**品饮赏鉴**

① 茶具准备

茶荷1个，玻璃杯1个，白牡丹茶2~3克，酒精炉1套，茶匙1把，茶巾1条等。

② 投茶

用茶匙把茶荷中的2~3克白牡丹茶叶轻轻置入玻璃杯中。

③ 冲泡

先在杯中冲入少量开水，使茶叶浸润10秒钟，然后以高冲法冲入开水，水温70℃。

④ 分茶

将泡好的茶汤倒入茶杯中，以七分满为宜。

⑤ 赏茶

茶芽舒展，绿叶托着嫩芽，宛若蓓蕾初放。

⑥ 品茶

细酌慢饮，滋味清醇微甘，茶香飘散。

**茶点茶膳**

## 花生酱蛋挞

**材料**

牛奶1杯，花生酱1/3杯，鸡蛋2个，白糖1匙，白牡丹茶末、食用油各适量。

**制作**

① 将牛奶和花生酱混合，搅匀；将鸡蛋打散并搅匀。

② 在牛奶和花生酱中，加入白糖、白牡丹茶末、鸡蛋液，拌匀。

③ 将小蒸杯内层涂一层油，倒入牛奶蛋液花生酱。

④ 将小蒸杯放入锅中，蒸15分钟左右，用叉子插入，取出时叉子是干净的即成。

**口味**

酥软可口，营养丰富。

# 贡眉

## 抗菌降火 提神降压

贡眉是白茶中产量最高的一个品种，有时又被称为"寿眉"，产于福建省建阳、福鼎、政和、松溪等县。贡眉，过去以菜茶为原料，采一芽二三叶，品质次于白牡丹。菜茶的芽虽小，要求必须含嫩芽、壮芽，不能带有对夹叶。现在也采用大白茶的芽叶为原料。贡眉以全萎凋的品质为最好。该茶汤色橙黄或深黄，叶底匀整、柔软、鲜亮，味醇爽，香鲜纯。它主要内销中国香港、澳门，外销德国、日本、荷兰、法国、印尼、新加坡、马来西亚、瑞士等国家。

**性状**
叶底匀整、柔软、鲜亮。

**汤色**
橙黄或深黄。

**品鉴指数** ★★★★

**口味**
滋味醇爽，香气鲜纯。

**适宜人群**
一般人群都可饮用，特殊禁忌者除外。

**主要功效**
抗菌，降火，提神，降压。

**形状特征**
毫心明显，茸毫色白且多，色泽翠绿。

## 挑选储藏

优质贡眉毫心多而肥壮，叶张幼嫩，芽叶连枝，叶态紧卷如眉，匀整，破张少，呈灰绿色或墨绿色，色泽调和，洁净，无老梗。可将贡眉储藏在新买的暖水瓶中，然后用白蜡封口并裹胶带，置于干燥、阴凉处。

## 制茶工序

贡眉采摘标准为一芽二叶至三叶，要求含有嫩芽、壮芽，其最主要的制作工序是萎凋，有两个目的，第一是"走水"，即去掉水分（表面问题）；二是"生化"（内质问题），即通过萎凋使茶菁在一定的失水条件下，引起一系列来自自身因素的生物化学变化，其变化也是随茶菁水分的变化，由慢到快，再由快转慢，直到干燥为止。然后再通过烘干、拣剔、烘焙等工序，装箱即可。

在中国民间，百姓们常用"清茶四果"或"三茶六酒"来祭天祀地，期望能得到神灵的保佑。他们把茶看作是一种神物，用茶敬神即为最大的虔诚。因此，在中国古老的禅院中，常备有寺院茶，并将最好的茶叶用来供佛。浙江绍兴、宁波等地在供奉神灵和祭祀祖先时，祭桌上除鸡、鸭、鱼、肉外，还要放置9个杯子，其中3杯是茶，6杯是酒。9代表多，象征祭祀隆重、祭品丰富。

■ 茶疗养生

# 青陈萝卜茶

【材料】贡眉茶叶4克，青皮、陈皮各10克，白萝卜3片。
【做法】将贡眉茶叶、青皮、陈皮、白萝卜以沸水浸泡后饮用。
【茶疗功效】可以行气健胃、祛痰止呕。

■ 妙用保健

**抗菌：**贡眉茶的提取物对青霉菌和酵母菌具有抗真菌效果，在其作用下，青霉菌孢子和酵母菌的酵母细胞被抑制，起到了抗真菌的作用。

**降火：**贡眉茶中含有脂多糖的游离分子、氨基酸等化合物，可清热，有一定的降火功效。

**提神：**贡眉茶中的儿茶素类及其氧化缩和物可使咖啡因的兴奋作用减缓，喝一杯贡眉可使长时间工作的人头脑清醒，起到提神作用。

① 茶具准备

茶荷1个，酒精炉1套，透明玻璃杯1个，茶匙1把，茶巾1条等。

② 投茶

用茶匙将茶荷中的2～3克贡眉茶叶拨入玻璃杯中，茶叶如雪花飘然而下。

③ 冲泡

先向杯中冲入少量开水浸润茶芽，10秒钟后高冲入水，水温为70～80℃。

④ 分茶

将泡好的茶汤倒入茶杯，稍凉即可饮用。

⑤ 赏茶

茶汤橙黄，清澈洁净；叶底黄绿；茶芽挺立杯中。

⑥ 品茶

茶汤冷热适中时品饮；茶香四溢，滋味清爽甘醇。

---

# 麦麸土司

材料

高筋面粉210克，低筋面粉80克，麦麸、黄油、糖各30克，老面75克，酵母4克，奶粉20克，盐3克，鸡蛋5个，贡眉茶叶、盐各适量。

制作

① 把除黄油外所有的材料放入面包机，20分钟后加入黄油，至面筋扩展后关机；后将其置于温暖湿润处发酵。

② 将面团取出分3份，排气滚圆，盖上薄膜松弛15分钟。

③ 将面团分别擀成宽度和土司模等宽的长方形。

④ 翻面后卷成圆筒形，放入模具，置温暖湿润处再发酵；8～9分满时，盖上盒盖。

⑤ 烤箱180℃预热后，放入模具，烤40～45分钟即可。

口味

入口香甜，茶香宜人。

# 新工艺白茶

## 护肝益寿 抗癌降压

产于福建福鼎的半条形白叶茶，又称"新白茶"。成品茶外形叶张略有缩褶，呈半卷条形，色泽暗绿带褐色，茶汤橙红，滋味浓醇清甘又有闽北乌龙的馥郁。该茶对鲜叶的要求同白牡丹一样，一般采用福鼎大白茶、福鼎大毫茶等茶树品种的芽叶加工而成，原料嫩度要求相对较低。新工艺白茶起初是为了适应中国香港、中国澳门市场而研制，随着茶文化的传播，现在已被远销至欧洲、东南亚及日本等多个国家。

**性状**
叶底展开后色泽青灰带黄，筋脉带红。

**汤色**
色泽橙红。

**品鉴指数** ★ ★ ★ ★

**口味**
浓厚清甘。

**适宜人群**
一般人群都可饮用，特殊禁忌者除外。

**主要功效**
抗辐射，护肝，防癌，降压。

**形状特征**
叶张略有缩褶，呈半卷条形，色泽暗绿带褐。

## 挑选储藏

优质新工艺白茶色泽暗绿带褐，香清味浓，汤色味似绿茶但无清香，似红茶无酵感，味道浓醇清甘。可将新白茶储藏在新买的暖水瓶中，然后用白蜡封口并裹胶带，置于干燥、阴凉处。

## 制茶工序

新工艺白茶分萎凋、轻揉、干燥、拣剔、过筛、打堆、烘焙、装箱八道工序制作而成。

在初制的时候，原料鲜叶经过萎凋后，迅速进入轻度揉捻，再经过干燥工艺，使其外形叶张略有缩褶，呈半卷条形，色泽暗绿略带褐色；之后经拣剔、过筛、打堆、烘焙后成品装箱即可。新工艺白茶汤味较浓，汤色较浓，深受消费者的喜爱。

## 评茶论道

我国是茶和茶文化的故乡，各民族地区对茶有着不同的感情。我国少数民族就有婚俗中用茶的习惯，不同的民族有不同的茶婚俗，形成多姿多彩的茶文化。在云南的拉祜族，男方去女方家求婚时，必须带一包茶叶、两只茶罐及两套茶具。女方家长则根据男方送来的"求婚茶"质量的优劣，判断男方劳动本领的高低，这是决定是否将女儿嫁出去的因素之一。

## 茶疗养生

# 柿叶山楂茶

【材料】新鲜柿叶10克，山楂12克，新工艺白茶3克。

【做法】在锅中加250毫升水，放入新鲜柿叶、山楂，煮开离火后加入新工艺白茶。

【茶疗功效】有助于消化、护肝防癌。

## 妙用保健

**抗辐射**：新工艺白茶茶叶中的脂多糖具有防辐射的功效，可防御放射性物质锶90和钴60的毒害。

**护肝**：新工艺白茶含有维生素K，可促进肝脏合成凝血素，能保护肝脏。

**抗癌**：新工艺白茶含有多酚类化合物，这类化合物可以对参与特定癌症形成的分子起到抑制作用。

**品饮赏鉴**

① **茶具准备**

茶匙1把，透明玻璃杯或瓷杯1个等。

② **投茶**

在投茶前先用热水温一下玻璃杯，然后用茶匙将3克左右的新工艺白茶茶叶置入透明玻璃杯中。

③ **冲泡**

向杯中注入开水，到杯身一半时停止注水，待茶叶完全浸透，再慢慢注入至八分满。

④ **分茶**

将泡好的茶水倒入茶杯，以七分满为宜。

⑤ **赏茶**

汤色逐渐变得橙红，茶芽徐徐伸展，缕缕茶香沁人心脾。

⑥ **品茶**

待茶汤冷热适中时可细啜慢品，体会齿颊留香、甘泽润喉的感觉。

---

**茶点茶膳**

# 风味韭菜盒

**材料**

虾皮200克，韭菜500克，炒蛋150克，面粉、生抽、花椒、味精、姜末、新工艺白茶末、精盐各适量。

**制作**

① 将韭菜洗净切碎；将虾皮、炒蛋切碎；将三者拌匀加新工艺白茶末、所有调料和成馅儿，精盐最好在包馅的时候再放，不然容易使韭菜出水。

② 面团揉匀，分割成均匀的剂子，擀成面饼，一侧放入适量馅。

③ 封口，捏花。

④ 锅内放少许油，烧热，放入盒子烙至两面金黄即可。

**口味**

色泽金黄，味道鲜嫩、清香。

# 你会正确投茶吗

投茶量并没有统一的标准，一般情况下，根据茶叶的类别、茶具的大小、饮用者的习惯来确定用量。茶多水少，味就浓；水多茶少，味就淡。

茶叶的用量有"细茶粗吃，粗茶细吃"的说法，也就是说，细嫩的茶冲泡时要多放一点，因为这类茶含的茶汁较少；相对来说粗茶含的茶汁较多，因此可以少放一点。例如同样的水，粗茶放5克就可以了，但是细茶则至少要放8克才行。

茶叶有大叶、中叶、小叶的区分，在泡制时，大叶茶的投茶量相对较多，而小叶茶的投茶量较少。因为小叶茶之间的缝隙小，看上去少，实际量却很大，例如香片茶投茶量一般只要1/6茶壶即可，而寿眉茶则至少需要1/3茶壶，才能冲泡出茶的滋味。

根据不同的茶叶，投茶量有一个基本的标准：绿茶一般为茶壶的1/6～1/5，大叶的要占1/3；清香型的青茶为1/4茶壶，浓香型的青茶为1/3～1/2茶壶；红茶一般为1/4茶壶；白茶一般为1/3茶壶；黑茶一般为1/4茶壶。

卷曲的茶叶在充分泡开后，舒展的叶面将会放大不少。在投大叶茶时，因其间缝隙较大，投茶量可适当增加

## 基本投茶法

| 投茶法 | 动作步骤 | 点 评 |
|---|---|---|
| 上投法 | ① 先注水<br>② 后投茶 | 上投法泡茶，对茶叶的选择要求比较高。但其先注水后投茶，可以避免紧实的细嫩名茶因水温过高而影响茶汤和茶姿。其弊端是会使杯中茶汤浓度上下不一，影响茶香的发挥 |
| 中投法 | ① 先投茶<br>② 注少量水漫过茶叶<br>③ 用手晃动杯子<br>④ 茶叶完全浸润后再高冲 | 一般来说，中投法对任何茶都适合，而且这一方法也解决了水温过高对茶叶带来的破坏问题，可以更好地发挥茶的香味，但是泡茶的过程有些烦琐，操作起来比较麻烦 |
| 下投法 | ① 先投茶<br>② 再以沸水高冲 | 下投法对茶叶的选择要求不高。此法冲出的茶汤，茶汁易浸出，不会出现上下浓淡不一的情况，色、香、味都可以得到有效地发挥，因此在日常生活中使用得最多 |

# 中国名优乌龙茶

　　乌龙茶，因其创始人苏龙（绰号乌龙）而得名，基本工艺过程是晒青、晾青、摇青、杀青、揉捻、干燥。乌龙茶既有绿茶的清香和花茶的花香，又有红茶醇厚的滋味，深得爱茶之人的喜爱。本章将带给你17种乌龙茶的详细资料，茶味、茶情尽在一杯乌龙茶当中。

# 安溪铁观音

## 杀菌固齿 醒酒提神

安溪铁观音是乌龙茶的代表，产于福建安溪，属于中国乌龙茶名品，介于绿茶和红茶之间，属半发酵茶。安溪铁观音于1919年被引进中国台湾台北木栅区（现在的文山区）试种，分"红心铁观音"和"青心铁观音"两种。三月下旬萌芽，一年分四季采制，谷雨至立夏为春茶，夏至至小暑为夏茶，立秋至处暑为暑茶，秋分至寒露为秋茶。品质以秋茶为最好，春茶次之，夏、暑茶品质较次。铁观音的采制特别，不采幼嫩芽叶，而采成熟新梢的二三叶，俗称"开面采"，指叶片已全部展开，形成驻芽时采摘。

**性状**
叶片肥厚软亮。

**汤色**
金黄似琥珀。

**品鉴指数** ★★★★★

**口味**
醇厚甘鲜，回甘悠长。

**适宜人群**
一般人群都可饮用，特殊禁忌者除外。

**主要功效**
杀菌，固齿，提神。

**形状特征**
条索肥壮，圆整呈蜻蜓头状。

## 挑选储藏

挑选铁观音时可将干茶捧在手上对着光线检视，看茶叶颜色是否鲜活，冬茶颜色应为翠绿；春茶则为墨绿，最好有砂绿白霜。如果茶叶灰暗枯黄则为劣品。铁观音储藏时要充分保持干燥，避免与带有异味的物质接触，不要挤压或撞击茶叶。

## 品种辨识

**感德铁观音**
茶汤色泽清淡、鲜亮，口感清甘爽朗。

**祥华铁观音**
茶汤醇厚回甘，口感清甘爽朗，回味绵长。

**西坪铁观音**
香气浓郁，汤色黄绿、清纯见底，口感酸中有香，香中含酸。

## 🍵 茶之传说

相传清朝乾隆年间，安溪西坪上尧茶农魏饮制得一手好茶。一天晚上，魏饮梦见观音菩萨引领自己到一处山崖，他发现有一株散发兰花香味的茶树，就忍不住去采摘，却被村中犬吠声惊醒。魏饮心有不甘，第二天向着梦中的地方走去，果然在崖石上发现了那株茶树。魏饮大喜，就将这株茶树挖回家培植。几年后茶树枝叶茂盛。因茶重如铁，又是观音菩萨托梦所得，魏饮就为它取名为"铁观音"。

## 💗 茶疗养生

### 芦甘韭菜茶

【材料】芦荟、甘草、大蒜、韭菜、铁观音、醋各适量。

【做法】把芦荟、甘草与醋调匀；大蒜、韭菜捣烂成糊状；铁观音用水浸泡，捣烂。三者调匀后冲水饮用。

【茶疗功效】有助于消炎杀菌、平喘止咳。

## 🍵 妙用保健

**杀菌：** 铁观音中的茶多酚进入胃肠道后，可缓和肠道运动，又能使肠道蛋白质凝固，细菌的本身是由蛋白质构成的，茶多酚与细菌蛋白质相遇后，细菌即被杀死。

**固齿：** 铁观音中的氟化物溶解于开水，与牙齿中的钙质相结合，在牙齿表面形成一层保护膜，对坚固牙齿有一定的作用。

**提神：** 铁观音中的咖啡因具有兴奋中枢神经、增进思维的功效。饮用后可以提神、清醒头脑。

品饮赏鉴

**① 茶具准备**

紫砂壶、开水壶各1把，公道杯、品茗杯、闻香杯各1个，茶巾1条，茶道组合1套。

**② 投茶**

投茶前用沸水冲淋紫砂壶，以提高壶温；然后把铁观音拨入紫砂壶内。

**③ 冲泡**

向紫砂壶中注入纯净水，使茶叶翻滚，达到温润和清洗茶叶的目的。

**④ 分茶**

茶叶泡1~2分钟后，茶汤依次巡回注入茶杯至七分满。

**⑤ 赏**

把泡开的茶叶放入白瓷碗中，铁观音的"绿叶红镶边"尽现眼中。

**⑥ 品茶**

观汤色、闻茶香后，细啜体会铁观音的真韵，滋味醇厚鲜爽，回甘悠长。

---

**茶点茶膳**

### 红烧鸡爪

**材料**

鸡爪12个，安溪铁观音茶末3克，生抽、老抽、盐、辣椒、八角、葱、蒜、食用油各适量。

**制作**

① 将解冻的鸡爪洗净后，把鸡爪的尖趾甲剁掉。

② 在水中放入生抽、老抽、盐、辣椒、八角；水开后放入鸡爪，以大火煮20分钟。

③ 把炒锅烧热，放油、葱、蒜、安溪铁观音茶末，把鸡爪放入炒锅中翻炒即成。

**口味**

口感筋道，茶香宜人。

# 黄金桂

## 排毒抗老 防癌提神

黄金桂产于安溪虎邱美庄村，属于乌龙茶中发芽最早的品种，又名"黄旦"，是以黄旦茶树嫩梢制成的乌龙茶，因其汤色金黄有似桂花的香味，故名"黄金桂"。黄金桂植株属小乔木型，中叶类，早芽种。树枝半开展，分枝较密，节间较短；一年生长期8个月，适应性广，抗病虫能力较强。成品茶条索紧细，色泽润亮金黄；汤色金黄明亮；香气清雅鲜爽，略带桂花香味；叶底中央黄绿，边缘朱红，素以"一闻香气而知黄旦"而著称，古有"未尝天真味，先闻透天香"之誉。

**性状**
叶底中央黄绿，边缘朱红。

**汤色**
金黄透明，茶底单薄黄绿。

**品鉴指数** ★★★★

**口味**
醇细甘鲜。

**适宜人群**
一般人群都可饮用，特殊禁忌者除外。

**主要功效**
抗衰老，提神，抗癌。

**形状特征**
条索紧细，茶梗细小。

## 挑选储藏

优质黄金桂干茶捧在手上对着光线检视，呈条形或球形，茶色鲜活，有砂绿白霜像青蛙皮。红边是发酵适度的讯号，有白毫绿叶说明发酵不足，泡起来带青味，苦涩伤胃。要低温干燥储藏，避免和有刺激性气味的物质存放在一起。

## 制茶工序

黄金桂采摘标准为新梢伸育形成驻芽后，顶叶呈小开面或中开面时采下二三叶。将鲜芽采回后就可制作了，其制作工序和铁观音相同，特别注意晒青程度应比铁观音轻，失重掌握5%~7%为宜。摇青宜轻，第四次摇青可稍重，经过4~5次摇青、晾青后，可进行炒揉。杀青时间要短，但要炒透。因黄金桂注重香气清纯，特别要求烘焙温度要低，火候宜稍轻。

## 📂 评茶论道

现代著名画家丁聪的漫画代表作品《茶馆画旧》共有四幅，分别是《沏开水》《一盅两件》《吃讲茶的英雄》和《知音》。《沏开水》中描绘的是四川茶馆的堂倌正在冲水，表现出了他高超娴熟的冲水技艺；《一盅两件》是对往日广东早茶场景的真实描绘；《吃讲茶的英雄》中描绘的是旧时上海滩茶楼中的一个场景；《知音》一画中描绘的是北京茶客和鸟迷们。

## ❤ 茶疗养生

### 玫瑰乌龙茶

【材料】黄金桂3克，玫瑰花2克。

【做法】将黄金桂茶及玫瑰花放入茶壶中，用沸水冲泡2分钟即可。

【茶疗功效】有助于活血养颜、和胃养肝。

## 📋 妙用保健

**抗衰老：** 黄金桂含有维生素E，其能对抗自由基的破坏，促进人体细胞的再生与活力。

**防癌：** 黄金桂含有一种茶单宁物质，这种物质能够维持人体内细胞的正常代谢，抑制细胞突变和癌细胞分化。

**提神：** 黄金桂中所含的生物碱是一种兴奋剂，能促使人体的中枢神经系统兴奋，增强大脑皮质的兴奋过程，使人头脑清醒。

**品饮赏鉴**

① **茶具准备**

用温水烫过的紫砂壶1把，茶匙1把等。

② **投茶**

用茶匙将7克左右的黄金桂茶叶置入紫砂壶中。

③ **冲泡**

用100℃的沸水冲泡黄金桂干茶，使其充分浸润。

④ **分茶**

将泡好的黄金桂，依次倒入茶杯中，以七分满为宜。

⑤ **赏茶**

汤色逐渐变得金黄透明，茶香扑鼻，如空谷幽兰。

⑥ **品茶**

第一泡为洗茶，不喝；以二、三泡香气最佳，待茶汤冷热适中时，可小口慢慢品茗。

---

**茶点茶膳**

### 西湖牛肉羹

**材料**

牛瘦肉500克，豆腐250克，鸡蛋2个，葱花、黄金桂茶末、盐、味精各适量。

**制作**

① 把牛瘦肉洗净剁碎，放入沸水中余熟，捞出；将豆腐切成丁。

② 往锅中倒清水，放入牛瘦肉碎、豆腐丁、黄金桂茶末烧开，调入盐、味精，倒入鸡蛋清、葱花即可。

**口味**

香醇润滑，茶香宜人。

# 武夷大红袍

## 护胃抗老 养目减肥

　　武夷大红袍产于福建武夷山。它是武夷岩茶中品质最优的一种乌龙茶，素有"茶中状元"之美誉。大红袍茶生长在武夷山九龙窠高岩峭壁上，上面至今仍保留着1927年天心寺和尚所作的"大红袍"石刻。此地日照短，多反射光，昼夜温差大，岩顶终年有细泉浸润流滴，造就了大红袍的特异品质。武夷大红袍属于单枞加工、品质特优的"名枞"，各道工序全部由手工操作，以精湛工艺制作而成。成品茶香气浓郁，滋味醇厚，饮后齿颊留香，经久不退，冲泡9次犹存原茶的桂花香味。

**性状**
嫩芽略壮，显毫，深绿带紫。

**汤色**
橙黄明亮。

**品鉴指数** ★ ★ ★ ★

**口味**
滋味醇厚，香气馥郁，带有兰花香。

**适宜人群**
一般人群都可饮用，特殊禁忌者除外。

**主要功效**
护胃，养目，减肥。

**形状特征**
外形条索紧结，色泽绿褐鲜润。

## 挑选储藏

　　优质大红袍外形肥壮紧结匀整，为扭曲的条球形，和"蜻蜓头"相似；叶背有蛙皮状的砂粒，就像"蛤蟆背"一样；色泽绿润带宝色，俗称"砂绿润"。大红袍应被储藏于干燥阴凉处，真空包装，还可将其放在-5℃~5℃的冰箱中。

## 制茶工序

　　大红袍采摘期在每年春天，要求采摘三至四叶开面新梢。制作工艺独到，较为复杂，时间冗长。传统的工艺有倒（也叫晒）、晾、摇、抖、撞、炒、揉、初焙、簸、捡、复火、分筛、归堆、拼配等14道工序。其制作工序关键在于制茶师傅要会"看青做青""看天做青"。

传说很久以前，一个穷秀才上京赶考，途径福建武夷山时，病倒在地，幸好被天心庙的一位老方丈遇到。他见秀才脸色苍白，体瘦腹胀，就为他泡了一碗茶。第二天，秀才的病就好了。秀才此次进京赶考高中状元，还被皇帝招为驸马。对老方丈的救命之恩，秀才时刻挂在心上，并前来天心庙拜谢恩公。离开天心庙时，老方丈又给了秀才一些茶叶。回到宫中恰逢皇后肚疼鼓胀，他就为皇后冲泡了方丈送的茶叶，皇后服用此茶后大病痊愈。从此大红袍就成了每年进奉皇帝的贡茶。

## 茶疗养生

### 荷叶乌龙茶

【材料】大红袍茶叶5克，干荷叶5克，陈葫芦1克，橘皮3克。

【做法】将干荷叶、陈葫芦、橘皮研为细末，混入大红袍茶叶中；反复冲泡至茶水清淡为度。

【茶疗功效】可以瘦身、祛油腻。

## 妙用保健

**护胃：**大红袍中的儿茶素对胃黏膜起收敛作用，适当抑制胃液的分泌，对胃起着保护作用。

**养目：**茶中的胡萝卜素$\beta$-紫萝酮是维生素A原，它可转化为维生素A。维生素A能防治上皮组织角质变性增殖泪腺细胞病变，防止角膜角质增厚，防止眼疾。

**减肥：**大红袍所含的肌醇、叶酸、泛酸和芳香类物质等能调节脂肪代谢，对蛋白质和脂肪有很好的分解作用，有一定的减肥功效。

① 茶具准备

紫砂壶、茶匙、开水壶各1把等。

② 投茶

用开水浇烫茶壶来提高壶温，然后用茶匙将大红袍置入紫砂壶中。

③ 冲泡

提高开水壶，向紫砂壶内冲水，使茶叶随水浪翻滚，起到用开水洗茶的作用。

④ 分茶

将泡好的茶汤倒入茶杯，边品边赏。

⑤ 赏茶

叶底三分红，七分绿。叶片的周边呈暗红色，叶片的内部呈绿色，美不胜收。

⑥ 品茶

品饮大红袍茶讲究"头泡汤，二泡茶，三泡、四泡是精华"，慢品细啜。

## 木耳肉片汤

材料

猪瘦肉250克，干木耳10克，油菜5克，大红袍茶末3克，淀粉、盐、鸡精各适量。

制作

① 将干木耳泡开；将猪瘦肉切片，加盐、水和淀粉拌匀；将油菜洗净，备用。

② 烧开水，放木耳、肉片煮熟；加入油菜、大红袍茶末和鸡精即可。

口味

汤鲜爽口，清香袭人。

# 铁罗汉

## 提神解乏 护齿解腻

铁罗汉产于福建武夷山，是武夷山四大名枞之一，多为人工种植。其产区主要有两个：名岩产区和丹岩产区。铁罗汉虽然极难种植，但茶农们利用武夷山多悬崖绝壁的特点，在岩凹、石隙、石缝中甚至砌筑石岸种植铁罗汉，有"盆栽式"铁罗汉园之称。每年5月中旬开始采摘，以二叶或三叶为主，经晒青、晾青、做青、炒青、初揉、复炒、复揉、走水焙、簸拣、摊晾、拣剔、复焙、再簸拣、补火制作而成。

**性状**
叶底软亮，叶缘朱红，叶心淡绿带黄。

**汤色**
清澈，呈橙黄色。

**品鉴指数** ★ ★ ★ ★

**口味**
甘馨可口。

**适宜人群**
一般人群都可饮用，特殊禁忌者除外。

**主要功效**
提神，护齿，解腻。

**形状特征**
条形壮结、匀整。

## 挑选储藏

优质铁罗汉条索壮结重实，略呈圆曲，色泽青绿油润，有花香；如条索粗松，色泽乌褐，有烟味则为劣质产品。储藏要清洁、防潮、避光和无异味，远离污染源。

## 妙用保健

**提神：**铁罗汉含有3%～5%的咖啡因，其被人体吸收后，可加强大脑皮质感觉中枢活动，对外界刺激的感受更为敏锐，使人精神振奋。

**护齿：**铁罗汉中含氟量较高，对预防龋齿、护齿、坚齿有一定的疗效。

**解腻：**汤中含有芳香族化合物，它们能溶解油脂，帮助消化肉类和油类等食物。

### 品饮赏鉴

**① 茶具准备**

透明玻璃杯1个，茶匙1把等。

**② 冲泡**

5克左右的铁罗汉茶叶得到充分浸润，茶芽舒展开来，在橙黄色茶汤中翩翩起舞。

**③ 品茶**

1分钟后开始品饮，滋味浓厚甘醇，带有淡淡的花香。

# 白鸡冠

## 抗癌减肥 解乏杀菌

白鸡冠产于福建武夷山，是武夷山四大名枞之一。该茶树枝干坚实，分枝颇多，生长旺盛，叶色淡绿，顶端茶芽微黄且弯垂，毛茸茸的犹如白锦鸡头上的鸡冠，故名"白鸡冠"。相传为宋时止止庵住持白玉蟾所培育，因产量稀少，让人备感神秘。每年5月下旬开始采摘，以二叶或三叶鲜叶为主。成品茶色泽米黄乳白，汤色橙黄清澈，入口齿颊留香，回味绵长。

**性状**
芽叶如鸡冠，
叶色淡绿。

**汤色**
色泽橙黄明亮。

**品鉴指数** ★★★★

**口味**
回甘隽永。

**适宜人群**
一般人群都可饮用，特殊禁忌者除外。

**主要功效**
抗癌，解乏，治脚气。

**形状特征**
条索较紧结，形似鸡冠。

## 挑选储藏

挑选时可手捧干茶贴近鼻子闻其味，吸气后如果香气持续甚至愈来愈强，证明是好茶；有青气或杂味者为劣质产品。存储要密封、低温、干燥，避免和有刺激性气味的物体放一起。

## 妙用保健

**治脚气：** 白鸡冠含有单宁酸，其具有杀菌作用，尤其对治疗脚气的丝状菌有一定疗效。

**抗癌：** 白鸡冠含有的维生素C和维生素E能阻断致癌物亚硝胺的分解，有防治癌症的功效。

**解乏：** 白鸡冠中的咖啡因可排除尿液中过量的乳酸，有助于人体尽快消除疲劳。

## 品饮赏鉴

**① 茶具准备**

透明玻璃杯1个，茶匙1把等。

**② 冲泡**

5克左右的白鸡冠茶叶得到充分浸润，茶芽舒展开来，在橙黄色茶汤中翩翩起舞。

**③ 品茶**

1分钟后可品饮，茶汤橙黄明亮，滋味回甘隽永，淡雅花香留在唇齿间。

# 水金龟

## 瘦身美肤 杀菌消炎

水金龟是武夷岩茶四大名枞之一，因茶叶浓密且闪光犹如金色之龟而得名，产于福建武夷山牛栏坑社葛寨峰下的半崖上。水金龟属半发酵茶，有铁观音之甘醇，又有绿茶之清香，其在清末备受茶客推崇，名扬大江南北。水金龟茶树树皮为灰白色，枝条稍微弯曲，叶长圆形。每年五月中旬采摘，以二叶或三叶的鲜叶为主，色泽绿里透红，滋味甘甜，香气高扬，浓饮也不见苦涩。

**性状**
叶底软亮。

**汤色**
色泽金黄。

**品鉴指数** ★ ★ ★ ★

**口味**
滋味甘甜，香气高扬。

**适宜人群**
一般人群都可饮用，特殊禁忌者除外。

**主要功效**
助消化，瘦身，杀菌。

**形状特征**
条索肥壮、紧结。

## 挑选储藏

优质水金龟条索壮结重实，色泽砂绿乌润或青绿油润，有花香；如条索粗松、轻飘，色泽乌褐，有烟味，则为劣质产品。水金龟储藏时要清洁、防潮、避光和无异味，并保持通风干燥，远离污染源。

## 妙用保健

**助消化：** 水金龟含有茶单宁酸成分，可促进胃液分泌，加快胃肠蠕动，有效帮助消化。

**瘦身：** 水金龟中的维生素$B_1$能促使脂肪充分燃烧，转化为人体所需的热能，达到减肥的效果。

**杀菌：** 水金龟中的醇类、醛类、酯类、酚类等有机化合物，可抑制人体的多种病菌。

## 品饮赏鉴

**① 茶具准备**

白瓷小杯1个，茶荷1个，茶匙1把等。

**② 冲泡**

将2~3克水金龟从茶荷中取出置入白瓷杯中，然后注入100℃沸水，充分浸泡干茶。

**③ 品茶**

茶汤冷热适中时可细啜慢品，体会齿颊留香、甘泽润喉的感觉。

# 武夷肉桂

## 抗老防癌 护齿利尿

　　武夷肉桂产于福建著名的武夷山风景区，因其香气、滋味似桂皮香，俗称"肉桂"。该茶是以肉桂良种茶树鲜叶，以武夷岩茶的制作方法制成，为岩茶中的高香品种。每年4月中旬茶芽萌发，5月中旬开采岩茶，通常每年可采4次，而且夏秋茶产量尚高。在晴天采茶，于新梢顶叶中采摘二三叶，俗称"开面采"。干茶嗅之有甜香味，冲泡后茶汤橙黄清澈，有奶油香、花果香、桂皮香。

**性状**
叶底黄亮，红点鲜明，呈绿叶红镶边状。

**汤色**
橙黄清澈。

**品鉴指数** ★ ★ ★ ★

**口味**
回甘隽永。

**适宜人群**
一般人群都可饮用，特殊禁忌者除外。

**主要功效**
抗菌，护齿，利尿。

**形状特征**
条索匀整卷曲，色泽褐禄。

## 挑选储藏

　　优质武夷肉桂常带有一层极细的白霜，条索紧实扭曲，色泽乌褐或蛙皮青，油亮有细白点。武夷肉桂储藏时要清洁、防潮、避光和无异味，并注意保持通风干燥，远离污染源。

## 妙用保健

　　**抗癌：**武夷肉桂中的茶多酚是最主要的抗癌物质，所含多种维生素以及茶叶中的皂素也能起到防癌、抗癌的作用。

　　**护齿：**武夷肉桂中的氟离子与牙齿的钙质结合，能形成一种较难溶于酸的氢磷灰石，可以保护牙齿，使其更坚固。

　　**利尿：**武夷肉桂中的茶多酚被称为"人体器官最佳清洁卫士"，在促进肠道和胃的蠕动时，也能达到利尿的目的。

## 品饮赏鉴

**① 茶具准备**

　　透明玻璃杯1个，茶荷1个，茶匙1把等。

**② 冲泡**

　　将2~3克武夷肉桂从茶荷中取出置入透明玻璃杯中，然后注入90℃热水，充分浸泡干茶。

**③ 品茶**

　　待茶汤冷热适中时小口慢慢品茗，浓而不涩，醇而不淡，回味清甘。

# 闽北水仙

## 消肿抗老 防暑杀菌

闽北水仙是闽北乌龙茶中两个花色品种之一。其茶树属半乔木型，枝条粗壮，鲜叶呈椭圆形。春茶于谷雨前后采摘驻芽第三四叶，每年分四季采制。清光绪年间，畅销国内和东南亚一带，产量曾达500吨。1914年该茶在巴拿马博览会获得一等奖；1982年，它在全国名茶评比中获银奖。现在，闽北水仙占闽北乌龙茶销量十之六七。

**性状**
叶底柔软，叶缘朱砂红。

**汤色**
色泽红艳明亮。

**品鉴指数** ★★★★

**口味**
醇厚回甘。

**适宜人群**
一般人群都可饮用，特殊禁忌者除外。

**主要功效**
消肿，抗老，防暑。

**形状特征**
条索紧结沉重，叶端扭曲。

## 挑选储藏

干茶条索紧结沉重，色泽油润暗砂绿；有兰花清香。储藏前先将茶叶炒干或烘干，注意避免焦糊、破碎或异味污染。

## 妙用保健

**消肿：** 闽北水仙含有生物碱，如咖啡因、茶碱、可可碱、腺嘌呤等，这些物质有消浮肿、解酒精毒害等保健功效。

**抗老：** 闽北水仙含多种营养维生素，其中维生素E能防衰老、抑制动脉硬化。

**防暑：** 闽北水仙中的生物碱可调节人体体温，有带走皮肤表面热量的作用，在炎热夏季饮用可起到消暑的作用。

## 品饮赏鉴

**① 茶具准备**

茶荷1个，用温水烫过的紫砂壶1把等。

**② 冲泡**

将茶荷中3克左右的闽北水仙茶叶拨入紫砂壶中，向壶中注入热水，温度以90℃为宜。

**③ 品茶**

细品慢啜，从舌尖到舌面再到舌根，舌头感受位置不同，香味也有细微差异。

# 冻顶乌龙

## 预防蛀牙 避瘴去暑

产于台湾鹿谷附近的冻顶山，山多雾，路陡滑，上山采茶都要将脚尖"冻"起来，避免滑下去，所以被称为"冻顶茶"。因产量有限，尤为珍贵。冻顶茶一年四季均可采摘，春茶采期从当年3月下旬至5月下旬；夏茶采摘从当年5月下旬至8月下旬；秋茶采摘从当年8月下旬至9月下旬；冬茶则在当年10月中旬至11月下旬。采摘未开展的一芽二三叶嫩梢，分初制与精制两大工序制作而成。

**性状**
叶底边缘镶红边。

**汤色**
蜜绿带金黄。

**品鉴指数** ★★★★

**口味**
滋味醇厚。

**适宜人群**
一般人群都可饮用，特殊禁忌者除外。

**主要功效**
美肤，消脂，防癌。

**形状特征**
呈半球状，色泽墨绿，边缘隐有金黄色。

## 挑选储藏

优质冻顶乌龙茶呈墨绿色，乌龙茶香型，伴有花香。储藏时可将其置于干燥、无异味、密封的盛器瓶中，放于冷藏柜中即可。

## 妙用保健

**美肤：**冻顶乌龙所含人体必需的微量元素硒，可预防某些皮肤疾病，让皮肤健康亮丽，不受细菌侵扰。

**降脂降压：**冻顶乌龙茶含有茶多酚，能降低血液中的胆固醇、甘油三酯及低密度脂蛋白，还能降低胆固醇与磷脂的比例，对高血压的治疗有很大的帮助。

**防癌：**茶中含皂素，能抑制体内致癌物亚硝基化合物的形成，起到防癌、抗癌的作用。

## 品饮赏鉴

**① 茶具准备**

透明玻璃杯或瓷杯1个，茶匙1把等。

**② 冲泡**

用茶匙将冻顶乌龙茶叶轻轻置入玻璃杯中，向杯中注入100℃的沸水，充分浸泡干茶。

**③ 品茶**

小口细啜慢饮，方能品出茶之韵味，进入茶之境界。

# 永春佛手

## 降压抗老　止泻减肥

永春佛手主要产于福建永春苏坑、玉斗和桂洋等乡镇，生长于海拔600～900米高山处。茶树属大叶型灌木，因其树势开展，叶形酷似佛手柑，因此得名"佛手"。茶树的地理环境群峰起伏，山地资源丰富，属亚热带季风气候区，全年雨量充沛，为该茶的生长提供了良好环境。茶树品种有红芽佛手与绿芽佛手两种（以春芽颜色区分），以红芽为佳。3月下旬萌芽，4月中旬开采，分四季采摘，春茶占40%。常饮可减肥、止渴消食、除痰、明目益思、除火祛腻。

**性状**
叶肉肥厚，
质地柔软。

**汤色**
色泽橙黄、
清澈。

**品鉴指数** ★ ★ ★ ★

**口味**
滋味甘厚。

**适宜人群**
一般人群都可饮用，特殊禁忌者除外。

**主要功效**
抗衰老，减肥，止泻，降压。

**形状特征**
条索紧结肥壮，卷曲。

## 挑选储藏

优质永春佛手条索紧结，粗壮肥重，色泽砂绿油润，汤色金黄透亮，味道甘醇。储藏于两层防潮性好的薄膜袋内密封，放置于冰箱。

## 📖 妙用保健

**抗衰老：** 永春佛手茶叶中的茶多酚有抗衰老功效，长期饮用可促进人体细胞的再生与活力。

**减肥：** 永春佛手含有维生素$B_1$，能促使脂肪充分燃烧，转化为人体所需要的热能，达到减肥的效果。

**止泻：** 腹泻都是由于体内有病菌而导致的，永春佛手含有鞣质类成分，具有抗病菌的作用，可防止腹泻。

## 品饮赏鉴

**① 茶具准备**

茶匙1个，冲洗干净的透明玻璃杯或瓷杯1个，开水壶等。

**② 冲泡**

用茶匙将3克左右的永春佛手茶叶置入玻璃杯，初泡时，提壶注水，使茶叶转动、露香。

**③ 品茶**

先嗅其香，后尝其味，边啜边嗅，浅杯细饮，味道甘厚，回味绵长。

# 毛蟹茶

### 预防蛀牙 避瘴去暑

　　毛蟹茶产于福建安溪福美大丘仑，是一种以品种命名的乌龙茶。其树冠形成迅速，成园较快，适应性广，抗逆性强，一年生长期为8个月，易于栽培。采摘时间以中午12时至下午3时较佳，不同的茶采摘部位也不同，有的采一个顶芽和芽旁的第一片叶子，叫一心一叶，有的多采一叶，叫一心二叶，也有采一心三叶的。毛蟹茶干茶紧结，梗圆形，色泽褐黄绿；汤色青黄或金黄色。

**性状**
叶底叶张圆小。

**汤色**
色泽青黄或金黄色。

**品鉴指数** ★★★★

**口味**
滋味醇厚，有观音香。
**适宜人群**
一般人群都可饮用，特殊禁忌者除外。
**主要功效**
抗菌，除臭，提神。
**形状特征**
外形紧密，砂绿色。

## 挑选储藏

　　优质毛蟹茶颗粒手感好、均匀，落入盘中分量感明显。储藏于有双层盖的马口铁茶叶罐里，最好装满而不留空隙，再将茶罐装入尼龙袋，封好袋口。

## 妙用保健

　　**提神**：毛蟹茶中的咖啡因具有兴奋中枢神经、增进思维、提高效率的功效，饮用后可使精神振奋、头脑清醒。

　　**抗菌**：毛蟹茶中的茶多酚和鞣酸作用于细菌，能凝固细菌中的蛋白质，将细菌杀死。

　　**除臭**：毛蟹茶含维生素C，长期饮用可补充维生素C，防止因牙龈出血而产生口臭。

## 品饮赏鉴

**① 茶具准备**

　　茶匙1把，用温水冲洗过的紫砂壶1把等。

**② 冲泡**

　　用茶匙将7克左右毛蟹茶置入紫砂壶中，注入100℃的沸水，充分浸泡干茶。

**③ 品茶**

　　当茶汤冷热适中时可细啜慢品，齿颊留香，甘泽润喉。

# 凤凰单枞

## 提神利尿 抑菌去腻

　　凤凰单枞产于广东潮州凤凰山。凤凰单枞生长的土壤肥沃深厚，含有丰富的有机质和多种微量元素，有利于茶树的生长，形成茶多酚和芳香物质。一般在午后采摘，当晚加工，经晒青、晾青、碰青、杀青、揉捻、烘焙等工序，历时10小时制成成品茶。现在尚存的3000余株单枞大茶树，树龄均在百年以上，性状奇特，品质优良，单株高大如榕树，每株年产干茶十余千克。

**性状**
叶底边缘朱红，
叶腹黄亮。

**汤色**
色泽金黄、
明亮。

**品鉴指数** ★ ★ ★ ★

**口味**
味浓，微甜，带姜花味。
**适宜人群**
一般人群都可饮用，特殊禁忌者除外。
**主要功效**
提神，去腻，利尿。
**形状特征**
条索紧卷，硕大，呈黑褐色。

## 挑选储藏

　　优质凤凰单枞成茶有天然姜花香，味道浓醇爽口，极耐冲泡。储藏时要清洁、防潮、避光和无异味，并保持通风干燥，远离污染源。

## 妙用保健

　　**提神：**凤凰单枞茶叶中的咖啡因能兴奋中枢神经系统，帮助人们振奋精神，消除疲劳，提高工作效率。

　　**去腻：**凤凰单枞含有茶单宁酸成分，可促进胃液分泌，并有促进胃肠蠕动的作用，饭后喝茶，可帮助消化油腻食物。

　　**利尿：**凤凰单枞茶叶中的咖啡因可起到刺激肾脏的作用。喝茶后，咖啡因进入体内，刺激肾脏，可加速尿液排出体外。

## 品饮赏鉴

### ① 茶具准备

　　茶匙1把，茶荷1个，透明玻璃杯或瓷杯1个等。

### ② 冲泡

　　将茶荷中的3克凤凰单枞茶叶置入玻璃杯，为使茶叶充分浸泡，显露茶香，用100℃的水冲泡。

### ③ 品茶

　　茶汤冷热适中时可细啜慢品，从舌尖到舌面再到舌根，品味茶香。

# 石古坪乌龙茶

## 防癌降压 瘦身抗老

石古坪乌龙茶产于广东潮州潮安凤凰镇石古坪，其产地海拔多在1000米以上，土层深厚，质地疏松，富含有机质，昼夜温差大，常年云雾缭绕，为茶树提供良好的生长环境。采用"骑马式"采茶法，轻采轻放勤送。采茶及加工均在夜间进行。采回的鲜叶经晒青、晾青、摇青、静置、杀青、揉捻、焙干等七道工序加工制作而成。成品茶外形油绿细紧；汤色黄绿清澈，叶底嫩绿。

**性状**
叶底嫩绿。

**汤色**
色泽黄绿，
清澈明亮。

**品鉴指数** ★ ★ ★ ★

**口味**
鲜醇爽口。

**适宜人群**
一般人群都可饮用，特殊禁忌者除外。

**主要功效**
防癌，提神，抗老。

**形状特征**
外形油绿细紧。

## 挑选储藏

优质石古坪乌龙茶油绿细紧；汤色黄绿清澈，叶底嫩绿，叶边呈一线红。储藏时要求清洁、防潮、避光和无异味，远离污染源。

## 🫖 妙用保健

**防癌：**石古坪乌龙茶中的茶多酚能够抑制和阻断人体内致癌物亚硝基化合物的形成，长期饮用有一定的防癌功能。

**瘦身：**石古坪乌龙茶中含有维生素$B_1$，其能促使脂肪充分燃烧，从而达到瘦身减肥的效果。

**抗老：**石古坪乌龙茶中含有的茶多酚类物质，能清除氧自由基，具有抗氧化性和生理活性，能促进人体细胞的再生与活力，长期饮用可抗衰老。

## 品饮赏鉴

### ① 茶具准备

茶匙1把，茶荷1个，透明玻璃杯或瓷杯1个。

### ② 冲泡

将茶荷中的2～3克石古坪乌龙茶叶置入玻璃杯中，后注入100℃的沸水，使茶叶充分舒展。

### ③ 品茶

细酌慢饮，品茶之清爽甘醇；茶香外溢，冲饮多次，茶味不减。

# 饶平色种

## 清热提神 解毒通便

　　饶平色种是条形乌龙茶之一。采摘大叶奇兰、黄棪、铁观音、梅占等品种的芽叶制作而成。其主要制作工序有晒青、摇青、炒青、揉捻、烘干。晒青要求先将采下的鲜叶在场内地面的竹帘上摊放，然后移到阳光下晒青，晒青后的叶子移入室内阴凉处晾青，叶摊于茶帘上，一小时后即可摇青。一般摇青5~6次，然后进行炒青1~2次，揉捻1~2次，最后烘焙至足干。

**性状**
芽叶淡绿，茸毛少。

**汤色**
色泽橙黄明亮。

**品鉴指数** ★ ★ ★ ★

**口味**
滋味醇厚。

**适宜人群**
一般人群都可饮用，特殊禁忌者除外。

**主要功效**
提神，解毒，通便。

**形状特征**
条索卷曲肥壮，呈黑褐色。

## 挑选储藏

　　将干茶捧在手心对着明亮光线检视其条形、颜色是否鲜活，有砂绿白霜像青蛙皮者为好茶。储藏时注意防潮、避光，于无异味处保存。

## 妙用保健

　　**提神：** 饶平色种中儿茶素类及其氧化缩和物可减缓咖啡因的兴奋作用，长期持续工作的人饮用可提神，保持头脑清醒。

　　**解毒：** 饶平色种含有鞣酸，其可以和一些重金属元素如铅、锌、锑、汞等发生化学反应，产生沉淀，饮用后通过尿液将人体内的毒素排出体外。

　　**通便：** 茶多酚可促进胃肠蠕动和胃液分泌，增加食欲。饮后被人体吸收，能通便。

### 品饮赏鉴

**① 茶具准备**

　　茶匙1把，茶荷1个，透明玻璃杯或瓷杯1个。

**② 冲泡**

　　将茶荷中的饶平色种茶叶取2~3克轻轻拨入紫砂壶中，向壶中注入100℃的沸水。

**③ 品茶**

　　茶汤冷热适中时可细啜慢品，口感醇厚，回味清甘。

# 文山包种

## 降脂利尿 提神减肥

坪林、石碇、新店、深坑等地的包种，是台湾北部茶类的代表，有"北文山，南冻顶"之说。文山包种属于轻度半发酵乌龙茶，又称"清茶"。坪林地理环境多丘陵，温暖潮湿，云雾弥漫，适宜茶树的生长。采摘要求：雨天不采，带露不采，晴天要在上午11时至下午3时采摘。春秋两季采二叶一心的茶菁，采时需用双手弹力平断茶叶，断口成圆形，不可用力挤压断口，否则会影响茶的品质。

**性状**
叶底色泽鲜绿。

**汤色**
色泽金黄，清澈明亮。

**品鉴指数** ★★★★

**口味**
甘醇鲜爽。

**适宜人群**
一般人群都可饮用，特殊禁忌者除外。

**主要功效**
减肥，防辐射，利尿。

**形状特征**
条索紧结，自然卷曲，墨绿油光。

## 挑选储藏

优质文山包种外形卷曲，呈条索状，色泽深绿；冲泡后汤色金黄，有清新的花香，滋味鲜爽。文山包种储藏时要低温干燥，远离污染环境，避免和有刺激性气味物质存放在一起。

## 妙用保健

**减肥：** 文山包种含有单宁酸，可降低血液中的胆固醇含量，长期饮用可以减肥瘦身。

**防辐射：** 文山包种中的脂多糖可抗电脑辐射，对长期使用电脑的人有一定保护作用。

**利尿：** 文山包种中的咖啡因进入人体内，可刺激肾脏，促使尿液迅速排出体外。

## 品饮赏鉴

**① 茶具准备**

茶荷1个，开水烫过的紫砂壶1把等。

**② 冲泡**

文山包种茶3克左右投入100℃的沸水中，充分浸泡茶叶，茶芽舒展，茶香四溢。

**③ 品茶**

细啜慢品，甘醇鲜爽，齿颊留香。

# 木栅栏铁观音

## 解毒消食 杀菌止痢

木栅栏铁观音是产于中国台湾台北木栅区（现在的文山区）的一种中度发酵乌龙茶。鲜叶采摘于正枞铁观音茶树。自然条件得天独厚，茶叶品质优良。一年分四季采制，采来的鲜叶力求新鲜完整，然后进行晾青、晒青和摇青(做青)，再经筛分、风选、拣剔、匀堆、包装制成商品茶。成品茶卷曲呈球状，绿中带褐，冲泡后汤色黄褐，有焦糖香或熟果香，滋味浓厚，有特殊的果酸味。

**性状**
叶底边红腹绿。

**汤色**
色泽橙红。

**品鉴指数** ★★★★

**口味**
浓厚甘醇，有果香味。

**适宜人群**
一般人群都可饮用，特殊禁忌者除外。

**主要功效**
解毒，消食，止痢疾。

**形状特征**
条形卷曲，呈铜褐色。

## 挑选储藏

优质木栅栏铁观音茶叶紧结，放入茶壶有"当当"声，且声音清脆；声哑者为劣质茶叶。宜储藏在阴凉、避光或-5℃的冰箱里。

## 🍵 妙用保健

**解毒：** 木栅栏铁观音中的茶多酚可以与水质中含有的一些重金属元素，如铅、锌、锑、汞等发生化学反应，产生沉淀，饮用后可通过尿液将这些毒素排出体外。

**消食：** 木栅栏铁观音茶叶中的咖啡因能提高胃液的分泌量，可以帮助消化。

**止痢疾：** 痢疾是体内病菌导致的，木栅栏铁观音中的鞣质类成分有抗病菌的作用。

## 品饮赏鉴

### ① 茶具准备

茶荷1个，开水烫过的紫砂壶1把等。

### ② 冲泡

将茶荷中的木栅栏铁观音茶叶取3克左右轻轻拨入紫砂壶中，注入100℃沸水，让茶叶在水中上下翻腾。

### ③ 品茶

趁热细啜，先闻其香，后尝其味，边啜边闻，浅斟细饮，喉底回甘。

# 金萱茶

## 抗癌防老　减肥护齿

金萱茶产自中国台湾南部嘉义县，是中国台湾第二大茶叶品种，被广泛种植，分布在中低海拔地区。鲜叶采摘后经晒青、晾青、杀青、揉捻、初烘、饱揉、复烘七道工序制作而成。金萱茶最大的特征就是有一股浓浓的天然"奶香"，这种天然的奶香很少有茶类可以做得出来，很受年轻饮茶者的喜爱，为茶叶中香气较特殊的茶种之一。金萱茶汤明净光亮，呈清澈蜜绿色；滋味甘醇浓郁，喉韵甚佳。

**性状**
芽叶淡绿。

**汤色**
清澈蜜绿。

**品鉴指数** ★★★★

**口味**
香浓醇厚。

**适宜人群**
一般人群都可饮用，特殊禁忌者除外。

**主要功效**
防衰老，抗癌，抑制动脉硬化。

**形状特征**
卷曲呈半球状。

## 挑选储藏

优质金萱茶制作过程中很少混入竹屑、木片等夹杂物。金萱茶储藏时要清洁、防潮、避光和保持无异味，并保持通风且远离污染源。

## 🍵 妙用保健

**抗癌：** 金萱茶中的单宁酸物质，能够维持人体内细胞的正常代谢，抑制细胞突变和癌细胞分化。

**减肥：** 金萱茶中的维生素B$_1$则能促使脂肪充分燃烧，转化为人体所需要的热能，这样就会达到减肥的效果。

**护齿：** 金萱茶含氟，氟离子与牙齿钙质结合，形成较难溶于酸的氟磷灰石，使牙齿变坚固，有效提高抗龋能力，保护牙齿。

## 品饮赏鉴

**① 茶具准备**

茶匙1把，透明玻璃杯或瓷杯1个等。

**② 冲泡**

将3克左右的金萱茶置入凉的矿泉水中，静泡若干个小时后，即可饮用。

**③ 品茶**

味道香醇甘美，炎热的夏季饮用可带来与众不同的清爽感觉。

# 茶的冲泡方法

茶的冲泡方法大致可以分为四种，分别是煮茶法、点茶法、毛茶法、泡茶法。

### ① 煮茶法

即直接将茶放在茶壶中煮，在我国唐代以前最为普遍。此法多用于茶饼，通常先将茶饼碾碎，然后煮水，在全沸之前，将茶叶加入，等到第二次煮沸时，将煮出的沫舀出，待到第三次沸腾时，和第二次煮沸的水融合即可。

### ② 点茶法

将茶放置在碗中，将水煮沸，在微沸时就冲到碗中，用"茶筅"搅击碗中的茶叶，使水乳交融，茶汤浓稠。

### ③ 毛茶法

在茶叶中加入干果，然后直接用开水点泡，饮茶时可以食用干果。

### ④ 泡茶法

此法最为普遍，方法简单易行。对于不同的茶，冲泡方法也各不相同。

▲ 泡茶法在当今百姓生活中使用频率最高，其基本的宗旨就是发茶味、显茶色、体其香

---

茶壶沿着四个茶杯的走势循环移动，将茶水等量、均匀地倒入各杯

▲ "关公巡城"的倒茶方法不仅使各个杯中茶汤、茶香一致，更兼有一定的艺术美感

## 简单冲泡程序

1. 烫壶：将烧开的沸水倒入壶中直到溢满为止。

2. 倒水：将壶中的水倒入放置茶壶的茶船中。

3. 置茶：将茶漏斗放置在茶壶口处，用茶匙将茶拨入茶壶中。这是茶艺中比较讲究的一种方式。

4. 注水：将烧开的水注入茶壶中，直到泡沫溢出茶壶口即可。

5. 倒茶：这是一个很关键、很艺术的步骤，然后将茶壶中的茶倒入茶盅中，使茶汤均匀。

6. 分茶：将均匀的茶汤倒入茶杯中，一般七分满即可。

7. 去渣：用茶匙将壶中的茶渣清理干净。

6

# 中国名优花茶、紧压茶

　　花茶，是中国特有的香型茶，它利用茶叶善于吸收异味的特点，通过工艺使茶叶具有花的鲜香。紧压茶滋味醇厚，有着典型的砖形或块状外观，便于贮藏和运输。在本章里，你将看到6种花茶、6种紧压茶的详细资料，感受别具一格的茶味、茶风。

# 茉莉花茶

## 清肝明目 生津止渴

茉莉花茶又叫"茉莉香片"，是花茶中的名品。茉莉花茶是将茶叶和茉莉鲜花进行拼和、窨制，使茶叶吸收花香制成的。茉莉花茶使用的茶叶称茶坯，一般以绿茶为多，少数也有红茶和乌龙茶。茉莉花茶的花香是在加工过程中添加的，因此成茶中的茉莉干花大多只是一种点缀，不能以有无干花作为判断其品质的标准。茉莉花茶的主要消费人群在我国的东北和华北地区。

**性状**
叶底嫩匀柔软。

**汤色**
黄绿明亮。

**品鉴指数** ★★★★

**口味**
醇厚鲜爽。
**适宜人群**
一般人群都可饮用，特殊禁忌者除外。
**主要功效**
清肝，降压，通便。
**形状特征**
条索紧细匀整。

## 挑选储藏

优质茉莉花茶选条形饱满、白毫多、无叶的嫩芽；低档以叶为主，几乎无嫩芽或无芽。须密封低温干燥储藏，避免和异味物放在一起。

## 妙用保健

**清肝**：对高脂血症的人来说，经常喝茉莉花茶可通过儿茶素有效地抑制脂肪在体内积聚，从而降低血脂含量，达到保健效果。

**降压**：茉莉花茶中富含多种矿物质元素，其中的钾、钙、镁和锌都有预防高血压的作用。

### 品饮赏鉴

**① 茶具准备**

茶匙1把，透明玻璃杯或瓷杯1个。

**② 冲泡**

用茶匙将2~3克茉莉花茶置入玻璃杯中，头泡低注；二泡中斟；三泡高冲，加盖保香。

**③ 品茶**

小口品饮，以口吸气、鼻呼气相配合，使茶汤在舌面上往返流动，充分与味蕾接触。

# 桂花茶

## 通便排毒 抗老清热

桂花茶是用精制茶坯与鲜桂花窨制而成的一种花茶。桂花有金桂、银桂、丹桂、四季桂和月月桂等品种，其中以金桂香味最浓郁持久。在桂花盛开期，采摘时要采呈金黄色、含苞初放的花朵，采回的鲜花要及时剔除花梗、树叶。冬季喝桂花茶可缓解胃不适。可以自己在家做桂花茶。将7~10朵干桂花加入适量的红茶、红糖后，用热水冲泡。

**性状**
叶底嫩匀柔软。

**汤色**
色泽金黄明亮。

**品鉴指数** ★★★★

**口味**
醇和浓厚。
**适宜人群**
一般人群都可饮用，特殊禁忌者除外。
**主要功效**
通便，排毒，抗老。
**形状特征**
条索紧细匀整，色泽绿润。

## 挑选储藏

优质桂花茶条索紧细匀整，色泽绿润；花色金黄，香气馥郁。桂花茶储藏时须低温干燥，避免强光照射，不和有异味的物质存放在一起，如烟、酒等。

## 妙用保健

**通便**：桂花茶中的茶多酚具有促进胃肠蠕动、促进胃液分泌、增加食欲的功效，能将人体内的废弃物及时地排出体外。

**排毒**：桂花茶中的茶多酚可以与水中的一些重金属元素，如铅、锌、锑、汞等发生化学反应，产生沉淀，饮后通过尿液排出体外，减少毒素在人体内的存留时间。

**抗老**：桂花茶含有茶多酚类物质，能清除氧自由基，具有很强的抗氧化性和生理活性，可有效地清除体内的活性酶，有一定的抗老功能。

## 品饮赏鉴

### ① 茶具准备

茶匙1把，透明玻璃杯或瓷杯1个。

### ② 冲泡

用茶匙将3克左右的桂花茶置入玻璃杯中，冲入沸水至八分满，冲后立即加盖，以保茶香。

### ③ 品茶

细品慢饮，茶香浓厚持久；饮后神清气爽，唇齿留香。

# 玉兰花茶

## 去腻降压 杀菌解毒

玉兰花茶是以优质五指山春绿茶与优质白玉兰鲜花为原料而精心调制成的。其制作方法是将鲜花和经过精制的茶叶拌和，在静止状态下使茶叶缓慢吸收花香，然后筛去花渣，将茶叶烘干而成。玉兰花茶香气鲜浓持久，滋味醇厚，汤色黄明。家庭制作时可将玉兰花剥瓣，置入盐水中反复清洗沥干，入杯；加沸水，再加入绿茶，待味出即可当茶饮用。

**性状**
叶底嫩匀柔软。

**汤色**
色泽黄明。

**品鉴指数** ★★★★

**口味**
滋味醇厚、回甘。
**适宜人群**
一般人群都可饮用，特殊禁忌者除外。
**主要功效**
解毒，降压，杀菌。
**形状特征**
条索紧细匀整。

## 挑选储藏

优质玉兰花茶香韵独特、滋味醇厚回甘，以无叶者为上品；次者为一芽一二叶或嫩芽多，芽毫显露者。储藏时须密封干燥，置阴凉处。

## 妙用保健

**解毒：** 玉兰花茶中的茶多酚可与水中一些重金属元素，如铅、锌、锑、汞等发生化学反应，产生沉淀，饮后通过尿液排出体外，减少毒素在人体内的存留时间。

**降压：** 玉兰花茶富含多种矿物质元素，其中的钾、钙、镁和锌都有预防高血压的作用。

**杀菌：** 玉兰花茶中的硫、碘、氯化物等有机化合物，能杀菌消炎。

### 品饮赏鉴

**① 茶具准备**

茶匙1把，透明玻璃杯或瓷杯1个等。

**② 冲泡**

将2～3克玉兰花茶投入用热水烫好的玻璃杯中，冲入沸水至八分满，冲后即加盖，以保茶香。

**③ 品茶**

滋味醇厚、回甘，细啜慢饮，方能品茶之韵味，进入茶之境界。

# 金银花茶

## 清热解毒 提神除烦

金银花又称"忍冬花"。其植株为半常绿灌木，茎半蔓生，其茎、叶和花皆可入药。鲜花经晒干或按制绿茶的方法制干后，即为金银花茶。市场上有两种，一种是鲜金银花与少量绿茶拼和，按花茶窨制工艺制成的金银花茶；另一种是用烘干或晒干的金银花与绿茶拼和而成。金银花茶味甘，性寒，具有清热解毒、疏利咽喉、消暑除烦的作用。

**性状**
嫩匀柔软。

**汤色**
金黄明亮。

**品鉴指数** ★★★★

**口味**
醇厚甘爽。
**适宜人群**
一般人群都可饮用，特殊禁忌者除外。
**主要功效**
解毒，提神，消暑。
**形状特征**
条索紧细匀直。

## 挑选储藏

优质金银花茶，外形条索紧细匀直，色泽灰绿光润，香气清纯隽永，汤色黄绿明亮，滋味醇厚甘爽，叶底嫩匀柔软。金银花茶储藏时要清洁、防潮、避光和无异味，并保持通风干燥，远离污染源。

## 🍵 妙用保健

**解毒：**金银花中的茶多酚可与水中一些重金属元素，如铅、锌、锑、汞等发生化学反应，产生沉淀，通过尿液排出体外，减少毒素在人体内的存留。

**消暑：**金银花茶中的生物碱有调节人体体温的作用，在炎热的夏季，饮用热茶，能够起到消暑的作用。

**提神：**金银花茶中的生物碱是一种兴奋剂，能使人体中枢神经系统兴奋，使人精神振奋。

## 品饮赏鉴

**① 茶具准备**

茶匙1把，透明玻璃杯或瓷杯1个等。

**② 冲泡**

用茶匙将2~3克金银花茶置入玻璃杯中，头泡低注；二泡中斟；三泡高冲。

**③ 品茶**

茶香飘散，细啜慢咽后更觉清醇微甜，回味绵长。

# 珠兰花茶

## 生津止渴 止泻通便

珠兰花茶是以烘青绿茶、珠兰或米兰鲜花为原料窨制而成的，是中国主要花茶产品之一，因其香气浓烈持久而著称，产品畅销国内及海外。珠兰，也叫珍珠兰、茶兰，为草本状蔓生常绿小灌木，单叶对生，长椭圆形，边缘细锯齿，花无梗，黄白色，有淡雅芳香。4～6月开花，以5月份为盛花期，故夏季窨制的珠兰花茶最佳。该茶的生产始于清乾隆年间（1736～1795），迄今已有200余年。

**性状**
叶底黄绿细嫩。

**汤色**
清澈黄亮。

**品鉴指数** ★★★★

**口味**
浓醇甘爽。
**适宜人群**
一般人群都可饮用，特殊禁忌者除外。
**主要功效**
防辐射，通便，减肥。
**形状特征**
外形条索紧细。

## 挑选储藏

优质珠兰花茶外形条索肥壮匀齐，色泽深绿光润，花干整枝成朵，内质香气清芳、幽雅高长。珠兰花茶储藏时要密封、低温、干燥。

## 妙用保健

**防辐射**：珠兰花茶中的脂多糖抗辐射效果好，经常受电脑辐射的人群，经常饮用热茶，能起到很好的防辐射作用。

**通便**：珠兰花茶中的茶多酚具有促进胃肠蠕动、促进胃液分泌、增加食欲的功效，茶多酚被人体吸收后，能达到通便的目的，促使人体内的有害物质被及时地排出体外。

**减肥**：珠兰花茶提高人体胰脏脂肪分解酵素的活性，降低糖与脂肪的吸收，加快脂肪燃烧，起到减肥的作用。

## 品饮赏鉴

**① 茶具准备**

茶匙1把，透明玻璃杯或瓷杯1个等。

**② 冲泡**

用茶匙将2～3克珠兰花茶置入透明玻璃杯中，注入100毫升的沸水，充分浸润茶芽。

**③ 品茶**

茶叶徐徐沉入杯底，花在水中悬挂，既有兰花的幽雅芳香，又有绿茶的鲜爽甘美。

# 玫瑰花茶

## 养颜护肤 减肥通便

玫瑰花茶，是用玫瑰花和茶芽混合窨制而成的花茶。玫瑰原名"徘徊花"，香气甜美，是红茶窨花主要原料。玫瑰花富含维生素A、B族维生素、维生素C及单宁酸，能改善内分泌失调，对消除疲劳和伤口愈合有帮助，长期饮用，有美容护肤的功效。家制玫瑰花茶，可将几枚干玫瑰花配上绿茶少许，以及红枣几颗，用沸水冲饮。在玫瑰花茶中加入冰糖或蜂蜜，可减轻其涩味。

**性状**
叶底红润。

**汤色**
金黄明亮。

**品鉴指数** ★★★★

**口味**
醇厚鲜爽。
**适宜人群**
一般人群都可饮用，特殊禁忌者除外。
**主要功效**
清热，养颜，利尿。
**形状特征**
外形饱满、匀整。

## 挑选储藏

优质玫瑰花茶较重，且没有梗子、碎末等。储藏时一定要远离污染源，不和刺激性物质一同存放，此外还要密封、低温、干燥。

## 🔲 妙用保健

**清热：** 玫瑰花茶中含有脂多糖的游离分子、氨基酸、维生素C和皂苷化合物，这些物质都具有清热的功能。

**养颜：** 玫瑰花茶含丰富的维生素A、B族维生素等，能调气血，调理女性生理问题，促进血液循环，有一定的美容功效。

**利尿：** 玫瑰花茶中的咖啡因可起到刺激肾脏的作用。喝茶后，咖啡因进入体内，刺激肾脏，促使尿液被迅速排出体外。

## 品饮赏鉴

**① 茶具准备**

茶匙1把，透明玻璃杯或瓷杯1个等。

**② 冲泡**

用茶匙将2～3克玫瑰花茶置入玻璃杯中，向杯中注入开水至杯身一半，将茶叶浸透后再注入。

**③ 品茶**

玫瑰花香郁浓厚，沁人心脾，可依口味适量加入蜂蜜。

# 普洱方茶

## 抗癌减肥 利尿解毒

普洱方茶主要产于云南西双版纳勐海和昆明。以云南大叶种晒青毛茶一、二级为原料，然后蒸压成正方形块状。因被蒸压成方形，故称"普洱方茶"。一般都要经过杀青、揉捻、干燥、堆捂等工序制成。该茶外形平整，白毫显露，香味浓厚甘和。有人喝普洱方茶头晕，可能因为本身对茶叶比较敏感，或茶泡得过浓，或东西吃得少，出现这种情况要及时调整茶的浓度。

**性状**
叶底嫩匀。

**汤色**
色泽黄明。

**品鉴指数** ★★★★

口味
滋味醇厚。
适宜人群
一般人群都可饮用，特殊禁忌者除外。
主要功效
利尿解毒，抗癌，减肥。
形状特征
外形紧结端正，纹路清晰。

## 挑选储藏

优质普洱方茶外形紧结端正，纹路清晰，色泽墨绿，汤色黄明，叶底嫩匀。须阴凉、避光保存，存放在-5℃的冰箱里效果更佳。

## 妙用保健

**利尿解毒**：普洱方茶中咖啡因的利尿功能是通过肾促进尿液中水的滤出来实现的。此外，咖啡因有助于醒酒，解除酒毒。

**抗癌**：普洱方茶含茶黄素和茶红素，茶黄素是自由基清除剂和抗氧化剂，具有抗癌、抗突变的功效。

**减肥**：普洱方茶中的黄烷醇类、叶酸和芳香类物质等多种化合物，能增强胃液的分泌，调节脂肪代谢，促使脂肪氧化，除去人体内多余的脂肪。

### 品饮赏鉴

① **茶具准备**

紫砂壶、茶刀各1把。

② **冲泡**

将4～5克普洱方茶茶叶拨入紫砂壶中，向紫砂壶中注入100℃的沸水，加盖充分浸泡干茶。

③ **品茶**

分3次品饮。先细啜品茶的醇正，后大口品茶的浓淡、醇和度，再体会茶之韵味。

# 米砖茶

## 利尿养胃 抗菌解毒

　　米砖茶产于湖北蒲圻（现赤壁市），是以红茶片、红茶末为原料，经蒸压而成的红砖茶。其洒面及里茶均用茶末，故称"米砖"。根据原料和制作工艺的不同，可分为黑砖茶、花砖茶、茯砖茶、米砖茶、青砖茶、康砖茶等。米砖茶又被分为特级米砖茶和普通米砖茶。其制作工序为筛分、拼料、压制、退砖、检砖、干燥、包装等。该茶主销至新疆及华北地区，部分出口到其他国家和地区。

**性状**
叶底嫩匀柔软。

**汤色**
色泽红浓。

**品鉴指数** ★ ★ ★ ★

**口味**
滋味醇厚。
**适宜人群**
一般人群都可饮用，特殊禁忌者除外。
**主要功效**
利尿，解毒，养胃。
**形状特征**
砖模棱角分明，纹面图案清晰。

## 挑选储藏

　　优质米砖茶外形美观，砖模棱角分明，色泽乌润细致均匀，香气醇香不含异味，手感紧实圆润，冲泡后颜色鲜红明亮。米砖茶储藏时要求密封、低温、干燥，杜绝挤压。

## 妙用保健

　　**利尿：** 在米砖茶中的咖啡因和芳香物质联合作用下，肾脏的血流量增加，从而提高肾小球过滤率，扩张肾微血管，并抑制肾小管对水的再吸收，促成尿量增加。

　　**解毒：** 米砖茶中的茶多酚能吸附重金属和生物碱，并沉淀分解，这对饮水和食品或多或少受到工业污染的现代人来说大有帮助。

　　**养胃：** 米砖茶是经发酵烘制而成的，其所含的茶多酚在氧化酶的作用下发生酶促氧化反应，含量减少，对胃部的刺激性也随之减小了。

### 品饮赏鉴

**① 茶具准备**

　　紫砂壶1把，赏茶盘1套，茶匙、热水壶各1把等。

**② 冲泡**

　　用茶匙将3克左右米砖茶投入紫砂壶中，注入100℃左右的沸水。

**③ 品茶**

　　伴着醉人的香气，小口慢慢吞咽品茗，滋味鲜爽甘甜，回味绵长。

# 普洱沱茶

## 护齿养胃 抗老美容

沱茶是云南茶叶的传统制品。普洱沱茶是一种圆锥窝头状的紧压茶，原产于云南省景谷县，又称"谷茶"。该茶外形紧结，色泽褐红，有独特的陈香，滋味回甘，汤色橙黄明亮。能除脂肪、减体重、健身体、延年寿。饮用时，先将其掰成碎块，每次取3克，用开水冲泡5分钟即可。也可将其掰成碎块放入瓦罐烤香后再用沸水冲泡，冲泡时可加入油、盐、糖等调料。

**性状**
叶底褐红均匀。

**汤色**
橙黄明亮。

**品鉴指数** ★★★★

**口味**
醇厚回甘。

**适宜人群**
一般人群都可饮用，特殊禁忌者除外。

**主要功效**
护齿，抗老，美容。

**形状特征**
外形紧结，色泽褐红。

## 挑选储藏

外形紧结，色泽褐红，有独特的陈香，滋味回甘，汤色橙黄明亮。普洱沱茶要通风避光存放，此外，因其具有极强的吸异性，故不能与有异味的物质混放在一起。

## 妙用保健

**护齿：** 普洱沱茶含有许多生理活性成分，具有杀菌消毒作用，可去除口腔异味，保护牙齿。

**抗老：** 普洱沱茶中含有儿茶素类化合物，长期饮用具有抗衰老的作用。

**美容：** 普洱沱茶能调节人体新陈代谢，促进血液循环，平衡体内机能，有美容的功效。

## 品饮赏鉴

**① 茶具准备**

厚壁紫砂壶、特质茶刀各1把等。

**② 冲泡**

将5克左右普洱沱茶投入紫砂壶中，向紫砂壶中注入150～200毫升的沸水，加盖5秒钟。

**③ 品茶**

第一泡不饮；从第二泡开始品茗，滋味醇和爽口；可反复冲泡，至茶味淡极。

# 方包茶

## 杀菌消炎 抗老抑癌

方包茶产于四川都江堰。因将原料茶筑压在方形篾包中而得名，属篓包型炒压黑茶之一。方包茶以夏季刀割成熟茶树枝梢，经晒干作为毛茶。方包茶压制工艺分蒸茶、渥堆、称茶、炒茶、筑包、封包、烧包和晾包等工序。其规格为篾包方正，四角稍紧。该茶主销至四川阿坝藏族自治州、甘孜藏族自治州等，以松潘为中心，并转销至甘肃、青海、西藏等毗邻地区。

**性状**
叶底黄褐。

**汤色**
色泽红黄。

**品鉴指数** ★ ★ ★ ★

**口味**
滋味醇和。

**适宜人群**
一般人群都可饮用，特殊禁忌者除外。

**主要功效**
防龋齿，抑癌，杀菌。

**形状特征**
篾包方正，四角稍紧。

## 挑选储藏

优质方包茶油黑有光泽，有明显的松烟香。如中心部位发乌、无光泽、晦暗为劣质茶叶。存储方包茶要保持干燥，避免强光照射，严禁与有强烈异味，如油漆类、酒类或含化学挥发气味类的物质存放一室。

## 妙用保健

**防龋齿：**方包茶中的矿物元素氟对龋齿及老年骨质疏松有一定保健功效。

**抑癌：**方包茶中矿物元素硒能刺激免疫蛋白及抗体的产生，增强人体对疾病的抵抗力，对抑制癌细胞的产生与发展有疗效。

**杀菌：**方包茶中的茶黄素是自由基清除剂和抗氧化剂，可抑菌抗病毒。

## 品饮赏鉴

**① 茶具准备**

紫砂壶、茶刀各1把，公道杯1个等。

**② 冲泡**

用茶刀取4～5克方包茶置入紫砂壶中；向公道杯中注入100℃的沸水，加盖充分浸泡。

**③ 品茶**

分3次品饮，先细啜品茶的醇正，后大口品茶的浓淡、醇和度，再体会茶之韵味。

# 黑砖茶

## 瘦身排毒 消食降压

现由湖南白沙溪茶厂独家生产。因用黑毛茶做原料，色泽黑润，成品块状如砖，故得名"黑砖茶"。制作时先将原料筛分整形，选拣剔提净，按比例拼配；机压时，先高温气蒸灭菌，再高压定型，检验修整，缓慢干燥，包装成为砖茶成品。该茶属于黑茶，具有消食去腻、降脂减肥、解酒、暖胃、安神等功效，还有补充膳食营养、抑制动脉硬化等功效。

**性状**
老嫩尚匀。

**汤色**
红黄微暗。

**品鉴指数** ★★★★

**口味**
浓厚微涩。
**适宜人群**
一般人群都可饮用，特殊禁忌者除外。
**主要功效**
减肥，消食，降压。
**形状特征**
砖面端正，四角平整，模纹清晰。

## 挑选储藏

优质黑砖茶为长方砖形。砖面端正，四角平整，模纹清晰；色泽黑褐；味道浓厚微涩。存储时要保持干燥，避免强光，禁止与有强烈异味且易挥发性物质存放一起。

## 妙用保健

**减肥：**黑砖茶中的维生素以及纤维化合物能被人体吸收，喝茶后，这些成分会停留在腹中，给人以饱足感，减少进食，长期饮用可减肥。

**消食：**黑砖茶富含膳食纤维，具有调理肠胃的功能；且有益生菌参与，能改善肠道微生物环境，帮助消化。

**降压：**黑砖茶富含多种矿物质元素，其中的钾、钙、镁和锌都有预防高血压的作用。

## 品饮赏鉴

① **茶具准备**

紫砂壶、茶刀各1把，公道杯1个等。

② **冲泡**

用茶刀取4~5克黑砖茶置入公道杯中；向紫砂壶中注入100℃的沸水，加盖浸泡。

③ **品茶**

细品慢啜方能体会出茶香中所蕴含的至清、至醇、至真、至美的韵味。

# 花砖茶

## 抗癌减肥 防老消食

花砖茶也称"花卷"，因一卷茶净重合老秤1000两，故又称"千两茶"。压制花砖茶的原料成分主要是三级黑毛茶，也有少量降档的二级黑毛茶，其总含梗量不超过15%。毛茶进厂后，要经筛分、破碎、拼堆等工序，制成合格的半成品，后进行蒸压、烘焙、包装而制成花砖茶成品。饮用时先将花砖茶捣碎，烹煮时不断搅拌，使茶汁充分浸出，还可依个人口味加调料。

**性状**
叶底老嫩匀称。

**汤色**
色泽红黄。

**品鉴指数** ★★★★

**口味**
浓厚微涩。
**适宜人群**
一般人群都可饮用，特殊禁忌者除外。
**主要功效**
抗癌，减肥，防衰老。
**形状特征**
正面边有花纹，砖面色泽黑褐。

## 挑选储藏

优质花砖茶正面边有花纹，砖面色泽黑褐，内质香气醇正，滋味浓厚微涩，汤色红黄，叶底老嫩匀称。花砖茶适宜存放在通风、避光、干燥、无异味的地方。

## 🍵 妙用保健

**抗癌：** 茶中含茶多酚，能抑制和阻断体内致癌物亚硝基化合物的形成，起到抗癌的作用。

**减肥：** 茶中的咖啡因、黄烷醇类、叶酸等多种化合物，能调节脂肪代谢，促使脂肪氧化，除去多余脂肪，有减肥功效。

**防衰老：** 茶中的茶多酚类物质，能清除氧自由基，有很强的抗氧化性和生理活性，能有效清除体内的活性酶，使人体细胞获得再生与活力，防衰老。

## 品饮赏鉴

**① 茶具准备**

紫砂壶、特质茶刀各1把，公道杯1个等。

**② 冲泡**

用特质茶刀取5克左右花砖茶置入公道杯；向紫砂壶中注入150~200毫升沸水，加盖。

**③ 品茶**

分汤洗盏第一泡不饮；第二泡开始品茗，滋味浓厚微涩；反复冲泡，至茶味淡极。

# 茶艺须知

## 茶艺表演的气质要求

茶艺师的气质要求有文化气息，这样才能表达出茶艺的"精、气、神"。茶艺师在表演茶艺时，让观赏者静静地体会出其中的幽香雅韵。如果没有内在，只是外在的表演，那么茶艺师根本就体现不出茶文化的内涵，只是一个单纯的表演者而已。

茶艺师在表演时，要用身体姿态和动作来表现出内在气质。例如：坐姿、站姿、走姿、冲泡动作、面部表情等，这些都可以体现出一个茶艺师的气质。

茶艺师要在表演中不断完善自己，用茶来表达自己，要将自己的思想融合在表演中的每一个细节中。茶艺师在表演时要顺应茶性，将茶的特色和本色冲泡出来，这样才能将茶的真谛表达出来。

▲ 茶艺师举手投足间都能表现出自身的内在气质，从容不迫才能给人以沉稳之感

## 茶艺表演的动作要求

▲ 茶艺师在表演时，每一个动作都要和谐优美，无论坐、站、行都要力求规范

茶艺表演者有外在的形象要求，还要注重内在的底蕴。茶艺的表演不同于一般的表演，茶艺表演表现的是一种文化精神，要表达出清淡、明净、恬静、自然的意境。

茶艺师在表演时，动作要到位，过程要完整，还要不断加强自身的文化修养。初学者不能从内在体现茶艺的韵味，就要表现得更加自然和谐、从容优雅。在自身修养逐步提高后，自然就能做到温文尔雅，意境悠远。

茶艺师在表演时要和观众进行交流，这也是茶艺师很重要的一课。表演时如果和观众没有交流，只是自己一味地表演，必然没有氛围。茶艺师的动作、手势、体态、姿态、表情、服饰都要自然统一，在表演时要用心去感受，体会茶艺的精神。

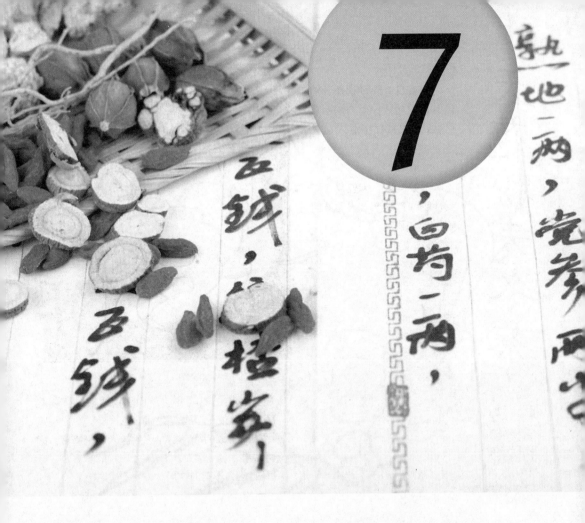

# 茶疗祛疾，健康永驻

　　本章以脏腑经络的生理、病理为基础，将药茶按疗效分为清热解毒、解表祛暑、祛风除湿、泻下消食、止咳化痰、理血理气、利水消肿、收敛固涩共八种类型，并详细地介绍每种药茶及其主要药材的功效、主治疾病、适宜人群等。

# 天花粉麦冬茶

清热生津
润燥止渴

## 茶疗功效

此茶具有除烦祛燥、清热解毒的功效，对口渴咽痛可起到辅助治疗作用。

## 健康叮咛

本茶性寒，因此月经期女性及脾胃虚寒、大便溏泄者不宜饮用。

### 主要材料

天花粉　30克
麦门冬　15克
芦根　　10克
白茅根　30克
生姜　　6克
蜂蜜　　适量
黑茶　　3克

做法：

① 将天花粉、麦门冬、芦根、白茅根、生姜洗净，与黑茶一起放入锅中同煎。
② 用茶漏滤取药汁，待温热后放入适量蜂蜜，即可饮用。
③ 每日1剂，不拘时饮用。

## 本草药典

### 天花粉

别名 栝楼根、花粉、楼根。

性味 性微寒，味甘、微苦。

功效 清热泻火。

主治 热病口渴、痔疮、肺燥咯血。

### 麦门冬

别名 麦冬、不死药。

性味 性寒，味甘、微苦。

功效 滋阴润肺、益胃生津、清心除烦、止渴止咳。

主治 肺燥干咳、心烦失眠、咽喉疼痛、肠燥便秘。

### 芦根

别名 芦茅根、苇根、芦头。

性味 性寒，味甘。

功效 清热泻火、生津止渴、除烦止呕、利尿。

主治 胃热呕吐、肺热咳嗽、肺痈吐脓、膀胱炎。

### 白茅根

别名 茅根、兰根、茹根。

性味 性寒，味甘。

功效 清热止血、利尿、抗菌。

主治 热病烦渴、肺热喘急、胃热呕吐、小便不利。

# 双黄茯苓茶

## 清热降火
## 止呕止血

### 📗 茶疗功效

此茶具有清热解毒、泻心火、止呕、治痢的功效。且此茶中的大黄具有润肠通便的功效；黄芩能泻上焦肺火，清肠中湿热。

### 💗 健康叮咛

孕妇、月经期女性及脾胃虚寒、体弱者不宜饮用。

### 主要材料

| | |
|---|---|
| 大黄 | 6克 |
| 黄芩 | 6克 |
| 茯苓 | 3克 |
| 蜂蜜 | 适量 |
| 枸杞子 | 10克 |
| 白茶 | 3克 |

做法：

① 将大黄、黄芩、茯苓、白茶置于杯中，用沸水冲泡5分钟。

② 开盖，去除药渣，加入适量的蜂蜜、枸杞子即可饮用。

③ 每日1剂，分2次温服。

## 本草药典

### 大黄

别名 火参、黄良。

性味 性寒，味苦。

功效 清热泻火。

主治 实热便秘、水肿腹满、胃热呕吐。

### 茯苓

别名 云苓、松苓、茯灵。

性味 性平，味甘。

功效 健脾和胃。

主治 小便不利、水肿胀满、气喘打嗝。

### 黄芩

别名 山茶根、黄芩茶、土金茶根。

性味 性寒，味苦。

功效 清热燥湿、泻火解毒、凉血安胎、调节血脂。

主治 胸闷口渴、肺热咳嗽、高热烦渴、胎动不安。

### 蜂蜜

别名 岩蜜、石蜜、石饴。

性味 性平，味甘。

功效 保护肝脏、补充体力、消除疲劳、抑菌杀菌。

主治 便秘、皮肤暗黄、失眠、贫血、神经系统疾病。

# 陈皮竹茹茶

## 清热和胃 益气降逆

### 茶疗功效

本品具有补胃虚、清胃热、降胃逆、补而不滞、清而不寒的功效，对于因胃虚引起的咳嗽、干呕，可起到缓解的辅助治疗作用。

### 健康叮咛

适宜胃虚有热产生的呃逆、干呕者饮用。但须注意的是，脾胃虚寒以及实热所致的打嗝不止、干呕者不宜饮用。

### 主要材料

| | |
|---|---|
| 陈皮 | 12克 |
| 竹茹 | 12克 |
| 甘草 | 6克 |
| 人参 | 5克 |
| 红枣 | 5枚 |
| 生姜 | 4片 |
| 黄茶 | 5克 |

做法：

① 将陈皮、甘草、竹茹、人参研成粗末，备用。

② 用纱布包好研磨好的药末，与黄茶、红枣、生姜片同放杯中，用沸水冲泡15分钟即可。

③ 每日1剂，分3~4次饮用。

## 本草药典

### 陈皮

别名 橘皮、贵老。

性味 性温，味辛。

功效 理气健脾。

主治 消化不良、便秘腹泻。

### 甘草

别名 粉甘草、甘草梢、甜根子。

性味 性平，味甘。

功效 清热解毒、缓急止痛、祛痰止咳、调和诸药。

主治 脾胃不适、倦怠乏力、心悸气短、咳嗽痰多。

### 竹茹

别名 竹皮、青竹茹、淡竹皮茹。

性味 性微寒，味甘。

功效 除烦止呕、清热化痰。

主治 咳嗽不止、病热烦躁、中风痰多。

### 人参

别名 山参、人衔。

性味 性平，味甘、微苦。

功效 大补元气、补脾益肺、生津止渴、复脉固脱。

主治 劳伤虚损、厌食、倦怠、反胃吐食、大便滑泄。

**主要材料**

| | |
|---|---|
| 生地黄 | 5克 |
| 当归 | 5克 |
| 石膏 | 3克 |
| 牡丹皮 | 2克 |
| 红茶 | 6克 |
| 蜂蜜 | 适量 |

**做法：**

① 将石膏打碎，用布包裹。

② 将生地黄、当归、牡丹皮洗净，与石膏、红茶一起加水煎煮，取汁去渣，调入蜂蜜，即可饮用。

③ 每日1剂，代茶频饮。

## 生地石膏茶

清热泻火
凉血滋阴

生地黄

🎬 **茶疗功效**

此茶具有清热解毒、滋阴养颜的功效，其中的生地黄具有滋阴益肾的功效；牡丹皮凉血清热；当归养血和血。

## 四妙勇安茶

清热解毒
活血止痛

**主要材料**

| | |
|---|---|
| 金银花 | 30克 |
| 玄参 | 30克 |
| 当归 | 20克 |
| 甘草 | 10克 |
| 蜂蜜 | 适量 |

**做法：**

① 将金银花、玄参、当归、甘草捣碎，放入杯中。

② 加入适量沸水，闷泡15分钟后，加入蜂蜜，即可饮用。

③ 每日1剂，代茶频饮。

金银花

🎬 **茶疗功效**

此茶具有疏通血液的功效，可起到缓解因高血压、高脂血症引起的不适。同时，它也对贫血、肢体持续性疼痛有辅助治疗的作用。

# 枸杞茶

## 养阴补虚 清热凉血

### 📋 茶疗功效

此茶具有缓解因体质虚寒、胃寒、肝肾疾病、肺结核、便秘、失眠、低血压、贫血、眼疾、脱发、口腔炎等疾病而引起的不适的作用。

### ❤ 健康叮咛

适宜体虚、头昏眼花、骨节烦热、劳累过度、精力不济者饮用。但脾胃虚寒者不宜饮用。

### 主要材料

|  |  |
|------|------|
| 地骨皮 | 15克 |
| 麦门冬 | 6克 |
| 小麦 | 6克 |
| 枸杞子 | 5克 |
| 桂圆肉 | 6克 |
| 红茶 | 5克 |
| 蜂蜜 | 适量 |

做法：

① 将地骨皮、麦门冬、小麦、桂圆肉、红茶放入锅中，加水煎煮40分钟。

② 再次加入适量热水，煎煮30分钟，加入适量枸杞子及蜂蜜，即可饮用。

③ 每日1剂，代茶频饮。

## 本草药典

### 地骨皮

别名 杞根、地骨。
性味 性寒，味苦。
功效 凉血除蒸。
主治 高血压、肺热咳喘、吐血。

### 麦门冬

别名 麦冬、不死药。
性味 性寒，味甘、微苦。
功效 滋阴润肺、益胃生津、清心除烦、调节血脂。
主治 肺燥干咳、心烦失眠、咽喉疼痛、肠燥便秘。

### 小麦

别名 浮麦、浮小麦。
性味 性平，味甘。
功效 养心益脾、除烦止渴、调经络、利小便。
主治 心神不宁、小便不利。

### 枸杞子

别名 枸杞、苟起子、枸杞红实。
性味 性平，味甘。
功效 养肝润肺、滋补肝肾、益精明目、强身健体。
主治 腰膝酸痛、眩晕耳鸣、目昏不明、虚劳咳嗽。

# 石膏茶

## 清胃泻火
## 祛风止痛

### 📋 茶疗功效

石膏茶具有清热解毒、和胃润肠、祛风止痛的功效。其中的煅石膏具有清肺的功效；川芎祛风止痛；葱白搭配川芎可起到散风邪的功效；炙甘草既能缓和药性，又能泻火解毒。

### ❤ 健康叮咛

适宜患有两目红肿、掀痛、畏光、泪下者饮用。但脾胃虚寒、高血压患者不宜饮用。

### 主要材料

| | |
|---|---|
| 煅石膏 | 15克 |
| 川芎 | 15克 |
| 炙甘草 | 3克 |
| 葱白 | 3克 |
| 绿茶 | 适量 |

做法：
① 将煅石膏、川芎、炙甘草研为粗末，备用。
② 葱白洗净，切段。
③ 将药末与葱白、绿茶放入保温瓶中，用沸水冲泡15分钟。
④ 每日1剂，代茶频饮。

## 本草药典

### 煅石膏

别名 石膏、熟石膏。
性味 性寒，味辛、甘。
功效 收湿生肌。
主治 湿疹瘙痒、水火烫伤、外伤出血。

### 川芎

别名 山鞠穷、芎䓖、胡䓖。
性味 性温，味辛。
功效 活血行气、祛风止痛、解郁通达。
主治 头痛眩晕、风寒湿痹、跌打损伤、外科疾病。

### 炙甘草

别名 草根、红甘草、甘草。
性味 性平，味甘。
功效 补脾和胃、益气复脉、缓急止痛。
主治 脾胃虚弱、倦怠乏力、惊悸。

### 葱白

别名 大葱白、鲜葱白、大葱。
性味 性温，味辛。
功效 解毒消肿、通阳发表、通便润肠。
主治 风寒感冒、阴寒腹痛、表皮肿痛、虫积腹痛。

# 金银花茶

## 清胃解毒
## 疏风散热

### 茶疗功效

此茶具有益胃润肠、清热解毒、祛风散热的功效。茶中的金银花具有清热解毒的功效，与甘草搭配饮用，可起到预防中暑、感冒的作用。

### 健康叮咛

适宜患有咽痛咳嗽、发热恶寒、暑热烦渴者饮用。但风寒外感及脾胃虚寒者不宜饮用。

**主要材料**

| | |
|---|---|
| 金银花 | 20克 |
| 甘草 | 15克 |
| 枸杞子 | 10克 |
| 白茶 | 3克 |
| 蜂蜜 | 适量 |

做法：

① 将金银花、甘草、白茶放入杯中，加水冲泡15分钟。

② 可按照个人喜好，放入蜂蜜及枸杞子。

③ 每日1剂，代茶频饮。

---

## 本草药典

### 金银花

别名 忍冬、忍冬花、金花。

性味 性寒，味甘。

功效 清热解毒。

主治 中暑、牙周炎、泻痢。

### 甘草

别名 粉甘草、甘草梢、甜根子。

性味 性平，味甘。

功效 补脾益气、清热解毒、祛痰止咳、调和诸药。

主治 脾胃虚弱、倦怠乏力、咳嗽痰多。

### 枸杞子

别名 枸杞、苟起子、枸杞红实。

性味 性平，味甘。

功效 养肝润肺、滋补肝肾、益精明目、强身健体。

主治 腰膝酸痛、眩晕耳鸣、目昏不明、虚劳咳嗽。

### 蜂蜜

别名 岩蜜、石蜜、石饴。

性味 性平，味甘。

功效 保护肝脏、补充体力、消除疲劳、抑菌杀菌。

主治 便秘、皮肤暗黄、失眠、贫血、神经系统疾病。

# 四神茶

## 清热解毒　益气补虚

### 📋 茶疗功效

此茶具有益气养身、清热解毒、滋阴补血的功效。茶中的黄芪具有调节血糖的作用；当归、金银花对多种化脓性细菌有较强的抑制作用；甘草能起到抗炎、抑菌的作用。

### ❤ 健康叮咛

适宜患有体质虚弱、内火重、好发痤疮及痱子者饮用。但脾胃虚弱、食少、便溏者不宜饮用。

### 主要材料

| | |
|---|---|
| 当归 | 24克 |
| 黄芪 | 15克 |
| 金银花 | 15克 |
| 甘草 | 6克 |
| 黑茶 | 5克 |
| 蜂蜜 | 适量 |

**做法：**

① 将当归、黄芪、金银花、甘草、黑茶加水煎沸，取药汁，备用。

② 把药汁置于杯中，再闷15分钟，加入蜂蜜即可。

③ 每日1剂，分3次温服。

---

## 本草药典

### 当归

**别名** 秦归、云归。

**性味** 性温，味甘。

**功效** 抗氧化、美肌。

**主治** 跌打损伤、月经不调、肠燥便秘。

### 黄芪

**别名** 山棉芪、绵芪、绵黄芪。

**性味** 性微温，味甘。

**功效** 益气固表、托疮生肌、利水消肿、补肺健脾。

**主治** 便血崩漏、表虚自汗、血虚萎黄、慢性肾炎。

### 金银花

**别名** 忍冬、忍冬花、金花。

**性味** 性寒，味甘。

**功效** 清热解毒、温病发热、热毒血痢。

**主治** 中暑、痢疾、流感、皮肤热毒、牙周炎。

### 甘草

**别名** 粉甘草、甘草梢、甜根子。

**性味** 性平，味甘。

**功效** 补脾益气、清热解毒、祛痰止咳、缓急止痛。

**主治** 脾胃虚弱、倦怠乏力、心悸气短、咳嗽痰多。

# 五神茶

**清热祛湿**
**解毒消肿**

## 茶疗功效

五神茶具有清热解毒、消肿化淤、祛湿除烦的功效。茶中的茯苓、车前子可通利小便；金银花可清热解毒；牛膝可消下肢肿胀，且具有抗炎、镇痛的功效。

## 健康叮咛

适宜患有淋巴管炎、化脓性骨髓炎、血栓闭塞性脉管炎等症者饮用。但体质虚弱、病属寒湿者不宜服用。

### 主要材料

| | |
|---|---|
| 茯苓 | 15克 |
| 牛膝 | 15克 |
| 车前子 | 15克 |
| 金银花 | 30克 |
| 黑茶 | 3克 |
| 蜂蜜 | 适量 |

做法：
① 将茯苓、牛膝、车前子、金银花、黑茶加水煎煮。
② 泡闷15分钟后，去渣取汁，再加入适量蜂蜜即可。
③ 每日1剂，代茶频饮。

---

## 本草药典

### 茯苓

别名 云苓、松苓、茯灵。

性味 性平，味甘。

功效 健脾和胃。

主治 小便不利、水肿胀满、气喘打嗝。

### 牛膝

别名 杜牛膝。

性味 性平，味甘、微苦、酸。

功效 补肝肾、强筋骨、活血通经、利尿通淋。

主治 腰膝酸痛、痛经、跌打损伤、咽喉肿痛。

### 车前子

别名 车前实、蛤蟆衣子。

性味 性微寒，味甘、淡。

功效 清热利尿、渗湿止泻、明目、祛痰。

主治 小便不利、水肿胀满、暑湿泻痢、痰热咳喘。

### 金银花

别名 忍冬、忍冬花、金花。

性味 性寒，味甘。

功效 清热解毒、温病发热、热毒血痢。

主治 中暑、痢疾、流感、皮肤热毒、牙周炎。

# 连翘茶

**生津止渴** **清热解毒**

## 茶疗功效

此茶具有清心火、解疮毒、通气血、生津止渴、抗菌利尿、健胃增食、强身健体的功效。

## 健康叮咛

一般人均可饮用，尤其适宜患有风热感冒、暑湿初起、高热烦渴、神昏发斑、热淋尿闭者饮用。

### 主要材料

| | |
|---|---|
| 连翘 | 20克 |
| 枸杞子 | 10克 |
| 甘草 | 10克 |
| 绿茶 | 6克 |
| 蜂蜜 | 适量 |

做法：

① 将连翘、枸杞子、甘草、绿茶放入锅中，用水煎煮。
② 用茶漏滤取药汁液，温热时放入适量蜂蜜，即可饮用。
③ 每日1剂，代茶频饮。

---

## 本草药典

### 连翘

别名 黄花条、连壳。
性味 性寒，味苦、微辛。
功效 消肿化淤。
主治 急性肾炎、风热感冒、发热。

### 枸杞子

别名 枸杞、苟起子、枸杞红实。
性味 性平，味甘。
功效 养肝润肺、滋补肝肾、益精明目、强身健体。
主治 虚劳精亏、腰膝酸痛、眩晕耳鸣、目昏不明。

### 甘草

别名 粉甘草、甘草梢、甜根子。
性味 性平，味甘。
功效 清热解毒、祛痰止咳、缓急止痛、调和诸药。
主治 倦怠乏力、心悸气短、咳嗽痰多、痈肿疮毒。

### 蜂蜜

别名 岩蜜、石蜜、石饴。
性味 性平，味甘。
功效 保护肝脏、补充体力、消除疲劳、抑菌杀菌。
主治 便秘、皮肤暗黄、失眠、贫血、神经系统疾病。

# 五味消毒饮

## 清肺和胃　芳香化浊

### 🔲 茶疗功效

此茶具有益胃清肺、平喘止咳的功效。且茶中的金银花清热解毒，紫花地丁及紫背天葵子可缓解因表皮肿毒而引起的疼痛，蒲公英、野菊花可和胃健脾、消散痈肿。

### ❤ 健康叮咛

一般人均可饮用，适宜患有急性乳腺炎、蜂窝组织炎者饮用。

### 主要材料

|  |  |
|---|---|
| 金银花 | 15克 |
| 野菊花 | 6克 |
| 蒲公英 | 6克 |
| 紫花地丁 | 6克 |
| 紫背天葵子 | 6克 |
| 白茶 | 3克 |
| 蜂蜜 | 适量 |
| 枸杞子 | 适量 |

做法：

① 将金银花、野菊花、蒲公英、紫花地丁、紫背天葵子、白茶加水煎煮，沸腾后闷泡15分钟。

② 去渣取汁，加入蜂蜜及枸杞子后，即可饮用。

③ 每日1剂，分3次饮服。

## 本草药典

### 金银花

别名 忍冬、忍冬花、金花。

性味 性寒，味甘。

功效 清热解毒。

主治 用于中暑、泻痢、流感、牙周炎。

### 野菊花

别名 苦薏、山菊花。

性味 性微寒，味苦、辛。

功效 清热解毒、疏风平肝、消肿祛淤、明目。

主治 湿疹、皮炎、风热感冒、咽喉肿痛、高血压。

### 蒲公英

别名 蒲公草、尿床草。

性味 性寒，味苦、甘。

功效 清热解毒、消肿散结、利尿利胆。

主治 上呼吸道感染、眼结膜炎、高血糖、胃炎、肝炎。

### 紫花地丁

别名 箭头草、独行虎、羊角子。

性味 性寒，味苦、辛，无毒。

功效 清热解毒、疏肝消肿、凉血消炎。

主治 乳腺炎、眼睛肿痛、咽炎、跌打损伤、毒蛇咬伤。

# 清热止咳茶

疏风清热
止咳化痰

止咳化痰　疏风清热

## 📖 茶疗功效

此茶具有止咳化痰、清热解毒的功效。且茶中的甘菊花疏风平肝、清热解毒；枇杷叶清肺止咳、降气化痰；黄芩、芦根清解肺热；陈皮、枳壳理气化痰。

## ❤ 健康叮咛

适宜患有发热恶寒、头痛、咳嗽、咳痰、口渴咽痛者饮用。但患有风寒感冒者不宜饮用。

## 主要材料

| | |
|---|---|
| 芦根 | 10克 |
| 甘菊花 | 9克 |
| 霜桑叶 | 9克 |
| 炙枇杷叶 | 9克 |
| 生地黄 | 5克 |
| 枳壳 | 5克 |
| 陈皮 | 3克 |
| 黄芩 | 3克 |
| 乌龙茶 | 3克 |

做法：

① 将甘菊花、霜桑叶、炙枇杷叶、芦根、陈皮、黄芩、生地黄、枳壳、乌龙茶研成粗末。

② 加水煎煮10分钟后，去渣取汁，即可饮用。

③ 每日1剂，代茶频饮。

## 本草药典

### 甘菊花

别名 野黄菊花、苦薏。

性味 性微寒，味苦、辛。

功效 清热解毒。

主治 湿疹、皮炎、风热感冒。

### 霜桑叶

别名 蚕叶、铁扇子、家桑。

性味 性寒，味苦、甘。

功效 疏散风热、清肺润燥、平肝明目、温中散寒。

主治 风热感冒、肺热燥咳、头晕头痛、目赤昏花。

### 炙枇杷叶

别名 巴叶、杷叶、枇杷叶。

性味 性凉，味苦。

功效 止咳化痰、清肺和胃、降逆止呕。

主治 肺热咳嗽、咯血、肌肤出血、胃热呕哕。

### 芦根

别名 芦茅根、苇根、芦头。

性味 性寒，味甘。

功效 清热泻火、生津止渴、除烦止呕、利尿。

主治 热病烦渴、胃热呕吐、肺热咳嗽、膀胱炎。

# 芦根菊花茶

## 清热明目 理气和中

### 📺 茶疗功效

此茶具有清热解毒、明目养身、理气解郁的功效。且茶中的甘菊花、霜桑叶清热明目；橘红具有散寒理气、消食宽中的作用。

### 💚 健康叮咛

适合患有早期高血压、恶心、呕吐等症者饮用。但肝旺脾虚、胸胁满闷、食欲不振、大便不通者不宜饮用。

### 主要材料

| | |
|---|---|
| 芦根 | 10克 |
| 甘菊花 | 9克 |
| 霜桑叶 | 9克 |
| 炒谷芽 | 9克 |
| 橘红 | 5克 |
| 炒枳壳 | 5克 |
| 黄茶 | 3克 |

做法：

① 将甘菊花、霜桑叶、炒谷芽、芦根、橘红、炒枳壳、黄茶研为粗末。

② 加水煎煮后，去渣取汁。

③ 每日1剂，代茶频饮。

---

## 本草药典

### 甘菊花

别名 野黄菊花、苦薏。

性味 性微寒，味苦、辛。

功效 清热解毒。

主治 湿疹、皮炎、风热感冒。

### 霜桑叶

别名 蚕叶、铁扇子、家桑。

性味 性寒，味苦、甘。

功效 疏散风热、清肺润燥、平肝明目、温中散寒。

主治 风热感冒、肺热燥咳、头晕头痛、目赤昏花。

### 炒谷芽

别名 稻芽、谷芽、焦谷芽。

性味 性温，味甘。

功效 健脾开胃、消食化积、清热解毒。

主治 胀满、泄泻、食欲不振、脚气、浮肿、口臭。

### 芦根

别名 芦茅根、苇根、芦头。

性味 性寒，味甘。

功效 清热泻火、生津止渴、除烦止呕、利尿。

主治 热病烦渴、胃热呕吐、肺热咳嗽、膀胱炎。

# 串雅三妙茶

## 清热解毒
## 消肿散淤

### 📋 茶疗功效

金银花对多种皮肤病有着不同程度的辅助治疗的作用，蒲公英具有清热解毒、消肿散结的功效，夏枯草能散结泻热。

### ♥ 健康叮咛

适宜患有肝火旺盛、淋巴结核等症者饮用。但脾胃虚寒、厌食、便溏者不宜饮用。

### 主要材料

| | |
|---|---|
| 夏枯草 | 15克 |
| 金银花 | 15克 |
| 蒲公英 | 15克 |
| 乌龙茶 | 6克 |
| 蜂蜜 | 适量 |

做法：

① 将夏枯草、金银花、蒲公英洗净，晾干。

② 将药材与乌龙茶放入杯中，加水冲泡20分钟后，取汁，加入蜂蜜调味即可。

③ 每日1剂，15~20天为1个疗程。

---

## 本草药典

### 夏枯草

别名 麦穗夏枯草。

性味 性寒，味苦、辛。

功效 清火明目。

主治 头痛、清肝火、降血压。

### 金银花

别名 忍冬、忍冬花、金花。

性味 性寒，味甘。

功效 清热解毒、温病发热、热毒血痢。

主治 中暑、痢疾、流感、皮肤热毒、牙周炎。

### 蒲公英

别名 蒲公草、尿床草。

性味 性寒，味苦、甘。

功效 清热解毒、消肿散结、利尿利胆。

主治 上呼吸道感染、眼结膜炎、糖尿病、胃炎、肝炎。

### 蜂蜜

别名 岩蜜、石蜜、石饴。

性味 性平，味甘。

功效 保护肝脏、补充体力、消除疲劳、抑菌杀菌。

主治 便秘、皮肤暗黄、失眠、贫血、神经系统疾病。

# 桑叶茶

## 清热明目
## 祛风解表

### 📋 茶疗功效

桑叶茶具有疏散风热、清肺润燥、平肝明目的功效。茶中的桑叶对多种原因引起的高血糖可起到缓解的作用。

### 💗 健康叮咛

适合患有咳嗽少痰、咽痛等症者饮用。但风寒感冒引起的咳嗽者不宜服用。

主要材料

桑叶　　5克
枸杞子　5克
决明子　3克
绿茶　　3克
蜂蜜　　适量
甘草　　适量

做法：

① 将桑叶洗净、切碎，加入蜂蜜、枸杞子、甘草、决明子、绿茶和水，拌匀。
② 置锅中用小火炒至不粘手为度，取出放凉。
③ 每次取10克，加水煎数分钟，取汁即可。
④ 每日1~2剂，代茶频饮。

---

## 本草药典

### 桑叶

別名 家桑、荆桑。
性味 性寒，味甘、苦。
功效 清肺润燥。
主治 急性结膜炎、肺热燥咳。

### 枸杞子

別名 枸杞、苟起子、枸杞红实。
性味 性平，味甘。
功效 养肝润肺、滋补肝肾、益精明目、强身健体。
主治 腰膝酸痛、眩晕耳鸣、目昏不明、虚劳咳嗽。

### 甘草

別名 粉甘草、甘草梢、甜根子。
性味 性平，味甘。
功效 清热解毒、缓急止痛、祛痰止咳、调和诸药。
主治 脾胃不适、倦怠乏力、心悸气短、咳嗽痰多。

### 蜂蜜

別名 岩蜜、石蜜、石饴。
性味 性平，味甘。
功效 保护肝脏、补充体力、消除疲劳、抑菌杀菌。
主治 便秘、皮肤暗黄、失眠、贫血、神经系统疾病。

**主要材料**

| | |
|---|---|
| 制香附 | 10克 |
| 紫苏叶 | 10克 |
| 陈皮 | 5克 |
| 炙甘草 | 3克 |
| 黄茶 | 3克 |
| 蜂蜜 | 适量 |

**做法:**

① 将制香附、紫苏叶、陈皮、炙甘草、黄茶研成粗末。

② 将药末放入杯中,用沸水冲泡10分钟后,加入蜂蜜,即可饮用。

③ 频频饮用,1日内饮尽。

# 香苏茶

## 理气解表 温胃和中

📖 **茶疗功效**

香苏茶具有解毒祛暑、理气化淤、温胃和中的功效。茶中的紫苏叶性温,具有散寒发表的功效;陈皮理气化痰、调中和胃;甘草益气缓急。

制香附

---

# 金香茶

## 清热解毒 润肺止咳

**主要材料**

| | |
|---|---|
| 金银花 | 6克 |
| 淡竹叶 | 5克 |
| 藿香 | 3克 |
| 杏仁 | 3克 |
| 绿茶 | 3克 |
| 蜂蜜 | 适量 |

**做法:**

① 将金银花、藿香、杏仁、淡竹叶、绿茶放入锅中。

② 用沸水冲泡10分钟后,加入蜂蜜即可。

③ 每日1剂,不拘时频频温服。

淡竹叶

📖 **茶疗功效**

金银花具有清热解毒、温病发热的功效;藿香具有发汗解暑、行水散湿的功效;杏仁具有宣肺止咳、降气平喘、润肠通便的功效。

# 蜜芷茶

祛风解表

解痉止痛

## 茶疗功效

白芷具有解表止痛的作用，荆芥用于缓解因伤风头痛而引起的不适，蜂蜜、甘草、绿茶具有祛风散寒、解表除湿的功效。

## 健康叮咛

适宜患有风寒感冒、头痛者，及产前、产后感受风邪者饮用，但风热感冒或素有阴虚血热者不宜服用。

### 主要材料

| | |
|---|---|
| 白芷 | 15克 |
| 荆芥 | 15克 |
| 甘草 | 10克 |
| 蜂蜜 | 适量 |
| 绿茶 | 2克 |

### 做法：

① 将白芷、荆芥各等量，研末分包装好，每包约15克。

② 与绿茶共置杯中，用沸水冲泡15分钟。

③ 加入适量蜂蜜及甘草混合后温饮，每日饮用2～3剂。

## 本草药典

### 白芷

别名 芳香、苻蓠。

性味 性温，味辛。

功效 活血排脓。

主治 头痛、牙痛、肠风痔漏。

### 荆芥

别名 香荆荠、线荠、假苏。

性味 性微温，味甘、微苦。

功效 解表散风、透疹消疮、止血。

主治 感冒、麻疹透发不畅、便血、鼻中出血。

### 甘草

别名 粉甘草、甘草梢、甜根子。

性味 性平，味甘。

功效 清热解毒、缓急止痛、祛痰止咳、调和诸药。

主治 脾胃虚弱、倦怠乏力、心悸气短、咳嗽痰多、腹痛。

### 蜂蜜

别名 岩蜜、石蜜、石饴。

性味 性平，味甘。

功效 保护肝脏、补充体力、消除疲劳、抑菌杀菌。

主治 便秘、皮肤暗黄、失眠、贫血、神经系统疾病。

# 薄荷茶

疏散风热 辛凉解表

### 茶疗功效

薄荷具有发汗解热、辛凉解表的功效，麻黄宣肺热，人参益气补虚。

### 健康叮咛

适宜患有感冒、发热头痛、流涕咽喉肿痛、咳嗽者饮用。但风寒感冒、无汗者不宜饮服。

**主要材料**

| | |
|---|---|
| 薄荷 | 30克 |
| 人参 | 5克 |
| 麻黄 | 2克 |
| 生姜 | 2片 |
| 白茶 | 3克 |
| 蜂蜜 | 适量 |

做法：

① 将薄荷、人参、麻黄、生姜、白茶研为粗末。

② 将药末用水煎煮后，去渣取汁，加入适量蜂蜜即可。

③ 每日1剂，不拘时饮用。

---

**本草药典**

## 薄荷

别名 野薄荷、南薄荷。

性味 性凉，味辛。

功效 疏风散热。

主治 头痛、目赤、牙痛、咽喉肿痛。

## 人参

别名 山参、黄参。

性味 性平，味甘、微苦。

功效 大补元气、补脾益肺、生津止渴、安神益智。

主治 劳伤虚损、倦怠、反胃吐食、大便滑泄、虚咳喘促。

## 麻黄

别名 龙沙、狗骨、卑相。

性味 性温，味辛、微苦。

功效 发汗散寒、宣肺平喘、利水消肿。

主治 风寒表实证、胸闷喘咳、浮肿痰多。

## 生姜

别名 姜。

性味 性温，味辛。

功效 开胃止呕、化痰止咳、发汗解表、清热解毒。

主治 外感风寒、鼻子不通气、流清鼻涕、腹痛。

# 荆防败毒茶

## 发汗解表 祛风止痛

### 🔲 茶疗功效

荆芥有发汗解表的功效，与防风相配可缓解因风寒感冒等症而引起的不适；羌活、独活辛温发散；生姜、薄荷调和诸药。

### ❤ 健康叮咛

适宜恶寒发热、头痛颈强、肢体疼痛、无汗症者饮用。但患有风热感冒、咽喉疼痛、发热烦渴者不宜服用。

### 主要材料

|  |  |
|---|---|
| 荆芥 | 9克 |
| 防风 | 9克 |
| 羌活 | 9克 |
| 独活 | 9克 |
| 生姜 | 3片 |
| 薄荷 | 3克 |
| 乌龙茶 | 3克 |

做法：

① 将荆芥、防风、羌活、独活、薄荷、乌龙茶研为粗末。

② 将药末和生姜置于杯中，用沸水冲泡15~20分钟，即可饮用。

③ 频频饮用，于1日内饮尽。

## 本草药典

### 荆芥

别名 香荆荠、线荠。
性味 性微温，味甘。
功效 解表散风。
主治 感冒、麻疹透发不畅、便血。

### 防风

别名 铜芸、百枝。
性味 性微温，味辛、甘。
功效 祛风解表、胜湿止痛、止痉定搐、发散风寒。
主治 风疹瘙痒、风湿痹痛、头痛身痛。

### 羌活

别名 羌青、羌滑、黑药。
性味 性温，味辛、苦。
功效 解表、祛风湿、止痛。
主治 外感风寒、头痛无汗、风水浮肿、疮疡肿毒。

### 生姜

别名 姜。
性味 性温，味辛。
功效 开胃止呕、化痰止咳、发汗解表、清热解毒。
主治 外感风寒、鼻子不通气、流清鼻涕、腹痛。

## 主要材料

| | |
|---|---|
| 杏仁 | 25克 |
| 生姜 | 9克 |
| 盐 | 5克 |
| 甘草 | 5克 |
| 红茶 | 5克 |

做法：

① 将杏仁泡洗去皮、尖，捣碎；将甘草研成末，然后炒一下。

② 生姜去皮与盐一起捣碎。将以上四物与红茶一起拌匀，用沸水冲泡即可。

③ 每日1~2剂，不拘时代茶频饮。

## 姜杏茶

发散风寒
止咳祛痰

🍵 茶疗功效

　　杏仁性温，味苦而甘，具有发散风寒的功效，同时也是平喘、止咳、化痰的常用药物；生姜发散风寒、祛痰下气；甘草润肺解毒，适用防治风寒感冒引起的咳嗽。

杏仁

---

## 五叶芦根茶

芳香化浊
清肺和胃

## 主要材料

| | | | |
|---|---|---|---|
| 藿香叶 | 9克 | 芦根 | 2克 |
| 佩兰叶 | 9克 | 蜂蜜 | 适量 |
| 枇杷叶 | 9克 | 枸杞子 | 适量 |
| 鲜荷叶 | 9克 | 黄茶 | 3克 |
| 薄荷叶 | 6克 | | |

做法：

① 将五种叶状中药材与黄茶、芦根捣碎，纳入保温瓶中。

② 用沸水冲泡15分钟后，加入适量蜂蜜及枸杞子，即可饮用。

③ 每日1剂，不拘时饮用。

佩兰叶

🍵 茶疗功效

　　五叶芦根茶具有清肺和胃、活血化淤的功效。茶中的藿香叶、佩兰叶、鲜荷叶具有宣泄中焦湿邪的功效，枇杷叶具有和胃降气、清热解暑毒的功效，薄荷叶宣表而托邪外出，鲜芦根养阴生津、润喉利咽。

# 银翘散茶

## 清热解毒 辛凉透表

### 茶疗功效

金银花、连翘具有清热解毒的功效，薄荷可起到辛凉解表的功效，桔梗、甘草可缓解因热毒郁肺而引起的不适。

### 健康叮咛

适宜患有风寒、无汗或有汗不多、头痛口渴、咳嗽咽痛等症者饮用。但风寒表证者不宜服用。

### 主要材料

| | |
|---|---|
| 金银花 | 20克 |
| 连翘 | 10克 |
| 桔梗 | 18克 |
| 甘草 | 6克 |
| 薄荷 | 15克 |
| 绿茶 | 2克 |

做法：
① 将金银花、连翘、桔梗、甘草、薄荷、绿茶研为粗末。
② 将以上药材的粗末放入杯中，用沸水冲泡10分钟即可。
③ 频频饮用，于1日内饮尽。

## 本草药典

### 金银花

别名 忍冬、忍冬花、金花。
性味 性寒，味甘。
功效 清热解毒。
主治 中暑、泻痢、流感、疮疖。

### 连翘

别名 黄花条、连壳、青翘。
性味 性寒，味苦、微辛。
功效 清热解毒、散结消肿、平喘止咳。
主治 热病初起、风热感冒、咽喉肿痛、急性肾炎、斑疹。

### 桔梗

别名 铃铛花。
性味 性微温，味苦、辛。
功效 宣肺祛痰、利咽、排脓补血养气、调和五脏。
主治 咳嗽痰多、咽喉肿痛、胸满胁痛、小便癃闭。

### 薄荷

别名 野薄荷、南薄荷。
性味 性凉，味辛。
功效 疏散风热、清利头目、利咽透疹、疏肝行气。
主治 头痛、咽喉肿痛、食滞气胀、口疮、牙痛、疥疮。

# 桑菊饮

## 祛风清热 宣肺止咳

### 🍵 茶疗功效

桑叶具有祛风清热、凉血明目的功效；菊花能疏风清热、解毒明目；连翘、薄荷可起到清热散结的作用；杏仁止咳化痰；甘草养阴、润喉、利咽。

### ♥ 健康叮咛

适宜患有外感风热、头痛咽痛、鼻塞咳嗽、全身酸痛、口干微渴等症者饮用。但患有风寒感冒者不宜饮用。

#### 主要材料

| | |
|---|---|
| 桑叶 | 10克 |
| 菊花 | 8克 |
| 杏仁 | 6克 |
| 连翘 | 6克 |
| 甘草 | 3克 |
| 薄荷 | 3克 |
| 乌龙茶 | 3克 |

做法：
① 将菊花、杏仁、连翘、桑叶、甘草、薄荷、乌龙茶研为粗末。
② 将药末放入杯中，用沸水冲泡15分钟。
③ 每日1剂，代茶频饮。

---

## 本草药典

### 杏仁

别名 杏核仁、杏子。
性味 性温，味苦。
功效 宣肺止咳。
主治 咳嗽、喘促胸满、肠燥便秘。

### 连翘

别名 黄花条、连壳、青翘。
性味 性寒，味苦、微辛。
功效 清热解毒、散结消肿、平喘止咳。
主治 热病初起、风热感冒、咽喉肿痛、急性肾炎、斑疹。

### 桑叶

别名 家桑、荆桑。
性味 性寒，味甘、苦。
功效 疏散风热、清肺润燥、清肝明目、凉血止血。
主治 肝阴不足、视物昏花、肺热燥咳、干咳少痰。

### 菊花

别名 黄花、女华。
性味 性微寒，味辛、甘、苦。
功效 散风清热、平肝明目、止咳化痰、补血止血。
主治 风热感冒、头痛眩晕、目赤肿痛、眼目昏花。

# 兰草茶

## 化湿和中
## 解暑清热

### 📺 茶疗功效

本茶不仅气味芳香，能醒脾化湿、促进脾胃的消化功能，而且还有解暑的功效。另外还可用于缓解过食油腻而导致的消化紊乱、口干、食欲不振等症。

### ♥ 健康叮咛

适宜舌苔白腻者、口淡口甜者饮用。夏季解暑最好使用鲜佩兰，且剂量可适当增减。

**主要材料**

| | |
|---|---|
| 佩兰 | 15克 |
| 甘草 | 5克 |
| 枸杞子 | 3克 |
| 蜂蜜 | 适量 |
| 绿茶 | 5克 |

**做法：**

① 将佩兰洗净，切碎。

② 加水与绿茶、甘草一起煎煮，去渣取汁后，加入蜂蜜及枸杞子即可。

③ 每日1剂，不拘时饮用。

---

## 本草药典

### 佩兰

别名 佩兰叶、鲜佩兰。

性味 性平，味辛。

功效 芳香化湿。

主治 湿浊中阻、脘痞呕恶、口中甜腻。

### 枸杞子

别名 枸杞、苟起子、枸杞红实。

性味 性平，味甘。

功效 养肝润肺、滋补肝肾、益精明目、强身健体。

主治 腰膝酸痛、眩晕耳鸣、目昏不明、虚劳咳嗽。

### 甘草

别名 粉甘草、甘草梢、甜根子。

性味 性平，味甘。

功效 补脾益气、清热解毒、祛痰止咳、缓急止痛。

主治 脾胃虚弱、倦怠乏力、心悸气短、咳嗽痰多。

### 蜂蜜

别名 岩蜜、石蜜、石饴。

性味 性平，味甘。

功效 保护肝脏、补充体力、消除疲劳、抑菌杀菌。

主治 便秘、皮肤暗黄、失眠、贫血、神经系统疾病。

# 紫苏叶茶

## 止咳祛痰 发汗解表

### 🍵 茶疗功效

紫苏叶有解热和抑制葡萄球菌生长的作用，也可以促进胃液分泌、增进胃肠蠕动，缓解支气管痉挛、支气管炎症。

### ♥ 健康叮咛

适宜患有风寒感冒初起者饮用，证见发热、恶寒、无汗、头痛等。但高热有汗者不宜服用。

**主要材料**

紫苏叶　　20克
甘草　　　5克
枸杞子　　3克
白茶　　　5克
蜂蜜　　　适量

做法：

① 将紫苏叶捣碎，与甘草、白茶置杯中。
② 用沸水冲泡15分钟后，加入蜂蜜及枸杞子。
③ 每日1剂，频频温饮。

---

## 本草药典

### 紫苏叶

别名 苏叶、九层塔叶。

性味 性微温，味辛。

功效 散寒解表。

主治 外感风寒、恶寒发热、头痛无汗。

### 甘草

别名 粉甘草、甘草梢、甜根子。

性味 性平，味甘。

功效 补脾益气、清热解毒、祛痰止咳、缓急止痛。

主治 脾胃虚弱、倦怠乏力、心悸气短、咳嗽痰多。

### 枸杞子

别名 枸杞、苟起子、枸杞红实。

性味 性平，味甘。

功效 养肝润肺、滋补肝肾、益精明目、强身健体。

主治 虚劳精亏、腰膝酸痛、眩晕耳鸣、目昏不明。

### 蜂蜜

别名 岩蜜、石蜜、石饴。

性味 性平，味甘。

功效 保护肝脏、补充体力、消除疲劳、抑菌杀菌。

主治 便秘、皮肤暗黄、失眠、贫血、神经系统疾病。

# 鸡苏散茶

## 祛暑利湿
## 疏风解表

### 📋 茶疗功效

滑石含有丰富的硅酸镁等营养元素，对多种致病菌具有抑制作用，与甘草搭配具有较好的清热、渗湿、利尿的作用。薄荷具有祛风、散寒、解热的良好功效。

### 💗 健康叮咛

适合患有暑病夹湿、微恶风寒、头痛目胀、小便不利者饮用。但阴虚发热、口渴者不宜服用。

### 主要材料

| | |
|---|---|
| 滑石 | 18克 |
| 薄荷 | 9克 |
| 甘草 | 3克 |
| 蜂蜜 | 适量 |
| 乌龙茶 | 3克 |

做法：

① 将滑石、薄荷、甘草、乌龙茶置于杯中，冲入沸水。

② 加盖闷15分钟后，加入适量蜂蜜即可。

③ 每日1剂，不拘时。

---

## 本草药典

### 滑石

别名 画石、液石。

性味 性寒，味甘、淡。

功效 利尿通淋。

主治 尿热涩痛、暑湿烦渴、湿热水泻。

### 薄荷

别名 野薄荷、南薄荷、水薄荷。

性味 性凉，味辛。

功效 疏散风热、清利头目、利咽透疹、疏肝行气。

主治 头痛、咽喉肿痛、食滞气胀、口疮、牙痛。

### 甘草

别名 粉甘草、甘草梢、甜根子。

性味 性平，味甘。

功效 补脾益气、清热解毒、祛痰止咳、缓急止痛。

主治 脾胃虚弱、倦怠乏力、心悸气短、咳嗽痰多。

### 蜂蜜

别名 岩蜜、石蜜、石饴。

性味 性平，味甘。

功效 保护肝脏、补充体力、消除疲劳、抑菌杀菌。

主治 便秘、皮肤暗黄、失眠、贫血、神经系统疾病。

# 青蒿茶

## 清暑益气
## 退热解毒

### 🖥 茶疗功效

青蒿具有抗疟的功效；甘草具有补中益气、清热解毒的功效，与青蒿相配，既能矫正其苦味，又能使其之药性退热而不伤脾胃之气。

### 💗 健康叮咛

脾胃虚寒、大便溏泄、感冒发热者及经期女性不宜饮用。

主要材料

| | |
|---|---|
| 青蒿 | 15克 |
| 甘草 | 5克 |
| 绿茶 | 2克 |
| 蜂蜜 | 适量 |

做法：

① 将青蒿、甘草、绿茶放入杯中。
② 用沸水冲泡15分钟后，加入适量蜂蜜即可。
③ 每日1剂，不拘时饮用。

---

## 本草药典

### 青蒿

别名 草蒿、茵陈蒿。
性味 性寒，味苦、辛。
功效 清热解暑。
主治 暑邪发热、阴虚发热、疟疾寒热。

### 绿茶

别名 苦茗。
性味 性寒，味苦。
功效 生津止渴、清热消暑、解毒消食、祛风解表。
主治 心血管疾病、失眠、便秘、心绞痛、腹痛。

### 甘草

别名 粉甘草、甘草梢、甜根子。
性味 性平，味甘。
功效 补脾益气、清热解毒、祛痰止咳、缓急止痛。
主治 脾胃虚弱、倦怠乏力、心悸气短、咳嗽痰多。

### 蜂蜜

别名 岩蜜、石蜜、石饴。
性味 性平，味甘。
功效 保护肝脏、补充体力、消除疲劳、抑菌杀菌。
主治 便秘、皮肤暗黄、失眠、贫血、神经系统疾病。

# 姜糖苏叶茶

**温中和胃　发汗解表**

## 茶疗功效

姜糖苏叶茶具有发汗解表、温胃和中、清热祛暑的功效。茶中的紫苏叶为辅助治疗外感风寒的药物；生姜与其同用，既可增强温散之力，又可提高和中之效。

## 健康叮咛

适宜患有风寒感冒、头痛咳嗽、腹胀胃痛者饮用。但患有风热感冒者不宜饮用。

### 主要材料

| | |
|---|---|
| 紫苏叶 | 6克 |
| 生姜 | 5克 |
| 枸杞子 | 3克 |
| 红茶 | 3克 |
| 蜂蜜 | 适量 |

做法：

① 将生姜洗净，切丝；将紫苏叶洗去尘垢。

② 将紫苏叶、生姜丝、红茶放入杯中，用沸水冲泡10分钟后，加入枸杞子及适量的蜂蜜，即可饮用。

③ 每日1剂，不拘时饮用。

## 本草药典

### 紫苏叶

别名 苏叶、九层塔叶。

性味 性微温，味辛。

功效 行气宽中。

主治 恶寒发热、头痛无汗、咳嗽。

### 生姜

别名 姜。

性味 性温，味辛。

功效 开胃止呕、化痰止咳、发汗解表、清热解毒。

主治 外感风寒、鼻子不通气、流清鼻涕、腹痛。

### 枸杞子

别名 枸杞、苟起子、枸杞红实。

性味 性平，味甘。

功效 养肝润肺、滋补肝肾、益精明目、强身健体。

主治 虚劳精亏、腰膝酸痛、眩晕耳鸣、咳嗽。

### 蜂蜜

别名 岩蜜、石蜜、石饴。

性味 性平，味甘。

功效 保护肝脏、补充体力、消除疲劳、抑菌杀菌。

主治 便秘、皮肤暗黄、失眠、贫血、神经系统疾病。

# 银翘藿香茶

清热化湿
祛暑解表

## 茶疗功效

银翘藿香茶具有解表祛暑、清热解毒、祛淤化湿的功效。茶中的藿香具有发汗解暑的功效，厚朴燥湿宽中；金银花、连翘可起到发汗解表、清热解暑的作用。

## 健康叮咛

适宜患有暑季感冒、周身酸痛、发热恶寒、心烦口渴者饮用。但中暑而无感冒症状者不宜饮用。

### 主要材料

| | |
|---|---|
| 金银花 | 9克 |
| 连翘 | 6克 |
| 藿香 | 6克 |
| 厚朴 | 6克 |
| 扁豆 | 5克 |
| 蜂蜜 | 适量 |
| 绿茶 | 2克 |

**做法：**
① 将藿香、厚朴、金银花、连翘、扁豆捣成末。
② 将药末与绿茶放入杯中，用热水冲泡15分钟后，加入适量的蜂蜜，即可饮用。
③ 每日1剂，不拘时饮用。

## 本草药典

### 藿香

别名 兜娄婆香。
性味 性温，味辛。
功效 止呕消嗳。
主治 湿阻脾胃、脘腹胀满、湿温初起、脚气。

### 厚朴

别名 厚皮、重皮、赤朴。
性味 性温，味苦、辛。
功效 行气消积、燥湿除满、降逆平喘、止泻止吐。
主治 腹胀便秘、脘痞吐泻、痰壅气逆、胸满喘咳。

### 金银花

别名 忍冬、忍冬花、金花。
性味 性寒，味甘。
功效 清热解毒、温病发热、热毒血痢、抗菌。
主治 暑热症、泻痢、流感、皮肤肿毒。

### 连翘

别名 黄花条、连壳、青翘。
性味 性寒，味苦、微辛。
功效 清热解毒、散结消肿、平喘止咳。
主治 热病初起、风热感冒、咽喉肿痛、急性肾炎、斑疹。

# 续断牛膝茶

**祛寒止痛 强筋壮骨**

## 茶疗功效

续断可缓解小便频数、腰背酸疼、足膝无力等症状，牛膝具有镇痛、扩张下肢血管、抗炎消肿的作用。

## 健康叮咛

适合患有肝肾亏虚、腰膝酸痛、足软无力等症者饮用。但脾虚泄泻、月经过多者以及孕妇不宜服用。

### 主要材料

| | |
|---|---|
| 续断 | 30克 |
| 牛膝 | 30克 |
| 枸杞子 | 5克 |
| 乌龙茶 | 3克 |
| 蜂蜜 | 适量 |

做法：

① 将续断、牛膝、枸杞子、乌龙茶放入锅中，用水煎煮。

② 用茶漏滤出药渣，取药汁，放入适量蜂蜜，即可饮用。

③ 每日1剂，不拘时饮用。

---

## 本草药典

### 续断

别名 川断、龙豆。

性味 性微温，味苦。

功效 补肝益肾。

主治 腰背酸痛、肢节痿痹、跌仆创伤。

### 牛膝

别名 杜牛膝。

性味 性平，味甘、微苦、酸。

功效 补肝肾、强筋骨、活血通经、利尿通淋。

主治 腰膝酸痛、下肢痿软、跌打损伤、咽喉肿痛。

### 枸杞子

别名 枸杞、苟起子、枸杞红实。

性味 性平，味甘。

功效 养肝润肺、滋补肝肾、益精明目、强身健体。

主治 虚劳精亏、腰膝酸痛、眩晕耳鸣、咳嗽。

### 蜂蜜

别名 岩蜜、石蜜、石饴。

性味 性平，味甘。

功效 保护肝脏、补充体力、消除疲劳、抑菌杀菌。

主治 便秘、皮肤暗黄、失眠、贫血、神经系统疾病。

# 地骨茶

祛风解表
降压止痛

## 茶疗功效

地骨皮对解热、降压等有显著疗效；石膏能缓解因头痛而引起的不适。

## 健康叮咛

适合患有三叉神经痛、血管紧张性头痛、梅尼埃病者饮用。但脾胃虚寒、血虚之人及孕妇不宜服用。

### 主要材料

| | |
|---|---|
| 地骨皮 | 60克 |
| 生石膏 | 20克 |
| 荆芥穗 | 10克 |
| 蜂蜜 | 适量 |
| 花茶 | 5克 |

做法：
① 将地骨皮、生石膏、荆芥穗、花茶共研细末。
② 用热水冲泡药末，去渣取汁后，加入适量蜂蜜即可。
③ 每日1~2剂，代茶频饮。

## 本草药典

### 地骨皮

别名 杞根、地骨。
性味 性寒，味苦。
功效 凉血除蒸。
主治 肺热咳喘、高血压、痈肿、恶疮。

### 荆芥穗

别名 香荆荠、假苏。
性味 性微温，味辛。
功效 解表散风、透疹、止血化淤、清热解毒。
主治 感冒、头痛、麻疹、风疹。

### 生石膏

别名 石膏、细石。
性味 性寒，味辛、甘。
功效 解肌清热、除烦止渴、清热解毒、止渴止痛。
主治 口渴咽干、肺热喘急、胃火头痛、牙痛、发斑、发疹。

### 蜂蜜

别名 岩蜜、石蜜、石饴。
性味 性平，味甘。
功效 保护肝脏、补充体力、消除疲劳、抑菌杀菌。
主治 便秘、皮肤暗黄、失眠、贫血、神经系统疾病。

# 淫羊藿茶

## 壮阳止痛 祛风除湿

淫羊藿具有降压、抗炎等多种作用，能显著减轻蛋清样足肿胀程度，亦能降低组胺所致毛细血管通透性的增高，对脊髓灰质炎病毒具有显著的抑制作用。

### 健康叮咛

适合患有肝肾亏虚、气血运行受阻、腰部酸痛、肢体麻木等症者饮用。但体质虚弱者及孕妇不宜服用。

### 主要材料

|  |  |
|------|------|
| 淫羊藿 | 60克 |
| 川芎 | 60克 |
| 生姜 | 6克 |
| 黑茶 | 1克 |
| 枸杞子 | 适量 |

**做法：**

① 将淫羊藿、川芎、黑茶研成细药末，备用；将生姜切成姜末。

② 将药末放入杯中，用沸水冲泡30分钟后，加入适量的枸杞子和生姜末。

③ 每日1剂，分数次饮完。

## 本草药典

### 淫羊藿

别名 刚前、仙灵脾。

性味 性温，味辛、甘。

功效 强身健体。

主治 阳痿遗精、筋骨痿软、风湿痹痛。

### 川芎

别名 香果、芎䓖、山鞠穷。

性味 性温，味辛。

功效 活血行步、祛风止痛、解郁通达。

主治 月经不调、头痛眩晕、跌打损伤、痈疽疮疡。

### 生姜

别名 姜。

性味 性温，味辛。

功效 开胃止呕、化痰止咳、发汗解表、清热解毒。

主治 外感风寒、鼻子不通气、流清鼻涕、腹痛。

### 枸杞子

别名 枸杞、苟起子、枸杞红实。

性味 性平，味甘。

功效 养肝润肺、滋补肝肾、益精明目、强身健体。

主治 腰膝酸痛、眩晕耳鸣、目昏不明、虚劳咳嗽。

# 防风羌活茶

散热止痛　祛风除湿

本茶中的防风具有解热、镇痛等功效，羌活具有散表寒、祛风湿的功效，酒黄芩具有清热燥湿、泻火解毒、止血的功效。

💗 健康叮咛

适合患有因风寒引起的头痛、偏头痛、内伤头痛等症者饮用，但患有阴虚血热者不宜服用。

### 主要材料

|  |  |
| --- | --- |
| 防风 | 9克 |
| 羌活 | 9克 |
| 酒黄芩 | 3克 |
| 炙甘草 | 9克 |
| 乌龙茶 | 5克 |
| 蜂蜜 | 适量 |

做法：

① 将防风、羌活、酒黄芩、炙甘草、乌龙茶研成粗末。

② 将药末置于杯中，用开水冲泡20分钟后，加入适量蜂蜜即可。

③ 每日1剂，不拘时饮用。

## 本草药典

### 炙甘草

别名 草根、红甘草、甘草。

性味 性平，味甘。

功效 补脾和胃。

主治 脾胃虚弱、倦怠乏力、心悸气短。

### 防风

别名 铜芸、屏风。

性味 性微温，味辛、甘。

功效 祛风解表、胜湿止痛、止痉定搐、发散风寒。

主治 风疹瘙痒、风湿痹痛、破伤风、头痛身痛。

### 羌活

别名 羌青、羌滑、黑药。

性味 性温，味辛、苦。

功效 解表、祛风湿、止痛。

主治 外感风寒、头痛无汗、浮肿、表皮肿毒。

### 酒黄芩

别名 黄芩片。

性味 性寒，味苦。

功效 清热燥湿、泻火解毒、止血、安胎。

主治 湿热痞满、肺热咳嗽、高热烦渴、胎动不安。

# 薏苡仁寄生茶

## 祛风止痛 舒筋活络

### 📋 茶疗功效

薏苡仁寄生茶具有祛风止痛、舒筋活络、强身健体的功效。茶中的薏苡仁能健脾补肺、清热利湿、镇痛解热，桑寄生补肝肾、强筋骨、除风湿、通经络。

### 💗 健康叮咛

适宜患有关节疼痛、腰背疼痛者饮用，且可作为类风湿性关节炎、风湿性脊柱炎等病症之辅助治疗饮品饮用。但孕妇不宜饮用。

**主要材料**

| | |
|---|---|
| 薏苡仁 | 50克 |
| 桑寄生 | 20克 |
| 当归 | 10克 |
| 续断 | 10克 |
| 红茶 | 3克 |
| 蜂蜜 | 适量 |

**做法：**

① 将薏苡仁、桑寄生、当归、续断、红茶研成粗末。

② 将药末置于杯中，用水冲泡30分钟后，加入蜂蜜即可。

③ 每日1剂，不拘时饮用。

## 本草药典

### 薏苡仁

别名 薏仁、薏米。

性味 性凉，味甘。

功效 健脾渗湿。

主治 水肿、脚气、小便不利。

### 桑寄生

别名 桃树寄生、广寄生。

性味 性平，味苦、甘。

功效 补肝肾、强筋骨、祛风湿、安胎元。

主治 风湿痹痛、腰膝酸软、筋骨无力、胎动不安、高血压。

### 当归

别名 秦归、云归、西当归。

性味 性温，味甘、辛。

功效 延缓衰老、美容养颜、清热解毒、补血活血。

主治 月经不调、虚寒腹痛、肠燥便秘、跌仆损伤。

### 续断

别名 川断。

性味 性微温，味苦、辛。

功效 强身健体、续筋接骨、活血祛淤。

主治 腰膝酸痛、跌打损伤、遗精遗尿、胎动不安。

# 荆芥石膏茶

## 清利头目　祛风止痛

### 📺 茶疗功效

　　荆芥石膏茶具有清利头目、祛风止痛的功效。茶中的生石膏能起到解肌清热、除烦、止渴的作用；荆芥穗能促进皮肤血液循环，增强汗腺分泌，解除肌肉痉挛。

### 💗 健康叮咛

　　适宜患有风热上攻、突发头痛、伴发热恶风、面红目赤、口渴者饮用。但脾胃虚寒及血虚、阴虚发热者忌服。

主要材料

| | |
|---|---|
| 荆芥穗 | 30克 |
| 生石膏 | 20克 |
| 绿茶 | 6克 |
| 生姜 | 6克 |
| 蜂蜜 | 适量 |

做法：

① 将荆芥穗、生石膏共研细末，将生姜切丝。

② 用水冲泡绿茶，加入药末、生姜丝，冲泡15分钟后，加入蜂蜜即可。

③ 每日1剂，不拘时饮用。

---

## 本草药典

### 荆芥穗

- 别名 香荆荠、假苏。
- 性味 性微温，味辛。
- 功效 解表散风。
- 主治 感冒、头痛、麻疹、风疹。

### 生石膏

- 别名 石膏、灰泥、细石。
- 性味 性寒，味辛、甘。
- 功效 解肌清热、除烦止渴、清热解毒、止渴止痛。
- 主治 口渴咽干、肺热喘急、中暑自汗、胃火头痛、牙痛。

### 绿茶

- 别名 苦茗。
- 性味 性寒，味苦。
- 功效 生津止渴、清热消暑、解毒消食、祛风解表。
- 主治 心血管疾病、失眠、便秘、心绞痛、腹痛。

### 生姜

- 别名 姜。
- 性味 性温，味辛。
- 功效 开胃止呕、化痰止咳、发汗解表、清热解毒。
- 主治 外感风寒、鼻子不通气、流清鼻涕、肚子痛。

# 侧柏叶茶

## 活血镇痛 祛风化湿

### 茶疗功效

侧柏叶可起到止血活血、祛风湿、散肿毒的作用，红花具有镇痛、抗炎的作用，羌活通畅血脉，当归利筋骨。

### 健康叮咛

适宜患有关节炎、外伤性关节炎等症者饮用。但阴亏、气虚、尿频者及孕妇均不宜服用。

### 主要材料

| | |
|---|---|
| 侧柏叶 | 15克 |
| 当归 | 6克 |
| 红花 | 6克 |
| 羌活 | 6克 |
| 蜂蜜 | 适量 |
| 枸杞子 | 6克 |
| 乌龙茶 | 3克 |

做法：
① 将侧柏叶、当归、红花、羌活、乌龙茶研成粗末，备用。
② 将药末置于杯中，用水冲泡30分钟后，加入适量蜂蜜和枸杞子即可。
③ 每日1剂，代茶频饮。

## 本草药典

### 侧柏叶

- **别名** 柏叶、扁柏叶。
- **性味** 性寒，味苦、涩。
- **功效** 凉血止血。
- **主治** 风湿痹痛、高血压、咳嗽。

### 当归

- **别名** 秦归、云归、西当归。
- **性味** 性温，味甘、辛。
- **功效** 美容养颜、活血补血、抑菌杀菌。
- **主治** 月经不调、闭经痛经、虚寒腹痛、肠燥便秘。

### 红花

- **别名** 草红、刺红花。
- **性味** 性温，味辛。
- **功效** 活血通经、祛淤止痛、抗氧化。
- **主治** 胸痹心痛、跌打淤肿、关节疼痛、中风瘫痪、斑疹紫暗。

### 羌活

- **别名** 羌青、羌滑、黑药。
- **性味** 性温，味辛、苦。
- **功效** 解表、祛风湿、止痛。
- **主治** 外感风寒、头痛无汗、风水浮肿、表皮肿毒。

# 黄芩白芷茶

**清热化湿　祛风止痛**

## 📋 茶疗功效

黄芩具有抗菌、杀菌、消炎的功效，主要用于缓解各种头痛，搭配擅治头痛的白芷，可起到增强本药茶燥湿镇痛的作用。

## ♥ 健康叮咛

适宜患有三叉神经痛、湿热上蒸者饮用，且可用于中医辨证属湿热蕴痰的高血压所致的头痛、头晕。但脾胃虚寒者不宜服用。

### 主要材料

| | |
|---|---|
| 黄芩 | 30克 |
| 白芷 | 20克 |
| 绿茶 | 6克 |
| 蜂蜜 | 适量 |

**做法：**

① 将黄芩、白芷研成细药末，备用。

② 将药末置于杯中，加入绿茶，用热水冲泡10分钟后，加入蜂蜜即可。

③ 分次饮用，1日内饮完。

---

## 本草药典

### 黄芩

别名 山茶根、土金茶根。

性味 性寒，味苦。

功效 清热燥湿。

主治 中暑、胸闷呕恶、湿热痞满。

### 白芷

别名 芳香、苻蓠、泽芬。

性味 性温，味辛。

功效 祛风湿、活血排脓、生肌止痛、清热抗炎。

主治 头痛、牙痛、肠风痔漏、赤白带下、痈疽疮疡。

### 绿茶

别名 苦茗。

性味 性寒，味苦。

功效 生津止渴、清热消暑、解毒消食、祛风解表。

主治 心血管疾病、失眠、便秘、心绞痛、腹痛。

### 蜂蜜

别名 岩蜜、石蜜、石饴。

性味 性平，味甘。

功效 保护肝脏、补充体力、消除疲劳、抑菌杀菌。

主治 便秘、皮肤暗黄、失眠、贫血、神经系统疾病。

# 川芎白芷散茶

**疏风散寒**
**醒脑止痛**

## 茶疗功效

本茶具有醒脑止痛、祛风散寒的功效。茶中的川芎能行气开郁、活血止痛；白芷可缓解头痛，薄荷疏散风热、清利头目。

## 健康叮咛

适宜患有偏头痛、头昏目胀、感冒风邪、鼻塞声重者饮用。但患有胃溃疡者需餐后饮用。

### 主要材料

| 川芎 | 30克 |
| --- | --- |
| 白芷 | 15克 |
| 乌龙茶 | 9克 |
| 薄荷 | 9克 |
| 蜂蜜 | 适量 |

**做法：**

① 将川芎、白芷、薄荷研成粗末，备用。

② 将药末及乌龙茶置于杯中，用水冲泡10分钟后，加入适量蜂蜜即可饮用。

③ 每日1剂，代茶频饮。

## 本草药典

### 川芎

**别名** 山鞠穷、芎䓖。
**性味** 性温，味辛。
**功效** 祛风活血。
**主治** 月经不调、胸胁疼痛。

### 乌龙茶

**别名** 青茶、美容茶。
**性味** 性凉，味甘、苦。
**功效** 生津止渴、提神益思。
**主治** 消化不良、高脂血症、高血压。

### 白芷

**别名** 芳香、苻蓠、泽芬。
**性味** 性温，味辛。
**功效** 祛风湿、活血排脓、生肌止痛、清热抗炎。
**主治** 头痛、牙痛、肠风痔漏、痈疽疮疡。

### 薄荷

**别名** 野薄荷、南薄荷、水薄荷。
**性味** 性凉，味辛。
**功效** 疏散风热、清利头目、利咽透疹、疏肝行气。
**主治** 头痛、咽喉肿痛、食滞气胀、口疮、牙痛。

# 黑芝麻白术茶

## 祛风化湿 舒筋通络

### 📋 茶疗功效

黑芝麻能补肝肾、润五脏；白术可起到扶植脾胃、散湿除痹的作用；威灵仙能祛风湿、通经络。

### 💗 健康叮咛

适宜患有脾肾亏虚、腰痛、四肢软弱无力、四肢酸痛、麻木者饮用。但脾虚便溏者不宜服用。

**主要材料**

| | |
|---|---|
| 黑芝麻 | 20克 |
| 白术 | 20克 |
| 威灵仙 | 10克 |
| 黑茶 | 3克 |
| 蜂蜜 | 适量 |

**做法：**

① 将黑芝麻、白术、威灵仙研成粗末，备用。

② 将药末与黑茶置于杯中，用水冲泡15分钟后，加入适量蜂蜜，即可饮用。

③ 每日1剂，不拘时饮用。

## 本草药典

### 黑芝麻

别名 油胡麻、油芝麻。

性味 性温，味苦。

功效 补血明目。

主治 头晕耳鸣、高血压、高脂血症。

### 白术

别名 于术、冬术、冬白术。

性味 性温，味苦、甘。

功效 健脾益气、燥湿利水、止汗、安胎。

主治 脾虚食少、腹胀泄泻、痰饮眩悸、水肿、胎动不安。

### 威灵仙

别名 铁脚威灵仙。

性味 性温，味辛。

功效 祛风除湿、通络止痛、消痰水、调解血脂。

主治 痛风顽痹、风湿痹痛、肢体麻木、腰膝冷痛、筋脉拘挛。

### 蜂蜜

别名 岩蜜、石蜜、石饴。

性味 性平，味甘。

功效 保护肝脏、补充体力、消除疲劳、抑菌杀菌。

主治 便秘、皮肤暗黄、失眠、贫血、神经系统疾病。

# 陈皮藿香茶

## 理气消滞 健脾和胃

### 🍵 茶疗功效

调胃茶具有理气消滞、健脾和胃的功效。茶中的陈皮具有开胃健脾的功效，藿香能祛除湿邪。

### 💗 健康叮咛

适宜患有脾胃失健、肠胃不和、食欲不振者饮用。但阴血亏虚者不宜饮用。

### 主要材料

| | |
|---|---|
| 陈皮 | 3克 |
| 厚朴 | 3克 |
| 藿香 | 3克 |
| 甘草 | 2克 |
| 黄茶 | 3克 |
| 生姜 | 适量 |

做法：

① 将陈皮、厚朴、藿香、甘草研成粗末。

② 将生姜切丝，与黄茶、药末同放入杯中，用沸水冲泡15分钟后，即可饮用。

③ 每日1剂，代茶频饮。

## 本草药典

### 陈皮

别名 橘皮、贵老。

性味 性温，味辛、苦。

功效 理气健脾。

主治 脾胃气滞、腹痛。

### 厚朴

别名 厚皮、重皮、赤朴。

性味 性温，味苦、辛。

功效 行气消积、燥湿除满、降逆平喘、止泻止吐。

主治 食积气滞、腹胀便秘、脾胃不和、脘痞吐泻。

### 藿香

别名 兜娄婆香。

性味 性温，味辛。

功效 止呕消噎、止泄、发汗解表、清暑解郁。

主治 湿阻脾胃、湿温初起、发热恶寒、恶寒发热。

### 甘草

别名 粉甘草。

性味 性平，味甘。

功效 补脾益气、清热解毒、祛痰止咳、缓急止痛。

主治 脾胃虚弱、倦怠乏力、心悸气短、咳嗽痰多。

# 消食茶

## 理气和胃 消食化积

### 📋 茶疗功效

山楂有消积、化滞、行瘀的功效；陈皮、莱菔子具有理气和胃、醒脾消食的功效；茯苓健脾化湿，可增强药茶的助消化功效。

### 💛 健康叮咛

适宜患有大便不畅、食欲不振、舌苔厚腻者饮用。但大病后体质虚弱、舌淡苔净者不宜饮用。

**主要材料**

| | |
|---|---|
| 山楂 | 20克 |
| 陈皮 | 10克 |
| 茯苓 | 10克 |
| 莱菔子 | 6克 |
| 岩茶 | 3克 |
| 蜂蜜 | 适量 |

**做法：**

① 将山楂用小火炒至淡黄色，备用。

② 陈皮切丝，茯苓、莱菔子研为细末；将药末、陈皮丝、山楂、岩茶一同放入杯中，用沸水冲泡10分钟后，加入适量蜂蜜，即可饮用。

③ 每日1剂，连续5~7天。

## 本草药典

### 山楂

别名 山里果、山里红。

性味 性微温，味酸、甘。

功效 开胃消食。

主治 腹胀痞满、肉食滞积、肠风下血。

### 陈皮

别名 橘皮、贵老、红皮。

性味 性温，味辛、苦。

功效 理气健脾、燥湿化痰、和胃健脾、润肠通便。

主治 脾胃气滞、腹部胀满及疼痛、消化不良。

### 茯苓

别名 云苓、松苓、茯灵。

性味 性平，味甘。

功效 渗湿利水、健脾和胃、宁心安神、止咳化痰。

主治 小便不利、水肿胀满、痰饮咳嗽、健忘。

### 莱菔子

别名 萝卜子、萝白子、菜头子。

性味 性平，味辛、甘。

功效 消食除胀、降气化痰、清热滑肠、通肠润便。

主治 食欲不振、脘腹胀痛、大便秘结、积滞泻痢。

# 黄梅茶

## 健脾理气 和胃消食

### 茶疗功效

黄梅性温，味酸而甘，具有抗菌、杀菌、消食和胃的功效；紫苏子散寒理气。

### 健康叮咛

适宜患有脾胃受寒、食欲不振、食积不消、嗳气频发者饮用，也可作为夏季消暑解热的饮品服用。但经常泛吐、胃酸者不宜饮服。

### 主要材料

| | |
|---|---|
| 黄梅 | 10克 |
| 紫苏子 | 6克 |
| 生姜 | 5克 |
| 红茶 | 3克 |
| 蜂蜜 | 适量 |

做法：

① 将黄梅蒸熟，去掉核，加入生姜末搅拌均匀。

② 将调制好的黄梅肉与紫苏子、红茶一起放入杯中，用热水冲泡10分钟后，加入适量蜂蜜，即可饮用。

③ 每日1~2剂，代茶饮用。

## 本草药典

### 黄梅

别名 酸梅、黄仔。

性味 性平，味酸、涩。

功效 敛肺涩肠。

主治 肺虚久咳、虚热烦渴。

### 生姜

别名 姜。

性味 性温，味辛。

功效 开胃止呕、化痰止咳、发汗解表、清热解毒。

主治 外感风寒、鼻子不通气、流清鼻涕、腹痛。

### 紫苏子

别名 苏子、黑苏子。

性味 性温，味辛。

功效 降气消痰、平喘润肠、润肺止咳。

主治 咳嗽气喘、风寒感冒、胎动不安、食蟹中毒。

### 蜂蜜

别名 岩蜜、石蜜、石饴。

性味 性平，味甘。

功效 保护肝脏、补充体力、消除疲劳、抑菌杀菌。

主治 便秘、皮肤暗黄、失眠、贫血、神经系统疾病。

## 姜汁牛奶茶

**润肤通肠 补益气血**

**主要材料**

韭菜　　50克
生姜　　10克
黄茶　　3克
牛奶　　适量
蜂蜜　　适量

**做法：**

① 将生姜洗净，捣碎，压取汁；将韭菜洗净，切碎，加水压取汁。

② 将姜汁、韭菜汁冲入牛奶中，加入黄茶煮沸后，加入适量蜂蜜，即可饮用。

③ 每日2剂，早、晚空腹温服。

韭菜

### 📋 茶疗功效

牛奶性平，味甘，具有补虚损、益肺暖胃、生津润肠的作用。且牛奶加入生姜汁、韭菜汁后，更可起到补益气血、润肤通便的功效。

## 木耳芝麻茶

**润燥通便 润肠止血**

**主要材料**

黑木耳　　60克
黑芝麻　　15克
生姜片　　6克
乌龙茶　　3克
蜂蜜　　　适量

**做法：**

① 将黑木耳、黑芝麻各分成两份，一份炒熟，一份生用。

② 与乌龙茶一起用沸水冲泡15分钟后，加入生姜片及适量蜂蜜。

③ 每日1~2剂，不拘时饮用。

黑木耳

### 📋 茶疗功效

黑木耳具有辅助治疗痔疮的作用，黑芝麻具有甘平滋补的功效，两药合用，既有凉血止血的作用，又有润燥通便的功效。

# 四陈茶

## 理气消滞 化痰和胃

### 茶疗功效

橘红具有散寒理气、燥湿化痰的作用；枳壳能破气、行痰、消积；花茶可对肠黏膜起收敛及保护作用，并减轻肠道炎症，使肠功能恢复正常。

### 健康叮咛

适宜患有急性胃肠炎、胸闷心烦、消化不良者饮用。但脾胃虚弱、气虚者及孕妇不宜饮用。

### 主要材料

| | |
|---|---|
| 橘红 | 10克 |
| 香橼 | 10克 |
| 枳壳 | 10克 |
| 花茶 | 10克 |
| 蜂蜜 | 适量 |

**做法：**

① 将橘红、香橼、枳壳研成细药末，备用。
② 将药末与花茶置于杯中，用沸水冲泡30分钟后，加入适量的蜂蜜，即可饮用。
③ 每日2剂，不拘时饮用。

---

**本草药典**

## 橘红

**别名** 化州橘红、橘皮。
**性味** 性温，味辛、苦。
**功效** 利气消痰。
**主治** 风寒咳嗽、喉痒痰多、食积伤酒。

## 香橼

**别名** 枸橼、枸橼子。
**性味** 性温，味辛、苦、酸。
**功效** 理上焦之气、止呕止咳、健脾和胃。
**主治** 胸胁胀痛、咳嗽痰多、脘腹痞痛、食滞呕逆、水肿脚气。

## 枳壳

**别名** 枳实。
**性味** 性微寒，味酸。
**功效** 理气宽中、行滞消胀、湿热泻痢、止咳平喘。
**主治** 胸胁气滞、胀满疼痛、食积不化。

## 花茶

**别名** 香片。
**性味** 性寒，味苦。
**功效** 生津止渴、行气开郁、清肝明目、抗菌消炎。
**主治** 头痛、腹痛、便秘、慢性支气管炎、焦虑。

# 豆蔻藿香茶

开胃和中
行气消滞

## 茶疗功效

白豆蔻具有芳香健胃的功效；藿香化湿和中；陈皮开胃健脾、理气化痰；生姜具有除痰湿的功效，还能缓解胃气不降而引起的打嗝不止及呕吐。

## 健康叮咛

适宜患有气滞、消化不良、腹痛腹胀、打嗝反胃、大便不畅等症者饮用。但胃火旺、口干唇燥、舌红少苔者忌用。

### 主要材料

|  |  |
| --- | --- |
| 藿香 | 10克 |
| 陈皮 | 10克 |
| 白豆蔻 | 6克 |
| 生姜 | 2片 |
| 黄茶 | 5克 |
| 蜂蜜 | 适量 |

做法：
① 将白豆蔻、藿香、陈皮研成粗末。
② 将生姜切丝，与药末、黄茶一同放入杯中，用沸水冲泡15分钟后，加入适量的蜂蜜，即可饮用。
③ 每日1剂，不拘时饮用。

## 本草药典

### 白豆蔻

别名 多骨、壳蔻。
性味 性温，味辛。
功效 化湿行气。
主治 气滞、食滞、胸闷、腹胀。

### 藿香

别名 兜娄婆香。
性味 性温，味辛。
功效 止呕消嗳、止泄、发汗解表、清暑解郁。
主治 湿阻脾胃、脘腹胀满、湿温初起、发热恶寒。

### 陈皮

别名 橘皮、贵老、红皮。
性味 性温，味辛、苦。
功效 理气健脾、燥湿化痰、和胃健脾、润肠通便。
主治 脾胃不和、腹痛、消化不良、健忘。

### 生姜

别名 姜。
性味 性温，味辛。
功效 开胃止呕、化痰止咳、发汗解表、清热解毒。
主治 外感风寒、鼻子不通气、流清鼻涕、腹痛。

# 山楂茶

**消食化积**
**活血散淤**

## 茶疗功效

山楂具有消食化积、活血散淤的功效。且常食山楂对产后淤血腹痛、恶露不尽及淤滞出血等症都有较好疗效。

## 健康叮咛

适宜患有高血压、高脂血症、脂肪肝、萎缩性胃炎、胆囊切除综合征等症者饮用。但胃酸过多者不宜饮用。

### 主要材料

| | |
|---|---|
| 山楂 | 20克 |
| 甘草 | 5克 |
| 枸杞子 | 5克 |
| 花茶 | 5克 |
| 蜂蜜 | 适量 |

**做法：**

① 将山楂洗净，切细，晒干；将甘草研成粗末。

② 将药末、花茶和山楂一同放入杯中，用沸水冲泡10分钟后，加入枸杞子及蜂蜜，即可饮用。

③ 每日3~4剂，频饮。

---

## 本草药典

### 山楂

别名 山里果、山里红。

性味 性微温，味酸、甘。

功效 开胃消食。

主治 肉食滞积、症瘕积聚、腹胀痞满。

### 枸杞子

别名 枸杞、苟起子、枸杞红实。

性味 性平，味甘。

功效 养肝润肺、滋补肝肾、益精明目、强身健体。

主治 腰膝酸痛、眩晕耳鸣、虚劳咳嗽、虚劳精亏。

### 甘草

别名 粉甘草、甘草梢、甜根子。

性味 性平，味甘。

功效 补脾益气、清热解毒、祛痰止咳、缓急止痛。

主治 脾胃虚弱、倦怠乏力、心悸气短、咳嗽痰多。

### 蜂蜜

别名 岩蜜、石蜜、石饴。

性味 性平，味甘。

功效 保护肝脏、补充体力、消除疲劳、抑菌杀菌。

主治 便秘、皮肤暗黄、失眠、贫血、神经系统疾病。

# 润肠茶

### 益精润燥
### 滑肠通便

## 📖 茶疗功效

此茶具有润肠通便、润燥除烦的功效。茶中的肉苁蓉养血润燥，沉香降气温中、暖肾纳气，火麻仁可辅助治疗老年人便秘等症。

## 💗 健康叮咛

适宜老年人、体质虚弱及经常大便不通者饮用。但脾胃虚弱、食少便溏、口干烦渴、五心烦热者不宜服用。

### 主要材料

肉苁蓉　10克
火麻仁　2克
沉香　　6克
乌龙茶　5克
蜂蜜　　适量

做法：

① 将肉苁蓉、火麻仁、沉香研成粗末。

② 将药末与乌龙茶置于杯中，用沸水冲泡10分钟后，加入适量的蜂蜜，即可饮用。

③ 每日1剂，不拘时饮用。

---

**本草药典**

## 肉苁蓉

别名 大芸、寸芸、苁蓉。
性味 性温，味甘、咸。
功效 补肾助阳、润肠通便。
主治 腰膝酸软、筋骨无力、肠燥便秘。

## 火麻仁

别名 大麻仁、火麻、线麻子。
性味 性平，味甘。
功效 润肠通便、解毒杀虫、润燥滑肠、滋养身体。
主治 血虚津亏、肠燥便秘、女性月经期间失血过多。

## 沉香

别名 蜜香、沉水香。
性味 性温，味辛、苦。
功效 降气温中、暖肾纳气、调理五脏、止吐止喘。
主治 气逆喘息、脘腹胀痛、腰膝虚冷。

## 蜂蜜

别名 岩蜜、石蜜、石饴。
性味 性平，味甘。
功效 保护肝脏、补充体力、消除疲劳、抑菌杀菌。
主治 便秘、皮肤暗黄、失眠、贫血、神经系统疾病。

# 玄参双冬茶

**养阴润燥　润肠通便**

增液茶具有润肠通便、除烦祛燥的功效。茶中的玄参养阴生津；麦门冬增液润燥，生地黄养阴润燥。

💗 健康叮咛

适宜肠燥便秘、舌干红、手足发热者饮用。但体质虚寒、畏寒怕冷、手足不温、脾虚腹泻者不宜饮服。

## 主要材料

| | |
|---|---|
| 玄参 | 30克 |
| 天门冬 | 12克 |
| 麦门冬 | 12克 |
| 生地黄 | 24克 |
| 乌龙茶 | 3克 |
| 蜂蜜 | 适量 |
| 枸杞子 | 适量 |

做法：

① 将玄参、麦门冬、天门冬、生地黄研成粗末。

② 将药末与乌龙茶放入杯中，用沸水冲泡10分钟后，加入适量蜂蜜及枸杞子，即可饮用。

③ 每日1剂，不拘时饮用。

## 本草药典

### 玄参

别名　元参、黑参。

性味　性微寒，味甘、苦。

功效　清热养阴。

主治　口干、口渴、便秘。

### 麦门冬

别名　麦冬、不死药。

性味　性寒，味甘、微苦。

功效　滋阴润肺、益胃生津、清心除烦、止渴止咳。

主治　肺燥干咳、阴虚劳嗽、津伤口渴。

### 生地黄

别名　地髓、原生地、干生地。

性味　性凉，味甘、苦。

功效　清热生津、滋阴养血、润燥利咽、止血抗炎。

主治　阴虚发热、月经不调、胎动不安、阴伤便秘。

### 蜂蜜

别名　岩蜜、石蜜、石饴。

性味　性平，味甘。

功效　保护肝脏、补充体力、消除疲劳、抑菌杀菌。

主治　便秘、皮肤暗黄、失眠、贫血、神经系统疾病。

# 黑芝麻茶

## 滋补肝肾 润肠通便

### 茶疗功效

黑芝麻具有润肠通便、补血生津的作用，红茶具有清头目、除烦渴、消食、利尿的作用。

### 健康叮咛

适宜老年人、便秘者饮用。但患有慢性胃炎、消化道溃疡者不宜饮用。

### 主要材料

| | |
|---|---|
| 黑芝麻 | 30克 |
| 红茶 | 20克 |
| 枸杞子 | 5克 |
| 盐 | 适量 |

做法：

① 将黑芝麻炒香，磨细，加入适量水、盐，搅拌成稀稠度适中的芝麻酱。

② 在杯中放入红茶，用开水冲泡5分钟后，倒入芝麻酱搅拌均匀，放入枸杞子即可饮用。

③ 每日1剂。

## 本草药典

### 黑芝麻

别名 胡麻、油芝麻。

性味 性温，味苦。

功效 补益肝肾、养血益精、润肠通便。

主治 肝肾不足引起的头晕、耳鸣、腰脚痿软、须发早白、肌肤干燥、肠燥便秘。

### 红茶

别名 乌茶。

性味 性温，味甘。

功效 利尿、消炎杀菌、提神消疲、强壮骨骼。

主治 肠胃不适、食欲不振、尿急浮肿。

### 枸杞子

别名 枸杞、苟起子、枸杞红实。

性味 性平，味甘。

功效 养肝润肺、滋补肝肾、益精明目、强身健体。

主治 腰膝酸痛、眩晕耳鸣、虚劳咳嗽、目昏不明。

### 盐

别名 食盐。

性味 性平、微凉，味咸。

功效 清热解毒、除烦解渴、止血化淤。

主治 心腹胀痛、喉痛、牙痛、恶疮、毒虫螫伤。

# 芦茎茶

## 清肺化痰
## 消食宽膈

### 茶疗功效

千金苇茎茶具有清热解毒、止咳化痰、消食和胃的功效。茶中的芦茎能缓解肺痈烦热，冬瓜仁祛脓排痰，薏苡仁清热利湿，桃仁活血祛淤。

### 健康叮咛

适宜患有肺痈患者饮用。但肺寒咳嗽者不宜服用。

**主要材料**

| | |
|---|---|
| 薏苡仁 | 20克 |
| 冬瓜仁 | 20克 |
| 桃仁 | 15克 |
| 芦茎 | 60克 |
| 绿茶 | 6克 |
| 蜂蜜 | 适量 |

做法：

① 将薏苡仁、冬瓜仁、桃仁、绿茶捣成粗末，用纱布包好，放入杯中。

② 芦茎洗净，去节，切碎，用清水煎30分钟，取清汁。用芦茎汁冲泡药末，盖闷15分钟后，加入蜂蜜即可饮用。每日1剂，不拘时饮用。

## 本草药典

### 薏苡仁

别名 薏米。

性味 性凉，味甘、淡。

功效 健脾渗湿。

主治 水肿、脚气、小便不利。

### 冬瓜仁

别名 白瓜子、瓜子、瓜瓣。

性味 性凉，味甘。

功效 清肺化痰、消痈排脓、开胃醒脾、抗炎消肿。

主治 痰热咳嗽、浮肿、白浊带下、肠胃不适。

### 桃仁

别名 毛桃仁、扁桃仁、大桃仁。

性味 性平，味苦、甘。

功效 活血祛淤、润肠通便、止咳平喘、调节血脂。

主治 经闭痛经、癥瘕痞块、跌仆损伤、肠燥便秘。

### 芦茎

别名 苇茎、嫩芦梗。

性味 性寒，味甘，无毒。

功效 清肺解毒、平喘止咳、消肿排脓。

主治 肺痈吐脓、肺热咳嗽、浮肿。

## 六安煎茶

健脾化痰
降气止咳

**主要材料**

| | |
|---|---|
| 茯苓 | 6克 |
| 杏仁 | 6克 |
| 陈皮 | 4克 |
| 白芥子 | 3克 |
| 甘草 | 3克 |
| 红茶 | 3克 |
| 生姜 | 3片 |

**做法:**

① 将茯苓、杏仁、甘草、白芥子、陈皮研成粗末。

② 将生姜切丝,与药末、红茶一同放入杯中,用沸水冲泡10分钟,即可饮用。

③ 每日1剂。

白芥子

### 茶疗功效

具有健脾化痰、降气止咳的良好功效,对于寒痰咳嗽、痰气滞逆、痰质清稀、脘闷不畅、食欲不振等症均具有辅助治疗的作用。

## 杏仁蜜茶

宣降肺气
止咳平喘

**主要材料**

| | |
|---|---|
| 苦杏仁 | 15克 |
| 甘草 | 5克 |
| 柠檬 | 2片 |
| 蜂蜜 | 适量 |
| 绿茶 | 6克 |

**做法:**

① 将苦杏仁捣碎,放入杯中,再加入甘草、柠檬片、绿茶。

② 用沸水冲泡15分钟后,加入蜂蜜,即可饮用。

③ 每日1剂,次数不限。

甘草

### 茶疗功效

清香浓郁、甘甜爽口,具有宣降肺气、止咳平喘、清肺化痰的良好功效,对于慢性支气管炎、咳逆上气、痰少、咽燥舌干等症均具有良好的辅助治疗作用。

# 百部生姜茶

## 散寒宣肺 降逆止咳

### 茶疗功效

百部具有良好的止咳作用；生姜发散风寒、温肺和胃、止咳化痰。两药合用，对咳逆不止可起到辅助治疗的功效。

### 健康叮咛

适宜患有风寒咳嗽、头痛、发热者饮用，且可作为百日咳初期的辅助治疗饮品。但痰湿盛者不宜饮用。

### 主要材料

| | |
|---|---|
| 百部 | 3克 |
| 生姜 | 3克 |
| 绿茶 | 2克 |
| 蜂蜜 | 适量 |

做法：

① 将百部、生姜研成粗末。

② 将药末置于杯中，加入绿茶，用热水冲泡10分钟后，加入适量的蜂蜜，即可饮用。

③ 每日3剂。

## 本草药典

### 百部

别名 百部草、婆妇草。

性味 性微温，味甘、苦。

功效 润肺止咳。

主治 新久咳嗽、肺痨咳嗽、百日咳。

### 生姜

别名 姜。

性味 性温，味辛。

功效 开胃止呕、化痰止咳、发汗解表、清热解毒。

主治 外感风寒、鼻子不通气、流清鼻涕、腹痛。

### 绿茶

别名 苦茗。

性味 性寒，味苦。

功效 生津止渴、清热消暑、解毒消食、祛风解表。

主治 心血管疾病、失眠、便秘、心绞痛、腹痛。

### 蜂蜜

别名 岩蜜、石蜜、石饴。

性味 性平，味甘。

功效 保护肝脏、补充体力、消除疲劳、抑菌杀菌。

主治 便秘、皮肤暗黄、失眠、贫血、神经系统疾病。

# 三分茶

**降气宽肠　润肺止咳**

### 🔲 茶疗功效

　　三分茶具有平喘止咳、润肺除燥、降气宽肠的功效。且此茶中的荞麦面具有降低血脂的功效，搭配绿茶、蜂蜜可起到润肺止咳的功效。

### 💙 健康叮咛

　　适宜患有肺结核、肺炎、慢性支气管炎、慢性咽喉炎、咽喉肿痛者饮用，但脾虚腹泻者不宜饮用。

**主要材料**

荞麦面　150克
甘草　　10克
蜂蜜　　5克
绿茶　　2克

做法：

① 将绿茶、甘草碾成细末，将药茶末与荞麦面、蜂蜜调拌均匀。

② 每次取20克，用沸水冲泡后，再加入蜂蜜，即可饮用。

③ 每日1~2剂。

## 本草药典

### 荞麦面

别名 冷荞麦面。
性味 性平，味甘。
功效 宽肠降气。
主治 高血压、高脂血症。

### 甘草

别名 粉甘草、甘草梢、甜根子。
性味 性平，味甘。
功效 补脾益气、清热解毒、祛痰止咳、缓急止痛。
主治 脾胃虚弱、倦怠乏力、心悸气短、咳嗽痰多。

### 绿茶

别名 苦茗。
性味 性寒，味苦。
功效 生津止渴、清热消暑、解毒消食、祛风解表。
主治 心血管疾病、失眠、便秘、心绞痛、腹痛。

### 蜂蜜

别名 岩蜜、石蜜、石饴。
性味 性平，味甘。
功效 保护肝脏、补充体力、消除疲劳、抑菌杀菌。
主治 便秘、皮肤暗黄、失眠、贫血、神经系统疾病。

# 参味苏梗茶

**止咳平喘　益气敛肺**

## 📋 茶疗功效

参味苏梗茶具有平喘止咳、益气生津的功效。茶中的苏梗具有理气、解郁、止痛的功效，还可疏利胸中气滞，使肺脾之气运行流畅；苏梗还能防止五味子、人参的敛补太过，有碍痰湿的排泄。

## ❤ 健康叮咛

适宜患有老年慢性咳喘、气急、胸闷脘痞、舌苔薄白不腻者饮用，但肥胖体质、湿痰素盛者不宜饮用。

### 主要材料

| | |
|---|---|
| 人参 | 4克 |
| 五味子 | 4克 |
| 苏梗 | 3克 |
| 黄茶 | 3克 |
| 蜂蜜 | 适量 |

**做法：**

① 人参切成薄片，苏梗切碎，与五味子、黄茶共置于杯中。

② 用沸水冲泡15分钟后，加入适量的蜂蜜，即可饮用。

③ 每日1剂，不拘时饮用。

## 本草药典

### 苏梗

**别名** 紫苏梗。

**性味** 性温，味辛。

**功效** 理气宽中。

**主治** 胸膈痞闷、胃脘疼痛。

### 人参

**别名** 山参、人衔。

**性味** 性平，味甘、微苦。

**功效** 大补元气、复脉固脱、补脾益肺、生津止渴。

**主治** 劳伤虚损、食少、倦怠、反胃吐食、大便滑泄。

### 五味子

**别名** 山花椒、秤砣子、面藤。

**性味** 性温，味酸、甘。

**功效** 收敛固涩、益气生津、补肾健脾、安心宁神。

**主治** 久咳虚喘、遗尿尿频、久泻不止、自汗、盗汗。

### 蜂蜜

**别名** 岩蜜、石蜜、石饴。

**性味** 性平，味甘。

**功效** 保护肝脏、补充体力、消除疲劳、抑菌杀菌。

**主治** 便秘、皮肤暗黄、失眠、贫血、神经系统疾病。

## 五倍子煎茶

**敛肺降火 化痰止咳**

**主要材料**

| | |
|---|---|
| 五倍子 | 20克 |
| 茶叶 | 5克 |
| 生姜 | 6克 |
| 蜂蜜 | 适量 |

**做法：**

① 将五倍子研成细药末，将生姜切丝。

② 将药末、生姜丝与茶叶一同放入杯中，用沸水冲泡10分钟后，加入适量的蜂蜜，即可饮用。

③ 每日1剂。

五倍子

📺 **茶疗功效**

五倍子有敛肺降火、涩肠止泻的功效，常用于辅助治疗肺虚久咳、久泻久痢等症。

## 冬瓜蜜茶

**利水消痰 止咳化痰**

**主要材料**

| | |
|---|---|
| 冬瓜皮 | 15克 |
| 甘草 | 5克 |
| 枸杞子 | 2克 |
| 白茶 | 3克 |
| 蜂蜜 | 适量 |

**做法：**

① 取经霜的冬瓜皮洗净，切细，与甘草、白茶置于杯中。

② 用沸水冲泡15分钟后，去渣取汁，加入蜂蜜和枸杞子，即可饮用。

③ 每日1剂。

冬瓜皮

📺 **茶疗功效**

冬瓜皮具有利水消肿、消痰的作用，常用于辅助治疗水肿、咳嗽和表皮肿毒等症。

# 玄麦甘桔茶

## 润肺利咽 化痰止咳

### 茶疗功效

玄参能滋阴降火、解斑毒、利咽喉、通便，麦门冬能清肺热、补肺阴，桔梗宣肺止咳、化痰利咽，甘草清热益气。

### 健康叮咛

适宜患有痰少而黏、盗汗、口渴咽干者饮用，但患有痰多色白、感冒咳嗽者不宜饮用。

### 主要材料

| | |
|---|---|
| 玄参 | 5克 |
| 麦门冬 | 5克 |
| 桔梗 | 3克 |
| 甘草 | 2克 |
| 黑茶 | 2克 |
| 蜂蜜 | 适量 |

做法：

① 将玄参、麦门冬、桔梗、甘草研成粗末。

② 将药末与黑茶放入杯中，用沸水冲泡10分钟后，加入适量蜂蜜，即可饮用。

③ 每日2剂。

## 本草药典

### 玄参

别名 元参、黑参。

性味 性微寒，味甘、苦。

功效 清热凉血。

主治 心烦、口渴、津伤便秘。

### 麦门冬

别名 麦冬、不死药。

性味 性寒，味甘、微苦。

功效 滋阴润肺、益胃生津、清心除烦、止渴止咳。

主治 肺燥干咳、阴虚劳嗽、心烦失眠、津伤口渴。

### 桔梗

别名 包袱花、铃铛花、僧帽花。

性味 性微温，味苦、辛。

功效 宣肺利咽、祛痰补血、调和五脏。

主治 咳嗽痰多、咽喉肿痛、肺痈吐脓、胸满胁痛。

### 甘草

别名 粉甘草、甘草梢、甜根子。

性味 性平，味甘。

功效 补脾益气、清热解毒、祛痰止咳、缓急止痛。

主治 脾胃虚弱、倦怠乏力、心悸气短、咳嗽痰多。

# 桔梗茶

清热利咽
化痰止咳

**主要材料**

| | |
|---|---|
| 桔梗 | 20克 |
| 甘草 | 10克 |
| 枸杞子 | 5克 |
| 乌龙茶 | 3克 |
| 蜂蜜 | 适量 |

**做法：**

① 将桔梗、甘草研成粗末。

② 将药末、乌龙茶和枸杞子放入杯中，用热水冲泡10分钟后，加入适量蜂蜜，即可饮用。

③ 每日2剂。

📷 茶疗功效

桔梗具有祛痰、利咽、排脓的功效，诸味搭配使用可起到显著的镇咳作用。

桔梗

# 款冬花茶

宣肺下气
止咳化痰

**主要材料**

| | |
|---|---|
| 款冬花 | 9克 |
| 甘草 | 5克 |
| 枸杞子 | 5克 |
| 蜂蜜 | 适量 |

**做法：**

① 将款冬花、甘草放入杯中，以沸水冲泡10分钟。

② 去渣取药汁后，加入适量蜂蜜及枸杞子，即可饮用。

③ 1日内分数次饮完。

📷 茶疗功效

款冬花具有镇咳祛痰、解除支气管痉挛、促进呼吸的作用，也可缓解因急慢性支气管炎引起的咳嗽痰喘等症。

款冬花

# 竹沥茶

## 清热化痰
## 宁心除烦

### 茶疗功效

竹沥具有清热化痰的作用，可以辅助治疗烦闷消渴、支气管扩张、支气管炎、肺炎等疾病引起的咳嗽症状。

### 健康叮咛

适合患有咳嗽喘促、舌苔黄腻、小儿惊风者饮用。大便溏泄、寒性咳嗽者不宜饮用。

### 主要材料

| | |
|---|---|
| 竹沥 | 10毫升 |
| 绿茶 | 5克 |
| 枸杞子 | 3克 |
| 蜂蜜 | 适量 |

做法：

① 将竹沥、绿茶、枸杞子一同置于杯中，用温水冲泡10分钟后，加入适量蜂蜜，即可饮用。

② 每日2剂，不拘时。

## 本草药典

### 竹沥

别名 竹汁、竹油。

性味 性凉，味甘、淡。

功效 清热滑痰。

主治 热咳痰稠、中风痰迷、惊痫癫狂。

### 绿茶

别名 苦茗。

性味 性寒，味苦。

功效 生津止渴、清热消暑、解毒消食、祛风解表。

主治 心血管疾病、失眠、便秘、心绞痛、腹痛。

### 枸杞子

别名 枸杞、苟起子、枸杞红实。

性味 性平，味甘。

功效 养肝润肺、滋补肝肾、益精明目、强身健体。

主治 腰膝酸痛、眩晕耳鸣、目昏不明、虚劳咳嗽。

### 蜂蜜

别名 岩蜜、石蜜、石饴。

性味 性平，味甘。

功效 保护肝脏、补充体力、消除疲劳、抑菌杀菌。

主治 便秘、皮肤暗黄、失眠、贫血、神经系统疾病。

# 丝瓜花蜜茶

清肺化痰
降气止咳

## 茶疗功效

丝瓜花可起到清肺热、消痰下气、止咽喉疼的作用，也可捣汁外用，可辅助治疗红肿热毒、痔疮、外伤出血等症。

## 健康叮咛

适宜肺热喘咳患者、口干者饮用，但肺寒咳嗽、痰多清稀、大便溏泄、脾虚者不宜饮用。

### 主要材料

| | |
|---|---|
| 丝瓜花 | 20克 |
| 枸杞子 | 5克 |
| 蜂蜜 | 3克 |
| 白茶 | 3克 |
| 甘草 | 3克 |

### 做法：

① 将洗净的丝瓜花、枸杞子、甘草、白茶放入杯中。

② 用沸水冲泡15分钟后，加入蜂蜜，即可饮用。

③ 每日1~2剂，分2次饮用。

## 本草药典

### 丝瓜花

别名 碟儿花。

性味 性寒，味甘、苦。

功效 清热止咳。

主治 肺热咳嗽、咽痛、鼻窦炎、痔疮。

### 甘草

别名 粉甘草、甘草梢、甜根子。

性味 性平，味甘。

功效 补脾益气、清热解毒、调和诸药、缓急止痛。

主治 脾胃虚弱、倦怠乏力、咳嗽痰多、表皮肿毒。

### 枸杞子

别名 枸杞、苟起子、枸杞红实。

性味 性平，味甘。

功效 养肝润肺、滋补肝肾、益精明目、强身健体。

主治 腰膝酸痛、眩晕耳鸣、目昏不明、虚劳咳嗽。

### 蜂蜜

别名 岩蜜、石蜜、石饴。

性味 性平，味甘。

功效 保护肝脏、补充体力、消除疲劳、抑菌杀菌。

主治 便秘、皮肤暗黄、失眠、贫血、神经系统疾病。

# 参芪茶

## 健脾利湿 补中益气

### 📺 茶疗功效

此茶具有补血活血、益气生津、升阳止泻的功效。黄芪搭配党参可起到补脾益气的功效，当归具有活血化淤的功效。

### 💚 健康叮咛

适宜体倦肢软、少气懒言者饮用。阴虚发热、盗汗以及内热炽盛者不宜服用。

**主要材料**

| | |
|---|---|
| 薏苡仁 | 25克 |
| 黄芪 | 10克 |
| 党参 | 10克 |
| 生姜 | 6克 |
| 当归 | 6克 |

做法：
① 将薏苡仁、生姜洗净，备用。
② 将薏苡仁、当归、黄芪、党参研成粗末，生姜切丝。
③ 将药末与生姜丝放入杯中，用热水冲泡10分钟，即可饮用。
④ 每日1剂。

---

**本草药典**

### 薏苡仁

别名 薏米。
性味 性凉，味甘、淡。
功效 健脾渗湿。
主治 水肿、脚气、小便不利。

### 黄芪

别名 山棉芪、绵芪、绵黄芪。
性味 性微温，味甘。
功效 敛汗固脱、托疮生肌、利水消肿、益气固表。
主治 气虚乏力、中气下陷、便血崩漏、浮肿。

### 生姜

别名 姜。
性味 性温，味辛。
功效 开胃止呕、化痰止咳、发汗解表、清热解毒。
主治 外感风寒、鼻子不通气、流清鼻涕、腹痛。

### 党参

别名 防党参、黄参。
性味 性平，味甘、微酸。
功效 补中益气、健脾益肺、生津止渴、调节血脂。
主治 脾肺虚弱、气短心悸、食少便溏、内热消渴。

# 人参红枣茶

**养血和胃** · 补虚益气

## 📋 茶疗功效

人参红枣茶具有补血益气、养胃健脾的功效。其中红枣具有补脾和胃、益气生津、调气养血的功效，常饮人参红枣茶有助于保护肝脏、增强体力。

## 💛 健康叮咛

适宜大失血后体质虚弱者饮用，也可作为治疗慢性肝炎、贫血等慢性疾病的辅助食疗饮品。但脾胃湿热、舌苔黄腻者不宜服用。

### 主要材料

|  |  |
| --- | --- |
| 红枣 | 10枚 |
| 人参 | 6克 |
| 生姜 | 5克 |
| 黄茶 | 3克 |
| 蜂蜜 | 适量 |

**做法：**

① 将人参切成薄片，红枣去核，生姜切丝。

② 将人参片、红枣、生姜丝、黄茶放入杯中，用沸水冲泡15分钟后，加入适量蜂蜜，即可饮用。

③ 每日1剂，代茶频饮。

## 本草药典

### 人参

别名 山参、园参、人衔。

性味 性平，味甘、微苦。

功效 大补元气。

主治 劳伤虚损、厌食、倦怠。

### 红枣

别名 白蒲枣、大枣、刺枣。

性味 性温，味甘。

功效 补中益气、养血安神、缓和药性、滋阴养颜。

主治 女性躁郁症、哭泣不安、心神不宁、脾胃虚弱、腹泻。

### 生姜

别名 姜。

性味 性温，味辛。

功效 开胃止呕、化痰止咳、发汗解表、清热解毒。

主治 外感风寒、鼻子不通气、流清鼻涕、腹痛。

### 蜂蜜

别名 岩蜜、石蜜、石饴。

性味 性平，味甘。

功效 保护肝脏、补充体力、消除疲劳、抑菌杀菌。

主治 便秘、皮肤暗黄、失眠、贫血、神经系统疾病。

# 五福茶

滋养五脏

补血益气

## 📺 茶疗功效

五福茶具有补血益气、调和五脏的功效。熟地黄补益肝肾，搭配当归可起到养血补血的作用；人参大补元气、强壮肌体；白术健脾助气；甘草补气和中。

## 💗 健康叮咛

适宜五脏亏损、面色萎黄、神疲气短、懒言、心悸健忘、食欲不振者饮用。但体质虚弱者不宜饮用。

主要材料

| | |
|---|---|
| 熟地黄 | 9克 |
| 当归 | 9克 |
| 白术 | 6克 |
| 人参 | 6克 |
| 甘草 | 5克 |
| 生姜 | 5克 |
| 红茶 | 3克 |

做法：
① 将熟地黄、当归、人参、白术、甘草研成粗药末。
② 将生姜切丝，与药末、红茶一同放入杯中，用沸水冲泡20分钟后，取汁即可。
③ 每日1剂，不拘时。

## 本草药典

### 熟地黄

别名 地黄。
性味 性温，味甘。
功效 补血滋润。
主治 血虚萎黄、眩晕心悸、月经不调。

### 当归

别名 秦归、云归、西当归。
性味 性温，味甘、辛。
功效 延缓衰老、美容养颜、补血活血、清热解毒。
主治 血虚萎黄、眩晕心悸、月经不调、虚寒腹痛。

### 人参

别名 山参、人衔。
性味 性平，味甘、微苦。
功效 大补元气、复脉固脱、补脾益肺、生津止渴。
主治 劳伤虚损、倦怠、反胃吐食、大便滑泄、虚咳喘促。

### 甘草

别名 粉甘草、甘草梢、甜根子。
性味 性平，味甘。
功效 补脾益气、清热解毒、祛痰止咳、调和诸药。
主治 脾胃虚弱、倦怠乏力、心悸气短、咳嗽痰多。

## 香附枸杞茶

理气开郁
调经止痛

**主要材料**

| | |
|---|---|
| 香附 | 10克 |
| 枸杞子 | 5克 |
| 甘草 | 5克 |
| 生姜 | 3克 |
| 黑茶 | 2克 |
| 蜂蜜 | 适量 |

**做法：**

① 香附经醋炒后，研成粗末；生姜切丝。

② 将香附末、枸杞子、甘草、生姜丝、黑茶一同放入杯中，用沸水冲泡15分钟后，加入适量的蜂蜜，即可饮用。

③ 每日1~2剂，不拘时饮用。

枸杞子

### 📺 茶疗功效

香附为莎草科植物莎草的根茎，具有理气开郁、止痛调经的功效，是妇科调经止痛的必备良药。

## 香附川芎茶

理气止痛
疏肝解郁

**主要材料**

| | |
|---|---|
| 香附 | 12克 |
| 川芎 | 6克 |
| 绿茶 | 6克 |
| 熟普洱 | 2克 |
| 蜂蜜 | 适量 |

**做法：**

① 将川芎、香附研成粗末。

② 将药末与熟普洱放入杯中，用沸水冲泡10分钟后，去渣取汁，再用药汁冲泡茶叶，最后加入蜂蜜，即可饮用。

③ 每日1~2剂，不拘时饮用。

川芎

### 📺 茶疗功效

香附具有理气解郁、止痛调经的功效，还具有镇痛、抗菌及松弛子宫平滑肌的作用。香附搭配行气开郁、活血止痛的川芎，以及降火涤烦、开郁行气的茶叶，可起到理气止痛、疏肝解郁的效果。

# 玉灵茶

## 滋补气血 安神益智

**主要材料**

| | |
|---|---|
| 桂圆 | 30克 |
| 西洋参 | 10克 |
| 枸杞子 | 5克 |
| 乌龙茶 | 3克 |
| 蜂蜜 | 适量 |

**做法：**

① 将桂圆、西洋参、枸杞子、乌龙茶置于杯中。

② 用沸水冲泡15分钟后，加入适量蜂蜜，即可饮用。

③ 每日1~2剂。

---

## 本草药典

### 桂圆

**别名** 龙眼、益智。

**性味** 性平，味甘、淡。

**功效** 健脾、补气血、安神。

**主治** 感冒、疟疾、疔肿、痔疮。

### 西洋参

**别名** 花旗参。

**性味** 性寒，味甘、微苦。

**功效** 滋阴润肺、益胃生津、清心除烦、调节血脂。

**主治** 气虚阴亏、咳喘痰血、虚热烦倦、口燥咽干。

### 枸杞子

**别名** 枸杞、苟起子、枸杞红实。

**性味** 性平，味甘。

**功效** 养肝润肺、滋补肝肾、益精明目、强身健体。

**主治** 腰膝酸痛、眩晕耳鸣、血虚萎黄、内热消渴。

### 蜂蜜

**别名** 岩蜜、石蜜、石饴。

**性味** 性平，味甘。

**功效** 保护肝脏、补充体力、消除疲劳、抑菌杀菌。

**主治** 便秘、皮肤暗黄、失眠、贫血、神经系统疾病。

# 人参双冬茶

扶正固本　益气养阴

## 茶疗功效

人参固本茶具有扶正固本、益气养阴的功效。茶中的人参大补元气；天门冬、麦门冬补肺生津，可用于缓解咳嗽、咳痰等症；生地黄偏于补阴。

## 健康叮咛

适宜津血不足、体瘦乏力、皮肤干燥、面色不华、精神不振、时有咽燥者饮用。但咳喘有火气者不宜服用。

### 主要材料

| | |
|---|---|
| 天门冬 | 12克 |
| 麦门冬 | 12克 |
| 生地黄 | 12克 |
| 人参 | 6克 |
| 黑茶 | 3克 |
| 蜂蜜 | 适量 |

做法：

① 将天门冬、麦门冬、生地黄研成粗末，人参切成片。

② 将药末、黑茶和人参片放入杯中，用沸水冲泡20分钟后，加入适量的蜂蜜，即可饮用。

③ 每日1剂，频服。

## 本草药典

### 人参

别名 山参、园参。

性味 性平，味甘、微苦。

功效 大补元气。

主治 劳伤虚损、厌食、倦怠。

### 天门冬

别名 天冬、三百棒、丝冬。

性味 性平，味苦。

功效 养阴清热、润燥生津、止咳润喉、美容养颜。

主治 肺结核、支气管炎、白喉、百日咳、口燥咽干。

### 麦门冬

别名 麦冬、不死药。

性味 性寒，味甘、微苦。

功效 滋阴润肺、益胃生津、清心除烦、止渴止咳。

主治 肺燥干咳、阴虚劳嗽、津伤口渴、心烦失眠。

### 生地黄

别名 地髓、原生地、干生地。

性味 性凉，味甘、苦。

功效 清热生津、滋阴养血、生津润燥。

主治 阴虚发热、消渴、吐血、表皮出血、血崩、月经不调。

# 红花茶

调血和血　活血化淤

## 🔲 茶疗功效

此茶具有活血化淤、调血和血的功效。红花可缓解因血烦血晕、神昏不语、恶露抢心、脐腹绞痛、难产等症而引起的不适。

## ❤ 健康叮咛

适宜产后腹中刺痛、恶露不尽、胎衣不下、痛经者饮用。但血虚者不宜饮用。

### 主要材料

| | |
|---|---|
| 红花 | 30克 |
| 生姜 | 6克 |
| 枸杞子 | 5克 |
| 黄酒 | 1毫升 |
| 熟普洱 | 2克 |

做法：

① 将生姜切丝，与枸杞子、红花和熟普洱一同放入杯中。

② 用沸水冲泡10分钟后，再兑入黄酒1毫升，即可饮用。

③ 每日1剂，不拘时饮用。

## 本草药典

### 红花

别名 草红、刺红花。

性味 性温，味辛。

功效 活血通经。

主治 经闭痛经、恶露不尽。

### 生姜

别名 姜。

性味 性温，味辛。

功效 开胃止呕、化痰止咳、发汗解表、清热解毒。

主治 外感风寒、鼻子不通气、流清鼻涕、腹痛。

### 枸杞子

别名 枸杞、苟起子、枸杞红实。

性味 性平，味甘。

功效 养肝润肺、滋补肝肾、益精明目、强身健体。

主治 腰膝酸痛、眩晕耳鸣、血虚萎黄、内热消渴。

### 黄酒

别名 米酒。

性味 性温，味甘、辛。

功效 补血养颜、活血祛寒、通经活络、抵御寒冷。

主治 预防感冒、心腹冷痛、筋脉挛急。

# 玫瑰花茶

## 疏肝和胃 活血止痛

### 茶疗功效

玫瑰花具有柔肝醒胃、益气活血的功效。诸味合用，行气解郁、调经止痛、和胃、补肝肾。

### 健康叮咛

适宜患有胃脘胀痛、月经不调、消化不良者饮用。但口渴、舌红少苔者不宜饮服。

### 主要材料

| | |
|---|---|
| 枸杞子 | 6克 |
| 益母草 | 6克 |
| 玫瑰花 | 6克 |
| 蜂蜜 | 适量 |

做法：
① 将益母草研成粗末，备用。
② 将枸杞子、玫瑰花、益母草药末放入杯中，用沸水冲泡10分钟后，加入适量的蜂蜜，即可饮用。
③ 每日2~3剂。

## 本草药典

### 枸杞子

**别名** 枸杞、苟起子、枸杞红实。

**性味** 性平，味甘。

**功效** 补益肝肾。

**主治** 虚劳精亏、腰膝酸痛、眩晕耳鸣。

### 益母草

**别名** 益母、茺蔚、坤草。

**性味** 性凉，味辛、苦。

**功效** 补血活血、调经消水、清热解毒。

**主治** 月经不调、胎漏难产、产后血晕、淤血腹痛。

### 玫瑰花

**别名** 徘徊花、刺客、穿心玫瑰。

**性味** 性温，味甘、微苦。

**功效** 行气解郁、补血活血、止痛调经。

**主治** 肝胃气痛、新久风痹、吐血咯血、月经不调。

### 生姜

**别名** 姜。

**性味** 性温，味辛。

**功效** 开胃止呕、化痰止咳、发汗解表、清热解毒。

**主治** 外感风寒、鼻子不通气、流清鼻涕、腹痛。

# 当归川芎茶

## 活血祛淤 温经止痛

### 📋 茶疗功效

生化茶具有活血化淤、温经止痛的功效。当归补血活血、祛淤止痛，川芎活血行气，桃仁活血祛淤，甘草补中益气、调和诸药。

### 💚 健康叮咛

适宜小腹冷痛、痛经、月经不调者饮用。但产后发热而气血淤滞者不宜服用。

### 主要材料

| 当归 | 24克 |
| 川芎 | 9克 |
| 桃仁 | 6克 |
| 生姜 | 2克 |
| 甘草 | 2克 |
| 蜂蜜 | 适量 |

做法：

① 将当归、川芎、桃仁、甘草研成粗末，生姜切丝。
② 将姜丝和药末同放入杯中，用热水冲泡15分钟后，加入适量蜂蜜，即可饮用。
③ 每日1剂，不拘时饮用。

## 本草药典

### 当归

别名 秦归、云归。

性味 性温，味甘、辛。

功效 补血活血、调经止痛、润肠通便。

主治 月经不调、虚寒腹痛、跌打损伤、心悸失眠。

### 川芎

别名 山鞠穷、芎䓖、香果。

性味 性温，味辛。

功效 活血行气、祛风止痛、解郁通达。

主治 月经不调、癥瘕肿块、胸胁疼痛、头痛眩晕。

### 桃仁

别名 毛桃仁、扁桃仁、大桃仁。

性味 性平，味苦、甘。

功效 活血祛淤、润肠通便、止咳平喘、调节血脂。

主治 闭经、痛经、跌仆损伤、肠燥便秘。

### 生姜

别名 姜。

性味 性温，味辛。

功效 开胃止呕、化痰止咳、发汗解表、清热解毒。

主治 外感风寒、鼻子不通气、流清鼻涕、腹痛。

# 黄芪熟地茶

**滋阴补血 活血调经**

## 茶疗功效

熟地黄不仅能养血滋阴，而且有补精益髓的功效，是补血良药。熟地黄与当归、黄芪同用，是调补肝肾、补血调经的基本配方。适用于血虚而又血行不畅的病症。

## 健康叮咛

适宜月经不调、面色萎黄、心悸头晕者饮用。但胃虚弱、食少便溏者不宜饮用。

### 主要材料

| | |
|---|---|
| 黄芪 | 30克 |
| 熟地黄 | 12克 |
| 当归 | 6克 |
| 红茶 | 3克 |
| 蜂蜜 | 适量 |

做法：

① 将当归、黄芪、熟地黄研成粗末，备用。

② 将药末和红茶放入杯中，用沸水冲泡20分钟后，加入适量的蜂蜜，即可饮用。

③ 每日1剂。

---

**本草药典**

### 当归

别名 秦归、云归。

性味 性温，味甘、辛。

功效 补血活血、调经止痛、润肠通便。

主治 月经不调、虚寒腹痛、跌打损伤、心悸失眠。

### 黄芪

别名 棉芪、绵芪。

性味 性微温，味甘。

功效 益气固表、敛汗固脱、托疮生肌、利水消肿。

主治 气虚乏力、久泻脱肛、便血崩漏、表虚自汗。

### 熟地黄

别名 地黄。

性味 性温，味甘。

功效 补血滋润、益精填髓、补肾益肝。

主治 血虚萎黄、眩晕心悸、月经不调、肝肾阴亏。

### 蜂蜜

别名 岩蜜、石蜜、石饴。

性味 性平，味甘。

功效 保护肝脏、补充体力、消除疲劳、抑菌杀菌。

主治 便秘、皮肤暗黄、失眠、贫血、神经系统疾病。

# 当归桂枝茶

## 养血通脉　温经散寒

### 茶疗功效

当归四逆茶具有养血通脉、温经散寒的功效。桂枝、细辛具有散寒通脉的功效；当归、白芍养血活血；炙甘草、红枣甘缓益气，既可和胃，又能扶助正气，增强肌体调节功能。

### 健康叮咛

适宜患有冻疮者饮用，且可作为血栓闭塞性脉管炎、雷诺病、小儿下肢麻痹等症的辅助治疗饮品。

### 主要材料

|  |  |
| --- | --- |
| 当归 | 9克 |
| 桂枝 | 9克 |
| 白芍 | 9克 |
| 细辛 | 3克 |
| 炙甘草 | 5克 |
| 乌龙茶 | 2克 |
| 红枣 | 适量 |
| 蜂蜜 | 适量 |

做法：
① 将当归、桂枝、白芍、细辛、炙甘草研为粗末。
② 将药末、红枣和乌龙茶放入杯中，用沸水冲泡10分钟后，加入蜂蜜，即可饮用。
③ 每日1剂，频饮。

## 本草药典

### 当归

**别名** 秦归、西当归。
**性味** 性温，味甘、辛。
**功效** 补血活血、调经止痛、润肠通便。
**主治** 月经不调、虚寒腹痛、肠燥便秘。

### 桂枝

**别名** 桂枝尖。
**性味** 性温，味辛、甘。
**功效** 发汗解肌、温经通脉、散寒止痛、助阳化气。
**主治** 盗汗、血液不通、感冒、体虚。

### 白芍

**别名** 芍药、杭芍、大白芍。
**性味** 性平，味苦。
**功效** 养血柔肝、缓中止痛、敛阴收汗、调节血脂。
**主治** 泻痢腹痛、自汗盗汗、阴虚发热、月经不调。

### 细辛

**别名** 小辛、细草、少辛。
**性味** 性温，味辛。
**功效** 解表散寒、祛风止痛、温肺化饮、止咳化痰。
**主治** 风冷头痛、牙痛、阴虚咳嗽、风湿痹痛。

# 丹参饮

行气止痛　活血祛淤

## 茶疗功效

丹参具有缓解冠状动脉收缩及心肌收缩力的作用；檀香、砂仁可起到温中行气的作用。

## 健康叮咛

适宜患有冠心病、心绞痛、心悸怔忡者饮用。但出血性疾病者及孕妇不宜饮用。

### 主要材料

| | |
|---|---|
| 丹参 | 30克 |
| 檀香 | 5克 |
| 砂仁 | 5克 |
| 乌龙茶 | 1克 |
| 蜂蜜 | 适量 |
| 枸杞子 | 适量 |

做法：
① 将丹参切片，砂仁研为粗末备用。
② 将药末、檀香、乌龙茶、丹参片、枸杞子放入杯中，用开水冲泡15分钟后，加入适量的蜂蜜，即可饮用。
③ 每日1剂，不拘时饮用。

## 本草药典

### 丹参

别名 赤参、紫丹参。
性味 性微寒，味苦。
功效 活血调经。
主治 月经不调、心烦不眠、肝脾肿大。

### 檀香

别名 檀木、花檀木、蔷薇木。
性味 性平，味咸。
功效 消肿、止血、定痛。
主治 肿毒、金疮出血。

### 砂仁

别名 阳春砂、春砂仁、蜜砂仁。
性味 性温，味辛。
功效 化湿开郁、温脾止泻、理气安胎、益肾行气。
主治 湿浊中阻、脾胃虚寒、呕吐泄泻、胎动不安。

### 蜂蜜

别名 岩蜜、石蜜、石饴。
性味 性平，味甘。
功效 保护肝脏、补充体力、消除疲劳、抑菌杀菌。
主治 便秘、皮肤暗黄、失眠、贫血、神经系统疾病。

# 灯心草茶

## 清心除烦
## 利尿通淋

### 📺 茶疗功效

灯心草能清热润肺、通利小便；麦门冬养阴生津、清心除烦；甘草益气补中、清热解毒。

### ❤ 健康叮咛

适宜患有尿道感染、尿道结石、膀胱炎、失眠、口舌生疮者饮用。但小便清长者不宜服用。

### 主要材料

| | |
|---|---|
| 灯心草 | 10克 |
| 麦门冬 | 5克 |
| 甘草 | 2克 |
| 乌龙茶 | 3克 |
| 蜂蜜 | 适量 |

做法：

① 将灯心草、麦门冬、甘草研成粗末。

② 将药末和乌龙茶放入杯中，用热水冲泡15分钟后，加入适量的蜂蜜，即可饮用。

③ 每日1剂，代茶温饮。

## 本草药典

### 灯心草

别名 蔺草、龙须草。

性味 性微寒，味甘、淡。

功效 清心除烦，利尿通淋。

主治 淋病、水肿、心烦不寐。

### 麦门冬

别名 麦冬、不死药。

性味 性寒，味甘、微苦。

功效 滋阴润肺、益胃生津、清心除烦、止渴止咳。

主治 肺燥干咳、阴虚劳嗽、津伤口渴、心烦失眠。

### 甘草

别名 粉甘草、甘草梢、甜根子。

性味 性平，味甘。

功效 补脾益气、清热解毒、祛痰止咳、缓急止痛。

主治 脾胃虚弱、倦怠乏力、咳嗽痰多、痈肿疮毒。

### 蜂蜜

别名 岩蜜、石蜜、石饴。

性味 性平，味甘。

功效 保护肝脏、补充体力、消除疲劳、抑菌杀菌。

主治 便秘、皮肤暗黄、失眠、贫血、神经系统疾病。

**主要材料**

| 小麦 | 50克 |
|------|------|
| 通草 | 9克 |
| 枸杞子 | 5克 |
| 黑茶 | 5克 |
| 蜂蜜 | 适量 |

做法：

① 将小麦先煮沸。

② 放入通草、枸杞子和黑茶，用小火煮成浓汁后，去渣取汁，加入适量蜂蜜，即可饮用。

③ 每日1剂。

# 小麦茶

## 清热通淋 润燥止渴

📋 **茶疗功效**

　　小麦是常用的主食，具有养心神、益肾气、敛虚汗的功效。通草具有清降利水的功效，且《沈氏尊生》中有通草汤治诸淋的记载。小麦和通草合用，可清热通淋、润燥生津。

小麦

# 桑白皮茶

## 利水消肿 泻肺平喘

**主要材料**

| 桑白皮 | 30克 |
|--------|------|
| 枸杞子 | 5克 |
| 甘草 | 5克 |
| 白茶 | 3克 |
| 蜂蜜 | 适量 |

做法：

① 将桑白皮去皮，洗净，切成细块；甘草研成粗末。

② 将桑白皮细块、甘草末、枸杞子和白茶放入杯中，用沸水冲泡15分钟后，加入适量蜂蜜，即可饮用。

③ 每日1剂，代茶频饮。

桑白皮

📋 **茶疗功效**

　　桑白皮性寒，味甘、无毒，可辅助治疗热喘咳嗽、小便不利等证。它还有一定的降压作用，可用于治疗高血压。

# 苓桂浮萍茶

疏风解表
利水消肿

## 茶疗功效

茯苓可利水渗湿、健脾补中，桂枝发汗解表，浮萍具有发汗祛风、利水消肿的功效，杏仁宣肺止咳平喘，甘草清热解毒、缓和诸药。

## 健康叮咛

不适宜患有慢性水肿者饮用。

### 主要材料

| | |
|---|---|
| 茯苓 | 15克 |
| 浮萍 | 9克 |
| 杏仁 | 10克 |
| 桂枝 | 6克 |
| 甘草 | 6克 |
| 乌龙茶 | 3克 |
| 蜂蜜 | 适量 |

做法：

① 将茯苓、桂枝、浮萍、杏仁、甘草研成粗末。
② 将药末和乌龙茶放入杯中，用沸水冲泡15分钟后，加入适量蜂蜜，即可饮用。
③ 每日1剂。

## 本草药典

### 茯苓

别名 云苓、松苓。
性味 性平，味甘。
功效 渗湿利水。
主治 小便不利、水肿胀满、痰饮咳逆。

### 桂枝

别名 桂枝尖。
性味 性温，味辛、甘。
功效 发汗解肌、温经通脉、助阳化气、散寒止痛。
主治 风寒感冒、烦热、盗汗、头痛、腹痛、惊厥。

### 浮萍

别名 水萍、水花、藻。
性味 性寒，味辛。
功效 发汗祛风、清热解毒、止痒除烦。
主治 斑疹不透、风热痛疹、皮肤瘙痒、水肿、闭经。

### 杏仁

别名 杏核仁、杏子、木落子。
性味 性温，味苦。
功效 宣肺止咳、降气平喘、润肠通便、杀虫解毒。
主治 咳嗽、喘促胸满、喉痹咽痛、肠燥便秘、虫毒疮疡。

# 车前子叶茶

## 清热降压
## 利水利尿

### 📖 茶疗功效

车前子、车前叶具有良好的利水利尿作用。车前子叶茶可增加水分、尿素、尿酸和氯化钠的排泄，具有明显的利尿和降压作用。

### ❤ 健康叮咛

适宜患有高血压、慢性肾炎水肿、尿路感染引起的小便淋沥涩痛、肝火旺引起的眼睛肿痛者饮用。但脾胃虚寒者不宜饮用。

### 主要材料

|  |  |
|------|------|
| 车前子 | 20克 |
| 车前叶 | 10克 |
| 枸杞子 | 5克 |
| 红茶 | 5克 |
| 蜂蜜 | 适量 |

做法：

① 将车前子、车前叶研成粗末，备用。

② 将药末和红茶加水冲泡，去渣取汁后，加入适量的蜂蜜和枸杞子，即可饮用。

③ 每日1剂，不拘时饮用。

## 本草药典

### 车前子

别名 车前实、蛤蟆衣子。

性味 性微寒，味甘、淡。

功效 清热利尿。

主治 小便不利、淋浊带下、水肿胀满。

### 车前叶

别名 车前菜、牛甜菜、田菠菜。

性味 性寒，味甘。

功效 清热利尿、清肝明目、祛痰止咳、渗湿止泻。

主治 暑热泄泻、怕光流泪、视物昏花、眼睛肿痛。

### 枸杞子

别名 枸杞、苟起子、枸杞红实。

性味 性平，味甘。

功效 养肝润肺、滋补肝肾、益精明目、强身健体。

主治 腰膝酸痛、眩晕耳鸣、血虚萎黄、内热消渴。

### 蜂蜜

别名 岩蜜、石蜜、石饴。

性味 性平，味甘。

功效 保护肝脏、补充体力、消除疲劳、抑菌杀菌。

主治 便秘、皮肤暗黄、失眠、贫血、神经系统疾病。

# 枸杞五味茶

## 宁心安神 养阴润肺

### 茶疗功效
具有滋阴润肺、宁心安神的功效。

### 健康叮咛
适宜睡眠不安、记忆力减退等证者饮用，可作为慢性肝病、肺结核、糖尿病等症的辅助治疗饮品饮用。

主要材料

| | |
|---|---|
| 枸杞子 | 20克 |
| 五味子 | 9克 |
| 生姜 | 6克 |
| 蜂蜜 | 适量 |

做法：
① 将五味子研成粗末；生姜切丝，备用。
② 将生姜丝、五味子末、枸杞子一同放入杯中，用沸水冲泡15分钟后，加入适量蜂蜜即可饮用。
③ 每日1剂，不拘时。

## 本草药典

### 枸杞子
别名 枸杞、苟起子、枸杞红实。
性味 性平，味甘。
功效 滋阴润肺、补益肝肾。
主治 虚劳精亏、腰膝酸痛、眩晕耳鸣。

### 五味子
别名 山花椒、秤砣子、面藤。
性味 性温，味酸、甘。
功效 收敛固涩、益气生津、补肾健脾、安心宁神。
主治 久咳虚喘、久泻不止、内热消渴、心悸失眠。

### 生姜
别名 姜。
性味 性温，味辛。
功效 开胃止呕、化痰止咳、发汗解表、清热解毒。
主治 外感风寒、鼻子不通气、流清鼻涕、腹痛。

### 蜂蜜
别名 岩蜜、石蜜、石饴。
性味 性平，味甘。
功效 保护肝脏、补充体力、消除疲劳、抑菌杀菌。
主治 便秘、皮肤暗黄、失眠、贫血、神经系统疾病。

**主要材料**

| 侧柏叶 | 10克 |
|---|---|
| 枸杞子 | 6克 |
| 生姜 | 5克 |
| 黑茶 | 3克 |
| 蜂蜜 | 适量 |

**做法：**

① 侧柏叶洗净，切碎；将生姜切丝。

② 将侧柏叶末、生姜丝、枸杞子和黑茶放入杯中，用热水冲泡10分钟后，加入适量蜂蜜，即可饮用。

③ 每日1剂，不拘时饮用。

# 侧柏枸杞茶

## 凉血止血 涩肠止痢

侧柏叶

🍵 **茶疗功效**

侧柏叶能凉血止血、涩肠止痢，用于缓解各种出血症；且侧柏叶的水煎液具有抑制金黄色葡萄球菌、痢疾杆菌、伤寒杆菌等病菌的作用。

---

# 金樱子茶

## 固精缩尿 涩肠止泻

**主要材料**

| 金樱子 | 25克 |
|---|---|
| 生姜 | 6克 |
| 枸杞子 | 5克 |
| 红茶 | 3克 |
| 蜂蜜 | 适量 |

**做法：**

① 金樱子去净子毛，捣碎；生姜切丝。

② 将金樱子末、姜丝、枸杞子和红茶放入杯中，用沸水冲泡15分钟，加入适量的蜂蜜，即可饮用。

③ 每日1剂，频饮。

金樱子

🍵 **茶疗功效**

金樱子为收涩药，尤能固精缩尿，具有收摄精气的作用，又能敛涩而止泻。临床上对于肾虚者一般强调以补肾固本为主，而以收涩为辅，在门诊处方中常配入补肾药，以提高疗效。

# 陈艾叶茶

## 除湿止痢 温胃理气

### 茶疗功效

陈艾叶可治气痢腹痛、睡眠不安。艾叶煎剂对伤寒杆菌、副伤寒杆菌、痢疾杆菌、葡萄球菌等均有不同程度的抑制作用。

### 健康叮咛

适宜大便夹有脓血、腹部冷痛、喜温喜按、小便清长、舌淡苔白等症者饮用。

### 主要材料

| | |
|---|---|
| 陈艾叶 | 30克 |
| 陈皮 | 20克 |
| 生姜 | 6克 |
| 红茶 | 3克 |
| 蜂蜜 | 适量 |

**做法:**
① 将陈艾叶、陈皮研成粗末;生姜切丝。
② 将药末、生姜丝和红茶放入杯中,用沸水冲泡15分钟后,加入适量蜂蜜,即可饮用。
③ 每日1~2剂。

## 本草药典

### 陈艾叶

别名 艾蒿、杜艾叶。

性味 性温,味辛、苦。

功效 散寒止痛。

主治 少腹冷痛、经寒不调、宫冷不孕。

### 陈皮

别名 橘皮、贵老。

性味 性温,味辛、苦。

功效 理气健脾、调中燥湿、化痰。

主治 消化不良、湿浊阻中所致胸闷腹胀、纳呆便溏。

### 生姜

别名 姜。

性味 性温,味辛。

功效 开胃止呕、化痰止咳、发汗解表、清热解毒。

主治 外感风寒、流清鼻涕、肚子痛、头痛发烧。

### 蜂蜜

别名 岩蜜、石蜜、石饴。

性味 性平,味甘。

功效 保护肝脏、补充体力、消除疲劳、抑菌杀菌。

主治 便秘、皮肤暗黄、失眠、贫血、神经系统疾病。

# 生脉饮

**益气生津 固表止汗**

📋 茶疗功效

人参具有益气养身、生津、安神的功效，麦门冬养阴生津、清心除烦，五味子具有益气生津、固表止汗、敛肺止咳、益肾固精的功效。

💗 健康叮咛

适宜体倦气短、口渴多汗、脉虚弱、久咳气弱、口渴自汗者饮用。但患有急性感染性疾病者不宜饮用。

**主要材料**

| | |
|---|---|
| 麦门冬 | 15克 |
| 人参 | 10克 |
| 五味子 | 20克 |
| 花茶 | 5克 |
| 枸杞子 | 适量 |

**做法：**

① 将麦门冬、五味子研成粗末，人参切片。

② 将人参片、麦门冬及五味子药末、枸杞子、花茶放入杯中，用沸水冲泡10分钟，即可饮用。

③ 每日1剂，不拘时饮用。

## 本草药典

### 人参

别名 山参、园参。

性味 性平，味甘、微苦。

功效 大补元气。

主治 劳伤虚损、厌食、倦怠。

### 麦门冬

别名 麦冬、不死药。

性味 性寒，味甘、微苦。

功效 滋阴润肺、益胃生津、清心除烦、止渴止咳。

主治 肺燥干咳、阴虚劳嗽、津伤口渴、心烦失眠。

### 五味子

别名 山花椒、秤砣子、面藤。

性味 性温，味酸、甘。

功效 收敛固涩、益气生津、补肾健脾、安心宁神。

主治 久咳虚喘、久泻不止、自汗、盗汗。

### 枸杞子

别名 枸杞、苟起子、枸杞红实。

性味 性平，味甘。

功效 养肝润肺。

主治 虚劳精亏、腰膝酸痛、眩晕耳鸣。

# 石榴皮茶

固涩止带
止泻止痢

**主要材料**

| | |
|---|---|
| 石榴皮 | 30克 |
| 生姜 | 6克 |
| 枸杞子 | 5克 |
| 黑茶 | 3克 |
| 蜂蜜 | 适量 |

**做法:**

① 将石榴皮研成粗末,生姜切丝。

② 将石榴皮末、生姜丝、枸杞子和黑茶放入杯中,用沸水冲泡20分钟后,加入适量蜂蜜即可饮用。

③ 每日1剂,不拘时饮用。

📋 **茶疗功效**

石榴皮是石榴科植物石榴的果皮,具有收敛止涩作用,临床常用于久泻久痢、脱肛下血及崩中带下;且石榴皮对金黄色葡萄球菌、溶血性链球菌、多种肠道致病性杆菌具有明显的抑制作用。

石榴皮

# 香菇茶

增进食欲
补胃健脾

**主要材料**

| | |
|---|---|
| 香菇 | 5克 |
| 草豆蔻 | 5克 |
| 红茶 | 3克 |
| 蜂蜜 | 适量 |

**做法:**

① 将香菇、草豆蔻、红茶置于杯中。

② 用沸水冲泡10分钟后,加入适量蜂蜜即可饮用。

③ 每日1剂,不拘时饮用。

📋 **茶疗功效**

香菇茶具有补胃健脾、增进食欲的功效。茶中的草豆蔻具有化湿消痞、行气温中、开胃消食的功效,主要用于湿浊中阻、不思饮食、湿温初起、胸闷不饥、寒湿呕逆、食积不消等症。

草豆蔻

# 甘草蜜茶

## 润燥通便 益气生津

### ▢ 茶疗功效

洞庭碧螺春生津止渴、祛风解表；甘草补脾益气；枸杞子养肝明目；蜂蜜具有润肺、滋补肝肾、益精明目的功效。

### ♥ 健康叮咛

适宜心烦、口渴、便秘、腹痛者饮用。但大便溏薄者不宜饮用。

**主要材料**

| | |
|---|---|
| 甘草 | 5克 |
| 洞庭碧螺春 | 3克 |
| 枸杞子 | 3克 |
| 花茶 | 3克 |
| 蜂蜜 | 适量 |

**做法：**

① 将洞庭碧螺春、枸杞子、甘草、花茶放入茶杯中。

② 倒入沸水，冲泡10分钟后，加入适量蜂蜜即可饮用。

③ 每日1剂，分2次温服。

## 本草药典

### 洞庭碧螺春

别名 碧螺春。

性味 性寒，味苦。

功效 生津止渴。

主治 便秘。

### 甘草

别名 粉甘草、甘草梢、甜根子。

性味 性平，味甘。

功效 补脾益气、清热解毒、祛痰止咳、调和诸药。

主治 脾胃虚弱、倦怠乏力、心悸气短、咳嗽痰多、脘腹。

### 枸杞子

别名 枸杞、苟起子、枸杞红实。

性味 性平，味甘。

功效 养肝润肺、滋补肝肾、益精明目、强身健体。

主治 虚劳精亏、腰膝酸痛、眩晕耳鸣、贫血。

### 蜂蜜

别名 岩蜜、石蜜、石饴。

性味 性平，味甘。

功效 保护肝脏、补充体力、消除疲劳、抑菌杀菌。

主治 便秘、皮肤暗黄、失眠、贫血、神经系统疾病。

# 清热理气药茶药材速查

**芦根**
清热生津
止呕除烦

**主治** 热病伤津、烦热口渴、舌燥少津、胃热呕逆、肺热咳嗽、痰稠、口干及外感风热的咳嗽证。

**竹叶**
清热除烦
生津利尿

**主治** 热病烦热口渴、心火上炎、口舌生疮、热淋及心火移热于小肠所致的小便淋痛。

**玄参**
清热 解毒 养阴

**主治** 温热病热入营分、伤阴劫液、身热、口干、舌绛，温热病血热壅盛、发斑或咽喉肿痛。

**金银花**
清热解毒

**主治** 外感风热或温病初起，发热而微恶风；疮、痈、疔肿；热毒泻痢，下痢脓血。

**橘皮**
理气 调中
燥湿 化痰

**主治** 脾胃气滞所致的脘腹胀满、嗳气、恶心呕吐，湿浊中阻所致的胸闷腹胀、纳呆倦怠、大便溏薄、痰湿壅滞、咳嗽痰多。

**佛手**
和中 理气
舒肝 化痰

**主治** 肝郁气滞所致的胁痛、胸闷，及脾胃气滞所致的脘腹胀满、胃痛纳呆、嗳气呕恶；咳嗽痰多之证。

**香橼**
和中 理气
疏肝 化痰

**主治** 肝失疏泄、脾胃气滞所致的胸闷，胁痛，脘腹胀痛，嗳气食少及呕吐；痰湿壅滞，咳嗽痰多。

**玫瑰花**
和血散淤
行气解郁

**主治** 肝胃不和所致的胁痛脘闷、胃脘胀痛；月经不调、经前乳房胀痛，以及损伤淤痛。

# 茶养五脏，益寿延年

    本章针对人体五脏的不同补益需求，分别介绍具有润肺止咳、疏肝解郁、滋阴补肾、养心安神、健脾养胃功效的健康药茶，并详细列出了这些药茶的制作方法、材料配比、饮用宜忌，以便于读者随时查找选用。

# 人参核桃仁茶

## 温补肺肾 纳气定喘

### 茶疗功效

此茶中的核桃仁补气养血、润燥化痰、温肺润肠，可缓解虚寒喘咳的症状。

### 健康叮咛

适宜患有慢性支气管炎、阻塞性肺气肿、肺源性心脏病等症者饮用。但患有感冒咳嗽者不宜饮用。

### 主要材料

核桃仁　12枚
人参　　6克
生姜　　3克
白茶　　3克
蜂蜜　　适量

做法：
① 人参切片；核桃仁捣碎；生姜切丝。
② 将人参片、核桃仁碎、生姜丝和白茶置于杯中，用沸水冲泡15分钟后，加入蜂蜜即可饮用。
③ 每日1剂，代茶频饮。

## 本草药典

### 人参

**别名** 山参、园参。
**性味** 性平，味甘、微苦。
**功效** 大补元气。
**主治** 劳伤虚损、厌食、倦怠。

### 核桃仁

**别名** 胡桃肉。
**性味** 性温，味甘。
**功效** 补肾固精、温肺定喘、润肠通便。
**主治** 阳痿遗精、虚寒咳喘、肺虚久咳、肠燥便秘。

### 生姜

**别名** 姜。
**性味** 性温，味辛。
**功效** 开胃止呕、化痰止咳、发汗解表、清热解毒。
**主治** 外感风寒、鼻子不通气、流清鼻涕、腹痛。

### 蜂蜜

**别名** 岩蜜、石蜜、石饴。
**性味** 性平，味甘。
**功效** 保护肝脏、补充体力、消除疲劳、抑菌杀菌。
**主治** 便秘、皮肤暗黄、失眠、贫血、神经系统疾病。

**主要材料**

| | |
|---|---|
| 百合 | 10克 |
| 金银花 | 5克 |
| 枸杞子 | 3克 |
| 花茶 | 3克 |
| 蜂蜜 | 适量 |

**做法：**

① 将金银花、百合洗净，与花茶一起放入杯中。

② 用开水冲泡10分钟后，加入适量蜂蜜和枸杞子，即可饮用。

③ 每日1剂，不拘时饮用。

# 百合花茶

## 润肺止咳 清心安神

百合

📺 **茶疗功效**

　　百合具有良好的止咳功效，可以增加肺脏内血液的灌流量，改善肺部功能。且百合也具有一定的镇静作用。中医认为将百合入药使用，可以起到润肺止咳、宁心安神的作用，还能减轻胃疼。

# 玉竹蜜茶

**主要材料**

| | |
|---|---|
| 鲜玉竹 | 120克 |
| 绿茶 | 5克 |
| 蜂蜜 | 5克 |
| 甘草 | 5克 |

**做法：**

① 鲜玉竹洗净，切段。

② 将鲜玉竹放入锅中，再加入蜂蜜和甘草、绿茶，用小火煮沸，以小火焖烂后，即可饮用。

③ 每日1剂，不拘时饮用。

## 润肺生津 宁心安神

鲜玉竹

📺 **茶疗功效**

　　鲜玉竹具有养阴润燥的功效，且因鲜玉竹含有丰富的铃兰苦苷、铃兰苷以及山柰酚苷、槲皮醇槲和维生素A等营养元素，所以对风湿性心脏病可起到辅助治疗的功效。

# 麦门冬茶

**养阴润肺 养心除烦**

📗 **茶疗功效**

麦门冬养阴润肺、益胃生津，地骨皮清热凉血，小麦养心除烦、除热止渴。

💙 **健康叮咛**

适宜肺阴不足引起的干咳少痰或痰中带血，胃阴不足引起的大便干结、口渴、舌红少苔等症患者饮用。但脾虚腹泻者不宜服用。

**主要材料**

| | |
|---|---|
| 麦门冬 | 30克 |
| 地骨皮 | 20克 |
| 小麦 | 15克 |
| 花茶 | 3克 |
| 蜂蜜 | 适量 |

**做法：**

① 将麦门冬、地骨皮研成粗末。

② 用小麦煎汁，去渣取汁，再将药末与花茶放入杯中，冲泡15分钟后，加入蜂蜜，即可饮用。

③ 每日1剂，代茶频饮。

## 本草药典

### 麦门冬

**别名** 麦冬、虋冬。

**性味** 性寒，味甘、微苦。

**功效** 滋阴润肺。

**主治** 肺燥干咳、肺痈、阴虚劳嗽。

### 地骨皮

**别名** 杞根、地骨、地辅。

**性味** 性寒，味苦。

**功效** 凉血除蒸、清肺降火、补血止血、调节血脂。

**主治** 肺热咳喘消渴、高血压、痈肿、恶疮。

### 小麦

**别名** 浮麦。

**性味** 性平，味甘。

**功效** 养心除烦、调理五脏、止渴、利小便。

**主治** 心神不安、小便不利、烦躁失眠、喉咙干燥。

### 蜂蜜

**别名** 岩蜜、石蜜、石饴。

**性味** 性平，味甘。

**功效** 保护肝脏、补充体力、消除疲劳、抑菌杀菌。

**主治** 便秘、皮肤暗黄、失眠、贫血、神经系统疾病。

主要材料

| 款冬花 | 5克 |
|---|---|
| 百合 | 3克 |
| 花茶 | 3克 |
| 生姜 | 2克 |
| 蜂蜜 | 适量 |

做法：

① 将百合、款冬花洗净，放入锅中。

② 将生姜切成细丝，备用。

③ 在锅中加水，煎煮15分钟后，加入生姜丝、花茶、蜂蜜，再煮5分钟后，即可饮用。

④ 每日1剂，不拘时饮用。

花茶

## 款冬、百合茶

### 润肺养阴 止咳止嗽

📋 茶疗功效

百合、款冬花润肺滋阴，为止咳良药，二者合用可缓解肺阴虚久咳，对老年人或肺结核患者可起到增强免疫力的作用。

## 甘草茶

### 润肺解毒 镇痛镇咳

主要材料

| 甘草 | 5克 |
|---|---|
| 菊花 | 5克 |
| 绿茶 | 3克 |
| 蜂蜜 | 适量 |

做法：

① 将甘草、绿茶、菊花放入锅中，加水煎煮。

② 用茶漏滤取药汁，温热时放入适量的蜂蜜，即可饮用。

③ 每日1剂，不拘时饮用。

菊花

📋 茶疗功效

甘草茶可和中缓急、润肺解毒，具有抗炎、解毒、镇痛、镇咳、利尿的作用。

# 橘红茶

## 理气和中 化痰止咳

### 茶疗功效

橘红是将新鲜橘皮，用刀扦下外层果皮，晾干或晒干而成，以片大、色红、油润者为佳。其性温，味辛而苦，具有散寒理气、燥湿化痰、消食宽中的功效。

### 健康叮咛

适宜患有风寒咳嗽、喉痒多痰、难以咳出或咳吐白痰者饮用。但肺热咳嗽、痰黄稠者不宜饮服。

主要材料

| | |
|---|---|
| 白茯苓 | 9克 |
| 橘红 | 6克 |
| 生姜 | 2克 |
| 红茶 | 3克 |
| 蜂蜜 | 适量 |

做法：

① 将橘红、白茯苓研成粗末，生姜切丝。

② 将药末、生姜丝和红茶放入杯中，用沸水冲泡15分钟后，加入适量蜂蜜，即可饮用。

③ 每日1剂，不拘时饮用。

## 本草药典

### 橘红

别名 化州橘红、橘皮。

性味 性温，味辛、苦。

功效 散寒、化痰。

主治 风寒咳嗽、喉痒痰多、食积伤酒。

### 白茯苓

别名 云苓、茯苓。

性味 性平，味甘。

功效 渗湿利水、健脾和胃、宁心安神、调节血脂。

主治 小便不利、水肿胀满、痰饮咳逆、便秘。

### 生姜

别名 姜。

性味 性温，味辛。

功效 开胃止呕、化痰止咳、发汗解表、清热解毒。

主治 外感风寒、鼻子不通气、流清鼻涕、腹痛。

### 蜂蜜

别名 岩蜜、石蜜、石饴。

性味 性平，味甘。

功效 保护肝脏、补充体力、消除疲劳、抑菌杀菌。

主治 便秘、皮肤暗黄、失眠、贫血、神经系统疾病。

# 沃雪茶

## 补脾润肺
## 清热化痰

### 🍵 茶疗功效

　　沃雪茶具有补脾润肺、清热解毒、止咳化痰的功效。山药具有益气养阴、补脾益肾的功效；牛蒡子又名"大力子"，可清热利咽，且能抑制金黄色葡萄球菌生长；柿霜饼能清热润肺、化痰止咳。

### ❤ 健康叮咛

　　适宜患有肺结核、支气管扩张等症者饮用。但患有风寒咳嗽、咳嗽痰多者不宜饮用。

### 主要材料

| | |
|---|---|
| 山药 | 45克 |
| 牛蒡子 | 12克 |
| 柿霜饼 | 18克 |
| 黑茶 | 3克 |
| 蜂蜜 | 适量 |

### 做法：

① 将山药、牛蒡子洗净，与黑茶一起放入锅中，备用。

② 入锅加水煮汤，去渣留汁；用药汁冲泡柿霜饼，按照个人喜好加入适量蜂蜜即可。

③ 每日1剂，不拘时饮用。

## 本草药典

### 山药

别名 淮山药。

性味 性温、平，味甘。

功效 健脾补肺。

主治 脾胃虚弱、倦怠无力。

### 牛蒡子

别名 恶实、鼠粘子、黍粘子。

性味 性寒，味苦。

功效 疏散风热、宣肺透疹、利咽散结、解毒消肿。

主治 风热咳嗽、咽喉肿痛、风疹瘙痒、表皮肿毒。

### 柿霜饼

别名 柿饼。

性味 性凉，味甘。

功效 清热、润燥、化痰、补血止血、润喉止咳。

主治 肺热燥咳、咽干喉痛、口舌生疮、消渴。

### 蜂蜜

别名 岩蜜、石蜜、石饴。

性味 性平，味甘。

功效 保护肝脏、补充体力、消除疲劳、抑菌杀菌。

主治 便秘、皮肤暗黄、失眠、贫血、神经系统疾病。

# 胖大海茶

清热解毒
润肺利咽

## 📺 茶疗功效

胖大海具有清肺热、利咽喉、解毒、润肠通便的功效，用于治疗肺热声哑、咽喉疼痛、热结便秘，以及用嗓过度等引发的声音嘶哑等症。

## ❤ 健康叮咛

适宜患有急性咽炎及喉炎、扁桃体炎等症者饮用。但便溏腹泻者不宜饮服。

### 主要材料

| | |
|---|---|
| 甘草 | 5克 |
| 胖大海 | 2枚 |
| 枸杞子 | 5克 |
| 白茶 | 3克 |
| 蜂蜜 | 适量 |

做法：

① 将胖大海、甘草、枸杞子洗净，与白茶放入锅中加水煎煮。

② 用茶漏滤取药汁，温热时放入适量蜂蜜，即可饮用。

③ 每日2剂，不拘时饮用。

## 本草药典

### 胖大海

别名 澎大海、安南子。

性味 性寒，味甘。

功效 清热润肺。

主治 肺热声哑、干咳无痰。

### 甘草

别名 粉甘草、甘草梢、甜根子。

性味 性平，味甘。

功效 补脾益气、清热解毒、祛痰止咳、缓急止痛。

主治 脾胃虚弱、倦怠乏力、心悸气短、咳嗽痰多。

### 枸杞子

别名 枸杞、苟起子、枸杞红实。

性味 性平，味甘。

功效 养肝润肺、滋补肝肾、益精明目、强身健体。

主治 腰膝酸痛、眩晕耳鸣、贫血、虚劳精亏。

### 蜂蜜

别名 岩蜜、石蜜、石饴。

性味 性平，味甘。

功效 保护肝脏、补充体力、消除疲劳、抑菌杀菌。

主治 便秘、皮肤暗黄、失眠、贫血、神经系统疾病。

# 银耳茶

## 养胃生津 滋阴润肺

### 📷 茶疗功效

银耳又名白木耳，为银耳科植物银耳的子实体，具有清补润肺、润肺生津、滋阴养胃、益气补心、补脑强心的功效。

### ❤ 健康叮咛

适宜干咳、咯血、盗汗、头晕、心悸、眼底出血者饮用。但患有风寒咳嗽者不宜饮用。

### 主要材料

| | |
|---|---|
| 银耳 | 20克 |
| 洞庭碧螺春 | 5克 |
| 枸杞子 | 5克 |
| 蜂蜜 | 适量 |

做法：

① 将银耳用温水泡发，洗净，去除杂质，放入杯中。

② 在杯中加入枸杞子、洞庭碧螺春，用热水冲泡开后，放入银耳，温热时放入蜂蜜即可饮用。

③ 每日1剂，清晨饮用。

---

## 本草药典

### 银耳

别名 白木耳、雪耳。

性味 性平，味甘。

功效 润肺生津。

主治 肺热咳嗽、肺燥干咳。

### 洞庭碧螺春

别名 碧螺春。

性味 性寒，味苦。

功效 生津止渴、清热消暑、解毒消食、祛风解表。

主治 心血管疾病、失眠、便秘、心绞痛、腹痛。

### 枸杞子

别名 枸杞、苟起子、枸杞红实。

性味 性平，味甘。

功效 养肝润肺、滋补肝肾、益精明目、强身健体。

主治 虚劳精亏、腰膝酸痛、眩晕耳鸣、内热消渴、贫血。

### 蜂蜜

别名 岩蜜、石蜜、石饴。

性味 性平，味甘。

功效 保护肝脏、补充体力、消除疲劳、抑菌杀菌。

主治 便秘、皮肤暗黄、失眠、贫血、神经系统疾病。

# 一贯煎茶

滋阴理气 疏肝解郁

### 📺 茶疗功效

生地黄、枸杞子能滋阴养肝；沙参、麦门冬可清肺益胃；当归可补血活血。

### ❤ 健康叮咛

适宜患有胃痛反酸、咽干口燥等症者饮用。但消化不良者不宜服用。

### 主要材料

| | |
|---|---|
| 生地黄 | 18克 |
| 沙参 | 9克 |
| 麦门冬 | 9克 |
| 当归 | 9克 |
| 枸杞子 | 10克 |
| 红茶 | 2克 |
| 蜂蜜 | 适量 |

**做法：**

① 将沙参、麦门冬、当归、生地黄研成粗末。

② 将药末、枸杞子与红茶放入杯中，用热水冲泡15分钟后，加入蜂蜜，即可饮用。

③ 每日1剂，不拘时。

---

## 本草药典

### 沙参

别名 南沙参、泡参。

性味 性微寒，味甘。

功效 清热养阴。

主治 气管炎、百日咳、肺热咳嗽。

### 麦门冬

别名 麦冬、覉冬。

性味 性寒，味甘、微苦。

功效 滋阴润肺、益胃生津、清心除烦、止渴止咳。

主治 肺燥干咳、阴虚劳嗽、津伤口渴、心烦失眠。

### 当归

别名 秦归、云归、西当归、岷当归。

性味 性温，味甘、辛。

功效 美容养颜、活血补血、抑菌杀菌。

主治 月经不调、闭经痛经、虚寒腹痛、肠燥便秘。

### 生地黄

别名 地髓、原生地、干生地。

性味 性凉，味甘苦。

功效 清热生津、滋阴养血、生津润燥。

主治 阴虚发热、消渴、吐血、表皮出血、血崩、月经不调。

**主要材料**

| | |
|---|---|
| 生地黄 | 3克 |
| 龙胆草 | 1.8克 |
| 醋柴胡 | 1.8克 |
| 川芎 | 1.8克 |
| 菊花 | 3克 |
| 乌龙茶 | 1克 |
| 蜂蜜 | 适量 |

**做法：**

① 将龙胆草、醋柴胡、川芎、生地黄研成粗末。

② 将药末、菊花和乌龙茶放入杯中，用热水冲泡10分钟后，加入蜂蜜，即可饮用。

③ 每日1剂，不拘时饮用。

龙胆草

# 地黄龙胆茶

## 平肝解郁 清热泻火

### 📺 茶疗功效

此茶具有清热泻火、平肝解郁的功效。其中龙胆草可辅助治疗耳鸣、目赤、咽痛等症；柴胡疏肝解郁，防止火热伤气，避免肝气不舒；川芎活血，可缓解头部疼痛；生地黄和菊花清热养血、疏风泻火。

# 菊花乌龙茶

## 清肝泻火 抗菌消炎

**主要材料**

| | |
|---|---|
| 菊花 | 10克 |
| 枸杞子 | 5克 |
| 乌龙茶 | 3克 |
| 蜂蜜 | 适量 |

**做法：**

① 将菊花、乌龙茶、枸杞子洗净，放入杯中。

② 用热水冲泡10分钟后，放入蜂蜜，即可饮用。

③ 每日1剂，不拘时饮用。

乌龙茶

### 📺 茶疗功效

菊花具有疏风、清热、解毒、明目的功效，是临床常用疏风明目、清热解毒之药；而乌龙茶具有良好的抗炎和杀菌功效。

# 柴甘茅根茶

## 清热凉血 疏肝解郁

### 📋 茶疗功效

此茶具有清热解毒、疏肝解郁的功效。柴胡具有清热疏肝、升阳解表的功效。此外，柴胡还能镇静、安神、镇痛、解热、镇咳。

### ❤️ 健康叮咛

适宜患有感冒发热、小便短赤、口苦咽干等症者饮用。但阴虚火旺、潮热盗汗者不宜饮用。

主要材料

| | |
|---|---|
| 柴胡 | 20克 |
| 白茅根 | 15克 |
| 甘草 | 5克 |
| 花茶 | 3克 |
| 蜂蜜 | 适量 |

做法：

① 将柴胡、白茅根、甘草制成粗末。

② 将药末与花茶放入杯中，用热水冲泡10分钟后，加入蜂蜜，即可饮用。

③ 每日1剂，不拘时饮用。

---

**本草药典**

## 柴胡

别名 地熏、茈胡、山菜。

性味 性微寒，味苦。

功效 疏肝利胆、疏气解郁、解表退热。

主治 感冒发热、肝郁气滞、疟疾。

## 甘草

别名 粉甘草、甘草梢、甜根子。

性味 性平，味甘。

功效 补脾益气、清热解毒、祛痰止咳、缓急止痛。

主治 脾胃虚弱、倦怠乏力、心悸气短、皮肤肿毒。

## 白茅根

别名 茅根、兰根、茹根。

性味 性寒，味甘。

功效 利尿、凉血止血、抑菌抗菌、清热解毒。

主治 热病烦渴、吐血、衄血、肺热喘急、胃热哕逆、淋病。

## 蜂蜜

别名 岩蜜、石蜜、石饴。

性味 性平，味甘。

功效 保护肝脏、补充体力、消除疲劳、抑菌杀菌。

主治 便秘、皮肤暗黄、失眠、贫血、神经系统疾病。

## 茵陈郁金茶

### 清利湿热
### 疏肝解郁

**主要材料**

| | |
|---|---|
| 郁金 | 10克 |
| 茵陈 | 5克 |
| 绿茶 | 3克 |
| 蜂蜜 | 适量 |

**做法：**

① 将茵陈、郁金、绿茶洗净放入杯中。

② 用热水冲泡后，加入蜂蜜，即可饮用。

③ 每日1剂，不拘时饮用。

郁金

📋 **茶疗功效**

　　此茶具有清利湿热、疏肝活血的功效。茵陈具有清利湿热、退黄疸的功效；郁金具有行气解郁、清心凉血的良好功效。

## 柴胡茶

### 清热生津
### 疏肝解郁

**主要材料**

| | |
|---|---|
| 柴胡 | 10克 |
| 绿茶 | 3克 |
| 枸杞子 | 2克 |
| 蜂蜜 | 适量 |

**做法：**

① 将柴胡、绿茶、枸杞子洗净，放入杯中。

② 用开水冲泡后，稍凉加入蜂蜜，即可饮用。

③ 每日1剂，不拘时饮用。

蜂蜜

📋 **茶疗功效**

　　柴胡具有疏散退热、举气疏肝的功效，用于缓解感冒发热、疟疾、肝郁气滞、胸肋胀痛、子宫脱垂、月经不调等症。

# 夏枯草茶

## 清退肝火
## 润燥止渴

### 📷 茶疗功效

夏枯草为唇形科植物夏枯草的果穗，对痢疾杆菌、霍乱弧菌、大肠杆菌、变形杆菌、葡萄球菌及人型结核杆菌等细菌可起到不同程度的抑制作用。

### ❤ 健康叮咛

适宜患有淋巴结核、甲状腺功能亢进、乳房囊性增生、乳腺炎等症者饮用，还可作为肝火旺、体质偏热之人的保健饮品。但脾胃虚寒者不宜饮用。

主要材料

| | |
|---|---|
| 夏枯草 | 10克 |
| 洞庭碧螺春 | 3克 |
| 枸杞子 | 5克 |
| 蜂蜜 | 适量 |

做法：
① 将夏枯草、洞庭碧螺春、枸杞子放入杯中。
② 用沸水冲泡15分钟后，加入蜂蜜，即可饮用。
③ 每日1剂，不拘时饮用。

---

**本草药典**

### 夏枯草

别名 麦穗夏枯草。
性味 性寒，味苦、辛。
功效 清肝火，散郁结。
主治 头痛、烦躁、高血压、高脂血症。

### 洞庭碧螺春

别名 碧螺春。
性味 性寒，味苦。
功效 生津止渴、清热消暑、解毒消食、祛风解表。
主治 心血管疾病、失眠、便秘、心绞痛、腹痛。

### 枸杞子

别名 枸杞、苟起子、枸杞红实。
性味 性平，味甘。
功效 养肝润肺、滋补肝肾、益精明目、强身健体。
主治 虚劳精亏、腰膝酸痛、眩晕耳鸣、贫血。

### 蜂蜜

别名 岩蜜、石蜜、石饴。
性味 性平，味甘。
功效 保护肝脏、补充体力、消除疲劳、抑菌杀菌。
主治 便秘、皮肤暗黄、失眠、贫血、神经系统疾病。

## 金银菊花茶

**主要材料**

| 菊花 | 6克 |
|------|------|
| 金银花 | 5克 |
| 绿茶 | 3克 |
| 蜂蜜 | 适量 |

**做法:**

① 将金银花、菊花、绿茶洗净，放入锅中。

② 加入开水，以小火煎煮5分钟后，稍凉后加入蜂蜜，即可饮用。

③ 每日1剂，不拘时饮用。

金银花

**📺 茶疗功效**

此茶具有祛除身体热气、清热解毒的功效。金银花具有清热解毒的功效，菊花具有疏风清热、解毒、明目的功效，绿茶具有生津止渴、清热消暑、解毒消食的功效。

## 栀子菊花茶

清热利湿 散热明目

**主要材料**

| 栀子 | 3克 |
|------|------|
| 胆草 | 3克 |
| 菊花 | 3克 |
| 黄连 | 0.3克 |
| 绿茶 | 3克 |
| 蜂蜜 | 适量 |

**做法:**

① 将黄连、栀子、胆草、菊花、绿茶洗净，放入锅中，加水煎煮。

② 用茶漏滤取药汁，温热时放入适量蜂蜜，即可饮用。

③ 每日1剂，不拘时饮用。

栀子

**📺 茶疗功效**

此茶具有清肝火、解肝毒、舒肝解郁的功效。黄连具有清热燥湿、泻火解毒的良好功效，栀子具有清利湿热、利胆退黄、凉血止血的良好功效，胆草具有清泻肝胆实火、除下焦湿热利尿的功效。

# 杞菊饮

## 养阴明目 滋补肝肾

### 📋 茶疗功效

菊花性凉味甘、苦，入肝、肾经，是一味疏风、明目的佳品。菊花不仅具有疏风清热、提神明目的功效，而且还富含多种氨基酸、铁、磷、钙等元素。

### 💚 健康叮咛

适宜患有视力衰退、夜盲症及青少年近视眼等患者饮用。

主要材料

| | |
|---|---|
| 枸杞子 | 30克 |
| 菊花 | 10克 |
| 生姜 | 6克 |
| 乌龙茶 | 3克 |
| 蜂蜜 | 适量 |

做法：

① 将枸杞子、菊花、生姜洗净，与乌龙茶一起放入杯中。

② 用沸水冲泡10分钟后，加入蜂蜜，即可饮服。

③ 每日1剂，不拘时饮用。

## 本草药典

### 枸杞子

别名 枸杞、苟起子。

性味 性平，味甘。

功效 养肝润肺。

主治 虚劳精亏、腰膝酸痛、眩晕耳鸣。

### 菊花

别名 黄花、女华。

性味 性微寒，味辛、甘、苦。

功效 散风清热、平肝明目、止咳化痰、疏风散热。

主治 风热感冒、头痛眩晕、眼睛肿痛、眼目昏花。

### 生姜

别名 姜。

性味 性温，味辛。

功效 开胃止呕、化痰止咳、发汗解表、清热解毒。

主治 外感风寒、鼻子不通气、流清鼻涕、肚子痛。

### 蜂蜜

别名 岩蜜、石蜜、石饴。

性味 性平，味甘。

功效 保护肝脏、补充体力、消除疲劳、抑菌杀菌。

主治 便秘、皮肤暗黄、失眠、贫血、神经系统疾病。

**主要材料**

| | |
|---|---|
| 木瓜 | 5克 |
| 青皮 | 3克 |
| 秦皮 | 3克 |
| 松节 | 3克 |
| 花茶 | 2克 |
| 蜂蜜 | 适量 |

**做法：**

① 将木瓜、青皮、秦皮、松节洗净，与花茶一同放入杯中。

② 用开水冲泡10分钟后，加入蜂蜜，即可饮用。

③ 每日1剂，不拘时饮用。

# 木瓜青茶

### 舒筋活络 清肝明目

木瓜

**📖 茶疗功效**

此茶具有舒筋活络、清肝明目的功效。木瓜具有消暑解渴、润肺止咳的功效，青皮具有疏肝破气、消积化滞的良好功效，秦皮具有清肝明目、平喘止咳的功效，松节具有祛风燥湿、止痛的功效。

# 柴胡赤芍茶

### 疏肝理气 祛淤止痛

**主要材料**

| | |
|---|---|
| 柴胡 | 5克 |
| 赤芍 | 3克 |
| 枳壳 | 3克 |
| 甘草 | 2克 |
| 乌龙茶 | 2克 |
| 蜂蜜 | 适量 |

**做法：**

① 将柴胡、赤芍、枳壳、甘草、乌龙茶用水冲泡10分钟后，加入蜂蜜，即可饮用。

② 每日1剂，不拘时饮用。

柴胡

**📖 茶疗功效**

柴胡具有疏散退热、升阳舒肝的功效，赤芍具有行淤止痛、凉血消肿的良好功效，枳壳具有理气宽中、行滞消胀的功效，甘草具有补脾益气、清热解毒、祛痰止咳、缓急止痛、调和诸药的功效。

# 巴戟牛膝茶

## 温补肾阳 强腰健膝

### 📋 茶疗功效

巴戟天具有补肾助阳、祛风除湿、强筋健骨的功效，怀牛膝具有补肝肾、强筋骨、逐淤通经的功效。

### ❤ 健康叮咛

适宜患有肾阳亏虚、腰酸冷痛、膝软无力、阳痿早泄等症者饮用。但阴虚火旺、大便干结者不宜服用。

### 主要材料

| | |
|---|---|
| 巴戟天 | 20克 |
| 怀牛膝 | 15克 |
| 枸杞子 | 5克 |
| 黑茶 | 2克 |
| 蜂蜜 | 适量 |

做法：
① 将巴戟天、怀牛膝研为粗末，备用。
② 将药末与黑茶置于杯中，用沸水冲泡20分钟后，加入蜂蜜、枸杞子，即可饮用。
③ 每日1剂，不拘时饮用。

---

## 本草药典

### 巴戟天

别名 鸡肠风。
性味 性微温，味甘、辛。
功效 补肾助阳。
主治 阳痿遗精、宫冷不孕、月经不调。

### 怀牛膝

别名 倒钩草、倒梗草。
性味 性平，味苦、酸。
功效 补肝肾、强筋骨、逐淤通经、引血下行。
主治 腰膝酸痛、筋骨无力、经闭症瘕、肝阳眩晕。

### 枸杞子

别名 枸杞、苟起子、枸杞红实。
性味 性平，味甘。
功效 养肝润肺、滋补肝肾、益精明目、强身健体。
主治 腰膝酸痛、眩晕耳鸣、虚劳咳嗽。

### 蜂蜜

别名 岩蜜、石蜜、石饴。
性味 性平，味甘。
功效 保护肝脏、补充体力、消除疲劳、抑菌杀菌。
主治 便秘、皮肤暗黄、失眠、贫血、神经系统疾病。

**主要材料**

| | |
|---|---|
| 丁香 | 6克 |
| 红茶 | 3克 |
| 枸杞子 | 3克 |
| 蜂蜜 | 适量 |

**做法：**

① 将丁香、红茶、枸杞子放入杯中。
② 用开水冲泡10分钟后，加入蜂蜜，即可饮用。
③ 每日1剂，不拘时饮用。

# 丁香花茶

## 温肾助阳 缓解牙痛

丁香

📖 **茶疗功效**

　　此茶具有缓解牙痛、温肾助阳的功效。丁香具有温中降逆、温肾助阳的功效；红茶具有平肝益肾、润肺养颜的功效，可用于祛斑、润燥、明目、排毒、调节内分泌等。

# 山药茶

## 固肾益精 健脾补肺

**主要材料**

| | |
|---|---|
| 山药 | 250克 |
| 甘草 | 5克 |
| 枸杞子 | 3克 |
| 红茶 | 2克 |
| 蜂蜜 | 适量 |

**做法：**

① 将山药切片；甘草研成粗末。
② 将山药片、甘草末、枸杞子和红茶放入杯中，用热水冲泡15分钟后，加入蜂蜜，即可饮用。
③ 每日1剂，不拘时饮用。

山药

📖 **茶疗功效**

　　山药具有健脾补肺、益胃补肾、固肾益精、聪耳明目、助五脏、强筋骨的功效，用于缓解脾胃虚弱、倦怠无力、食欲不振、久泄久痢、肺气虚燥、痰喘咳嗽、肾气亏耗等症。

# 地黄茶

## 养肝健脾　滋阴补肾

### 📋 茶疗功效

熟地黄具有养血补虚、滋阴补肾的功效；山茱萸肉具有补益肝肾、涩精固脱的功效；山药具有健脾补肺的功效；泽泻具有利水渗湿、泄热通淋的功效。

### ♥ 健康叮咛

适宜腰膝酸软、头晕目眩、耳鸣耳聋、盗汗遗精者饮用。但脾胃虚弱、消化不良、阳虚畏寒、大便溏泄者不宜服用。

**主要材料**

| | |
|---|---|
| 熟地黄 | 20克 |
| 山茱萸肉 | 12克 |
| 山药 | 12克 |
| 茯苓 | 9克 |
| 泽泻 | 3克 |
| 红茶 | 2克 |
| 蜂蜜 | 适量 |

**做法：**

① 将熟地黄、山茱萸肉、山药、茯苓、泽泻研成粗末。

② 将药末和红茶放入杯中，用开水冲泡，去渣取汁后，加入蜂蜜，即可饮用。

③ 每日1剂，不拘时饮用。

---

**本草药典**

### 熟地黄

**别名** 熟地。

**性味** 性温，味甘。

**功效** 养血补虚、填精益髓、滋阴补肾。

**主治** 血虚萎黄、眩晕心悸、月经不调。

### 山茱萸肉

**别名** 山萸肉、山芋肉、山于肉。

**性味** 性微温，味酸、涩。

**功效** 补益肝肾、固精止血、平喘止咳。

**主治** 眩晕耳鸣、腰膝酸痛、阳痿遗精、崩漏带下。

### 山药

**别名** 怀山药、淮山药、土薯。

**性味** 性温、平，味甘。

**功效** 健脾补肺、益胃补肾、固肾益精、聪耳明目。

**主治** 脾胃虚弱、倦怠无力、食欲不振、肺气虚燥。

### 泽泻

**别名** 水泻、芒芋、鹄泻。

**性味** 性寒，味甘、淡。

**功效** 利水渗湿、泄热通淋、调理五脏、调和诸药。

**主治** 小便不利、热淋涩痛、水肿胀满、泄泻、眩晕。

# 青娥茶

## 补肾益气
## 健腰强身

### 🔲 茶疗功效

此茶具有补肾益气、健腰暖胃的功效。核桃仁具有补肾固精的良好功效；补骨脂具有补肾助阳的功效；杜仲具有补肝肾、强筋骨、调节血压的功效；肉桂具有补火助阳的功效。

### ❤ 健康叮咛

适宜肾虚、腰脊酸疼、精神疲乏、四肢软弱、小便余沥不尽者饮用。但体内有热者不宜饮用。

**主要材料**

| | |
|---|---|
| 杜仲 | 10克 |
| 补骨脂 | 5克 |
| 核桃仁 | 5克 |
| 肉桂 | 2克 |
| 熟普洱 | 3克 |
| 蜂蜜 | 适量 |

**做法：**

① 将核桃仁、补骨脂、杜仲、肉桂研成粗末。

② 将药末与熟普洱放入杯中，用沸水冲泡20分钟后，加入蜂蜜，即可饮用。

③ 每日1剂，不拘时饮用。

---

**本草药典**

### 核桃仁

- 别名 胡桃肉。
- 性味 性温，味甘。
- 功效 温肺定喘。
- 主治 阳痿遗精、虚寒咳喘、肺虚久咳。

### 补骨脂

- 别名 胡韭子、婆固脂、破故纸。
- 性味 性温，味辛、苦。
- 功效 补肾助阳、纳气平喘、温脾止泻、止咳化痰。
- 主治 肾阳不足、腰膝冷痛、阳痿遗精、尿频、遗尿。

### 杜仲

- 别名 丝楝树皮。
- 性味 性温，味甘、微辛。
- 功效 补肝肾、强筋骨、调节血压、安胎、调和五脏。
- 主治 肾虚腰痛、胎动胎漏、高血压、高脂血症。

### 肉桂

- 别名 玉桂、菌桂。
- 性味 性大热，味辛、甘。
- 功效 补火助阳、散寒止痛、活血通经、暖胃和脾。
- 主治 心腹冷痛、虚寒吐泻、经闭痛经、肠胃不适。

# 左归茶

## 补肾助阳
## 补血滋阴

### 📠 茶疗功效

此茶具有补肾助阳、补血滋阴的功效。熟地黄具有补血滋阴的功效；山药具有健脾补肺、益胃补肾、固肾益精、聪耳明目、助五脏的功效。

### 💗 健康叮咛

适宜头晕目眩、腰酸腿软、手足发热、遗精滑泄、自汗盗汗、口燥咽干、舌红少苔者饮用。但脾胃虚弱、大便溏泄者不宜服用。

### 主要材料

| | |
|---|---|
| 熟地黄 | 24克 |
| 山药 | 12克 |
| 菟丝子 | 12克 |
| 鹿角 | 12克 |
| 枸杞子 | 10克 |
| 山茱萸 | 10克 |
| 红茶 | 2克 |

**做法：**

① 将熟地黄、山药、菟丝子、鹿角、山茱萸研成粗末。
② 将药末、枸杞子和红茶放入杯中，用沸水冲泡20分钟，即可饮用。
③ 每日1剂，频频饮服。

## 本草药典

### 熟地黄

别名 熟地。
性味 性温，味甘。
功效 补血滋阴。
主治 血虚萎黄、眩晕心悸、月经不调。

### 山药

别名 淮山药。
性味 性温、平，味甘，无毒。
功效 健脾补肺、益胃补肾、聪耳明目、调和五脏。
主治 脾胃虚弱、倦怠无力、久泄久痢、肺气虚燥。

### 菟丝子

别名 豆寄生、无根草、黄丝。
性味 性微温，味辛、甘。
功效 滋补肝肾、固精缩尿、安胎、止泻。
主治 腰痛耳鸣、阳痿遗精、消渴、遗尿失禁、淋浊带下。

### 鹿角

别名 斑龙角、鹿茸。
性味 性微温，味咸，无毒。
功效 行血化淤、消肿利湿、益肾养胃、止痛。
主治 表皮肿毒、淤血作痛、虚劳内伤、腰脊疼痛。

**主要材料**

| | |
|---|---|
| 红茶 | 6克 |
| 肉苁蓉 | 5克 |
| 枸杞子 | 3克 |
| 蜂蜜 | 适量 |

**做法:**

① 将肉苁蓉洗净,放入锅中加水煎煮。

② 用肉苁蓉的煎煮液冲泡红茶,温热时放入蜂蜜及枸杞子,即可饮用。

③ 每日1剂,不拘时饮用。

# 肉苁蓉红茶

## 补肾助阳　润燥滑肠

肉苁蓉

📋 **茶疗功效**

肉苁蓉具有补肾阳、益精血、润肠通便的功效;红茶具有利尿、消炎杀菌、消疲提神的良好功效。

---

# 骨碎补茶

## 温通经脉　活血定痛

**主要材料**

| | |
|---|---|
| 骨碎补 | 50克 |
| 桂枝 | 15克 |
| 枸杞子 | 5克 |
| 生姜 | 3克 |
| 红茶 | 2克 |
| 蜂蜜 | 适量 |

**做法:**

① 将骨碎补、桂枝研成粗末;生姜切丝。

② 将药末和红茶放入杯中,用热水冲泡,去渣取汁后,加入生姜丝、枸杞子、蜂蜜,即可饮用。

③ 每日1剂,不拘时饮用。

骨碎补

📋 **茶疗功效**

骨碎补具有补肾壮阳、固精缩尿、温脾止泻的功效;桂枝具有发汗解肌、温经通脉、助阳化气、散寒止痛的良好功效。

# 王母桃茶

## 温补肝肾 健脾益气

此茶具有健脾益气、温补肝肾的功效。其中的白术具有健脾益气、燥湿利水的功效；熟地黄具有补血滋阴、益精填髓的功效；何首乌具有解毒的功效；巴戟天具有补肾助阳的功效。

### ♥ 健康叮咛

适宜腹冷腰酸、腿膝软弱、肝肾虚亏、头晕目眩者饮用。但阴虚火旺者不宜饮用。

**主要材料**

| | |
|---|---|
| 白术 | 20克 |
| 熟地黄 | 15克 |
| 何首乌 | 30克 |
| 巴戟天 | 10克 |
| 枸杞子 | 30克 |
| 蜂蜜 | 适量 |

**做法：**

① 将白术、熟地黄、何首乌、巴戟天研成粗末。

② 将药末、枸杞子放入杯中，用水冲泡20分钟后，加入蜂蜜，即可饮用。

③ 每日1剂，不拘时饮用。

---

**本草药典**

### 白术

别名 于术、冬术。

性味 性温，味苦、甘。

功效 健脾益气。

主治 脾虚食少、腹胀泄泻、痰饮眩悸。

### 熟地黄

别名 地黄。

性味 性温，味甘。

功效 补血滋阴、益精填髓、养肝益肾、止血抗炎。

主治 血虚萎黄、眩晕心悸、月经不调、肝肾阴亏。

### 何首乌

别名 多花蓼、紫乌藤、野苗。

性味 性微温，味苦、甘、涩。

功效 清热解毒、调节血脂、润肠通便。

主治 风疹瘙痒、肠燥便秘、高脂血症、皮肤肿毒。

### 巴戟天

别名 鸡肠风。

性味 性微温，味甘、辛。

功效 补肾助阳、祛风除湿、强筋健骨、活血化瘀。

主治 肾虚、阳痿、腰膝酸软。

# 八仙茶

## 补益肝肾　益精悦颜

### 📺 茶疗功效

　　此茶具有益精悦颜、健胃、补肝肾的功效。茶中的粳米具有益脾胃、除烦渴的功效；粟米具有益脾胃的良好功效；大豆具有健脾宽中的功效；绿豆具有清热解毒的功效；黑芝麻具有补血明目的功效。

### 💙 健康叮咛

　　适宜中老年人、脾胃功能低下者饮用。但感冒、腹泻者慎用。

**主要材料**

| | |
|---|---|
| 粳米 | 15克 |
| 粟米 | 15克 |
| 大豆 | 15克 |
| 绿豆 | 15克 |
| 黑芝麻 | 5克 |
| 黑茶 | 2克 |
| 盐 | 1克 |

做法：

① 将粳米、粟米、大豆、绿豆、黑芝麻炒熟，并研成粗末。

② 将盐炒熟，与谷物粗末、黑茶一同放入杯中用开水冲泡10分钟，即可饮用。

③ 每日1~2剂。

---

## 本草药典

### 粳米

别名 大米。

性味 性平，味甘。

功效 益脾和胃。

主治 呕吐、泻痢、脾胃阴伤。

### 粟米

别名 小米、黏米。

性味 性凉，味甘、咸。

功效 益脾胃、养肾气、除烦热、利小便。

主治 脾胃虚热、反胃呕吐、脾虚腹泻、热结膀胱、小便不利。

### 大豆

别名 黄豆。

性味 性平，味甘。

功效 健脾宽中、润燥消水、清热解毒、益气。

主治 疳积泻痢、腹胀羸瘦、妊娠中毒、表皮肿毒、外伤出血。

### 绿豆

别名 青小豆、菉豆、植豆。

性味 性寒，味甘。

功效 清热解毒、消暑、增强体力、益气生津。

主治 暑热烦渴、表皮肿毒、酒精中毒、铝中毒。

# 甘麦红枣茶

**养心除烦　补血安神**

## 📋 茶疗功效

此茶具有补血安神、养心除烦的功效。茶中的小麦具有养心益脾的功效；红枣具有补中益气、养血安神的功效。

## 💙 健康叮咛

适宜妇女更年期综合征所致睡眠不安、烦乱多梦者饮用。但失眠重症、伴有阴虚火旺者不宜服用。

### 主要材料

| | |
|---|---|
| 小麦 | 30克 |
| 红枣 | 10枚 |
| 甘草 | 6克 |
| 洞庭碧螺春 | 6克 |
| 蜂蜜 | 适量 |

**做法：**

① 将甘草、小麦研成粗末。

② 将药末、红枣、洞庭碧螺春放入杯中，用沸水冲泡15分钟后，加入蜂蜜，即可饮用。

③ 每日1剂，不拘时饮用。

## 本草药典

### 小麦

别名　浮麦。

性味　性平，味甘。

功效　养心益脾。

主治　妇女脏躁、精神不安。

### 红枣

别名　白蒲枣、大枣、刺枣。

性味　性温，味甘。

功效　补中益气、养血安神、美容养颜。

主治　心神不宁、免疫力低、脾胃虚弱。

### 甘草

别名　粉甘草、甘草梢、甜根子。

性味　性平，味甘。

功效　补脾益气、清热解毒、祛痰止咳、缓急止痛。

主治　脾胃虚弱、倦怠乏力、心悸气短、咳嗽痰多。

### 洞庭碧螺春

别名　碧螺春。

性味　性寒，味苦。

功效　生津止渴、清热消暑、解毒消食、祛风解表。

主治　心血管疾病、失眠、便秘、心绞痛、腹痛。

# 酸枣仁茶

养血安神
清热除烦

## 茶疗功效

酸枣仁具有养肝、宁心、安神、敛汗的功效；甘草具有补脾益气、清热解毒、祛痰止咳、缓急止痛的功效；枸杞子具有养肝、润肺、滋补肝肾的良好功效。

## 健康叮咛

适宜患有神经衰弱、更年期综合征、失眠多梦者饮用。但阳虚畏寒者不宜饮服。

### 主要材料
酸枣仁　30克
甘草　　6克
枸杞子　5克
乌龙茶　3克
蜂蜜　　适量

**做法：**
① 将酸枣仁放入杯中。
② 加入甘草、枸杞子和乌龙茶，用开水冲泡15分钟后，加入适量蜂蜜，即可饮用。
③ 每日1剂，不拘时饮用。

## 本草药典

### 酸枣仁

别名 酸枣子。
性味 性平，味甘。
功效 养肝宁心。
主治 虚烦不眠、惊悸怔忡。

### 甘草

别名 粉甘草、甘草梢、甜根子。
性味 性平，味甘。
功效 补脾益气、清热解毒、祛痰止咳、调和诸药。
主治 脾胃虚弱、倦怠乏力、心悸气短、咳嗽痰多。

### 枸杞子

别名 枸杞、苟起子、枸杞红实。
性味 性平，味甘。
功效 养肝润肺、滋补肝肾、益精明目、强身健体。
主治 虚劳精亏、腰膝酸痛、眩晕耳鸣、贫血。

### 蜂蜜

别名 岩蜜、石蜜、石饴。
性味 性平，味甘。
功效 保护肝脏、补充体力、消除疲劳、抑菌杀菌。
主治 便秘、皮肤暗黄、失眠、贫血、神经系统疾病。

# 麦门冬、百合茶

## 清热养阴 宁心安神

### 📋 茶疗功效

此茶清热养阴、补益肝肾，宁心安神。麦门冬可清热养阴、润肺养胃；五味子可收敛元气、宁心安神；百合可滋阴、避免口干舌燥；枸杞子具有补阴、补精血、益肾养肝的功效。

### ♥ 健康叮咛

适合心跳过快、心悸失眠、口疮口破、大便干结、小便量少色黄等心阴不足者饮用。

### 主要材料

| | |
|---|---|
| 麦门冬 | 5克 |
| 五味子 | 3克 |
| 百合 | 6克 |
| 枸杞子 | 6克 |
| 红茶 | 3克 |
| 蜂蜜 | 适量 |

### 做法：

① 将麦门冬、五味子、百合研成粗药末。

② 将药末、枸杞子、红茶放入保温杯中，用沸水冲泡10分钟后，加入蜂蜜，即可饮用。

③ 每日3剂，不拘时。

## 本草药典

### 麦门冬

**别名** 忍凌、不死草、麦冬、阶前草。

**性味** 性微寒，味甘、微苦。

**功效** 养阴生津，润肺清心。

**主治** 肺燥干咳，虚痨咳嗽，津伤口渴，心烦失眠，内热消渴，肠燥便秘，咽白喉。

### 五味子

**别名** 南五味子、香苏、红铃子。

**性味** 性温，味酸、甘。

**功效** 收敛固涩，益气生津，补肾宁心。

**主治** 久嗽虚喘，梦遗滑精，遗尿尿频，久泻不止，自汗，盗汗，津伤口渴，短气脉虚，内热消渴，心悸失眠。

### 百合

**别名** 蒜脑薯、重迈、中庭、重箱、摩罗、强瞿、百合蒜。

**性味** 性微寒，味甘。

**功效** 养阴润肺，清心安神。

**主治** 阴虚久咳，痰中带血，虚烦惊悸，失眠多梦，精神恍惚。

### 枸杞子

**别名** 苟起子、枸杞红实、甜菜子、西枸杞、血杞子等。

**性味** 性平，味甘。

**功效** 滋补肝肾，益精明目。

**主治** 虚劳精亏，腰膝酸痛，眩晕耳鸣，阳痿遗精，内热消渴，血虚萎黄，目昏不明。

**主要材料**

| 莲子 | 30克 |
| 洞庭碧螺春 | 10克 |
| 枸杞子 | 5克 |
| 蜂蜜 | 适量 |

**做法:**

① 将洞庭碧螺春茶叶用开水冲泡开后,去渣取汁。

② 将莲子用温水浸泡2小时后,加适量蜂蜜、枸杞子炖烂,倒入茶汁,即可饮用。

③ 每日1剂。

# 莲子茶

## 养心安神 益肾固精

莲子

**茶疗功效**

此茶具有养心安神、益肾固精的功效。茶中的洞庭碧螺春具有生津止渴、清热消暑、解毒消食、通便治痢、祛风解表、延年益寿的良好功效,莲子具有清心醒脾、补脾止泻、补中养神、健脾补胃、止泻固精的功效。

# 三七沉香茶

## 强心止痛 降气活血

**主要材料**

| 三七 | 5克 |
| 沉香 | 3克 |
| 花茶 | 2克 |
| 蜂蜜 | 适量 |

**做法:**

① 将三七、沉香洗净,放入锅中,用水煎煮后,去渣取汁。

② 用药汁冲泡花茶,温热时放入适量蜂蜜,即可饮用。

③ 每日1剂,不拘时饮用。

三七

**茶疗功效**

三七具有止血化淤、消肿止痛的功效;沉香具有降气温中、暖肾纳气的功效;花茶具有平肝、润肺养颜的功效。

# 黄芪桂圆茶

**健脾养心　益气补血**

## 📋 茶疗功效

此茶具有补血活血、益气生津、健脾和胃、养心安神的功效。茶中的黄芪具有益气固表、敛汗固脱、利水消肿的功效；桂圆具有养血安神的功效；酸枣仁具有养肝、宁心、安神的功效。

## 💗 健康叮咛

适宜患有心悸怔忡、健忘失眠、虚热盗汗、厌食等症者饮用。但患有急性病者在患病期间不宜饮用此茶。

### 主要材料

|  |  |
|------|------|
| 黄芪 | 12克 |
| 桂圆 | 12克 |
| 酸枣仁 | 12克 |
| 当归 | 9克 |
| 黄茶 | 3克 |
| 生姜 | 5克 |
| 红枣 | 10枚 |

**做法:**

① 将黄芪、酸枣仁、当归捣碎，再研为细药末；生姜切丝。

② 将药末、黄茶、生姜丝、红枣、桂圆放入杯中，用开水冲泡10分钟，即可饮用。

③ 每日1剂，不拘时饮用。

---

**本草药典**

### 黄芪

别名　棉芪、绵芪。

性味　性微温，味甘。

功效　益气固表。

主治　气虚乏力、便血崩漏。

### 桂圆

别名　龙眼、益智、羊眼。

性味　性平，味甘、淡。

功效　泻火解毒、滋补身体、美容养颜、补心宁神。

主治　感冒、疟疾、痔疮、心烦失眠。

### 酸枣仁

别名　山枣、酸枣子、刺枣。

性味　性平，味甘。

功效　养肝、宁心、安神、敛汗、生津。

主治　虚烦不眠、惊悸怔忡、烦渴、虚汗盗汗。

### 当归

别名　秦归、云归、西当归、岷当归。

性味　性温，味甘、辛。

功效　美容养颜、活血补血、抑菌杀菌。

主治　月经不调、闭经痛经、虚寒腹痛、肠燥便秘。

# 安神代茶饮

养心安神
宁心定惊

## 📋 茶疗功效

茯神具有宁心、安神、利水的功效，酸枣仁具有养心、安神、敛汗的良好功效。

## ❤️ 健康叮咛

适宜患有失眠、惊悸、怔忡、健忘等症者饮用，也可作为神经衰弱、更年期综合征的辅助治疗饮品。但有痰热郁火者不宜饮用。

### 主要材料

| | |
|---|---|
| 茯神 | 10克 |
| 酸枣仁 | 10克 |
| 枸杞子 | 5克 |
| 甘草 | 5克 |
| 乌龙茶 | 2克 |
| 蜂蜜 | 适量 |

**做法：**

① 将茯神、酸枣仁、甘草研成粗药末。

② 将药末、乌龙茶、枸杞子放入杯中，用开水冲泡20分钟后，加入蜂蜜，即可饮用。

③ 每日1剂，可以频饮。

## 本草药典

### 茯神

别名 伏神。

性味 性平，味甘、淡。

功效 宁心安神。

主治 心虚惊悸、健忘、失眠。

### 酸枣仁

别名 酸枣子、酸枣核。

性味 性平，味甘。

功效 养心、安神、敛汗、养肝、清热解毒。

主治 神经衰弱、失眠、多梦、盗汗、脾胃不适。

### 枸杞子

别名 枸杞、苟起子、枸杞红实。

性味 性平，味甘。

功效 养肝润肺、滋补肝肾、益精明目、强身健体。

主治 腰膝酸痛、眩晕耳鸣、内热消渴、血虚萎黄。

### 甘草

别名 粉甘草。

性味 性平，味甘。

功效 补脾益气、清热解毒、祛痰止咳、缓急止痛。

主治 脾胃虚弱、倦怠乏力、心悸气短、咳嗽痰多、皮肤肿毒。

# 连花茶

## 主泻心火　祛风清热

### 📋 茶疗功效

此茶具有清热解毒、祛风泻火的功效。茶中的黄连具有清热燥湿、泻火解毒的良好功效；天花粉具有清热泻火的功效；菊花具有散风清热、平肝明目的功效。

### 💗 健康叮咛

适宜患有头痛、红眼病等症者饮用。但体内脾胃虚寒者不宜饮用。

### 主要材料

| | |
|---|---|
| 黄连 | 15克 |
| 天花粉 | 9克 |
| 菊花 | 30克 |
| 川芎 | 20克 |
| 红茶 | 6克 |
| 蜂蜜 | 适量 |

**做法：**

① 将黄连、天花粉、川芎研成粗药末。

② 将药末、菊花、红茶放入杯中，用沸水冲泡10分钟后，加入蜂蜜，即可饮用。

③ 每日3剂，不拘时饮用。

---

## 本草药典

### 黄连

别名　黄连、川连。

性味　性寒，味苦。

功效　清热燥湿、泻火解毒。

主治　湿热痞满、呕吐吞酸、湿热泻痢、烦躁。

### 天花粉

别名　栝楼根。

性味　性微寒，味甘、微苦。

功效　清热泻火、生津止渴、排脓消肿、止咳止血。

主治　热病口渴、消渴、黄疸、肺燥咯血、痔瘘。

### 菊花

别名　黄花、女华。

性味　性微寒，味辛、甘、苦。

功效　散风清热、平肝明目、止咳化痰、调节血脂。

主治　风热感冒、头痛眩晕、目赤肿痛、眼目昏花。

### 川芎

别名　山鞠穷、芎䓖、香果。

性味　性温，味辛。

功效　行气活血、祛风止痛、解郁。

主治　月经不调、产后淤滞腥痛、症瘕肿块。

**主要材料**

| | |
|---|---|
| 薰衣草 | 10克 |
| 玫瑰花 | 10克 |
| 金盏花 | 6克 |
| 红茶 | 3克 |
| 蜂蜜 | 适量 |

**做法：**

① 将薰衣草、玫瑰花、金盏花、红茶放入杯中。

② 用沸水冲泡10～20分钟后，加入少量蜂蜜，即可饮用。

③ 每日1剂，不拘时饮用。

# 薰衣草茶

净化心绪
舒解压力

薰衣草

📋 **茶疗功效**

　　薰衣草具有杀菌、止痛、镇静的功效；玫瑰花具有利气行血、治风痹、散淤止痛的功效；金盏花具有行气活血、消炎抗菌的功效。

# 桂圆茶

补益气血
益心安神

**主要材料**

| | |
|---|---|
| 桂圆肉 | 10克 |
| 生姜 | 6克 |
| 枸杞子 | 5克 |
| 绿茶 | 2克 |
| 蜂蜜 | 适量 |

**做法：**

① 将桂圆肉放入锅中，用水煎煮；生姜切丝。

② 将绿茶、生姜丝、枸杞子放入桂圆肉的煎煮液中，再加入适量蜂蜜，即可饮用。

③ 每日1剂，不拘时饮用。

桂圆

📋 **茶疗功效**

　　桂圆肉具有补血安神的功效；生姜具有开胃止呕、化痰止咳、发汗解表的功效；枸杞子具有养肝润肺、滋补肝肾、益精明目的良好功效。

# 四君子茶

### 健脾养胃 益气强身

## 📋 茶疗功效

此茶具有健脾和胃、益气强身的功效。茶中的人参具有大补元气、复脉固脱、补脾益肺的功效。

## ❤ 健康叮咛

适宜年老体弱、脾胃气虚、消化力弱、腹胀肠鸣者饮用。但舌苔厚腻者不宜饮用。

### 主要材料

|  |  |
| --- | --- |
| 白术 | 9克 |
| 茯苓 | 9克 |
| 人参 | 6克 |
| 炙甘草 | 3克 |
| 红茶 | 2克 |
| 蜂蜜 | 适量 |

**做法:**

① 将人参、白术、茯苓、炙甘草研成粗药末。
② 将药末与红茶放入杯中,用沸水冲泡15～20分钟后,加入适量蜂蜜,即可饮用。
③ 每日1剂,频频饮用。

---

## 本草药典

### 人参

别名 山参、园参。
性味 性平,味甘、微苦。
功效 大补元气。
主治 劳伤虚损、厌食、倦怠。

### 白术

别名 于术、冬术、冬白术。
性味 性温,味苦、甘。
功效 健脾益气、燥湿利水、止汗、安胎。
主治 脾虚食少、腹胀泄泻、痰饮眩悸、胎动不安。

### 茯苓

别名 云苓、松苓、茯灵。
性味 性平,味甘。
功效 渗湿利水、健脾和胃、宁心安神、止咳化痰。
主治 小便不利、水肿胀满、痰饮咳逆、恶阻。

### 炙甘草

别名 草根、红甘草、甘草。
性味 性平,味甘。
功效 补脾和胃、益气复脉、养血化湿、调和诸药。
主治 脾胃虚弱、倦怠乏力、惊悸。

**主要材料**

| | |
|---|---|
| 茉莉花 | 10克 |
| 菖蒲 | 10克 |
| 乌龙茶 | 5克 |
| 蜂蜜 | 适量 |

做法：

① 将茉莉花、菖蒲、乌龙茶研为粗药末。

② 将药末放入杯中，用开水冲泡10分钟后，加入适量蜂蜜，即可饮用。

③ 每日1剂，不拘时饮用。

菖蒲

# 茉莉菖蒲茶

开窍宁神 健脾和胃

📋 茶疗功效

　　茉莉花搭配开窍理气的菖蒲以及除烦止渴的乌龙茶，可使人体情绪安定；且茉莉花还具有理气开郁、辟秽和中的功效。

---

# 藿香茶

健脾化湿 温中止呕

**主要材料**

| | |
|---|---|
| 藿香 | 20克 |
| 生姜 | 6克 |
| 枸杞子 | 5克 |
| 红茶 | 3克 |
| 蜂蜜 | 适量 |

做法：

① 将藿香放入锅中，用水煎煮，去渣取汁；生姜切丝。

② 将红茶、生姜丝与枸杞子一同放入藿香汁中，浸泡10分钟后，加入适量蜂蜜，即可饮用。

③ 每日1剂，不拘时饮用。

藿香

📋 茶疗功效

　　藿香具有化湿、解暑、止呕的功效。诸味合用，可化湿健脾、温中止呕。

# 五香奶茶

## 补脾益肾 润肠通便

### 📋 茶疗功效

此茶具有延年益寿、补脾益肾的功效。牛奶具有补虚损、益肺胃、生津润肠的良好功效；黑芝麻具有补血明目、祛风润肠、抗衰老的功效；杏仁具有止咳平喘的功效。

### ❤ 健康叮咛

适宜营养不良、身体虚弱者补益服用，也可作为中老年人抗衰老的保健饮品。

### 主要材料

| | |
|---|---|
| 洞庭碧螺春 | 3克 |
| 黑芝麻 | 15克 |
| 杏仁 | 10克 |
| 蜂蜜 | 5克 |
| 牛奶 | 适量 |

做法：

① 将杏仁、黑芝麻研成细药末，将洞庭碧螺春与牛奶熬制成奶茶。

② 将杏仁末、黑芝麻末放入奶茶中，加入蜂蜜，即可饮用。

③ 每日1剂，不拘时饮用。

## 本草药典

### 洞庭碧螺春

别名 碧螺春。

性味 性寒，味苦。

功效 生津止渴。

主治 心血管疾病、失眠、通便、心绞痛。

### 牛奶

别名 牛乳。

性味 性平，味甘。

功效 补虚损、益肺胃、生津润肠、强身健体。

主治 久病体虚、气血不足、营养不良、噎膈反胃、便秘。

### 黑芝麻

别名 胡麻、白麻、芝麻。

性味 性温，味苦。

功效 补血明目、祛风润肠、生津通乳、益肝养发。

主治 身体虚弱、头晕耳鸣、咳嗽。

### 杏仁

别名 杏核仁、杏子、木落子。

性味 性温，味苦。

功效 宣肺止咳、润肠通便、杀虫解毒、降气平喘。

主治 咳嗽、喘促胸满、喉痹咽痛、肠燥便秘、虫毒疮疡。

**主要材料**

| | |
|---|---|
| 白术 | 5克 |
| 白芍 | 3克 |
| 白茯苓 | 3克 |
| 乌龙茶 | 3克 |
| 生姜 | 3克 |
| 甘草 | 3克 |

**做法:**

① 将白术、白芍、白茯苓研成粗药末。

② 将生姜切丝,与药末、甘草、乌龙茶一同放入杯中,用开水冲泡10分钟,即可饮用。

③ 每日1剂,不拘时饮用。

## 乞力伽茶

健脾养胃 补益气血

白芍

### 📖 茶疗功效

此茶具有健脾养胃、补益气血的功效。茶中的白术具有健脾益气、燥湿利水、止汗、安胎的功效;白芍具有养血柔肝、缓中止痛、敛阴止汗的功效;白茯苓具有利水渗湿、益脾和胃、宁心安神的功效。

## 红枣丁香茶

补脾和胃 补益气血

**主要材料**

| | |
|---|---|
| 红枣 | 20克 |
| 丁香 | 5克 |
| 陈皮 | 3克 |
| 木香 | 1.5克 |
| 红茶 | 3克 |
| 生姜 | 适量 |
| 甘草 | 适量 |

**做法:**

① 将生姜晒干,与陈皮、丁香、木香一同研成粗药末。

② 将药末、红茶、红枣、甘草一同放入杯中,用开水冲泡10分钟,即可饮用。

③ 每日1剂,不拘时饮用。

木香

### 📖 茶疗功效

此茶具有补脾和胃、补益气血的功效。茶中的红枣具有补中益气、养血安神的功效;丁香具有温中、暖肾、降逆的良好功效;木香具有健脾、行气、消食的功效;陈皮具有理气健脾、燥湿化痰的功效。

# 红枣葱白茶

**健脾益气**
**养血安神**

### 茶疗功效

红枣具有补中益气、养血安神的功效；葱白具有发汗解表、散寒通阳、解毒、杀虫的功效。

### 健康叮咛

适宜心烦失眠、面色萎黄、体质虚弱、食欲不振、大便溏薄者饮用。

### 主要材料

| | |
|---|---|
| 红枣 | 20枚 |
| 葱白 | 7根 |
| 枸杞子 | 5克 |
| 熟普洱 | 3克 |
| 蜂蜜 | 适量 |

**做法：**

① 葱白去根须洗净，切成细末，备用。

② 将红枣、葱白末、枸杞子和熟普洱一同放入杯中，用开水冲泡10分钟后，加入适量蜂蜜，即可饮用。

③ 每日1剂，不拘时饮用。

## 本草药典

### 红枣

**别名** 白蒲枣。

**性味** 性温，味甘。

**功效** 健脾和胃、补中益气、养血安神。

**主治** 脾虚、贫血、失眠、心神不宁、免疫力低下。

### 葱白

**别名** 葱茎白、大葱白。

**性味** 性温，味辛。

**功效** 发汗解表、散寒通阳、解毒、杀虫。

**主治** 风寒感冒、二便不通、疮痈肿痛、虫积腹痛。

### 枸杞子

**别名** 枸杞、苟起子、枸杞红实。

**性味** 性平，味甘。

**功效** 养肝润肺、滋补肝肾、益精明目、强身健体。

**主治** 虚劳精亏、腰膝酸痛、眩晕耳鸣、内热消渴。

### 蜂蜜

**别名** 岩蜜、石蜜、石饴。

**性味** 性平，味甘。

**功效** 保护肝脏、补充体力、消除疲劳、抑菌杀菌。

**主治** 便秘、皮肤暗黄、失眠、贫血、神经系统疾病。

# 莲子薏仁茶

## 健脾和胃
## 渗湿止泻

### 📋 茶疗功效

此茶具有健脾和胃、渗湿止泻的功效。茶中的莲子具有清心醒脾、补脾止泻的良好功效；薏苡仁具有健脾渗湿的功效；砂仁具有温脾止泻的功效；白扁豆具有补脾和中的功效；桔梗具有宣肺、排脓的功效。

### ❤ 健康叮咛

适宜脾虚腹泻、四肢乏力、形体消瘦、面色萎黄者饮用。但儿童不宜饮用。

### 主要材料

| | |
|---|---|
| 莲子 | 15克 |
| 薏苡仁 | 9克 |
| 砂仁 | 6克 |
| 桔梗 | 6克 |
| 白扁豆 | 5克 |
| 甘草 | 5克 |
| 红茶 | 3克 |

**做法：**

① 将莲子、薏苡仁、砂仁、甘草、白扁豆、桔梗研为粗药末。

② 将药末与红茶放入杯中，用沸水冲泡10分钟后，去渣取汁即可饮用。

③ 每日2剂。

---

**本草药典**

### 莲子

别名 莲实、莲米。

性味 性平，味甘、涩。

功效 养心安神、益肾固精、清心醒脾。

主治 心烦失眠、脾虚久泻。

### 薏苡仁

别名 苡仁、薏米。

性味 性凉，味甘、淡。

功效 健脾渗湿、除痹止泻、清热排毒、美容养颜。

主治 水肿、小便不利、湿痹拘挛、脾虚泄泻。

### 砂仁

别名 阳春砂、春砂仁、蜜砂仁。

性味 性温，味辛。

功效 化湿开郁、温脾止泻、理气安胎。

主治 脾胃虚寒、呕吐泄泻、妊娠恶阻、胎动不安。

### 白扁豆

别名 藕豆、白藕豆、南扁豆。

性味 性微温，味甘。

功效 补脾和中、化湿消暑、消食通肠。

主治 脾胃虚弱、食欲不振、大便溏泻、白带过多、暑湿吐泻。

# 柿钱茶

## 温中补脾 和胃降逆

### 📋 茶疗功效

柿钱具有降逆止呕的功效；丁香具有温中、暖肾、降逆的良好功效；人参具有大补元气、复脉固脱、补脾益肺、生津止渴、安神益智的功效。

### ❤ 健康叮咛

适宜脾气不足引起的倦怠无力、面色苍白、食欲不振、呕吐泄泻者饮用。但实证、热证者不宜饮用。

**主要材料**

| | |
|---|---|
| 柿钱 | 5克 |
| 丁香 | 5克 |
| 人参 | 3克 |
| 白茶 | 2克 |
| 蜂蜜 | 适量 |

**做法：**

① 将柿钱、丁香、人参研成粗药末，备用。

② 将药末与白茶放入杯中，用沸水冲泡30分钟后，加入适量蜂蜜，即可饮用。

③ 每日1剂，不拘时饮用。

---

## 本草药典

### 柿钱

别名 柿蒂、柿丁。

性味 性平，味苦、涩。

功效 降逆止呕。

主治 咳嗽、噫气、反胃。

### 丁香

别名 洋丁香。

性味 性温，味辛。

功效 温中降逆、暖肾、散寒止痛。

主治 呃逆、呕吐、反胃、痢疾、心腹冷痛。

### 人参

别名 山参、人衔。

性味 性平，味甘、微苦。

功效 大补元气、复脉固脱、补脾益肺、补血养气。

主治 劳伤虚损、倦怠、反胃吐食、失眠多梦。

### 蜂蜜

别名 岩蜜、石蜜、石饴。

性味 性平，味甘。

功效 保护肝脏、补充体力、消除疲劳、抑菌杀菌。

主治 便秘、皮肤暗黄、失眠、贫血、神经系统疾病。

## 五苓茶

**燥湿利水 健脾祛湿**

**主要材料**

| | |
|---|---|
| 茯苓 | 5克 |
| 猪苓 | 2克 |
| 泽泻 | 3克 |
| 白术 | 5克 |
| 花茶 | 3克 |
| 桂枝 | 3克 |

**做法:**

① 将茯苓、猪苓、泽泻、白术、桂枝洗净放入锅中,用水煎煮,去渣取药汁。
② 用药汁冲泡花茶。
③ 每日1剂,不拘时饮用。

茯苓

### 📷 茶疗功效

茯苓具有渗湿利水、健脾和胃、宁心安神的功效;猪苓和泽泻具有利水渗湿的良好功效;白术具有健脾益气、燥湿利水、止汗、安胎的功效;桂枝具有发汗解肌、温经通脉、助阳化气、散寒止痛的良好功效。

## 苍术茶

**燥湿健脾 补益肝肾**

**主要材料**

| | |
|---|---|
| 苍术 | 10克 |
| 枸杞子 | 5克 |
| 乌龙茶 | 2克 |
| 蜂蜜 | 适量 |

**做法:**

① 将苍术、枸杞子洗净,放入锅中,用水煎煮,去渣取药汁。
② 用药汁冲泡乌龙茶,温热时加入蜂蜜,即可饮用。
③ 每日1剂,不拘时饮用。

乌龙茶

### 📷 茶疗功效

苍术具有燥湿健脾、祛风散寒的功效;枸杞子具有润肺、滋补肝肾、益精明目的良好功效。

# 健脾益胃药茶药材、食材推荐

**白术**
健脾益气
燥湿利水
安胎止汗

主治 脾虚食少、腹胀泄泻、痰多苔腻、水肿、盗汗、胎动不安。

**石斛**
益胃生津
滋阴清热

主治 阴伤津亏、口干烦渴、食少干呕、病后虚热、目暗不明。

**苹果**
生津润肺
健脾益胃

主治 津少口渴、脾虚泄泻、食后腹胀、饮酒过度。

**甘蔗**
清热生津
补肺益胃

主治 心烦口渴、反胃呕吐以及肺燥引发的咳嗽气喘。

**茯苓**
渗湿利水
健脾和胃
宁心安神

主治 小便不利、水肿胀满、痰多咳嗽、腹泻不止、遗精、心悸、健忘。

**韭菜**
健胃提神
止汗固涩
补肾助阳

主治 阳痿、早泄、遗精、多尿、腹中冷痛、胃中虚热、经闭、白带过多。

**生姜**
开胃止呕
化痰止咳
发汗解表

主治 外感风寒、流清鼻涕、头痛发烧以及淋雨后而引起的全身发冷、腹痛。

**小麦**
养心益脾
除烦止渴
调和五脏

主治 妇女脏躁、精神不安、烦热、口干、小便不利、脾胃不适。

# 四季茶饮，滋补养生

本章基于中医养生与茶疗养生的理论与实践基础，结合四季的气候变化对人体产生的相应影响，从家庭医疗保健的角度出发，精选了适合不同季节饮用的多种药茶饮方。它们不仅制作简单，还可帮助调养各种身体不适，可供家庭日常生活中制作、饮用。

# 蒲公英茶

**清热解毒**
**消肿散结**

## 📋 茶疗功效

蒲公英可清热解毒，洞庭碧螺春具有生津止渴的良好功效，枸杞子具有养肝润肺的良好功效，蜂蜜有保护肝脏、补充体力、消除疲劳的功效。

## 💛 健康叮咛

适宜患有上呼吸道感染、流行性腮腺炎、乳痈肿痛、胃炎等症者饮用。

### 主要材料

| | |
|---|---|
| 蒲公英 | 10克 |
| 洞庭碧螺春 | 3克 |
| 枸杞子 | 5克 |
| 蜂蜜 | 适量 |

**做法：**

① 将蒲公英、枸杞子放入锅中，用水煎煮，去渣取汁。

② 用药汁冲泡洞庭碧螺春茶叶，温热时加入蜂蜜，即可饮用。

③ 每日1剂，不拘时饮用。

---

## 本草药典

### 蒲公英

别名 蒲公草。

性味 性寒，味苦、甘。

功效 清热解毒、利湿通淋、消肿散结、清肝明目。

主治 咽喉肿痛、目赤肿痛、高血压。

### 洞庭碧螺春

别名 碧螺春。

性味 性寒，味苦。

功效 生津止渴、清热消暑、解毒消食、祛风解表。

主治 心血管疾病、失眠、便秘、心绞痛、腹痛。

### 枸杞子

别名 枸杞、苟起子、枸杞红实。

性味 性平，味甘。

功效 养肝润肺、滋补肝肾、益精明目、强身健体。

主治 虚劳精亏、腰膝酸痛、眩晕耳鸣、内热消渴。

### 蜂蜜

别名 岩蜜、石蜜、石饴。

性味 性平，味甘。

功效 保护肝脏、补充体力、消除疲劳、抑菌杀菌。

主治 便秘、皮肤暗黄、失眠、贫血、神经系统疾病。

## 主要材料

| | |
|---|---|
| 甘蔗 | 500克 |
| 枸杞子 | 5克 |
| 红茶 | 3克 |
| 蜂蜜 | 适量 |

**做法：**

① 将甘蔗去皮，切碎，榨汁；将甘蔗汁与红茶放入锅中，用水煎煮，去渣取汁。

② 当药汁温热时，放入适量枸杞子、蜂蜜，即可饮用。

③ 每日1剂，不拘时饮用。

# 甘蔗红茶

### 清热生津 和胃降逆

甘蔗

### 📺 茶疗功效

甘蔗具有清热生津、下气润燥、补肺益胃的功效，红茶具有利尿、消炎杀菌、提神消疲的良好功效，枸杞子具有养肝润肺、滋补肝肾的良好功效，蜂蜜具有保护肝脏、补充体力、消除疲劳的功效。

# 升麻茶

### 升阳举陷 清热解毒

## 主要材料

| | |
|---|---|
| 升麻 | 10克 |
| 绿茶 | 5克 |
| 枸杞子 | 3克 |
| 蜂蜜 | 适量 |

**做法：**

① 将升麻、枸杞子洗净放入锅中用水煎煮，去渣取汁。

② 用药汁冲泡绿茶，药茶温热时加入蜂蜜，即可饮用。

③ 每日1剂，不拘时饮用。

升麻

### 📺 茶疗功效

升麻具有发表透疹、清热解毒、升举阳气的功效，绿茶具有生津止渴、清热消暑、解毒消食的良好功效，枸杞子具有养肝、润肺、滋补肝肾、益精明目的良好功效。

# 葱豉茶

## 发汗解表　祛风散寒

### 茶疗功效

此茶具有发汗解表、祛风散寒的功效。茶中的葱白具有解毒的功效，淡豆豉具有解肌发表的良好功效，蜂蜜具有保护肝脏的功效。

### 健康叮咛

适宜患有风寒感冒、头痛、咽喉肿痛者饮用。

**主要材料**

| | |
|---|---|
| 淡豆豉 | 20克 |
| 葱白 | 1根 |
| 红茶 | 5克 |
| 蜂蜜 | 适量 |

做法：

① 将葱白、淡豆豉捣烂，放入热水杯中，用开水冲泡后，去渣取汁。

② 用药汁冲泡红茶，药茶温热时加入适量蜂蜜，即可饮用。

③ 每日1剂，频频饮用。

## 本草药典

### 葱白

别名 葱茎白。

性味 性温，味辛。

功效 发表、通阳、解毒、杀虫。

主治 风寒感冒、阴寒腹痛、面赤、痢疾。

### 淡豆豉

别名 香豉、豉、淡豉。

性味 性平，味苦、辛。

功效 发汗解表、宣郁除烦。

主治 寒热头痛、心烦、胸闷、虚烦不眠。

### 红茶

别名 乌茶。

性味 性温，味甘。

功效 利尿、消炎杀菌、提神消疲、生津止渴。

主治 肠胃不适、食欲不振、尿急、浮肿。

### 蜂蜜

别名 岩蜜、石蜜、石饴。

性味 性平，味甘。

功效 保护肝脏、补充体力、消除疲劳、抑菌杀菌。

主治 便秘、皮肤暗黄、失眠、贫血、神经系统疾病。

**主要材料**

| | |
|---|---|
| 羌活 | 6克 |
| 绿茶 | 5克 |
| 枸杞子 | 3克 |
| 蜂蜜 | 适量 |

**做法:**

① 将羌活、绿茶、枸杞子放入锅中,用水煎煮,去渣取汁。

② 药茶温热时,加入适量蜂蜜,即可饮用。

③ 每日1剂,不拘时饮用。

# 羌活茶

## 发散表寒 祛风除湿

**📺 茶疗功效**

羌活具有解表、祛风湿、通痹止痛的功效;绿茶具有生津止渴、清热消暑、解毒消食、通便治痢、祛风解表的良好功效;枸杞子具有养肝、润肺、滋补肝肾、益精明目的良好功效。

羌活

# 升麻葛根茶

## 清热解毒 升阳举陷

**主要材料**

| | |
|---|---|
| 升麻 | 5克 |
| 葛根 | 3克 |
| 白芍 | 3克 |
| 绿茶 | 3克 |
| 甘草 | 3克 |
| 蜂蜜 | 适量 |

**做法:**

① 将升麻、葛根、白芍、甘草研成粗药末。

② 将药末、绿茶一同放入杯中,用开水冲泡10分钟后,加入适量蜂蜜,即可饮用。

③ 每日1剂,不拘时饮用。

葛根

**📺 茶疗功效**

升麻具有发表透疹、清热解毒、升举阳气的功效;葛根具有解表退热、生津、透疹、升阳止泻的良好功效;白芍具有养血柔肝、缓中止痛、敛阴收汗的功效;绿茶具有生津止渴、清热消暑的良好功效。

# 核桃葱姜茶

**补肾温肺**
**发汗解表**

## 茶疗功效

此茶具有发汗解表、补肾温肺的功效。茶中的核桃仁具有补肾温肺、润肠通便的功效；葱白具有发表的功效；生姜具有开胃止呕的功效；红茶具有利尿、消炎杀菌的良好功效。

## 健康叮咛

适宜患有肺气虚弱、慢性咳嗽气喘、外感风寒、全身酸痛、鼻流清涕等症者饮用。但上火、体质阴虚者不宜饮用。

### 主要材料

| | |
|---|---|
| 葱白 | 20克 |
| 生姜 | 25克 |
| 核桃仁 | 10克 |
| 红茶 | 15克 |
| 蜂蜜 | 适量 |

做法：

① 将核桃仁捣烂；将葱白、生姜切成丝，与核桃仁一同放入热水瓶中。

② 加入红茶，用热水冲泡10分钟，加入适量蜂蜜即可。

③ 每日1剂，不拘时饮用。

## 本草药典

### 核桃仁

**别名** 胡桃仁、胡桃肉。

**性味** 性温，味甘。

**功效** 补肾温肺。

**主治** 腰膝酸软、阳痿遗精。

### 葱白

**别名** 葱茎白、葱白头、大葱白。

**性味** 性温，味辛。

**功效** 解毒消肿、活血化淤、通便润肠。

**主治** 风寒感冒、阴寒腹痛、虫积腹痛、皮肤肿毒。

### 生姜

**别名** 姜。

**性味** 性温，味辛。

**功效** 开胃止呕、化痰止咳、发汗解表、清热解毒。

**主治** 外感风寒、鼻子不通气、流清鼻涕、肚子痛。

### 红茶

**别名** 乌茶。

**性味** 性温，味甘。

**功效** 利尿、消炎杀菌、提神消疲、生津止渴。

**主治** 肠胃不适、食欲不振、尿急、浮肿。

# 桑菊香豉茶

## 发汗止渴
## 利咽润燥

### 📋 茶疗功效

　　此茶具有发汗止渴、利咽润燥的功效。桑叶具有疏散风热、清肺润燥的功效；菊花具有散风清热、平肝明目的功效；香豉具有解肌发表的良好功效；梨皮具有清心润肺的功效。

### ❤ 健康叮咛

　　适宜患有风寒头痛、咳嗽少痰、咽干鼻燥等症者饮用。

### 主要材料

| | |
|---|---|
| 桑叶 | 3克 |
| 菊花 | 3克 |
| 香豉 | 6克 |
| 梨皮 | 3克 |
| 红茶 | 3克 |
| 蜂蜜 | 适量 |

**做法：**

① 将桑叶、菊花、香豉、梨皮洗净，与红茶一起放入锅中，用水煎煮。

② 用茶漏斗滤取药汁，温热时加入适量蜂蜜，即可饮用。

③ 每日1剂，不拘时饮用。

## 本草药典

### 桑叶

- **别名** 家桑、荆桑。
- **性味** 性寒，味甘、苦。
- **功效** 疏散风热。
- **主治** 感冒、急性结膜炎、眼睛肿痛。

### 菊花

- **别名** 黄花、九花、女华。
- **性味** 性微寒，味辛、甘、苦。
- **功效** 散风清热、平肝明目、消肿解毒。
- **主治** 风热感冒、头痛眩晕、眼睛肿痛、眼目昏花。

### 香豉

- **别名** 豉、淡豉、大豆豉。
- **性味** 性平，味苦、辛。
- **功效** 解肌发表、宣郁除烦、调中和胃。
- **主治** 寒热头痛、心烦、胸闷、虚烦不眠。

### 梨皮

- **别名** 无。
- **性味** 性凉，味甘、涩。
- **功效** 清心润肺、降火生津、和胃止咳。
- **主治** 中暑、咳嗽、吐血、心烦失眠。

# 葛根茶

## 升阳解肌 除烦止渴

### 茶疗功效

葛根具有解表退热的良好功效；绿茶具有生津止渴的良好功效；枸杞子具有养肝润肺、滋补肝肾、益精明目的良好功效；蜂蜜具有保护肝脏的功效。

### 健康叮咛

适宜患有高脂血症、高血压、糖尿病、冠心病、心绞痛、神经性头痛等症者饮用。

### 主要材料

| | |
|---|---|
| 葛根 | 10克 |
| 绿茶 | 5克 |
| 枸杞子 | 3克 |
| 蜂蜜 | 适量 |

做法：

① 将葛根、绿茶、枸杞子放入锅中，用开水冲泡。
② 将药汁去渣取汁后，加入适量蜂蜜，即可饮用。
③ 每日1剂，不拘时饮用。

## 本草药典

### 葛根

别名 野葛。
性味 性凉，味甘、辛。
功效 解表退热。
主治 发热头痛、高血压、高脂血症。

### 绿茶

别名 苦茗。
性味 性寒，味苦。
功效 生津止渴、清热消暑、解毒消食、祛风解表。
主治 心血管疾病、失眠、便秘、心绞痛、腹痛。

### 枸杞子

别名 枸杞、苟起子、枸杞红实。
性味 性平，味甘。
功效 养肝润肺、滋补肝肾、益精明目、强身健体。
主治 虚劳精亏、腰膝酸痛、眩晕耳鸣、血虚萎黄。

### 蜂蜜

别名 岩蜜、石蜜、石饴。
性味 性平，味甘。
功效 保护肝脏、补充体力、消除疲劳、抑菌杀菌。
主治 便秘、皮肤暗黄、失眠、贫血、神经系统疾病。

## 黄芪升麻茶

**益气升阳 祛风解表**

**主要材料**

| | |
|---|---|
| 黄芪 | 30克 |
| 郁李仁 | 10克 |
| 升麻 | 5克 |
| 防风 | 3克 |
| 乌龙茶 | 2克 |
| 蜂蜜 | 适量 |

**做法:**

① 将黄芪、升麻、郁李仁、防风研为粗药末,置于杯中。

② 将药末与乌龙茶用沸水冲泡20分钟后,加入适量蜂蜜,即可饮用。

③ 每日1剂,频频饮服。

黄芪

### 茶疗功效

　　黄芪具有益气固表、敛汗固脱、利水消肿的功效;升麻具有发表透疹、清热解毒、升举阳气的功效;防风具有祛风解表、胜湿止痛、止痉定搐的良好功效;郁李仁具有润燥滑肠、下气利水的功效。

## 生姜茶

**解表散寒 化痰止咳**

**主要材料**

| | |
|---|---|
| 生姜 | 10克 |
| 红茶 | 3克 |
| 枸杞子 | 5克 |
| 蜂蜜 | 适量 |

**做法:**

① 将生姜、枸杞子放入锅中;用水煎煮,去渣取汁。

② 用药汁冲泡红茶,药茶温热时,加入适量蜂蜜,冲饮至味淡。

③ 每日1剂,不拘时饮用。

红茶

### 茶疗功效

　　生姜具有开胃止呕、化痰止咳、发汗解表的功效;红茶具有利尿、消炎杀菌、提神消疲的良好功效;枸杞子具有养肝润肺、滋补肝肾、益精明目的良好功效。

# 乌梅茶

## 养胃益气
## 生津止渴

### 📋 茶疗功效

乌梅含有柠檬酸、苹果酸、琥珀酸、碳水化合物等成分，具有抗菌、抗过敏、解暑热的功效；生姜祛寒，具有温运脾胃的功效。

### 💗 健康叮咛

适宜口渴、咽干等人群饮用。但患有慢性胃炎而引起胃酸过多者不宜服饮。

**主要材料**

| | |
|---|---|
| 乌梅 | 20克 |
| 甘草 | 6克 |
| 生姜 | 5克 |
| 黄茶 | 3克 |
| 蜂蜜 | 适量 |

**做法：**

① 将乌梅放入清水中浸泡1小时后，上蒸笼蒸30分钟。

② 将蒸完的乌梅以及甘草、生姜捣烂后，放入杯中，与黄茶用沸水冲泡后，加入适量蜂蜜，即可饮用。

③ 每日1剂，不拘时饮用。

---

**本草药典**

### 乌梅

别名 酸梅、黄仔。

性味 性平，味酸、涩。

功效 生津止渴、敛肺涩肠。

主治 肺虚久咳、虚热烦渴、久泻、久痢。

### 甘草

别名 粉甘草、甘草梢、甜根子。

性味 性平，味甘。

功效 补脾益气、清热解毒、祛痰止咳、缓急止痛。

主治 脾胃虚弱、倦怠乏力、心悸气短、咳嗽痰多。

### 生姜

别名 姜。

性味 性温，味辛。

功效 开胃止呕、化痰止咳、发汗解表、清热解毒。

主治 外感风寒、鼻子不通气、流清鼻涕、肚子痛。

### 蜂蜜

别名 岩蜜、石蜜、石饴。

性味 性平，味甘。

功效 保护肝脏、补充体力、消除疲劳、抑菌杀菌。

主治 便秘、皮肤暗黄、失眠、贫血、神经系统疾病。

**主要材料**

| 菠菜根 | 100克 |
|---|---|
| 甘草 | 5克 |
| 枸杞子 | 4克 |
| 生姜 | 3克 |
| 花茶 | 3克 |

做法：

① 将菠菜根、甘草、枸杞子、生姜洗净，放入锅中，用水煎煮。

② 用茶漏滤取药汁液，冲泡花茶，即可饮用。

③ 每日1剂，不拘时饮用。

# 菠菜根茶

养血止血 清热润燥

📷 **茶疗功效**

　　菠菜根具有利五脏、通血脉、止渴、润肠的功效；甘草具有补脾益气、清热解毒、祛痰止咳、缓急止痛、调和诸药的功效；枸杞子具有养肝、润肺、滋补肝肾、益精明目的良好功效；生姜具有开胃止呕、化痰止咳、发汗解表的功效。

菠菜根

# 竹叶薄荷茶

消暑清热 利咽润喉

**主要材料**

| 竹叶 | 10克 |
|---|---|
| 薄荷 | 5克 |
| 绿茶 | 3克 |
| 蜂蜜 | 适量 |

做法：

① 将竹叶、薄荷洗净，放入锅中，用水煎煮，去渣取汁。

② 用药汁冲泡绿茶后，加入适量蜂蜜，即可饮用。

③ 每日1剂，不拘时饮用。

薄荷

📷 **茶疗功效**

　　此茶具有利咽润喉、清热消暑的功效。茶中的竹叶具有清热除烦、生津利尿的良好功效；薄荷具有疏散风热、清利头目、利咽透疹、疏肝行气的功效；蜂蜜具有保护肝脏、补充体力、消除疲劳、增强抵抗力、杀菌的功效。

# 双荷饮

**消暑降脂**
**止血化淤**

## 茶疗功效

此茶具有清热消暑、调节血脂、止血化淤的功效。藕节具有止血的功效；荷叶具有消暑利湿的功效；枸杞子具有养肝、润肺的良好功效；蜂蜜具有保护肝脏的功效。

## 健康叮咛

适宜患有吐血、衄血、尿血、崩漏等症者饮用。

### 主要材料

| | |
|---|---|
| 藕节 | 37克 |
| 荷叶 | 20克 |
| 枸杞子 | 5克 |
| 花茶 | 3克 |
| 蜂蜜 | 适量 |

做法：
① 将藕节、荷叶、枸杞子捣碎，备用。
② 将捣碎后的药材放入杯中，与花茶一起用沸水冲泡15分钟后，加入适量蜂蜜，即可饮用。
③ 每日1~2剂，不拘时频饮。

---

## 本草药典

### 藕节

**别名** 光藕节、藕节疤。
**性味** 性平，味甘、涩。
**功效** 清热除烦、收敛止血、散淤。
**主治** 虚渴、烦闷、眼热赤痛、大便下血。

### 荷叶

**别名** 莲花茎、莲茎。
**性味** 性凉，味苦、辛、微涩。
**功效** 消暑利湿、健脾升阳、散淤止血、清热解毒。
**主治** 暑热烦渴、头痛眩晕、水肿、食少腹胀。

### 枸杞子

**别名** 枸杞、苟起子、枸杞红实。
**性味** 性平，味甘。
**功效** 养肝润肺、滋补肝肾、益精明目、强身健体。
**主治** 虚劳精亏、腰膝酸痛、眩晕耳鸣、贫血。

### 蜂蜜

**别名** 岩蜜、石蜜、石饴。
**性味** 性平，味甘。
**功效** 保护肝脏、补充体力、消除疲劳、抑菌杀菌。
**主治** 便秘、皮肤暗黄、失眠、贫血、神经系统疾病。

## 西瓜荷斛茶

**清热解暑**
**除烦止渴**

**主要材料**

| | |
|---|---|
| 西瓜肉 | 100克 |
| 荷叶 | 5克 |
| 石斛 | 5克 |
| 绿茶 | 3克 |
| 蜂蜜 | 适量 |

**做法：**

① 将西瓜肉、荷叶、石斛洗净，放入锅中，用水煎煮，去渣取汁。

② 用药汁冲泡绿茶后，加入适量蜂蜜，即可饮用。

③ 每日1剂，不拘时饮用。

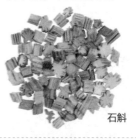

石斛

📺 **茶疗功效**

西瓜肉具有清热解暑、利尿、解酒的功效；荷叶具有消暑利湿的功效；石斛具有益胃生津的功效；绿茶具有生津止渴的良好功效。

## 淡竹叶茶

**消暑清肺**
**止渴祛火**

**主要材料**

| | |
|---|---|
| 淡竹叶 | 30克 |
| 西湖龙井 | 15克 |
| 生姜 | 6克 |
| 蜂蜜 | 适量 |

**做法：**

① 将淡竹叶、生姜洗净，放入锅中，用水煎煮，去渣取汁。

② 用药汁泡西湖龙井，温热时放入适量蜂蜜，即可饮用。

③ 每日1剂，不拘时饮用。

西湖龙井

📺 **茶疗功效**

淡竹叶具有甘淡渗利、性寒清降的良好功效；生姜具有开胃止呕、止咳化痰、发汗解表的功效；蜂蜜具有保护肝脏、补充体力、消除疲劳、增强抵抗力、杀菌的功效。

# 绿豆茶

**清热解毒**

**消暑解渴**

## 茶疗功效

绿豆具有清热消暑、凉血解毒的功效；茉莉花茶具有生津止渴的良好功效；甘草具有补脾益气、调和诸药的良好功效。

## 健康叮咛

适宜患有热伤风、头疼、咳嗽、中暑、流行性感冒等症者饮用。

**主要材料**

| | |
|---|---|
| 绿豆粉 | 30克 |
| 茉莉花茶 | 9克 |
| 甘草 | 5克 |
| 蜂蜜 | 适量 |

**做法：**

① 将绿豆粉、茉莉花茶、甘草放入锅中，用水煎煮。

② 用茶漏斗滤取药汁液，温热时放入适量蜂蜜，即可饮用。

③ 每日1剂，不拘时饮用。

## 本草药典

### 绿豆粉

别名 真粉。

性味 性寒，味甘。

功效 清热消暑、解毒、明目、利尿。

主治 感冒、暑热烦渴、跌打损伤、表皮肿毒。

### 茉莉花茶

性味 性寒，味苦。

功效 生津止渴、行气开郁、清肝明目、抗菌消炎。

主治 头痛、腹痛、便秘、慢性支气管炎、焦虑。

### 甘草

别名 粉甘草、甘草梢、甜根子。

性味 性平，味甘。

功效 补脾益气、清热解毒、祛痰止咳、调和诸药。

主治 脾胃虚弱、倦怠乏力、心悸气短、咳嗽痰多。

### 蜂蜜

别名 岩蜜、石蜜、石饴。

性味 性平，味甘。

功效 保护肝脏、补充体力、消除疲劳、抑菌杀菌。

主治 便秘、皮肤暗黄、失眠、贫血、神经系统疾病。

## 天花粉茶

**生津止渴**
**降火润燥**

**主要材料**

天花粉　10克
绿茶　　5克
甘草　　3克
蜂蜜　　适量

**做法：**

① 将天花粉、甘草洗净，放入锅中用水煎煮，去渣取汁。

② 用药汁冲泡绿茶后，加入适量蜂蜜，即可饮用。

③ 每日1剂，不拘时饮用。

天花粉

📺 **茶疗功效**

　　天花粉具有清热泻火、生津止渴、排脓消肿的功效；绿茶具有生津止渴、清热消暑、解毒消食、通便治痢、祛风解表的良好功效；甘草具有补脾益气、清热解毒、祛痰止咳、缓急止痛、调和诸药的功效。

## 苹果陈皮茶

**解暑开胃**
**生津润燥**

**主要材料**

陈皮　　5克
苹果　　1个
绿茶　　3克
蜂蜜　　适量

**做法：**

① 将苹果去皮切丁后，与陈皮、绿茶一同放入锅中，用水煎煮。

② 用茶漏斗滤取药汁液后，加入适量蜂蜜，即可饮用。

③ 每日1剂，不拘时饮用。

陈皮

📺 **茶疗功效**

　　苹果具有生津、润肺、健脾、益胃、养心的功效；陈皮具有理气健脾、调中、燥湿、化痰的功效；绿茶具有生津止渴、清热消暑、解毒消食、通便治痢、祛风解表的良好功效。

# 柠檬茶

## 生津止渴
## 健脾解暑

### ▣ 茶疗功效

柠檬具有生津、止渴、解暑、降脂的功效；红茶具有利尿、消炎杀菌、提神消疲的良好功效。

### ♥ 健康叮咛

适宜患有糖尿病、高血压、贫血、感冒、骨质疏松、风湿病、坏血病、肾结石等症者饮用。

**主要材料**

| 红茶 | 30克 |
| 柠檬 | 2片 |
| 甘草 | 5克 |
| 蜂蜜 | 适量 |

做法：

① 将柠檬、甘草放入锅中，用水煎煮，去渣取汁。

② 用药汁冲泡红茶后，加入蜂蜜，即可饮用。

③ 每日1剂，不拘时饮用。

---

**本草药典**

## 柠檬

别名 柠果、洋柠檬。

性味 性平，味酸、甘。

功效 健脾开胃、生津止渴、化痰止咳。

主治 食欲不振、烦渴、百日咳、维生素C缺乏症。

## 红茶

别名 乌茶。

性味 性温，味甘。

功效 利尿、消炎杀菌、提神消疲、延缓衰老。

主治 肠胃不适、食欲不振、尿急、浮肿。

## 甘草

别名 粉甘草、甘草梢、甜根子。

性味 性平，味甘。

功效 补脾益气、清热解毒、祛痰止咳、调和诸药。

主治 脾胃虚弱、倦怠乏力、心悸气短、咳嗽痰多。

## 蜂蜜

别名 岩蜜、石蜜、石饴。

性味 性平，味甘。

功效 保护肝脏、补充体力、消除疲劳、抑菌杀菌。

主治 便秘、皮肤暗黄、失眠、贫血、神经系统疾病。

**主要材料**

菊花　　9克
乌龙茶　3克
枸杞子　3克
蜂蜜　　适量

做法：

① 将菊花、枸杞子洗净，放入锅中，用水煎煮，去渣取汁。

② 用药汁冲泡乌龙茶后，加入蜂蜜，即可饮用。

③ 每日1剂，不拘时饮用。

# 菊花茶

## 明目提神
## 清热消暑

乌龙茶

**📺 茶疗功效**

　　菊花具有散风清热、平肝明目的功效；乌龙茶具有生津止渴、清热消暑、解毒消食、通便治痢、祛风解表的良好功效；枸杞子具有养肝、润肺、滋补肝肾、益精明目的良好功效。

# 荷叶藿香茶

## 清凉解暑
## 芳香化浊

**主要材料**

荷叶　　50克
藿香　　15克
芦根　　10克
绿茶　　3克
蜂蜜　　适量

做法：

① 将藿香、荷叶、芦根研成粗药末。

② 将药末和绿茶放入杯中，用开水冲泡10分钟后，加入适量蜂蜜，即可饮用。

③ 每日1剂，不拘时饮用。

芦根

**📺 茶疗功效**

　　此茶具有芳香化浊、清凉解暑的功效。茶中的藿香具有止呕止泄、发汗解表的功效；荷叶具有消暑利湿、健脾升阳、散淤止血的功效；芦根具有清热泻火、生津止渴、除烦止呕、利尿的功效。

# 百合阿胶茶

## 润肺止咳 滋阴润燥

### 茶疗功效
桔梗具有促进代谢、补肺润燥的功效。百合具有润肺止咳的良好功效。

### 健康叮咛
适宜患有慢性支气管炎、咳嗽、口干舌燥等症者饮用。

### 主要材料
| | |
|---|---|
| 百合 | 32克 |
| 阿胶 | 10克 |
| 桔梗 | 9克 |
| 麦门冬 | 6克 |
| 桑叶 | 10克 |
| 红茶 | 3克 |
| 蜂蜜 | 适量 |

做法：
① 将阿胶放入锅中蒸化，将百合、桔梗、麦门冬、桑叶研成粗药末。
② 将药末与红茶倒入阿胶汁中，搅拌均匀后，加入适量蜂蜜，即可饮用。
③ 每日1剂，不拘时饮用。

## 本草药典

### 百合
别名 强瞿、番韭、山丹。
性味 性微寒，味甘。
功效 润肺止咳、宁心安神、祛痰。
主治 肺痨久咳、咳嗽痰血。

### 阿胶
别名 阿胶珠。
性味 性平，味甘。
功效 补血止血、滋阴润燥、美容养颜。
主治 出血、贫血、眩晕、心悸、面黄无色。

### 桔梗
别名 包袱花、铃铛花、僧帽花。
性味 性微温，味苦、辛。
功效 宣肺利咽、祛痰补血、调和五脏。
主治 咳嗽痰多、咽喉肿痛、肺痈吐脓、胸满胁痛。

### 麦门冬
别名 麦冬、虋冬。
性味 性寒，味甘、微苦。
功效 滋阴润肺、益胃生津、清心除烦、止渴止咳。
主治 肺燥干咳、肺痈、阴虚劳嗽、津伤口渴。

**主要材料**

| 麦门冬 | 5克 |
| --- | --- |
| 梨 | 1个 |
| 绿茶 | 3克 |
| 蜂蜜 | 适量 |

**做法：**

① 将梨去皮，切块。

② 用水煎煮梨块、麦门冬后，去渣取药汁。

③ 用药汁冲泡绿茶，加入适量蜂蜜后，即可饮用。

④ 每日1剂，不拘时饮用。

# 梨冬茶

## 清热生津

### 滋阴润肺

📺 **茶疗功效**

　　梨具有生津润燥、清热化痰的功效；麦门冬具有滋阴润肺、益胃生津的良好功效；绿茶具有生津止渴、清热消暑、解毒消食的良好功效；蜂蜜具有保护肝脏、补充体力、消除疲劳的功效。

麦门冬

---

# 川贝茶

## 化痰止咳

### 清热润肺

**主要材料**

| 绿茶 | 6克 |
| --- | --- |
| 川贝母 | 5克 |
| 生姜 | 3克 |
| 蜂蜜 | 适量 |

**做法：**

① 将川贝母、生姜洗净，放入锅中，用水煎煮，去渣取药汁。

② 用药汁冲泡绿茶，加入适量蜂蜜后，即可饮用。

③ 每日1剂，不拘时饮用。

川贝母

📺 **茶疗功效**

　　川贝母具有清热润肺、化痰止咳的功效；绿茶具有生津止渴、清热消暑、解毒消食、通便治痢的良好功效；生姜具有开胃止呕、化痰止咳、发汗解表的功效。

## 三子养亲茶

**降气化痰 消食宽膈**

### 主要材料

| 紫苏子 | 3克 |
| 白芥子 | 3克 |
| 莱菔子 | 2克 |
| 红茶 | 2克 |
| 蜂蜜 | 适量 |

### 做法:

① 将紫苏子、白芥子、莱菔子研成粗药末。

② 将药末与红茶放入杯中，用沸水冲泡10分钟后，加入适量蜂蜜，即可饮用。

③ 每日1剂，不拘时饮用。

紫苏子

### 📋 茶疗功效

三子养亲茶具有降气化痰、消食宽膈的功效。茶中的紫苏子具有降气消痰、平喘润肠的功效；白芥子具有温肺利气、散结通络的功效；莱菔子具有消食除胀、降气化痰的功效。

---

## 沙参麦冬茶

**滋阴润燥 清肝明目**

### 主要材料

| 沙参 | 8克 |
| 麦门冬 | 6克 |
| 桑叶 | 6克 |
| 白茶 | 2克 |
| 蜂蜜 | 适量 |

### 做法:

① 将沙参、麦门冬、桑叶研成粗药末。

② 将药末与白茶放入杯中，用沸水冲泡15分钟后，加入适量蜂蜜，即可饮用。

③ 每日1剂，不拘时频饮。

沙参

### 📋 茶疗功效

沙参麦冬茶具有滋阴润燥、清肝明目的功效。茶中的沙参具有清热养阴、润肺止咳的功效；麦门冬具有滋阴润肺、益胃生津、清心除烦的良好功效；桑叶具有疏散风热、清肺润燥、平抑肝阳、清肝明目的功效。

# 梨膏茶

**滋阴润燥**
**清肺化痰**

**主要材料**

| | |
|---|---|
| 款冬花 | 15克 |
| 百合 | 20克 |
| 麦门冬 | 6克 |
| 川贝母 | 6克 |
| 梨 | 1个 |
| 红茶 | 2克 |
| 蜂蜜 | 适量 |

**做法：**

① 将梨洗净，去皮，切块；将梨块、款冬花、百合、麦门冬、川贝母、红茶放入锅中，用水煎煮后，去渣取汁。

② 药茶温热时，加入适量蜂蜜，即可饮用。

③ 每日2剂，不拘时饮用。

梨

## 📺 茶疗功效

梨具有生津润燥、清热化痰的功效。款冬花具有润肺下气、化痰止咳的功效；百合具有润肺止咳、清心安神、补中益气的良好功效；麦门冬具有滋阴润肺、益胃生津、清心除烦的良好功效；川贝母具有清热润肺、化痰止咳的功效。

# 苹果皮茶

**生津止渴**
**健脾补气**

**主要材料**

| | |
|---|---|
| 苹果皮 | 20克 |
| 绿茶 | 1克 |
| 甘草 | 9克 |
| 蜂蜜 | 适量 |

**做法：**

① 将苹果皮洗净。

② 将苹果皮、甘草、绿茶一同放入杯中，用开水冲泡5分钟后，加入适量蜂蜜，即可饮用。

③ 每日1剂，不拘时饮用。

苹果皮

## 📺 茶疗功效

绿茶具有滋阴润燥、清肝明目的良好功效；苹果皮具有降逆和胃的良好功效；蜂蜜具有保护肝脏、补充体力、消除疲劳的功效；甘草具有止咳化痰的功效。

## 荷叶翘苓茶

### 清除秋暑 健脾除湿

**主要材料**

| | |
|---|---|
| 荷叶 | 5克 |
| 连翘 | 3克 |
| 茯苓 | 3克 |
| 陈皮 | 3克 |
| 佩兰 | 3克 |
| 绿茶 | 5克 |
| 蜂蜜 | 适量 |

**做法：**

① 将荷叶、连翘、茯苓、陈皮、佩兰置于锅内，用水煎煮后，去渣取汁。

② 用药汁冲泡绿茶后，加入适量蜂蜜，即可饮用。

③ 每日1剂，不拘时饮用。

连翘

### 茶疗功效

荷叶具有消暑利湿、健脾升阳、散淤止血的功效；连翘具有清热解毒、散结消肿的功效；茯苓具有渗湿利水、健脾和胃、宁心安神的功效；陈皮具有理气健脾、调中、燥湿、化痰的功效；佩兰具有芳香化湿、醒脾开胃、发表解暑的功效。

## 生津茶

### 生津润燥 清热解毒

**主要材料**

| | |
|---|---|
| 麦门冬 | 9克 |
| 石斛 | 6克 |
| 竹茹 | 4克 |
| 青果 | 5个 |
| 红茶 | 2克 |
| 梨 | 1个 |
| 荸荠 | 2个 |

**做法：**

① 将梨、荸荠洗净，去皮，切块；将青果、石斛、竹茹、麦门冬、梨块、荸荠块、红茶放入锅中煎煮，去渣取汁。

② 药茶温热时，加入适量蜂蜜，即可饮用。

③ 每日1剂，不拘时饮用。

竹茹

### 茶疗功效

此茶具有生津润燥、清热解毒的功效。其中的青果具有清热的功效；石斛具有益胃生津的功效；竹茹具有缓解呕吐症状的功效；荸荠具有清热止渴的功效。

## 天门冬红糖茶

清热生津
润燥止渴

**主要材料**

| | |
|---|---|
| 天门冬 | 40克 |
| 红糖 | 5克 |
| 生姜 | 3克 |
| 乌龙茶 | 3克 |
| 甘草 | 3克 |
| 蜂蜜 | 适量 |

**做法：**

① 将天门冬、生姜、甘草洗净，与乌龙茶、红糖一起放入锅中，用水煎煮。

② 用茶漏斗滤取药汁，放入适量蜂蜜即可饮用。

③ 每日1剂，不拘时饮用。

天门冬

### 🔲 茶疗功效

天门冬具有养阴清热、润燥生津的功效；红糖具有润心肺、和中助脾、缓肝气、解酒毒、补血、破淤的功效；生姜具有开胃止呕、化痰止咳、发汗解表的功效；甘草具有补脾益气、清热解毒、祛痰止咳、缓急止痛、调和诸药的功效。

## 二冬二母茶

清热润肺
化痰止咳

**主要材料**

| | |
|---|---|
| 麦门冬 | 6克 |
| 天门冬 | 4克 |
| 知母 | 2克 |
| 川贝母 | 3克 |
| 白茶 | 2克 |
| 蜂蜜 | 适量 |

**做法：**

① 将麦门冬、天门冬、知母、川贝母研成粗药末。

② 将药末与白茶放入杯中，用沸水冲泡15分钟后，加入适量蜂蜜，即可饮用。

③ 每日1剂，分2~3次饮用。

知母

### 🔲 茶疗功效

麦门冬具有滋阴润肺、益胃生津的良好功效；天门冬具有养阴清热、润燥生津的功效；知母具有清热泻火、生津润燥的功效；川贝母具有清热润肺、化痰止咳的功效。

# 杜仲茶

**补益肝肾 强筋健骨**

## 茶疗功效

杜仲具有补肝肾的功效；黑茶具有良好的利尿功效；生姜具有开胃止呕的功效；蜂蜜具有保护肝脏的功效。

## 健康叮咛

适宜患有腰脊酸疼、足膝痿弱、小便余沥、高血压、心血管疾病者饮用。

### 主要材料

| | |
|---|---|
| 杜仲 | 6克 |
| 黑茶 | 5克 |
| 生姜 | 6克 |
| 蜂蜜 | 适量 |

**做法：**

① 将杜仲、黑茶、生姜放入锅中用水煎煮。

② 用茶漏斗滤取药汁液，加入适量蜂蜜，即可饮用。

③ 每日1剂，不拘时饮用。

---

## 本草药典

### 杜仲

**别名** 丝楝树皮。

**性味** 性温，味甘、微辛。

**功效** 补益肝肾、强筋骨、安胎、调节血脂。

**主治** 肾虚腰痛、胎动胎漏、高血压。

### 黑茶

**别名** 砖茶。

**性味** 性平，味苦、甘。

**功效** 助消化、温胃散寒、祛油解腻、降脂减肥、抗菌消炎、利尿。

**主治** 肠胃不适、肥胖、高血压、烦渴、食积痰滞。

### 生姜

**别名** 姜。

**性味** 性温，味辛。

**功效** 开胃止呕、化痰止咳、发汗解表、清热解毒。

**主治** 外感风寒、鼻子不通气、流清鼻涕、肚子痛。

### 蜂蜜

**别名** 岩蜜、石蜜、石饴。

**性味** 性平，味甘。

**功效** 保护肝脏、补充体力、消除疲劳、抑菌杀菌。

**主治** 便秘、皮肤暗黄、失眠、贫血、神经系统疾病。

## 香朴茶

**调和脾胃 散寒运湿**

**主要材料**

| | |
|---|---|
| 香薷 | 5克 |
| 厚朴 | 3克 |
| 白扁豆 | 3克 |
| 茯神 | 3克 |
| 甘草 | 3克 |
| 红茶 | 2克 |

**做法:**

① 将香薷、厚朴、白扁豆、茯神、甘草洗净,放入锅中煎煮,去渣取药汁。

② 用药汁冲泡红茶后即可饮用。

③ 每日1剂,不拘时饮用。

厚朴

### 🖳 茶疗功效

　　香朴茶具有调和脾胃、散寒祛湿的功效。茶中的香薷具有发汗解表的功效;厚朴具有行气消积的良好功效;白扁豆具有补脾和中的功效;茯神具有宁心、安神、利水的功效。

## 白术菟丝子茶

**健脾益气 补阳益阴**

**主要材料**

| | |
|---|---|
| 白术 | 5克 |
| 菟丝子 | 5克 |
| 乌龙茶 | 3克 |
| 蜂蜜 | 适量 |

**做法:**

① 将白术、菟丝子放入锅中煎煮,去渣取药汁。

② 用药汁冲泡乌龙茶后,加入适量蜂蜜,即可饮用。

③ 每日1剂,不拘时饮用。

菟丝子

### 🖳 茶疗功效

　　白术具有健脾益气、燥湿利水、止汗、安胎的功效;菟丝子具有补阳益阴、固精缩尿、明目止泻的良好功效;乌龙茶具有提神益思、消除疲劳、生津利尿的良好功效。

# 刺五加茉莉花茶

## 健脾益气 祛风除湿

### 茶疗功效

此茶具有健脾益气、祛风除湿的功效。其中刺五加具有祛风湿、养血安神的功效；茉莉花具有理气和中、开郁辟秽的功效。

### 健康叮咛

适宜患有神经衰弱、失眠、肾功能减弱、体质虚弱、气短乏力、神疲怠倦等症者饮用。

### 主要材料

| | |
|---|---|
| 刺五加 | 5克 |
| 茉莉花 | 5克 |
| 洞庭碧螺春 | 5克 |
| 蜂蜜 | 适量 |

做法：
① 将刺五加、茉莉花、洞庭碧螺春放入锅中煎煮。
② 用茶漏斗滤取药汁液后，加入适量蜂蜜，即可饮用。
③ 每日1剂，不拘时饮用。

## 本草药典

### 刺五加

别名 刺拐棒。

性味 性温，味甘、微苦。

功效 益气健脾、补肾、养血安神。

主治 体倦乏力、久咳虚喘、肾虚、失眠。

### 茉莉花

别名 茉莉、香魂。

性味 性平，味甘、凉。

功效 理气和中、开郁辟秽、抗菌消炎。

主治 下痢腹痛、目赤肿痛、浮肿。

### 洞庭碧螺春

别名 碧螺春。

性味 性寒，味苦。

功效 生津止渴、清热消暑、解毒消食、祛风解表。

主治 心血管疾病、失眠、便秘、心绞痛、腹痛。

### 蜂蜜

别名 岩蜜、石蜜、石饴。

性味 性平，味甘。

功效 保护肝脏、补充体力、消除疲劳、抑菌杀菌。

主治 便秘、皮肤暗黄、失眠、贫血、神经系统疾病。

# 锁阳桑葚茶

温补肾阳
润肠通便

## 茶疗功效

锁阳具有补肾润肠的功效；桑葚具有滋阴养血、生津的良好功效；生姜具有开胃止呕、化痰止咳的功效；蜂蜜具有保护肝脏、补充体力的功效。

## 健康叮咛

适宜肾阳肾阴两虚、腰膝无力、年老体弱、腰膝酸软、肠燥便秘等患者饮用。但大便稀溏者不宜饮用。

### 主要材料

| 锁阳 | 20克 |
| 桑葚 | 20克 |
| 生姜 | 6克 |
| 熟普洱 | 3克 |
| 蜂蜜 | 适量 |

**做法：**

① 将锁阳、桑葚、生姜捣碎成末，备用。

② 将药末与熟普洱放入杯中，用沸水冲泡15分钟后，加入适量蜂蜜，即可饮用。

③ 每日1剂，不拘时饮用。

## 本草药典

### 锁阳

别名 锈铁锤。

性味 性温，味甘。

功效 补肾助阳、润肠通便。

主治 肾虚、阳痿、尿血、血枯便秘、腰膝痿弱。

### 桑葚

别名 桑实、葚、乌椹。

性味 性寒，味甘、酸。

功效 滋阴养血、生津止渴、润肠通便。

主治 头晕目眩、腰酸耳鸣、须发早白、失眠多梦。

### 生姜

别名 姜。

性味 性温，味辛。

功效 开胃止呕、化痰止咳、发汗解表、清热解毒。

主治 外感风寒、鼻子不通气、流清鼻涕、肚子痛。

### 蜂蜜

别名 岩蜜、石蜜、石饴。

性味 性平，味甘。

功效 保护肝脏、补充体力、消除疲劳、抑菌杀菌。

主治 便秘、皮肤暗黄、失眠、贫血、神经系统疾病。

# 竹茹茶

## 化痰助运 润肺清热

### 🔲 茶疗功效

此茶具有润肺清热、化痰助运、和胃健脾的功效。竹茹具有治疗呕吐的功效；橄榄具有清肺利咽、生津止渴、解毒的良好功效；川朴花具有理气、化湿的功效。

### 💚 健康叮咛

适宜年老气虚、肺热咽干、咳嗽、痰多黄稠、胃热气滞、口渴口苦、脘腹胀满、纳食不香等症者饮用。但体质虚寒、脾虚腹泻者不宜服用。

### 主要材料

| | |
|---|---|
| 竹茹 | 3克 |
| 川朴花 | 1.5克 |
| 羚羊角 | 1.5克 |
| 橄榄 | 1克 |
| 乌龙茶 | 2克 |
| 蜂蜜 | 适量 |

**做法：**

① 将竹茹、橄榄、川朴花、羚羊角研为粗药末。

② 将药末与乌龙茶放入杯中，用开水冲泡10分钟后，加入适量蜂蜜，即可饮用。

③ 每日1剂，不拘时饮用。

---

## 本草药典

### 竹茹

别名 竹皮、青竹茹。

性味 性微寒，味甘。

功效 清热化痰、除烦止呕、止血凉血。

主治 肺热咳嗽、胸闷痰多、呕吐不止。

### 橄榄

别名 青果。

性味 性凉，味甘、酸。

功效 清热解毒、生津止渴、化痰助运。

主治 肺胃热盛、咽喉肿痛、胃热口渴、饮酒过度。

### 川朴花

别名 厚朴花、粗厚朴、木兰。

性味 性微温，味苦。

功效 理气化湿、平喘止咳、消肿散寒。

主治 胸腹胀满、食欲不振、感冒咳嗽。

### 羚羊角

别名 泠角。

性味 性寒，味咸。

功效 清热镇痉、平肝熄风、解毒消肿、明目降压。

主治 高热神昏、谵语发狂、惊痫抽搐、目赤肿痛。

# 虾仁茶

**补肾壮阳**
**益气补虚**

### 📋 茶疗功效

虾仁具有补肾壮阳的功效，洞庭碧螺春具有生津止渴、清热消暑的良好功效。

### ❤ 健康叮咛

适宜男子患阳痿、精冷清稀等症者饮用，可起到强身健体的功效。

**主要材料**

| | |
|---|---|
| 虾仁 | 50克 |
| 洞庭碧螺春 | 2克 |
| 枸杞子 | 5克 |
| 韭菜子 | 6克 |
| 蜂蜜 | 适量 |

**做法：**

① 将虾仁洗净，与洞庭碧螺春、枸杞子、韭菜子一同放入锅中煎煮。

② 用茶漏斗滤取药汁液后，加入适量蜂蜜，即可饮用。

③ 每日1剂，不拘时饮用。

---

**本草药典**

## 虾仁

别名 虾米、海米、金钩。

性味 性温,味甘、咸。

功效 补肾壮阳、益气补虚、通乳。

主治 肾虚阳痿、男性不育症、腰脚无力。

## 洞庭碧螺春

别名 碧螺春。

性味 性寒，味苦。

功效 生津止渴、清热消暑、解毒消食、祛风解表。

主治 心血管疾病、失眠、便秘、心绞痛、腹痛。

## 枸杞子

别名 枸杞、苟起子、枸杞红实。

性味 性平，味甘。

功效 养肝润肺、滋补肝肾、益精明目、强身健体。

主治 虚劳精亏、腰膝酸痛、眩晕耳鸣、贫血。

## 蜂蜜

别名 岩蜜、石蜜、石饴。

性味 性平，味甘。

功效 保护肝脏、补充体力、消除疲劳、抑菌杀菌。

主治 便秘、皮肤暗黄、失眠、贫血、神经系统疾病。

# 体质调理药茶药材推荐

**肉苁蓉**
补肾助阳
润肠通便

主治 肾虚阳痿，遗精早泄，女子不孕，肝肾不足之筋骨痿弱，腰膝冷痛老年病后，产后，津液不足，肠燥便秘。

**菟丝子**
滋补肝肾
固精缩尿
安胎
明目
止泻

主治 阳痿遗精，尿有余沥，遗尿尿频，腰膝酸软，目昏耳鸣，肾虚胎漏，胎动不安，脾肾虚泻；外治白癜风。

**石斛**
生津益胃
清热养阴

主治 热病伤津，口干烦渴，病后虚热，阴伤目暗。

**玉竹**
养阴
润燥
除烦
止渴

主治 热病阴伤，咳嗽烦渴，虚劳发热，咽干口渴，消谷易饥，小便频数。

**黄精**
补中益气
润心肺
强筋骨

主治 虚损寒热，肺痨咳血，病后体虚食少，筋骨软弱，风湿疼痛，风癞癣疾。

**黄芪**
益气
固本
敛汗
生肌
利水
消水肿

主治 气虚乏力，中气下陷，久泻脱肛，便血崩漏，表虚自汗，痈疽难溃，久溃不敛，血虚萎黄，内热消渴，慢性肾炎，蛋白尿，糖尿病。

**当归**
补血
活血
调经止痛
润燥滑肠

主治 血虚诸证，月经不调，经闭，痛经，癥瘕结聚，崩漏，虚寒腹痛，痿痹，肌肤麻木，肠燥便难，赤痢后重，痈疽疮疡，跌扑损伤。

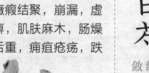

**白芍**
养血和营
缓急止痛
敛阴平肝

主治 月经不调，经行腹痛，崩漏，自汗，盗汗，胁肋脘腹疼痛，四肢挛痛，头痛，眩晕。

10

# 美颜瘦身，茶魅无限

　　本章针对人们对美颜、美体方面的需求，精选药茶配方，有助于增强体内脏腑功能、促进气血通畅、阴阳平衡，以达到排毒养颜、减肥塑身的目的。让你在品饮香茶的同时，也能享受来自药茶的美颜SPA。

# 连翘双花茶

## 祛青春痘 清热解毒

### 茶疗功效

连翘具有清热解毒、散结消肿的功效；金银花具有清热解毒、宣散风热的功效；菊花具有散风清热、平肝明目的功效。

### 健康叮咛

适宜出现青春痘、暗疮、粉刺等人群饮用，尤其适宜女性饮用。

### 主要材料

| | |
|---|---|
| 连翘 | 10克 |
| 金银花 | 5克 |
| 菊花 | 3克 |
| 白茶 | 2克 |
| 蜂蜜 | 适量 |

做法：

① 将连翘、金银花、菊花洗净，放入锅中，与白茶一起用水煎煮。

② 用茶漏斗滤取药汁后，加入适量蜂蜜，即可饮用。

③ 每日1剂，不拘时饮用。

## 本草药典

### 连翘

别名 黄花条、连壳。

性味 性寒，味苦、微辛。

功效 清热解毒、疏散风热、消肿散结。

主治 热病初起、风热感冒、心烦。

### 金银花

别名 忍冬、忍冬花、金花。

性味 性寒，味甘。

功效 清热解毒、疏散风热、凉血、止痢。

主治 身热头痛、咽喉肿痛、中暑、心烦少寐。

### 菊花

别名 黄花、女华。

性味 性微寒，味辛、甘、苦。

功效 散风清热、平肝明目、止咳化痰。

主治 风热感冒、头痛眩晕、目赤肿痛、眼目昏花。

### 蜂蜜

别名 岩蜜、石蜜、石饴。

性味 性平，味甘。

功效 保护肝脏、补充体力、消除疲劳、抑菌杀菌。

主治 便秘、皮肤暗黄、失眠、贫血、神经系统疾病。

**主要材料**

| 积雪草 | 13克 |
|--------|------|
| 生地黄 | 10克 |
| 山楂 | 9克 |
| 红茶 | 5克 |
| 蜂蜜 | 适量 |

做法：

① 将生地黄、积雪草、山楂捣成粗药末。

② 将药末与红茶放入杯中，用开水冲泡10分钟后，加入适量蜂蜜，即可饮用。

③ 每日1剂，不拘时饮用。

# 积雪草茶

## 清热凉血 荣养肌肤

📺 茶疗功效

　　此茶具有清热凉血、滋养肌肤的功效。茶中的生地黄具有清热生津、滋阴养血的功效；积雪草具有清热解毒、利湿消肿的良好功效；山楂具有开胃消食、化滞消积、活血散淤、化痰行气的功效。

积雪草

# 当归二白茶

**主要材料**

| 当归 | 10克 |
|------|------|
| 白鲜皮 | 9克 |
| 白蒺藜 | 7克 |
| 山楂 | 5克 |
| 白茶 | 3克 |
| 蜂蜜 | 适量 |

做法：

① 将当归、山楂、白鲜皮、白蒺藜洗净，放入锅中，与白茶一起用水煎煮。

② 用茶漏滤取药汁液后，加入适量蜂蜜，即可饮用。

③ 每日1剂，不拘时饮用。

## 养血调肝 散郁祛淤

📺 茶疗功效

　　此茶具有养血调肝、散郁祛淤的功效。茶中的当归具有缓解产后风瘫、抗氧化、美容的功效；山楂具有开胃消食、化滞消积、活血散淤、化痰行气的功效。

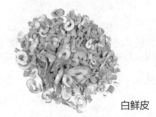

白鲜皮

# 枸杞珍珠茶

## 润泽肌肤 延缓衰老

### 茶疗功效

珍珠具有定惊安神、养阴息风、清热化痰、润泽肌肤、延缓衰老、解毒生肌的功效。

### 健康叮咛

适宜患有面部皮肤发黄、惊悸、怔忡、癫痫等症者饮用。

**主要材料**

| | |
|---|---|
| 珍珠 | 5克 |
| 红茶 | 5克 |
| 枸杞子 | 5克 |
| 蜂蜜 | 适量 |

**做法：**

① 将珍珠研成细粉，备用。

② 将红茶、枸杞子放入杯中，用开水冲泡后，去渣取汁。

③ 用药汁冲泡珍珠粉后，加入适量蜂蜜，即可饮用。

④ 每日1剂，不拘时饮用。

---

## 本草药典

### 珍珠

别名 真朱、真珠。

性味 性寒，味甘、咸。

功效 定惊安神、解毒生肌、养颜润肤。

主治 惊悸、怔忡、癫痫、皮肤色斑。

### 红茶

别名 乌茶。

性味 性温，味甘。

功效 利尿、消炎杀菌、提神消疲、强身健体。

主治 肠胃不适、尿急、食欲不振、浮肿。

### 枸杞子

别名 枸杞、苟起子、枸杞红实。

性味 性平，味甘。

功效 养肝润肺、滋补肝肾、益精明目、强身健体。

主治 虚劳精亏、腰膝酸痛、眩晕耳鸣、贫血。

### 蜂蜜

别名 岩蜜、石蜜、石饴。

性味 性平，味甘。

功效 保护肝脏、补充体力、消除疲劳、抑菌杀菌。

主治 便秘、皮肤暗黄、失眠、贫血、神经系统疾病。

## 青果桂圆茶

**补益气血 红润肤色**

**主要材料**

| | |
|---|---|
| 青果 | 5克 |
| 桂圆肉 | 10克 |
| 枸杞子 | 3克 |
| 绿茶 | 3克 |
| 蜂蜜 | 适量 |

**做法:**

① 将青果、桂圆肉、枸杞子洗净,与绿茶一起放入锅中煎煮。

② 用茶漏斗滤取药汁后,加入适量蜂蜜,即可饮用。

③ 每日1剂,不拘时饮用。

青果

**🔲 茶疗功效**

　　此茶具有补益气血、红润肤色的功效。茶中的青果具有清热利咽、生津解毒的功效,桂圆肉具有补气血、安神的功效,枸杞子具有养肝润肺、滋补肝肾、益精明目的良好功效,蜂蜜具有保护肝脏、补充体力、消除疲劳、增强抵抗力、杀菌的功效。

## 玉竹西洋参茶

**美白肌肤 除皱祛斑**

**主要材料**

| | |
|---|---|
| 玉竹 | 15克 |
| 西洋参 | 10克 |
| 郁金 | 10克 |
| 白芷 | 10克 |
| 白茶 | 2克 |
| 蜂蜜 | 适量 |

**做法:**

① 将玉竹、西洋参、郁金、白芷洗净,与白茶一起放入锅中煎煮。

② 用茶漏斗滤取药汁液后,加入蜂蜜,即可饮用。

③ 每日1剂,不拘时饮用。

玉竹

**🔲 茶疗功效**

　　此茶具有美白肌肤、除皱祛斑的功效。茶中的玉竹具有滋阴润肺的功效;西洋参具有补气养阴、清热生津的良好功效;郁金具有行气化淤、清心解郁的良好功效;白芷具有祛风湿、活血排脓的功效。

# 防风银花茶

## 清热除痘　消肿排毒

### 茶疗功效

此茶具有清热除痘、消肿排毒的功效。茶中的金银花具有清热解毒、疏散风热的功效，防风具有祛风解表的良好功效，川七具有化淤止血的功效，玫瑰花具有利气、行血的功效。

### 健康叮咛

适宜患有皮肤肿胀、风疹瘙痒、风湿痹痛、月经不调等症者饮用。

### 主要材料

| | |
|---|---|
| 金银花 | 14克 |
| 川七 | 10克 |
| 防风 | 7克 |
| 甘草 | 8克 |
| 玫瑰花 | 5克 |
| 乌龙茶 | 2克 |

做法：

① 将金银花、防风、川七、玫瑰花、甘草洗净后，与乌龙茶一起放入锅中煎煮。
② 用茶漏斗滤取药汁液后，即可饮用。
③ 每日1剂，不拘时饮用。

## 本草药典

### 金银花

别名 忍冬、忍冬花。

性味 性寒，味甘。

功效 清热解毒、疏散风热、凉血、止痢。

主治 身热头痛、咽喉肿痛、中暑、心烦少寐。

### 防风

别名 铜芸、百枝、屏风。

性味 性微温，味辛、甘。

功效 祛风解表、胜湿止痛、止痉定搐、发散风寒。

主治 风疹瘙痒、风湿痹痛、破伤风。

### 川七

别名 洋藤三七、落葵、藤子三七。

性味 性微温，味甘、微苦。

功效 化淤止血、补肾益肝、壮腰膝。

主治 高血压、高脂血症、感冒、咳嗽。

### 玫瑰花

别名 徘徊花。

性味 性温，味甘、微苦。

功效 行气解郁、补血活血、止血调经。

主治 肝胃气痛、新久风痹、吐血咯血、月经不调、赤白带下。

## 百合莲藕茶

**美白焕彩 润肤美颜**

主要材料

| | |
|---|---|
| 百合 | 20克 |
| 莲藕 | 10克 |
| 西洋参 | 6克 |
| 玉竹 | 5克 |
| 白茶 | 2克 |
| 蜂蜜 | 适量 |

做法:

① 将百合、莲藕、西洋参、玉竹洗净,与白茶一起放入锅中煎煮。

② 用茶漏斗滤取药汁后,加入适量蜂蜜,即可饮用。

③ 每日1剂,不拘时饮用。

莲藕

### 茶疗功效

此茶具有美白焕彩、润肤美颜的功效。茶中的百合具有润肺止咳、清心安神、补中益气的良好功效;莲藕具有清热生津、凉血散淤、补脾开胃的良好功效;西洋参具有补气养阴、清热生津的良好功效;玉竹具有滋阴润肺、养胃生津的功效。

## 首乌生地黄茶

**补益气血 乌发美容**

主要材料

| | |
|---|---|
| 生地黄 | 30克 |
| 何首乌 | 15克 |
| 黑茶 | 3克 |
| 白酒 | 适量 |
| 蜂蜜 | 适量 |

做法:

① 将何首乌、生地黄洗净,与黑茶一起放入锅中煎煮。

② 用茶漏滤取药汁后,加入适量蜂蜜及白酒,即可饮用。

③ 每日1剂,不拘时饮用。

何首乌

### 茶疗功效

何首乌具有补益气血、乌发美容的功效;生地黄具有清热生津、滋阴养血的功效;白酒具有通血脉、御寒气、醒脾温中、行药势的功效。

# 桂花乌龙茶

## 活血润喉 强肌润肤

### 📱 茶疗功效

干桂花具有活血润喉、化痰止咳的良好功效；枸杞子具有养肝的良好功效；蜂蜜具有保护肝脏、强肌润肤的功效。

### 💚 健康叮咛

适宜皮肤干裂、声音沙哑的患者饮用，也可作为秋冬干燥季节时的润喉饮品。

**主要材料**

| | |
|---|---|
| 乌龙茶 | 5克 |
| 干桂花 | 3克 |
| 蜂蜜 | 适量 |
| 枸杞子 | 适量 |

**做法：**

① 将干桂花、枸杞子、乌龙茶混合，放入杯中。
② 用沸水冲泡5分钟后，加入适量蜂蜜，即可饮用。
③ 每日1剂，不拘时饮用。

---

## 本草药典

### 乌龙茶

别名 青茶、美容茶。
性味 性凉，味甘、苦。
功效 生津止渴、提神益思。
主治 消化不良、高脂血症、高血压。

### 干桂花

别名 月桂、木犀。
性味 性温，味辛。
功效 散寒破结、化痰止咳、清热止痛。
主治 牙痛、咳喘痰多、经闭腹痛。

### 枸杞子

别名 枸杞、苟起子、枸杞红实。
性味 性平，味甘。
功效 养肝润肺、滋补肝肾、益精明目、强身健体。
主治 虚劳精亏、腰膝酸痛、眩晕耳鸣、贫血。

### 蜂蜜

别名 岩蜜、石蜜、石饴。
性味 性平，味甘。
功效 保护肝脏、补充体力、消除疲劳、抑菌杀菌。
主治 便秘、皮肤暗黄、失眠、贫血、神经系统疾病。

## 姜枣三香茶

**抗衰驻颜　养血安神**

**主要材料**

| | |
|---|---|
| 生姜 | 50克 |
| 红枣 | 25克 |
| 茴香 | 20克 |
| 沉香 | 5克 |
| 丁香 | 5克 |
| 甘草 | 3克 |
| 乌龙茶 | 3克 |

**做法：**

① 将生姜、红枣、沉香、丁香、茴香、乌龙茶、甘草捣成粗末，放入锅中。

② 用水煎煮5分钟后去渣取汁，即可饮用。

③ 每日1剂，不拘时饮用。

沉香

### 茶疗功效

此茶具有延缓衰老的功效。茶中的红枣具有补中益气、养血安神、缓和药性的功效；沉香具有暖肾纳气的功效；丁香具有降气温中的功效；茴香具有开胃消食、理气散寒的功效。

## 红枣菊花茶

**驻颜美容　红润肤色**

**主要材料**

| | |
|---|---|
| 红枣 | 50克 |
| 菊花 | 15克 |
| 生姜 | 6克 |
| 红茶 | 3克 |
| 红糖 | 适量 |

**做法：**

① 将红枣、菊花、生姜、红茶一同放入锅内，用水煎煮后，去渣取汁。

② 药茶温热时放入适量红糖，即可饮用。

③ 每日1剂，不拘时饮用。

红枣

### 茶疗功效

红枣具有补中益气、养血安神的功效；菊花具有散风清热、平肝明目的功效；生姜具有开胃止呕、化痰止咳的功效；红糖具有润心肺、和脾胃、缓肝气的良好功效。

# 西红柿玫瑰饮

## 减退色素 美白肌肤

### 茶疗功效

此茶具有减退色素、美白肌肤的功效。茶中的西红柿具有生津止渴、健胃消食的功效；玫瑰花具有利气、调经止痛的功效；柠檬汁具有化痰止咳的功效。

### 健康叮咛

一般人群均可饮用，尤其适宜女性饮用，可促进皮肤代谢，从而使肌肤更加细腻、白嫩。

### 主要材料

| | |
|---|---|
| 玫瑰花 | 5克 |
| 西红柿 | 1个 |
| 黄瓜 | 1根 |
| 白茶 | 2克 |
| 柠檬汁 | 适量 |
| 蜂蜜 | 适量 |

做法：
① 将西红柿去皮，切块；将黄瓜洗净切片备用。
② 将西红柿、黄瓜、玫瑰花、白茶放入杯中，用热水冲泡后，去渣取汁，加入适量柠檬汁、蜂蜜即可。
③ 每日1剂，不拘时饮用。

---

**本草药典**

## 西红柿

别名 番茄。

性味 性凉，味甘、酸。

功效 健胃消食、清热止渴、养阴凉血。

主治 食欲不振、发热口渴、贫血。

## 黄瓜

别名 胡瓜、青瓜。

性味 性凉，味甘。

功效 清热利水、解毒消肿、生津止渴、润肠通便。

主治 身热烦渴、咽喉肿痛、风热眼疾、湿热黄疸。

## 玫瑰花

别名 徘徊花、刺客、穿心玫瑰。

性味 性温，味甘、微苦。

功效 行气解郁、补血活血、止血调经。

主治 肝胃气痛、新久风痹、吐血咯血、月经不调。

## 柠檬汁

别名 柠果汁。

性味 性平，味甘、酸。

功效 化痰止咳、生津健脾、延缓衰老。

主治 支气管炎、百日咳、中暑烦渴、食欲不振。

## 二香生姜茶

**减少皱纹**
**美白肌肤**

**主要材料**

| | |
|---|---|
| 生姜 | 20克 |
| 丁香 | 25克 |
| 沉香 | 15克 |
| 红茶 | 10克 |
| 甘草 | 15克 |

**做法：**

① 将丁香、沉香、生姜、红茶、甘草捣成粗末，用开水冲泡10分钟。

② 用茶漏斗滤取药汁液，即可饮用。

③ 每日1剂，不拘时饮用。

丁香

### 📖 茶疗功效

沉香及丁香都具有减少皱纹、美白肌肤的功效；生姜具有开胃止呕、化痰止咳、发汗解表的功效；红茶具有利尿、消炎杀菌、提神消疲的良好功效。

---

## 蔬果茶

**丰肌泽肤**
**减轻皱纹**

**主要材料**

| | |
|---|---|
| 葡萄 | 5颗 |
| 花椰菜 | 2朵 |
| 芹菜 | 1根 |
| 西红柿 | 1个 |
| 牛奶 | 适量 |
| 蜂蜜 | 适量 |

**做法：**

① 将芹菜、花椰菜、西红柿一同榨汁，葡萄单独榨汁备用。

② 将葡萄汁与蔬果汁混合在一起，搅拌均匀后，加入适量牛奶和蜂蜜，即可饮用。

③ 每日1剂，不拘时饮用。

芹菜

### 📖 茶疗功效

葡萄和芹菜都具有丰肌泽肤、减轻皱纹的功效；花椰菜具有健脾养胃的良好功效；西红柿具有生津止渴的功效。

# 核桃牛奶茶

## 祛斑生发　养血润肤

### 茶疗功效

核桃仁具有祛斑生发的作用；牛奶具有养血润肤、益肺胃、生津润肠的功效；豆浆具有补虚、清热的功效；黑芝麻具有补血明目的功效。

### 健康叮咛

适宜患有黄褐斑、脱发等症者饮用，且尤其适宜女性饮用。

### 主要材料

| | |
|---|---|
| 牛奶 | 160毫升 |
| 豆浆 | 100毫升 |
| 核桃仁 | 20克 |
| 黑芝麻 | 10克 |
| 熟普洱 | 3克 |
| 蜂蜜 | 适量 |

### 做法：

① 将核桃仁、黑芝麻、熟普洱研磨成粗末，备用。

② 将牛奶和豆浆混匀，倒入粗末后，加入适量蜂蜜，即可饮用。

③ 每日1剂，不拘时饮用。

## 本草药典

### 核桃仁

别名 胡桃仁、胡桃肉。

性味 性温，味甘。

功效 补肾温肺、润肠通便。

主治 腰膝酸软、阳痿遗精、虚寒喘咳、肠燥便秘。

### 牛奶

别名 牛乳。

性味 性平，味甘。

功效 补虚损、益肺胃、生津润肠、强身健体。

主治 久病体虚、气血不足、营养不良、噎膈反胃、便秘。

### 豆浆

别名 豆奶。

性味 性平，味甘。

功效 补虚、清热、化痰、通淋、和胃健脾。

主治 身体虚弱、营养不良、肺痿肺痈、口干咽痛。

### 黑芝麻

别名 胡麻、油麻、芝麻。

性味 性温，味苦。

功效 补血明目、祛风润肠、生津通乳、益肝养发。

主治 身体虚弱、头晕耳鸣、高血压、高脂血症、咳嗽。

# 薏仁茶

## 淡化黑斑 美白肌肤

### 茶疗功效

薏苡仁具有淡化黑斑、美白肌肤的作用；洞庭碧螺春具有生津止渴、祛风解表、清热消暑的良好功效。

### 健康叮咛

适宜患有黑斑、雀斑、皮肤暗黄者饮用，且尤其适宜女性饮用。

**主要材料**

| | |
|---|---|
| 薏苡仁 | 10克 |
| 洞庭碧螺春 | 5克 |
| 枸杞子 | 3克 |
| 蜂蜜 | 适量 |

做法：

① 将薏苡仁、洞庭碧螺春、枸杞子放入锅中，用水煎煮。

② 用茶漏斗滤取药汁，温热时放入适量蜂蜜，即可饮用。

③ 每日1剂，不拘时饮用。

## 本草药典

### 薏苡仁

别名 薏米。

性味 性凉,味甘、淡。

功效 健脾渗湿。

主治 水肿、脚气、小便不利。

### 洞庭碧螺春

别名 碧螺春。

性味 性寒，味苦。

功效 生津止渴、清热消暑、解毒消食、祛风解表。

主治 心血管疾病、失眠、便秘、心绞痛、腹痛。

### 枸杞子

别名 枸杞、苟起子、枸杞红实。

性味 性平，味甘。

功效 养肝润肺、滋补肝肾、益精明目、强身健体。

主治 虚劳精亏、腰膝酸痛、眩晕耳鸣、贫血。

### 蜂蜜

别名 岩蜜、石蜜、石饴。

性味 性平，味甘。

功效 保护肝脏、补充体力、消除疲劳、抑菌杀菌。

主治 便秘、皮肤暗黄、失眠、贫血、神经系统疾病。

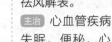

# 枸骨叶茶

## 清热平肝
## 降脂减肥

### 茶疗功效

枸骨叶具有清热平肝、降脂减肥的功效；枸杞子具有养肝润肺、滋补肝肾的良好功效。

### 健康叮咛

适宜患有高血压、头胀头痛、面红目赤、动脉粥样硬化、脂肪肝、冠心病等症者饮用。脾胃虚寒者不宜饮用。

**主要材料**

| | |
|---|---|
| 枸骨叶 | 6克 |
| 枸杞子 | 5克 |
| 甘草 | 3克 |
| 绿茶 | 3克 |
| 蜂蜜 | 适量 |

**做法：**

① 将枸骨叶、枸杞子、甘草研成粗药末。

② 将药末与绿茶放入杯中，用开水冲泡5分钟后，加入适量蜂蜜，即可饮用。

③ 每日1剂，不拘时饮用。

## 本草药典

### 枸骨叶

**别名** 苦丁。

**性味** 性凉，味苦。

**功效** 平肝益肾、清热养阴、调养气血。

**主治** 肺痨咳嗽、劳伤失血、腰膝痿弱、高血压。

### 枸杞子

**别名** 枸杞、苟起子、枸杞红实。

**性味** 性平，味甘。

**功效** 养肝润肺、滋补肝肾、益精明目、强身健体。

**主治** 虚劳精亏、腰膝酸痛、眩晕耳鸣、贫血。

### 甘草

**别名** 粉甘草、甘草梢、甜根子。

**性味** 性平，味甘。

**功效** 补脾益气、清热解毒、祛痰止咳、缓急止痛。

**主治** 脾胃虚弱、倦怠乏力、心悸气短、咳嗽痰多。

### 蜂蜜

**别名** 岩蜜、石蜜、石饴。

**性味** 性平，味甘。

**功效** 保护肝脏、补充体力、消除疲劳、抑菌杀菌。

**主治** 便秘、皮肤暗黄、失眠、贫血、神经系统疾病。

**主要材料**

| | |
|---|---|
| 绿豆 | 6克 |
| 大黄 | 2克 |
| 甘草 | 3克 |
| 花茶 | 2克 |
| 蜂蜜 | 适量 |

# 大黄绿豆饮

**消积祛脂**
**延缓衰老**

**做法：**

① 将绿豆、大黄、甘草洗净，与花茶一起放入锅中煎煮。

② 用茶漏斗滤取药汁后，加入适量蜂蜜，即可饮用。

③ 每日1剂，不拘时饮用。

绿豆

### 🔲 茶疗功效

绿豆具有消积祛脂的功效；大黄具有清热泻火、逐淤通经的功效；甘草具有补脾益气、祛痰止咳、调和诸药的功效；蜂蜜具有保护肝脏、补充体力、延缓衰老的功效。

# 山楂荷叶茶

**消脂化滞**
**降压减肥**

**主要材料**

| | |
|---|---|
| 山楂 | 15克 |
| 荷叶 | 12克 |
| 绿茶 | 5克 |
| 蜂蜜 | 适量 |

**做法：**

① 将山楂、绿茶、荷叶放入锅中煎煮。

② 用茶漏斗滤取药汁后，加入蜂蜜，即可饮用。

③ 每日1剂，不拘时饮用。

山楂

### 🔲 茶疗功效

山楂具有消脂化滞、降压减肥、活血散淤、化痰行气的功效；绿茶具有生津止渴、清热消暑、解毒消食、通便治痢、祛风解表的良好功效；荷叶具有消暑利湿、健脾升阳、散淤止血的功效。

# 牛蒡子茶

**降脂通便 排补平衡**

### 🔲 茶疗功效

牛蒡子具有降脂通便、排补平衡的良好功效；枸杞子具有养肝润肺、滋补肝肾、益精明目的良好功效。

### 💗 健康叮咛

适宜患有便秘、糖尿病、高脂血症、高血压、类风湿关节炎、肥胖等症者饮用。

**主要材料**

| | |
|---|---|
| 牛蒡子 | 8片 |
| 枸杞子 | 5克 |
| 甘草 | 3克 |
| 黄茶 | 3克 |
| 蜂蜜 | 适量 |

**做法：**

① 将牛蒡子、枸杞子、甘草研成粗药末。

② 将药末与黄茶一起放入杯中，用热水冲泡5分钟，即可饮用。

③ 每日1剂，不拘时饮用。

---

## 本草药典

### 牛蒡子

别名 恶实、鼠粘子。

性味 性寒，味苦。

功效 疏风散热、宣肺祛痰、消肿利咽。

主治 风热咳嗽、咽喉肿痛、斑疹不透。

### 枸杞子

别名 枸杞、苟起子、枸杞红实。

性味 性平，味甘。

功效 养肝润肺、滋补肝肾、益精明目、强身健体。

主治 虚劳精亏、腰膝酸痛、眩晕耳鸣、贫血。

### 甘草

别名 粉甘草、甘草梢、甜根子。

性味 性平，味甘。

功效 补脾益气、清热解毒、祛痰止咳、缓急止痛。

主治 脾胃虚弱、倦怠乏力、心悸气短、咳嗽痰多。

### 蜂蜜

别名 岩蜜、石蜜、石饴。

性味 性平，味甘。

功效 保护肝脏、补充体力、消除疲劳、抑菌杀菌。

主治 便秘、皮肤暗黄、失眠、贫血、神经系统疾病。

**主要材料**

| | |
|---|---|
| 六安瓜片 | 5克 |
| 荷叶 | 5克 |
| 紫苏叶 | 5克 |
| 山楂 | 5克 |
| 乌龙茶 | 3克 |
| 蜂蜜 | 适量 |

**做法：**

① 将六安瓜片、荷叶、紫苏叶、山楂研成粗药末。

② 将药末、乌龙茶放入杯中，用开水冲泡5分钟后，加入蜂蜜，即可饮用。

③ 每日1剂，不拘时饮用。

# 六安双叶茶

## 降脂通脉 开胃消食

📺 **茶疗功效**

六安瓜片具有降脂通脉的功效；乌龙茶具有缓解肥胖症的良好功效；荷叶具有散淤止血的功效；紫苏叶具有行气宽中、和胃止呕的功效；山楂具有开胃消食、化滞消积、化痰行气的功效。

紫苏叶

---

# 山楂荷叶茶

**主要材料**

| | |
|---|---|
| 绿茶 | 5克 |
| 山楂 | 5克 |
| 荷叶 | 5克 |
| 枸杞子 | 3克 |
| 蜂蜜 | 适量 |

**做法：**

① 将山楂、荷叶、枸杞子洗净，放入锅中用水煎煮。

② 用茶漏斗滤取药汁液冲泡绿茶后，加入适量蜂蜜，即可饮用。

③ 每日1剂，不拘时饮用。

## 降脂减肥 防冠心病

📺 **茶疗功效**

绿茶具有解毒消食、通便治痢、祛风解表的良好功效；山楂具有开胃消食、化滞消积、化痰行气的功效；荷叶具有消暑利湿、健脾升阳的功效；枸杞子具有养肝润肺、益精明目的良好功效。

荷叶

# 首乌丹参茶

**降脂减肥** **利湿活血**

## 🫖 茶疗功效

何首乌具有降脂减肥的功效；泽泻具有利湿活血的功效；丹参具有活血调经、凉血消痈、养血安神的功效。

## ♥ 健康叮咛

适宜女性、老年人、青少年饮用，尤其适宜患有高脂血症、高血压、体型肥胖者饮用。

**主要材料**

| | |
|---|---|
| 何首乌 | 10克 |
| 丹参 | 6克 |
| 泽泻 | 5克 |
| 绿茶 | 3克 |
| 蜂蜜 | 适量 |

**做法：**

① 将何首乌、泽泻、丹参研成粗药末。

② 将药末、绿茶放入杯中，用沸水冲泡20分钟后，加入适量蜂蜜，即可饮用。

③ 每日1剂，不拘时饮用。

## 本草药典

### 绿茶

**别名** 苦茗。

**性味** 性寒，味苦。

**功效** 生津止渴。

**主治** 心血管疾病、失眠、便秘。

### 何首乌

**别名** 多花蓼、紫乌藤、野苗。

**性味** 性微温，味苦、甘、涩。

**功效** 清热解毒、调节血脂、润肠通便。

**主治** 皮肤肿毒、风疹瘙痒、肠燥便秘、高脂血症。

### 泽泻

**别名** 水泻、芒芋、鹄泻。

**性味** 性寒，味甘、淡。

**功效** 利水渗湿、泄热通淋、调节血脂、补血活血。

**主治** 小便不利、热淋涩痛、水肿胀满、痰饮眩晕。

### 丹参

**别名** 赤参、紫丹参、红根。

**性味** 性微寒，味苦。

**功效** 活血调经、祛淤止痛、凉血消痈、清心除烦。

**主治** 月经不调、经闭痛经、胸腹刺痛、热痹疼痛。

# 双花山楂茶

## 消脂化滞 降压减肥

### 🍵 茶疗功效

山楂具有消脂化滞、降压减肥、活血散淤、化痰行气的功效；菊花具有散风清热、平肝明目的功效；金银花具有清热解毒的功效。

### ♥ 健康叮咛

适宜患有肥胖症、高血压、高脂血症等人群饮用。

### 主要材料

| | |
|---|---|
| 山楂 | 6克 |
| 菊花 | 4克 |
| 金银花 | 2克 |
| 乌龙茶 | 3克 |
| 蜂蜜 | 适量 |
| 枸杞子 | 适量 |

**做法：**

① 将山楂、菊花、金银花、枸杞子洗净，与乌龙茶放入锅中煎煮。

② 用茶漏滤取药汁后，加入适量蜂蜜，即可饮用。

③ 每日1剂，不拘时饮用。

## 本草药典

### 山楂

别名 山里果。

性味 性微温，味酸、甘。

功效 开胃消食、活血化淤。

主治 肉食积滞、腹胀痞满。

### 菊花

别名 黄花、女华。

性味 性微寒，味辛、甘、苦。

功效 散风清热、平肝明目、止咳化痰、调节血脂。

主治 风热感冒、头痛眩晕、眼睛肿痛、眼目昏花。

### 金银花

别名 忍冬、忍冬花、金花。

性味 性寒，味甘。

功效 清热解毒、疏散风热、凉血、止痢。

主治 暑热证、泻痢、流感、急慢性扁桃体炎。

### 蜂蜜

别名 岩蜜、石蜜、石饴。

性味 性平，味甘。

功效 保护肝脏、补充体力、消除疲劳、抑菌杀菌。

主治 便秘、皮肤暗黄、失眠、贫血、神经系统疾病。

# 川芎三花茶

## 芳香化浊 行气活血

### 📷 茶疗功效

玫瑰花具有芳香化浊、行气活血的功效；茉莉花具有理气和中、开郁辟秽的功效；玳玳花具有疏肝和胃、理气解郁的功效；川芎具有祛风活血的良好功效。

### ❤ 健康叮咛

适宜患有肥胖症、高血压、高脂血症、失眠、烦躁等症者饮用。

### 主要材料

| | |
|---|---|
| 川芎 | 6克 |
| 玫瑰花 | 5克 |
| 茉莉花 | 5克 |
| 玳玳花 | 5克 |
| 荷叶 | 2克 |
| 绿茶 | 3克 |
| 蜂蜜 | 适量 |

做法：

① 将玫瑰花、茉莉花、玳玳花、川芎、荷叶研成粗末。

② 将药末和绿茶放入杯中，用沸水冲泡10分钟后，加入蜂蜜，即可饮用。

③ 每日1剂，不拘时饮用。

---

**本草药典**

### 玫瑰花

**别名** 徘徊花。

**性味** 性温，味甘、微苦。

**功效** 疏肝解郁、行气和胃、活血止痛。

**主治** 肝胃气痛、月经不调、跌打损伤。

### 茉莉花

**别名** 茉莉、香魂。

**性味** 性平，味甘、凉。

**功效** 理气和中、开郁辟秽、抗菌消炎。

**主治** 下痢腹痛、眼睛肿痛、皮肤肿毒、结膜炎。

### 玳玳花

**别名** 枳壳花、回青橙、酸橙花。

**性味** 性平，味甘、微苦。

**功效** 疏肝和胃、理气解郁。

**主治** 胸中痞闷、脘腹胀痛、呕吐少食、肥胖症。

### 川芎

**别名** 山鞠穷、芎劳、香果。

**性味** 性温，味辛。

**功效** 行气活血、祛风止痛、解郁通达。

**主治** 月经不调、经闭痛经、产后淤滞腥痛、胸胁疼痛。

**主要材料**

| | |
|---|---|
| 茯苓 | 10克 |
| 桂枝 | 6克 |
| 甘草 | 3克 |
| 普洱 | 3克 |
| 蜂蜜 | 适量 |

**做法：**

① 将茯苓、桂枝、甘草、普洱洗净放入锅中，用水煎煮。

② 用茶漏斗滤取药汁液后，加入适量蜂蜜，即可饮用。

③ 每日1剂，不拘时饮用。

# 茯苓桂枝茶

去除赘肉
缩小腰围

📷 **茶疗功效**

此茶具有去除赘肉、缩小腰围的功效。茶中的茯苓具有渗湿利水的功效；桂枝具有发汗解肌、温经通脉的良好功效；甘草具有补脾益气、清热解毒、祛痰止咳、缓急止痛、调和诸药的功效。

桂枝

# 玫瑰蜂蜜茶

减肥消脂
促进代谢

**主要材料**

| | |
|---|---|
| 玫瑰花 | 5朵 |
| 柠檬 | 1片 |
| 红茶 | 2克 |
| 蜂蜜 | 适量 |

**做法：**

① 将水倒入锅中，煮沸后放入红茶，冲泡5分钟。

② 再将玫瑰花放入红茶中，闷泡2分钟后，加入柠檬、适量蜂蜜，即可饮用。

③ 每日1剂，不拘时饮用。

📷 **茶疗功效**

此茶具有促进代谢、减肥消脂的功效。玫瑰花具有理气和血的功效；柠檬片具有化痰止咳、生津健脾的功效；红茶具有利尿、消炎杀菌、提神消疲的功效；蜂蜜具有保护肝脏、补充体力的功效。

玫瑰花

# 丹参首乌茶

**活血祛淤　降脂通脉**

## 茶疗功效

丹参具有活血祛淤的功效；何首乌具有降脂通脉的功效；葛根具有解表退热的功效；寄生具有补益肝肾的功效；黄精具有滋肾润肺的功效；甘草具有调和诸药的功效。

## 健康叮咛

较适宜女性饮用，也适宜患有高血压、高脂血症、动脉硬化、心脑血管等疾病者饮用。

### 主要材料

| | |
|---|---|
| 丹参 | 20克 |
| 何首乌 | 10克 |
| 葛根 | 10克 |
| 寄生 | 10克 |
| 黄精 | 10克 |
| 蜂蜜 | 6克 |
| 甘草 | 6克 |
| 红茶 | 3克 |

做法：

① 丹参、何首乌、葛根、寄生、黄精、甘草研成粗药末。

② 将药末与红茶放入杯中，用热水冲泡20分钟后，加入适量蜂蜜，即可饮用。

③ 每日1剂，不拘时饮用。

## 本草药典

### 丹参

别名 赤参、紫丹参。

性味 性微寒，味苦。

功效 活血调经、祛淤止痛、清热除烦。

主治 月经不调、经闭痛经。

### 何首乌

别名 多花蓼、紫乌藤、野苗。

性味 性微温，味苦、甘、涩。

功效 滋补肝肾、调节血脂、通肠润便。

主治 皮肤肿毒、风疹瘙痒、肠燥便秘、高脂血症。

### 葛根

别名 野葛。

性味 性凉，味甘、辛。

功效 解表退热、生津、透疹、升阳止泻。

主治 外感发热头痛、高血压、颈项强痛、口渴。

### 寄生

别名 冬青、北寄生、柳寄生。

性味 性平，味甘、苦。

功效 补肝益肾、强筋骨、祛风湿。

主治 腰膝酸痛、胎动不安、胎漏下血、风湿。

清热化痰
活血降脂

**主要材料**

| | |
|---|---|
| 山楂 | 30克 |
| 益母草 | 10克 |
| 枸杞子 | 2克 |
| 花茶 | 3克 |
| 蜂蜜 | 适量 |

**做法：**

① 将山楂、益母草、枸杞子洗净，与花茶一起放入锅中用水煎煮。

② 用茶漏斗滤取药汁后，加入适量蜂蜜，即可饮用。

③ 每日1剂，不拘时饮用。

益母草

🔲 **茶疗功效**

　　山楂具有开胃消食、活血降脂、化痰行气的功效；益母草具有活血、消水的良好功效；枸杞子具有养肝、润肺、滋补肝肾的良好功效。

---

山楂黄芪茶

益气消脂
轻身健步

**主要材料**

| | |
|---|---|
| 山楂 | 15克 |
| 黄芪 | 20克 |
| 大黄 | 5克 |
| 生姜 | 3片 |
| 甘草 | 3克 |
| 蜂蜜 | 2克 |
| 绿茶 | 5克 |

**做法：**

① 将山楂、黄芪、大黄、生姜、甘草放入锅中用水煎煮。

② 用茶漏斗滤取药汁后泡绿茶，加适量蜂蜜，即可饮用。

③ 每日1剂，不拘时饮用。

黄芪

🔲 **茶疗功效**

　　山楂具有消食化积、行气活血的功效；黄芪具有益气固表、托疮生肌、利水消肿的功效；大黄具有泻下攻积、清热泻火的功效。

# 首乌乌龙茶

**降压益寿　消脂减肥**

## 茶疗功效

乌龙茶具有消脂减肥、降压益寿的良好功效；槐角具有清热泻火、凉血止血的良好功效；何首乌具有润肠通便的功效；冬瓜皮具有清热利水、消肿的功效。

## 健康叮咛

适宜女性饮用，也适宜患有高血压、高脂血症、动脉硬化、肥胖等症者饮用。

### 主要材料

| | |
|---|---|
| 何首乌 | 30克 |
| 槐角 | 12克 |
| 冬瓜皮 | 10克 |
| 乌龙茶 | 6克 |
| 山楂 | 5克 |

**做法：**

① 将槐角、何首乌、冬瓜皮、山楂研成粗末，用热水冲泡15分钟。

② 再放入乌龙茶，继续盖上盖子闷10分钟即可。

③ 每日1剂，不拘时饮用。

---

## 本草药典

### 乌龙茶

- **别名** 青茶、美容茶。
- **性味** 性凉，味甘、苦。
- **功效** 生津止渴、提神降脂。
- **主治** 消化不良、高脂血症、高血压。

### 槐角

- **别名** 槐实、槐子、槐豆。
- **性味** 性微寒，味苦。
- **功效** 清热泻火、凉血止血、除烦祛燥。
- **主治** 痔肿出血、肝热头痛。

### 何首乌

- **别名** 多花蓼、紫乌藤、野苗。
- **性味** 性微温，味苦、甘、涩。
- **功效** 滋补肝肾、调节血脂、通肠润便。
- **主治** 肠热便血、痔肿出血、肝热头痛、眼睛肿痛。

### 冬瓜皮

- **别名** 白瓜皮、白东瓜皮。
- **性味** 性微寒，味甘。
- **功效** 清热利水、消肿祛湿、解毒消脂。
- **主治** 肿胀、消热毒、利小便。

# 苦瓜柠檬草茶

## 利湿降脂 清热解毒

### 📋 茶疗功效

苦瓜具有清热消暑、养血益气、利湿降脂、滋肝明目的功效；荷叶具有消暑利湿、健脾升阳、散淤止血的功效；柠檬草具有健胃利尿、助消化的功效。

### ♥ 健康叮咛

适宜患有高血压、高脂血症、肥胖等症者饮用。但孕妇不宜饮用。

### 主要材料

| | |
|---|---|
| 苦瓜 | 30克 |
| 柠檬草 | 6克 |
| 荷叶 | 6克 |
| 花茶 | 3克 |
| 蜂蜜 | 适量 |

做法：
① 将苦瓜切片，用热水煮沸。
② 再加入荷叶、柠檬草、花茶冲泡10分钟后，加入适量蜂蜜，即可饮用。
③ 每日1剂，不拘时饮用。

## 本草药典

### 苦瓜

别名 凉瓜。
性味 性寒，味苦。
功效 清热解毒、清心明目、解暑。
主治 暑热烦渴、目赤肿痛、消脂减肥。

### 荷叶

别名 莲叶。
性味 性凉，味苦、辛、微涩。
功效 消暑利湿、健脾升阳、散淤止血、调节血脂。
主治 暑热烦渴、头痛眩晕、水肿、食少腹胀。

### 柠檬草

别名 香茅草。
性味 性凉，味苦、涩。
功效 健胃健脾、利尿、抗菌、助消化。
主治 急性胃肠炎、慢性腹泻。

### 蜂蜜

别名 岩蜜、石蜜、石饴。
性味 性平，味甘。
功效 保护肝脏、补充体力、消除疲劳、抑菌杀菌。
主治 便秘、皮肤暗黄、失眠、贫血、神经系统疾病。

# 美容养颜药茶药材推荐

**莲子**
清心祛斑
补脾止泻
补中养神

主治 心烦失眠、脾虚久泻、大便溏泄、腰疼、男子遗精、白带过多。

**肉苁蓉**
润肠通便
补肾益精

主治 阳痿、不孕、腰膝酸软、筋骨无力、肠燥便秘。

**玫瑰花**
行气活血
美容养颜

主治 肝胃气痛、吐血咯血、月经不调、白带过多、乳房肿胀、表皮肿毒。

**当归**
散寒止痛
补血活血

主治 眩晕心悸、月经不调、经闭痛经、虚寒腹痛、肠燥便秘、跌打损伤、表皮肿毒。

**黑芝麻**
补血明目
益肝养发
延缓衰老

主治 身体虚弱、头晕耳鸣、高血压、高脂血症、咳嗽、头发早白、贫血萎黄、大便燥结、尿血。

**玉竹**
滋阴润肺
养胃生津

主治 燥咳、劳嗽、内热尿多、阴虚外感、头昏眩晕、筋脉挛痛。

**红枣**
补中益气
养血安神

主治 女性躁郁、哭泣不安、心神不宁、贫血、脾胃虚弱、腹泻。

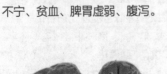

**葡萄**
健胃生津
补益气血

主治 气血虚弱、肺虚咳嗽、心悸盗汗、风湿痹痛、浮肿。

# 中国名优茶品速查

## 蒸青绿茶

**所属茶类:** 绿茶

**性状特点:** 紧直挺秀,色泽深绿。

**口味:** 鲜爽甘醇,带有板栗香。

**页码:** 82

## 炒青绿茶

**所属茶类:** 绿茶

**性状特点:** 条索紧结,色泽绿润。

**口味:** 滋味浓厚,富有收敛性。

**页码:** 84

## 烘青绿茶

**所属茶类:** 绿茶

**性状特点:** 外形稍弯曲,锋苗显露。

**口味:** 滋味鲜爽,回甘。

**页码:** 86

## 晒青绿茶

**所属茶类:** 绿茶

**性状特点:** 条索粗壮,耐冲泡。

**口味:** 入口甘甜,无浓烈感。

**页码:** 88

# 洞庭碧螺春

所属茶类：绿茶

性状特点：条索纤细，卷曲呈螺状，满披茸毛，色泽碧绿。

口味：滋味香郁鲜爽，回味甘厚。

页码：90

# 西湖龙井

所属茶类：绿茶

性状特点：扁平挺直，大小、长短匀齐。

口味：清新醇厚，无浓烈感。

页码：92

# 黄山毛峰

所属茶类：绿茶

性状特点：外形细嫩扁曲，多毫有锋。

口味：鲜浓醇厚，回味甘甜。

页码：94

# 南京雨花茶

所属茶类：绿茶

性状特点：外形圆绿，形似松针。

口味：滋味醇厚，回味甘甜。

页码：96

# 阳羡雪芽

所属茶类：绿茶
性状特点：纤细挺秀，色绿润，银毫显露。
口味：浓厚清鲜，甘醇爽口。
页码：98

# 竹叶青茶

所属茶类：绿茶
性状特点：翠绿显毫，形似竹叶。
口味：浓厚甘爽。
页码：100

# 六安瓜片

所属茶类：绿茶
性状特点：外形平展，茶芽肥壮，叶缘微翘。
口味：滋味鲜醇，回味甘美，伴有熟栗清香。
页码：102

# 太平猴魁

所属茶类：绿茶
性状特点：两头尖而不翘，不弯曲、不松散。
口味：甘醇爽口。
页码：104

# 休宁松萝

所属茶类：绿茶

性状特点：条索紧卷匀壮。

口味：滋味浓厚，有橄榄香味。

页码：106

# 信阳毛尖

所属茶类：绿茶

性状特点：细秀匀直，显锋苗，鲜绿有光泽。

口味：滋味甘醇，清香高爽。

页码：108

# 华顶云雾

所属茶类：绿茶

性状特点：细紧弯曲，芽毫壮实显露。

口味：鲜醇甘甜。

页码：110

# 西山茶

所属茶类：绿茶

性状特点：条索紧结匀称，锋苗显露。

口味：滋味醇厚，有花果香。

页码：112

# 顾渚紫笋

所属茶类：绿茶
性状特点：挺直稍长，色泽翠绿，银毫明显。
口味：甘鲜清爽，隐有兰花香气。
页码：114

# 金山翠芽

所属茶类：绿茶
性状特点：扁平挺削匀整，色翠显毫。
口味：鲜醇浓厚，苦涩显著。
页码：116

# 安化松针

所属茶类：绿茶
性状特点：外形挺直、细秀，形似松树针叶。
口味：滋味甜醇，香气浓厚。
页码：118

# 桂林毛尖

所属茶类：绿茶
性状特点：条索紧细，白毫显露，色泽翠绿。
口味：醇和鲜爽。
页码：120

# 顶谷大方

所属茶类：绿茶

性状特点：外形扁平匀齐，挺秀光滑，翠绿微黄。

口味：醇厚爽口，有板栗香。

页码：122

# 安吉白片

所属茶类：绿茶

性状特点：条索挺直略扁平，色泽翠绿，白毫显露。

口味：鲜爽甘甜。

页码：124

# 双井绿茶

所属茶类：绿茶

性状特点：外形紧圆带曲，形似凤爪，银毫披露。

口味：鲜醇爽厚。

页码：126

# 普陀佛茶

所属茶类：绿茶

性状特点：外形紧细，卷曲呈螺状。

口味：滋味隽永，爽口宜人。

页码：128

# 雁荡毛峰

所属茶类：绿茶
性状特点：秀长紧结，色泽翠绿，芽毫隐藏。
口味：滋味甘醇。
页码：130

# 庐山云雾

所属茶类：绿茶
性状特点：条索秀丽，嫩绿多毫。
口味：滋味鲜醇。
页码：132

# 涌溪火青

所属茶类：绿茶
性状特点：外形腰圆，色泽墨绿，白毫隐伏。
口味：滋味醇厚，爽口甘甜。
页码：134

# 舒城兰花

所属茶类：绿茶
性状特点：芽叶相连形似兰草，匀润显毫。
口味：浓醇回甘。
页码：136

# 敬亭绿雪

所属茶类：绿茶

性状特点：形如雀舌，挺直饱润。

口味：回味爽口，香郁甘甜。

页码：138

# 九华毛峰

所属茶类：绿茶

性状特点：外形匀整紧细，扁直呈佛手状。

口味：滋味浓厚，回味甘甜。

页码：140

# 石亭绿茶

所属茶类：绿茶

性状特点：外形紧结，银灰带绿。

口味：滋味浓厚，回味甘甜。

页码：142

# 遵义毛峰

所属茶类：绿茶

性状特点：条索紧细圆直，色泽翠润显白毫。

口味：清醇爽口。

页码：144

# 紫阳毛尖

所属茶类：绿茶
性状特点：条索圆紧，肥壮匀整，色泽翠绿，白毫显露。
口味：鲜醇回甘。
页码：146

# 开化龙顶

所属茶类：绿茶
性状特点：条索紧结挺直，白毫披露，银绿隐翠。
口味：甘爽鲜醇，有兰香、板栗香。
页码：148

# 祁门红茶

所属茶类：红茶
性状特点：条索紧细匀整，锋苗秀丽。
口味：甘鲜醇厚。
页码：152

# 正山小种

所属茶类：红茶
性状特点：条索肥壮，紧结圆直。
口味：滋味醇厚，带有桂圆味。
页码：154

# 滇红

所属茶类：红茶
性状特点：条索紧直肥壮，锋苗秀丽，金毫多而显露。
口味：鲜爽浓厚。
页码：156

# 九曲红梅

所属茶类：红茶
性状特点：条索细若发丝，弯曲细紧如银钩。
口味：味道浓郁，香气芬馥。
页码：158

# 川红

所属茶类：红茶
性状特点：条索肥壮圆紧，显金毫，色泽乌黑油润。
口味：醇厚鲜爽。
页码：160

# 宁红

所属茶类：红茶
性状特点：茶芽肥硕，叶肉厚软。
口味：醇厚甜和。
页码：162

# 红碎茶

所属茶类：红茶

性状特点：颗粒紧实呈短条状，色泽乌黑油润。

口味：浓烈鲜爽。

页码：164

# 宜红

所属茶类：红茶

性状特点：叶条紧结秀丽，色泽乌润，金毫显露。

口味：鲜爽醇甜。

页码：166

# 普洱散茶

所属茶类：黑茶

性状特点：状为散条，条索粗壮肥大。

口味：醇厚回甘。

页码：168

# 湖南黑茶

所属茶类：黑茶

性状特点：条索紧卷、圆直，色泽黑润。

口味：滋味香醇，带松烟香。

页码：170

# 六堡茶

所属茶类：黑茶

性状特点：条索紧结，色泽黑褐，有光泽。

口味：浓醇甘和，有槟榔香气。

页码：172

# 湖北黑茶

所属茶类：黑茶

性状特点：色泽黑润，有清香气。

口味：味道较浓醇。

页码：174

# 老青茶

所属茶类：黑茶

性状特点：色泽红褐，香气纯正。

口味：滋味尚浓无青气。

页码：176

# 四川边茶

所属茶类：黑茶

性状特点：叶张卷折成条，色泽棕褐。

口味：滋味平和。

页码：178

# 君山银针

所属茶类：黄茶

**性状特点：** 大小长短均匀，形如银针，内呈金黄色。

**口味：** 滋味甘醇。

**页码：** 182

# 霍山黄芽

所属茶类：黄茶

**性状特点：** 外形条直微展，匀齐成朵，形似雀舌。

**口味：** 滋味鲜醇，浓厚回甘。

**页码：** 184

# 蒙顶黄芽

所属茶类：黄茶

**性状特点：** 外形扁直，色泽嫩黄，芽毫显露。

**口味：** 甜香鲜嫩，甘醇鲜爽。

**页码：** 186

# 霍山黄大茶

所属茶类：黄茶

**性状特点：** 叶片成条，梗部弯曲带钩；色泽金黄油润。

**口味：** 滋味浓厚，高爽焦香。

**页码：** 188

# 白毫银针

所属茶类：白茶

性状特点：挺直如针，色白似银。

口味：清醇爽口，香气清芬。

页码：190

# 白牡丹茶

所属茶类：白茶

性状特点：毫心肥壮，叶张肥嫩，夹以银白毫心。

口味：清醇微甜。

页码：192

# 贡眉

所属茶类：白茶

性状特点：毫心明显，茸毫色白且多，色泽翠绿。

口味：滋味醇爽，香气鲜纯。

页码：194

# 新白茶

所属茶类：白茶

性状特点：叶张略有缩摺，呈半卷条形，色泽暗绿带褐。

口味：浓厚清甘。

页码：196

# 安溪铁观音

所属茶类：乌龙茶
性状特点：条索肥壮，圆整呈蜻蜓头状。
口味：醇厚甘鲜，回甘悠长。
页码：200

# 黄金桂

所属茶类：乌龙茶
性状特点：条索紧细，茶梗细小。
口味：醇细甘鲜。
页码：202

# 武夷大红袍

所属茶类：乌龙茶
性状特点：外形条索紧结，色泽绿褐鲜润。
口味：滋味醇厚，香气馥郁，带有兰花香。
页码：204

# 铁罗汉

所属茶类：乌龙茶
性状特点：条形壮结、匀整。
口味：甘馨可口。
页码：206

# 白鸡冠

所属茶类：乌龙茶

性状特点：条索较紧结，形似鸡冠。

口味：回甘隽永。

页码：207

# 水金龟

所属茶类：乌龙茶

性状特点：条索肥壮、紧结。

口味：滋味甘甜，香气高扬。

页码：208

# 武夷肉桂

所属茶类：乌龙茶

性状特点：条索匀整卷曲，色泽褐绿。

口味：回甘隽永。

页码：209

# 闽北水仙

所属茶类：乌龙茶

性状特点：条索紧结沉重，叶端扭曲。

口味：醇厚回甘。

页码：210

# 冻顶乌龙

所属茶类：乌龙茶

性状特点：呈半球状，色泽墨绿，边缘隐有金黄色。

口味：滋味醇厚。

页码：211

# 永春佛手

所属茶类：乌龙茶

性状特点：条索紧结肥壮，卷曲。

口味：滋味甘厚。

页码：212

# 毛蟹茶

所属茶类：乌龙茶

性状特点：外形紧密，砂绿色。

口味：滋味醇厚，有观音香。

页码：213

# 凤凰单枞

所属茶类：乌龙茶

性状特点：条索紧卷，硕大，呈黑褐色。

口味：味浓，微甜，带姜花味。

页码：214

# 石古坪乌龙茶

所属茶类：乌龙茶
性状特点：外形油绿细紧。
口味：鲜醇爽口。
页码：215

# 饶平色种

所属茶类：乌龙茶
性状特点：条索卷曲肥壮，呈黑褐色。
口味：滋味醇厚。
页码：216

# 文山包种

所属茶类：乌龙茶
性状特点：条索紧结，自然卷曲，墨绿油光。
口味：甘醇鲜爽。
页码：217

# 木栅栏铁观音

所属茶类：乌龙茶
性状特点：条形卷曲，呈铜褐色。
口味：浓厚甘醇，有果香味。
页码：218

# 金萱茶

所属茶类：乌龙茶
性状特点：卷曲呈半球状。
口味：香浓醇厚。
页码：219

# 茉莉花茶

所属茶类：花茶
性状特点：条索紧细匀整。
口味：醇厚鲜爽。
页码：222

# 桂花茶

所属茶类：花茶
性状特点：条索紧细匀整，色泽绿润。
口味：醇和浓厚。
页码：223

# 玉兰花茶

所属茶类：花茶
性状特点：条索紧细匀整。
口味：滋味醇厚、回甜。
页码：224

# 金银花茶

所属茶类：花茶
性状特点：条索紧细匀直。
口味：醇厚甘爽。
页码：225

# 珠兰花茶

所属茶类：花茶
性状特点：外形条索紧细。
口味：浓醇甘爽。
页码：226

# 玫瑰花茶

所属茶类：花茶
性状特点：外形饱满、匀整。
口味：醇厚鲜爽。
页码：227

# 普洱方茶

所属茶类：紧压茶
性状特点：外形紧结端正，模文清晰。
口味：滋味醇厚。
页码：228

# 米砖茶

所属茶类：紧压茶

性状特点：砖模棱角分明，纹面图案清晰。

口味：滋味醇厚。

页码：229

# 普洱沱茶

所属茶类：紧压茶

性状特点：外形紧结，色泽褐红。

口味：醇厚回甘。

页码：230

# 黑砖茶

所属茶类：紧压茶

性状特点：砖面端正，四角平整，模纹清晰。

口味：浓厚微涩。

页码：232

# 花砖茶

所属茶类：紧压茶

性状特点：正面边有花纹，砖面色泽黑褐。

口味：浓厚微涩。

页码：233

# 古代茶业纵览

## 锄地

　　高山地势下多云雾，大量漫射光线中的蓝紫光利于茶产生多种氨基酸，并提高自身香气；空气湿度大，利于茶叶成长及保持鲜嫩。人们开垦、深耕来获取最适宜的土地结构：表层土松软肥沃，中层土保水蓄肥，底层土排水性佳。

较大的空气湿度利于茶叶成长及保持鲜嫩，以提高品质

高山环境多云雾，大量漫射光线中的蓝紫光利于茶产生多种氨基酸，并提高茶叶的香气

土地开垦、深耕以获得适宜的土地结构：表层土松软肥沃，中层土保水蓄肥，底层土排水性佳

酸性土壤（pH4.0~5.5）中充足的铝元素与适量的钙元素是茶树茁壮长的基础

# 播种

　　春季播种时间通常在三月份之前，播种茶籽前，人们要在土地上划线定行，控制行距以利于茶树生长和田间耕作。然后在开垦、深耕、平整后的土地上开挖一个个直径、深度各尺许的坑，培以基肥，播种四粒，以"穴播丛植法"栽种茶树。

播种茶籽之前，要划线定行，在等高、平行的基础上，控制行距以利于茶树生长和田间耕作

春季播种时间通常在三月份之前，沉寂了一冬的树木开始吐露新芽

开挖一个直径、深度各尺许的坑，培以基肥，并覆土3~5cm，以免烧根

以"穴播丛植法"播种4~5粒茶籽后，再覆土3cm左右

# 施肥

　　茶树种植区域通常设在村庄的附近，以便于肥料的收集与运送，并在耕地之间开挖水渠，还有利于在干旱季节辅助灌溉，在多雨季节利于排水。土地需要充足的肥力，浇水、施肥时要注意浇水淋透，从而保持土壤湿润以及充足的有机质和养分。

充足的水肥决定了茶株生长
发育的旺盛

村庄附近便于肥料的收
集与运送

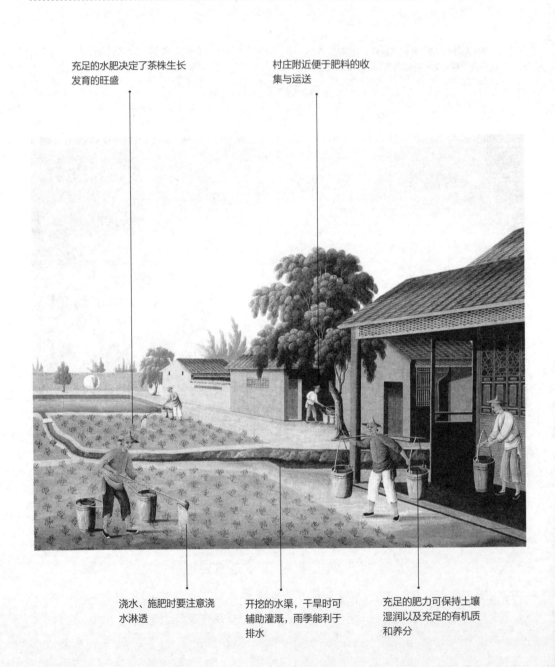

浇水、施肥时要注意浇
水淋透

开挖的水渠，干旱时可
辅助灌溉，雨季能利于
排水

充足的肥力可保持土壤
湿润以及充足的有机质
和养分

# 采茶

　　虽然采茶时间因气候条件与地理位置各有不同，但通常为清明之后，谷雨之前，草木返青，气温逐渐转高之时。此时茶叶的芽叶壮硕饱满，色泽润绿，茶味鲜浓甘醇。人们多在晴天采茶，采茶时人工去除茶株"顶端优势"以提高产量。

虽然采茶时间根据气候条件与地理位置各有不同，但通常为清明之后，谷雨之前，草木返青，气温逐渐转高时

此时芽叶壮硕饱满，色泽润绿，茶味鲜浓甘醇

茶树性耐阴，种植地附近可适当栽种遮阴树来调节日照强度

人们多选择晴天采茶，以帽遮挡阳光。采茶时，摘除掉了顶芽会人为抑制其过快生长，间接地提升侧芽的活跃性，从而提升单株茶树的产量

# 拣茶

　　采摘回的茶叶嫩芽需要迅速集中加工处理，人们在阴凉通风的室内进行初步的芽叶挑拣，由于茶叶品种的不同，其初步挑拣、取舍的标准也各有不同。在除去黄叶、杂物以及茶梗后，挑拣出的茶芽尖细如枪，叶展如旗，然后摊放备晒。

采摘回的茶叶嫩芽要迅速集中加工处理

茶叶嫩芽的初步挑拣、加工通常在室内进行

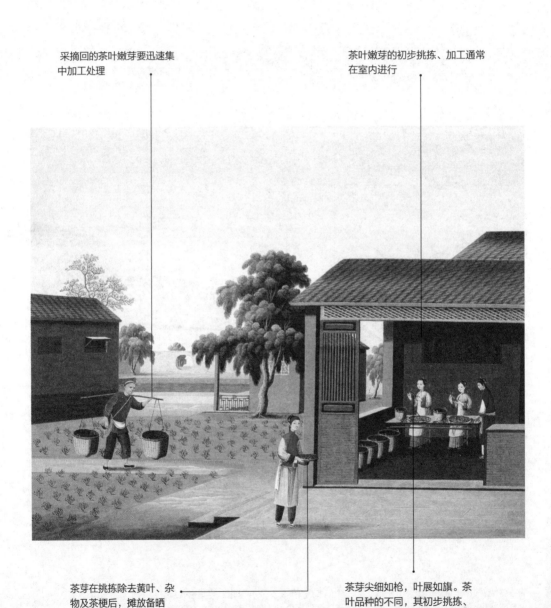

茶芽在挑拣除去黄叶、杂物及茶梗后，摊放备晒

茶芽尖细如枪，叶展如旗。茶叶品种的不同，其初步挑拣、取舍的标准也各有不同

# 晒茶

　　人们将挑拣出的鲜嫩茶叶以竹筐匀铺，置于阳光下晒青，利用日光使茶叶凋萎、散失部分水分，当茶叶质地柔软、干湿得当，叶色由鲜绿转为暗绿色时，即可判定晒青合格。待茶叶青色渐收后，将其集中放置在密室中发酵，准备炒焙。

将茶叶以竹筐匀铺，置于阳光下凋萎以散失部分水分，称为"晒青"

待茶叶青色渐收后，集中放置发酵准备炒焙

经过挑拣后的鲜嫩茶叶

当茶叶质地柔软、干湿得当，叶色由鲜绿转为暗绿色时，即可判定晒青合格

# 炒茶

炒茶之前，人们需要对茶叶进行简单的去湿加工或特种茶深度加工。炒茶的基本动作有翻、抖、压等，抛闷结合的杀青技术能在快速破坏酶的活性的同时获得优异的茶香。炒茶时温度控制在80℃以上，锅温略低时，可适当运用闷炒技术产生高温蒸汽来让茶叶快速升温。

抛闷结合的杀青技术在快速破坏酶的活性的同时能获得优异的茶香

锅温略低时，适当的闷炒技术所产生的高温蒸汽可令茶叶快速升温

炒茶前需进行简单的去湿加工或特种茶深度加工

炒茶的基本动作有翻、抖、压等

温度应控制在80℃以上

# 揉茶与筛茶

　　炒焙后的茶叶在揉捻前需适当摊晾，以利于茶汤保持鲜嫩明亮的色泽。人们运用适度的揉捻来挤出茶叶内部的汁液，使其条索收卷紧实，以手工挑拣的方法去除杂叶，最后用平端筛子来回往复晃动的方式，筛除茶叶中过粗的茶叶或窨制花朵。

炒焙后的茶叶

手工挑拣以确保茶叶的品质

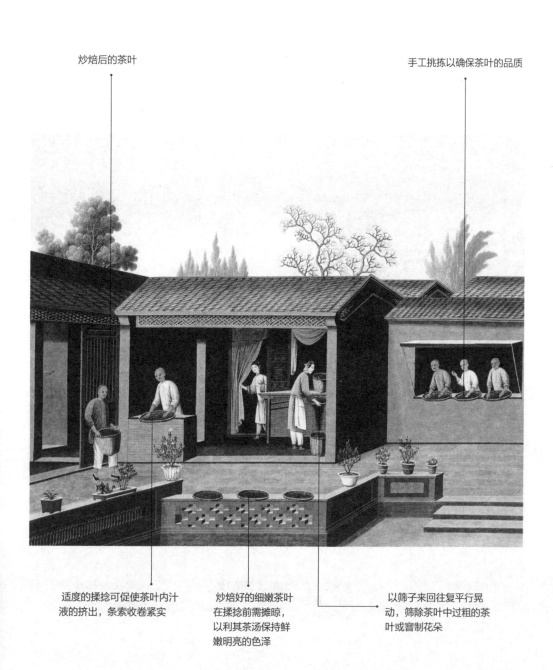

适度的揉捻可促使茶叶内汁液的挤出，条索收卷紧实

炒焙好的细嫩茶叶在揉捻前需摊晾，以利其茶汤保持鲜嫩明亮的色泽

以筛子来回往复平行晃动，筛除茶叶中过粗的茶叶或窨制花朵

# 春茶

　　人们将筛选出的茶叶按粗老细嫩的不同分类舂压成精细的茶片，以备制成不同需求的独特茶品。捣碎、榨出的茶片和茶汁要运用手工方式捏合制形，然后在日光下晾晒、风干，而干燥完成的茶叶才能准备包装储存。

将捣碎、榨出的茶片和茶汁捏合制形

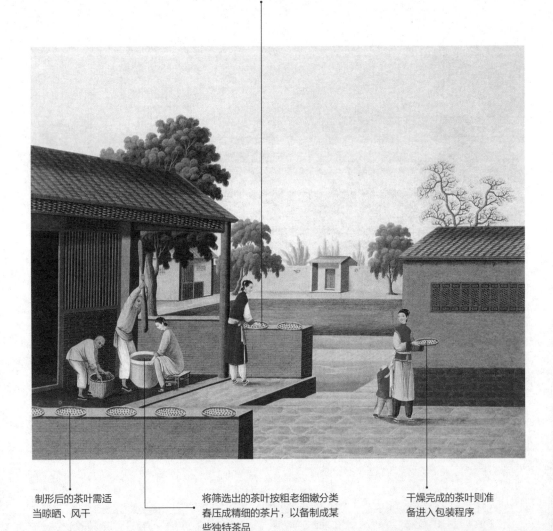

制形后的茶叶需适当晾晒、风干

将筛选出的茶叶按粗老细嫩分类舂压成精细的茶片，以备制成某些独特茶品

干燥完成的茶叶则准备进入包装程序

## 装桶

箬竹，叶宽而大，清香而性凉，具有一定的隔湿效果，作为储茶之用能够较好地隔绝外部的湿气与异味，保留茶叶自身原有的香气。人们将茶叶灌入编制密实的竹篓中，以外力压实，以挤压空气、释放空间，灌装完毕的茶叶集中存放。

以斗筲将茶叶灌装入密实的竹篓中
灌装完毕的茶叶集中存放，待运输工具到位后运至他处
不断用外力将灌入的茶叶压实，以挤压空气、释放空间
竹篓编制到收口阶段
将众多竹篾彼此串连、编结成紧密的外壁
把干净的竹子加工、抛光成精薄、坚韧的竹片

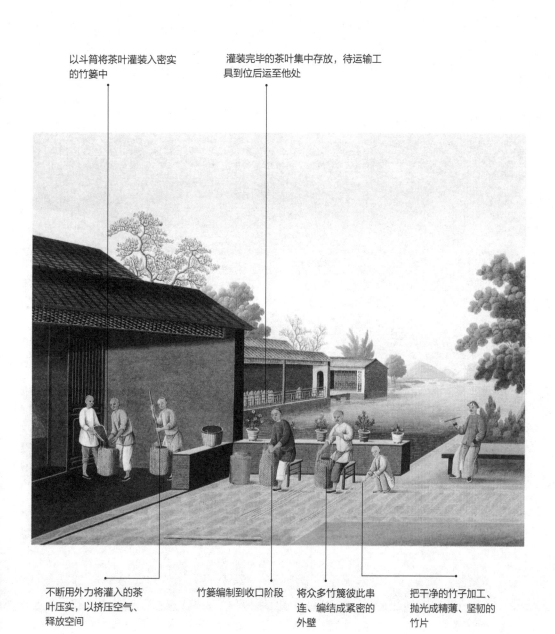

## 水陆运输

　　各地的茶农将所制茶叶运送到最近的贸易集散地集中储存、销售。易受空气、光线、水分等因素影响的茶叶，在储藏时要注意密封、隔光、隔潮。茶商将收购上来的茶叶或借助商队分批穿越欧亚大陆运往欧洲，或取道广州由海路运往欧洲。

茶树的生长、采收季节分
明，各有不同

茶叶易受空气、光线、水分等因素的影响，因而储
存时要注意密封、隔光、隔潮

茶叶的水路运输多取
道广州由海路直接运
往欧洲

茶叶的陆路运输多借助
商队分批穿越欧亚大陆
运往欧洲

茶农将所制茶叶运送到
各地贸易集散地集中储
存、销售

# 行商

　　由茶叶产地输送来的茶叶，会在通商口岸国人开设的茶行中进行最终的结算和装箱处理，雇工将茶叶装箱后，以踩压的方式挤压掉茶隙间多余的空气，这样不仅使茶叶不易变质，也提高了单位运力，最后由英籍商人通过商队运往欧洲。

雇工将茶叶装箱后，以踩压的方式挤压掉茶隙间多余的空气，不仅使茶叶不易变质，也提高了单位运力

待运的茶叶在英国上流社会都属于一流的奢侈品

英籍商人是中国茶销往欧洲主要销售地的代理人

茶叶在通商口岸国人开设的茶行中，进行最终结算和装箱处理